数字流域理论方法与实践

——雅砻江流域数字化平台建设及示范应用

吴世勇　申满斌　熊开智　著

黄河水利出版社
·郑　州·

内 容 提 要

　　本书研究并构建起基于流域水电全生命周期管理的流域数字化平台总体架构,提出了平台建设实施规划;重点研究了流域径流信息的数字化监测、预报以及优化调度,工程安全信息的数字化监测、分析、预警和管理,基于物联网技术的水电工程全生命周期信息采集和融合集成等数字化管理关键技术并在雅砻江流域实践应用;建设了相关信息管理系统,丰富和完善了流域信息采集和管理利用功能,并以雅砻江流域全生命周期管理数据中心和三维可视化信息集成展示与会商平台为核心,进行了雅砻江流域数字化平台集成和示范应用。

图书在版编目(CIP)数据

数字流域理论方法与实践/吴世勇,申满斌,熊开智
著 . —郑州:黄河水利出版社,2016. 8
ISBN 978 – 7 – 5509 – 1346 – 2

Ⅰ. ①数… Ⅱ. ①吴… ②申… ③熊… Ⅲ. ①数字
技术 – 应用 – 流域 – 综合管理 – 中国 Ⅳ. ①P344. 2 –
39

中国版本图书馆 CIP 数据核字(2016)第 154503 号

组稿编辑:贾会珍　　电话:0371 – 66028027　　E-mail:110885539@ qq. com

出 版 社:黄河水利出版社
　　　　　地址:河南省郑州市顺河路黄委会综合楼 14 层　　邮政编码:450003
发行单位:黄河水利出版社
　　　　　发行部电话:0371 – 66026940、66020550、66028024、66022620(传真)
　　　　　E-mail:hhslcbs@ 126. com
承印单位:河南承创印务有限公司
开本:787 mm×1092 mm　1/16
印张:27
字数:682 千字　　　　　　　　　　　　　印数:1—2 000
版次:2016 年 8 月第 1 版　　　　　　　　印次:2016 年 8 月第 1 次印刷

定价:56.00 元

序一

"峰如斧劈江边立,路似绳盘洞里行",潘家铮院士的这两句诗生动地描述了雅砻江上锦屏水电站的艰险环境,也深刻反映了水利水电行业的艰辛。

近半个多世纪以来,随着物联网、3S、数据库等信息技术的发展,水利水电行业大部分人工量测和读数工作逐步由自动化量测和读数所替代,一些繁重复杂的人力施工工作逐步由大型自动化机械设备所替代。水情水调自动化监测系统、大坝碾压实时监控系统、机组在线监测系统以及视频监控系统等一系列在线监控系统的出现,使建设者不必每次奔波到现场就能看到他所关心的信息。信息技术的发展,既降低了水利水电行业的工作强度,又有效地提高了工作效率,可以说是解放了生产力,发展了生产力。

信息技术对水利水电行业的推动还不止于此。进入 21 世纪以来,三维可视化技术迅速在各行各业中传播与应用,各领域对信息的可视化需求也越来越高,水利水电行业也不例外。近些年来,我们国家在"数字地球"建设的引领下,逐步建立了主要大江大河的数字流域系统,这些系统已经在水量调度、水资源保护等方面起到了显著的作用。现在我们又在研究流域梯级水电工程的数字化综合管理,与之前研究的大江大河数字流域系统不同,当前研究的流域水电数字化平台更为复杂:从数据类型层面上来说,其涵盖了地上、地下的复杂精细的水工建筑物、厂房机电设备等 BIM 模型,比以往数字流域系统精度更高、数据量更大的空间地理数据,以及来自不同实时监控系统的结构化数据和视频影像数据;从数据时间维度来说,由于研究对象既包含了投产运行的电站,又包含了处于建设期的水电项目,故囊括了水电工程设计期、施工期以及运行维护期等全生命周期的数据;从可视化角度来说,一方面涵盖了宏观三维地形地貌的展现以及精细化场景下 BIM 模型的展现,另一方面又涵盖了工程动态施工过程的仿真模拟。

由此可以看出,建设一个流域水电数字化平台有许多亟待解决的技术难题:如何将来自异构系统、不同类型的海量数据进行汇总、组织和关联?如何实现水电工程设计期、施工期、运行期等全生命期的信息传递?如何构建一个数字化平台环境来实现三维地形地貌和工程 BIM 模型的三维展现,宏观场景与精细化场景之间的无缝切换,以及流域自然和人工过程的动态演示?

"十二五"期间,一大批专家、学者、工程师投身于国家科技支撑计划"数字流域关键技术"项目"雅砻江流域数字化平台建设及示范应用"课题的研究和实践中,针对上面的问题进行了探索性的研究,初步取得了一些成果。特别是雅砻江流域水电工程的建设者们在流域和工程管理全面信息化的方向上进行了积极的探索,结合有关研究成果初步建成了雅砻江流域数字化平台。在建成的雅砻江流域数字化平台中,你能看到潘家铮院士诗中描述的锦屏水电站的自然风光,也能看到建成投产后的锦屏大坝、地下厂房、水轮发电机组以及机组的实时状态,能看到如火如荼的两河口工地现场,也能看到边坡和建筑物的历史动态施工面貌。无论你实际身在何处,都能有一种来到了雅砻江上的感觉,都能对雅砻江流域和各个电站的现实状态和历史过程了如指掌,这对于水电行业而言是具有重要意义的进步。

　　我衷心祝愿本书的出版能够为水利水电行业数字化、信息化的发展起到一定的推动作用,也衷心希望更多的人能够加入到数字流域的建设和推广应用中来。

序二

我国水能资源理论蕴藏量近 7 亿 kW,是世界上水能资源总量最多的国家。水电是清洁的可再生能源,在我国能源结构中具有重要的地位,对于实现我国政府提出的到 2020 年非化石能源在一次能源消费中所占比重达到 15%、单位 GDP 温室气体排放比 2005 年降低 40% ~45% 的节能减排和能源结构调整的战略目标,应对环境污染和雾霾等挑战,都有至关重要的作用。目前,我国水电开发正在快速有序地推进,重点集中于我国西部地区的大型流域梯级开发。

雅砻江是我国规划的十三大水电能源基地之一,装机规模排名第三,在干流上规划有 22 级梯级水电站,总装机约 3 000 万 kW。目前,雅砻江下游梯级电站已全部建成,中游梯级电站相继开工建设,形成了运行一批、建设一批、规划一批大型水电站的开发格局。根据国家授权,雅砻江流域水电开发有限公司(简称雅砻江公司)负责建设和运行管理雅砻江干流梯级电站,雅砻江也成为国内唯一一个由一家大型企业完整开发的大型流域,可以实现全流域开发的统筹协调。

流域水能资源开发是一项复杂的系统工程,涉及的管理面广,内容繁多,难度非常大。作为传统产业的水电行业,数字化水平还很低,传统管理手段已经很难适应流域开发的需要。利用数字化手段从流域水电工程规划设计、施工建设到运行维护进行全生命周期管理,改变传统的生产和管理方式,科学统筹管理水电工程建设运行各阶段,充分发挥流域水电开发的社会、经济效益,将极大地提高管理水平和生产效率,保证工程的科学规划、有序建设和安全运行。

雅砻江公司在实施流域水电开发过程中,积极探索实现流域水电开发全生命周期的数字化管理,致力于建设流域数字化平台,为雅砻江流域梯级电站科学规划设计、建设实施和运行管理提供技术支撑。"十二五"期间,雅砻江公司承担了国家科技支撑计划"数字流域关键技术"项目"雅砻江流域数字化平台建设及示范应用"课题,研究了数字流域关键技术在雅砻江流域的示范应用,为雅砻江流域中下游水电站的顺利开发提供了有力的技术支持。课题研究和应用成果凝聚成书,对雅砻公司而言,形成了比较系统地针对雅砻江流域梯级电站的规划设计、建设实施和运行管理等全生命周期管理的组织过程资产,是一项具有理论与实践意义的项目建设管理现代化创新成果;同时,实现流域水电工程全生命周期数字化管理,关系到我国水电开发战略目标的实现,对于提升我国水资源利用效率和流域综合管理水平、保障工程和区域安全都具有十分重要的意义。

目前,雅砻江流域下游电站已经投入运行,中上游电站也陆续开始建设实施,国内其他水电基地开发也在不断进行中,我国水电开发事业正在蓬勃发展。全面数字化管理作为流域水电开发建设管理的新兴技术和管理手段,也在不断地应用和完善,希望本书展现的雅砻江流域数字化管理研究成果和应用实践能为广大读者提供帮助。

　　最后,衷心希望中国水电事业蒸蒸日上,祝中国水电建设管理水平更上新台阶!

前　言

　　数字流域是数字地球概念在水利水电领域的具体化应用,随着3S技术、物联网技术、云计算、建筑信息模型、三维可视化和虚拟现实技术等现代技术的发展,数字流域的内涵和应用也不断发展和深化,已成为提升水利水电行业信息化管理水平的重要手段,受到了越来越多的关注。

　　自2013年来,雅砻江流域水电开发有限公司(简称雅砻江公司)参与"十二五"国家科技支撑计划"数字流域关键技术"项目研究工作,并牵头负责"雅砻江流域数字化平台建设及示范应用"课题,以雅砻江流域水电工程管理为依托承担数字流域关键技术的应用示范任务。课题以雅砻江流域水电工程全生命周期数字化管理需求为依托,研究了基于流域水电全生命周期管理的流域数字化平台总体架构,提出了平台建设实施规划;结合雅砻江流域及示范工程特点和管理需求,重点研究了流域径流信息的数字化监测、预报以及优化调度,工程安全信息的数字化监测、分析、预警和管理,基于物联网技术的水电工程全生命周期信息采集和融合集成等数字化管理关键技术,并在雅砻江流域实践应用;建设了相关信息管理系统,丰富和完善了流域信息采集和管理利用功能,并以雅砻江流域全生命周期管理数据中心和三维可视化信息集成展示与会商平台为核心,进行了雅砻江流域数字化平台集成和示范应用。目前,在雅砻江公司前期信息化建设基础上,雅砻江流域数字化平台已初步建成,并进行了水电工程全生命周期管理的示范应用。

　　雅砻江流域数字化平台是数字流域关键技术在雅砻江的落地应用,同时也是数字流域向数字工程的进一步延伸发展,代表了水电行业数字流域应用的需求和发展的方向。为了更好地总结雅砻江流域数字化平台建设有关理论、方法和实践成果,供水电行业相关单位和其他大型流域数字化管理参考,雅砻江公司在国家科技支撑计划课题研究成果基础上,组织进一步补充雅砻江流域信息化建设最新实践,完成了本书的撰写工作。在本书撰写过程中,还得到了雅砻江公司杜成波博士、缪益平博士和张晓松等的大力协助,他们对书中有关章节内容进行了补充和修改。

　　本书对我国大型流域水电基地信息化建设和数字化管理及信息化建设有参考价值,可为有关业主、设计和软件开发单位实施类似数字化建设项目提供借鉴,也可为我国高等院校水利水电专业学生学习了解水电工程和流域管理实际需求、行业信息化现状、数字流域平台设计和开发等提供较为全面的知识参考。愿本书的读者们都能够有所收获!

　　由于水电工程数字化管理实践还处于探索阶段,且作者水平有限,错误之处在所难免,敬请读者见谅并不吝赐教。

编　者

2016 年 5 月

目　录

1 概 论

1.1 数字流域的概念与发展

数字流域是随着数字地球的概念发展起来的。1998年1月31日,时任美国副总统的 AL Gore 在加利福尼亚科学中心发表题为"数字地球:了解我们21世纪的星球(The Digital Earth:Understanding our planet in the 21st Century)"的报告中指出:我们需要一个数字地球,一个可以嵌入海量地理数据的、多分辨率的、真实地球的三维表示。"数字地球"的概念提出后,水利界和相关领域的专家们结合水利信息发展的需求,提出了数字流域的概念。

数字流域是一个以流域空间信息为基础,以流域水循环机制为纽带,以流域水事务管理为驱动,融合流域内各种数字信息的系统平台,是对真实流域及其相关现象的统一数字化重现。基于数字流域,可以根据不同的需求,完成对不同时间和空间的数据进行检索和分析,透视流域各水文环境要素的变化规律,实现全流域数字仿真预演,对防洪防凌、水量调度、水土保持、水资源开发和保护等提供服务,为流域的人口、资源、生态环境和社会经济的可持续发展提供决策支持。

数字流域的核心思想是用数字化手段研究、模拟、再现和处理流域水问题。数字流域建设作为一项战略工程,是实现流域综合治理、开发与管理从传统水利向现代水利转变的一个重要举措,将全面提升流域水事活动的效率和效能。

我们认为,数字流域是物理实体流域在数字环境下的表达与再现,是以空间地理坐标为框架,以空间信息技术为手段,实现流域各类信息资源采集整合、管理更新、共享服务和开发利用的支撑平台,广义上包括流域区域范围内所有自然和人类活动信息的数字化采集、传输和存储管理、分析利用,包括空间信息、水循环等自然环境变化过程信息、工程构筑物和设备的状态信息、人类管理活动记录信息等。

美国、欧洲和日本等是较早开展流域信息化建设的国家和地区,在数字流域方面的研究和应用起步较早,美国田纳西河、欧洲多瑙河、埃及尼罗河等河流都建立了数字流域系统,实现了数字化管理,并在实际流域管理中发挥了重要作用。将流域信息化建设与流域现代化管理紧密结合,随着计算机等现代科学技术的发展,从数字化、建模、系统仿真到虚拟现实,历经30多年时间,在这个不长的历史阶段,现代科学技术在传统水利上的应用得到了充分体现。流域管理的观念发生了根本的改变,尽管世界各国河流的自然条件千差万别,但实现流域的现代化管理,是世界各国发展和追求的共同目标。流域现代化的管理,从某种意义上讲是"数字化管理",是应用遥感(RS)、数据收集系统(DCS)、全球导航定位系统(GPS)、地理信息系统(GIS)、计算机网络和多媒体技术、现代通信等高科技手段,对河流(流域)资源、环境、社会、经济等各个复杂系统进行数字化、数字整合、仿真等组成集成的应用系统,并在可视化的条件下提供决策支持和服务。

数字流域概念引入我国后,在系统框架和建设实践方面都取得了很大的进展。在系统架构方面,王光谦等提出数字流域的整体框架可分为数据层、模型层和应用层三层,其中模型层是核心。王兴奎等建议数字流域研究平台的建设,应是在三维虚拟仿真场景的支撑下,以原型观测的历史数据和实时信息为基础,以实体模型试验为纽带,以数学模型计算为工具,实现复演流域的历史进程,研究流域的现状和预报流域未来发展的目标,已经包含了全生命周期管理的理念。在数字流域系统建设方面,我国水利等相关部门已初步建立了我国主要大江大河的数字流域系统。国家防汛抗旱总指挥部组织开发的"全国三维电子江河"为长江、黄河、海河、淮河、太湖流域、松辽流域、珠江流域七大流域建立了三维电子江河系统,黄河水利委员会组织开发了包括水量调度系统、防汛防凌减灾系统、水资源保护系统、水土保持系统等的"数字黄河"系统,清江水电开发有限责任公司组织建设了"数字清江"系统,南水北调工程建设委员会办公室组织建设了南水北调中线工程三维虚拟仿真系统等。这些数字流域的建设,极大地提高了我国流域管理信息化水平,为流域综合效益的发挥起到了重要作用。

已有数字流域系统多数是行政主管部门为进行水资源管理而开发建设的,以流域水电工程建设运行管理为主要目标的数字流域较少,早期开发成形的只有"数字清江",且仅有梯级优化调度应用系统,还没有全面涉及水电全生命周期管理的各个方面。

1.2 流域水电全生命周期数字化管理的需求

我国水能资源理论蕴藏量近 7 亿 kW,是世界上水能资源总量最多的国家。水电是清洁的可再生能源,在我国能源结构中具有重要的地位,对于实现我国政府提出的节能减排和能源结构调整的战略目标,应对环境污染和雾霾等挑战,都有至关重要的作用。目前,我国水电开发正在快速有序地推进,重点集中于我国西部地区的大型流域梯级开发。流域水电开发社会、经济效益的充分发挥,要求水电工程建设运行各阶段都不断加强精细化、科学化统筹管理,实现流域水电全生命周期数字化管理。在此情况下,以全面数字化为特征的数字流域或流域数字化平台正日益成为提升水利水电开发管理水平的重要手段。流域水电全生命周期数字化管理,实际上是把流域开发管理涉及的水循环过程、工程、设备、人员、环境、移民等管理要素信息进行全面数字化,并实现集成管理,是数字流域进一步向数字工程和管理信息化的延伸。

流域水电全生命周期管理,重点要实现流域径流过程等自然环境信息、工程构筑物和设备的状态信息、人类建设和生产管理活动等信息的数字化管理和应用,关系到我国水电开发战略目标的实现,对于提升水资源利用效率和流域综合管理水平、保障工程和区域安全都具有十分重要的意义。

(1)实现水电工程数字化管理,是提升流域开发管理水平、保证国家能源战略目标的需要。

流域水能资源开发是一项复杂的系统工程,涉及的管理面广,内容繁多,难度非常大。作为传统产业的水电行业数字化水平还很低,传统管理手段已经很难适应流域开发的需要。利用数字化手段从流域水电工程规划设计、施工建设到运行管理全生命周期进行管理,改变传统的生产和管理方式,将极大地提高管理水平和生产效率,保证工程的科学规划、有序建设和安全运行,将有力地促进流域水能资源开发,为实现我国提出的到 2020 年非化石能源在一次能源消费中所占比重达到 15%,单位 GDP 温室气体排放比 2005 年降低 40% ~45% 的节能减排目标发挥重要作用。

(2)强化对流域水资源的监测、预报和调度,是提升水资源利用效率的现实要求。

我国水能资源丰富的西部地区主要流域的水文预报和优化调度技术水平还比较落后,对于流域自然条件、水文情势、产汇流特征等掌握得还不够,流域的水文预报和调度管理水平还有很大的改善空间。实现流域水电全生命周期数字化管理,同时强化对流域水资源的数字化监测、实时分析预测和调度应用,是提升水能资源利用效率的现实要求。

(3)强化流域工程和设备的实时监测、预测和安全管理,是保证工程和区域公共安全的现实要求。

水电工程的安全不仅是水能资源利用的基础,更关系到上下游人民群众生命财产安全。我国已成为世界水利水电工程建设的中心,在建或拟建重大水利水电工程的复杂性、规模和难度已全面超过世界现有最高水平,建设和长期运行安全的问题十分突出。强化流域工程和设备的实时监测、预测和安全管理,为流域水电站群安全管理提供决策依据和管理手段,将有利于提高流域安全管理水平,保证工程和区域公共安全。

(4)实现流域综合管理数字化是提升水电企业现代化管理水平的需要。

大型水电能源基地的开发管理涉及发电、防洪、环境保护、水土保持、移民安置等多重目标,各目标之间相互交织、影响,具有复杂的关联性。在推进流域开发过程中,实现对有关信息的数字化管理、分析,提升科学管理和决策水平,将有助于流域管理各项目标的实现,也是提升流域综合管理水平和水电企业现代化管理水平的客观需要。

1.3　流域水电全生命周期数字化管理相关技术

流域水电全生命周期数字化管理是数字流域向数字工程和管理信息化的发展和延伸,要将流域水电开发涉及的自然环境、径流过程、工程、设备、移民、人员等管理要素信息进行全面数字化,并实现集成管理。以下从流域信息的采集、集成管理、分析应用和直观展现四个方面对涉及的相关技术分别进行简单阐述。

1.3.1　流域基础信息获取技术

1.3.1.1　流域环境信息采集

流域环境信息的采集主要包括空间地理、流域自然环境、气象径流过程等信息的采集。

1. 空间地理信息采集技术

空间地理信息是流域内一切自然、人工过程发生的空间基础,包括以描述地形地貌的 DEM、DOM 的坐标影像数据为主的基础地理信息数据,可以通过地面测绘、航测、无人机、遥感等多种测绘手段获取,随着激光雷达、高分辨率卫星等各种新技术的出现和发展,能够获取的空间地理信息数据精度越来越高,获取成本也在不断降低,基于空天地一体化网络技术、遥感与地面控制相结合的空间信息获取方式已成为重要选择。

1）图形数据采集技术

（1）GPS 数据采集技术。

在国家和省级 GPS 控制网的基础上,建立适用于数字流域的高等级 GPS 基准站,用于大比例尺航空摄影测量的空间定位数据或航天遥感图像校正所需要的地面控制点数据,还可以应用于大坝等水电工程的变形观测、流域地质灾害的野外测量、水土保持项目的野外测量等多方面的数据获取工作。

（2）图形数字化技术。

将传统的普通地形图、专题地图要素转化为数字地图的数字化工作,是建立图形数据库必不可少的重要工作,在流域图形数据库的建立过程中,采用先进的数字化技术,主要是扫描自动识别矢量化技术,完成图形的编辑转化,并按照统一的地理编码进行建库管理。其中,涉及栅格图形要素的自动识别技术比较关键,是需要进行研究和解决的重要技术。

2）图像数据采集技术

（1）卫星遥感数据采集技术。

航天遥感技术目前正在向高空间分辨率、高光谱分辨率、高时间分辨率、多传感器类型、微波主动遥感等趋势发展,为数字雅砻江遥感图像数据的采集提供了广泛的选择机会。

一是建立遥感数据地面接收站:针对免费接收的卫星数据,建立气象卫星地面接收站（接收美国 NOAA 气象卫星、日本 GMS 气象卫星、中国 FY 气象卫星等气象卫星图像）、EOS/MODIS 地面接收站,此类数据虽然空间分辨率比较低,但具有宏观性强、时间分辨率高的特点,可以满足整个流域宏观问题的研究。此外,还可以在远期考虑与国内外相关机构探讨合作建立高分辨率卫星遥感数据地面接收系统。

二是购置资源卫星遥感数据:美国 Landsat ETM、法国 SPOT、中国 CBERS 等陆地资源卫星图像数据可以通过国家卫星遥感地面站、中国资源卫星应用中心获取;美国 IKONOS 1m 等高分辨率卫星图像信息也可通过预先订购来获取;如果天气状况不好,或者需要夜间图像数据,可以获取加拿大雷达卫星图像、日本雷达卫星图像或欧洲空间局雷达卫星图像等图像数据。

（2）航空遥感数据采集技术。

航空遥感具有图像分辨率高、实时性强的特点,获取比较主动,在常规情况下,获取可见光或多光谱图像都是比较容易的。在无地形资料地区和需要高精度地形数据的干流河道、坝址区,可以采用集激光、全球定位系统（GPS）和惯性导航系统（INS）三种技术于一体的机载激光雷达系统（LIDAR）,这种主动方式的机载雷达可以获取高分辨率的航空遥感数据、数字高程模型（DEM）和相关地图产品。目前,中国电力建设集团成都勘测设计研究院有限公司已经完成雅砻江中下游高精度数据的采集及处理工作。一般情况下,在重点关注区按照一定的时间间隔进行整个流域（5 年 1 次）或重点区域（2~3 年 1 次）航空摄影飞行,获取航空遥感图像数据,在进行摄影测量、提取数字高程模型（DEM）的同时,开展航空遥感监测与航空遥感资源调查。

（3）地面遥感数据采集技术。

地面遥感图像信息的获取包括普通的光谱图像数据、近景摄影（测量）图像数据、录像数据、监测图像数据等,主要用于弥补航天遥感与航空遥感信息的不足,特别关注一些重点地段和重点问题,如工程选址区、重点河段、重点灾害地点等。

2. 流域自然环境信息采集技术

流域自然环境信息的采集,一般指针对流域土壤、植被、水质、水生生态环境和陆生生态环境信息的采集,包括野外调查、取样监测、在线监测、遥感等多种技术手段,其中对基于遥感获取的多光谱卫星影像数据进行解译,可以处理得到流域大范围的水土流失、植被覆盖等信息,大大提高了信息采集的效率。地面环境信息的监测,也逐步向自动化采集方向发展,监测效率和数据可靠性不断提高。

1）调查统计技术

对于一些流域自然环境数据,如水生生态环境和陆生生态环境信息,需要按照行政区划或流域功能区划确定调查统计区划,在统计区划的基础上,进行分区统计或抽样统计,获取各区域的流域自然环境数据。

2）定点监测技术

在各重要河段、主要支流入口等建设由高性能和高智能化在线分析测试设备组成的自动监测系统,满足对水体监控和深入研究流域水体的需要,建立可移动的、灵活的水质分析实验室,配备具有实验环境的车辆,而且在车辆中还配备用于水质监测的各种监测设备。此外,通过地面监测站网获取重点区域与工程实施项目区的中小范围内水土流失和水土保持方面的信息。

3）遥感图像获取技术

对流域重点生态区域、水污染事件发生河段,应用航天遥感或航空遥感技术获取反映客观状况的图像数据,并通过对遥感图像的处理与分析,提取相关的生态环境专题信息、水污染信息,编制遥感影像地图与相关专业地图,根据不同时期的遥感图像,实现对重点生态区域的动态监测。利用航天遥感图像、航空遥感图像获取全区域或较大范围的植被覆盖率、土壤侵蚀状况、侵蚀因子及水土流失防治措施与效益等方面的信息。利用 GPS技术获取较小范围的精确定位信息。

3. 气象径流过程信息采集技术

气象径流过程的信息采集,主要是通过建立观测站点或断面实现降雨、蒸发等气象信息和水位、流量等水情信息的采集,由于流域空间范围广,部分站点因代表性需要布置在野外人烟稀少地区,不便运行维护,同时也因为人工观测的误差问题,各大流域的气象径流过程观测都已建立了自动化测报系统,一并解决了数据采集和传输问题,提高了效率。随着遥感技术的进步,卫星降雨等气象产品也不断发展进步,对掌握流域气象和径流变化过程起到了很好的数据补充作用。

1.3.1.2　工程基础信息采集

从流域水电全生命周期角度讲,流域工程的信息包括工程的规划设计信息、施工过程监控信息、工程管理信息、建筑物监测信息、运行阶段机电设备运行的监控信息等。

近年来,工程的三维数字化设计已在我国水电行业得到较为广泛的应用,不少大型水电工程设计院都引入了三维设计平台,开展三维数字化协同设计,通过设计模型集成工程材质、几何、技术要求等规划设计信息,并发展了碰撞检测、施工冲突控制等基础功能应用,形成建筑信息模型(BIM)的基础。

在施工过程中,记录设计模型的施工质量、时间进度、投资等信息,发展出更多维度信息的 BIM 模型。如通过物联网技术手段、GPS 和其他传感器实时采集的质量检测数据或质量控制相关的施工设备运行、施工工艺控制参数信息,包括混凝土温度、土石坝的碾压遍数、碾压激振力等。

通过管理信息系统建设,各种管理审批流程在网络和计算机上得以实现,因此各类工程管理信息系统中还记录了大量工程投资结算、质量检验评定、施工计划安排等信息。

在运行时期,大坝、厂房等水工建筑物的变形、内部应力、渗流等反映建筑物工作状态的信息,通过设置的内部和外观监测仪器设备来采集,绝大部分水电工程都实现了安全监测数据的自动化采集;同时配合建立人工巡检制度,人工采集水工建筑物的安全隐患,为建筑物的安全维护提供数据支持。

反映水电站机电设备运行状态的机组出力、振动、摆度、电压、频率等参数,属于工业自动化的范畴,发展起步也较早,同时由于电力系统安全控制的严格要求,数据采集的全面性和实时性都达到了比较高的水平,并实现系统依据实时数据来较大程度上的自动反馈控制。电站计算机监控系统可用于监控包括水轮机发电机组、主变压器、断路器、隔离开关、辅助设备等主要机电设备的运行状态等,传输包括电站水轮发电机组、变压器、母线的电流、电压、功率、频率等电气量及温度、液位、压力等非电气量数据,帮助水电站运行管理人员实时了解机组状态。

1.3.2　流域信息模拟分析及数据挖掘技术

基于采集获取的流域和工程基础信息,通过时间上历史数据的积累和空间上不同部位同类数据的积累,可以对已有流域和工程基础数据进行数据模拟分析或数据挖掘,对反映未来时间点或者未实际监测的位置和部位的相关物理量发展趋势进行预测,可以更全面方便地掌握物理量时空变化规律,为管理决策提供更有效的支持。

水电行业在流域数字化管理实践中,最为关注的两个要素:一个是自然环境的水循环过程,重点是径流的变化过程;另一个是工程建筑物和设备状态的发展变化过程。研究这两个要素,一方面要根据已采集获取的降雨、水情、监测指标等数据,结合描述径流或工程建筑物等状态发展变化机理的物理模型,比如水文模型,或者相应的数据挖掘方法,对自然条件下径流和工程建筑物状态随时空发展变化规律或者相关性进行描述,预测物理量的时空分布;另一方面要基于预测结果决策如何进行人工干预,比如实施梯级水库调度、建筑物的加固、设备的检修安排等,实现水资源的高效利用和对工程建筑物和设备的科学维护检修。

数据挖掘是从大量的、不完的、有噪声的、模糊的、随机的实际应用数据中,提取隐含在其中但又潜在有用的信息和知识的过程。数据挖掘与传统的数据分析(如查询、报表、联机应用分析)的本质区别是,数据挖掘是在没有明确假设的前提下去挖掘信息、发现知识。数据挖掘所得到的信息应具有未知、有效和实用三个特征。数据挖掘的过程大致可以分为四个阶段,即问题定义、数据收集与预处理、数据挖掘实施及数据挖掘结果的解释与评估。常用的数据挖掘模型有聚类模型、决策树模型、BP网络模型等。水利电力行业,数据挖掘方法主要应用于电力负荷预测、水文预报和水库调度等领域。

1.3.2.1　中长期水文预报技术

中长期水文预报是指通过构建数学模型,挖掘历史水文气象资料规律,并对未来的水文要素做出预测的方法,在现阶段主要以径流预报为主。根据预见期的长短对中长期预报进行划分,一般中期预报预见期为3~10 d,长期预报预见期为15 d~1年。由于中长期径流预报的预见期较长,无法采用基于产汇流机制的流域水文模型进行计算,需要综合考虑影响水文过程的关键因子及水文过程的自身规律来建立数学模型进行预报。目前,中长期水文预报方法可以划分为传统水文预报方法和智能水文预报方法,其中传统水文预报方法包括物理成因分析方法及数理统计预报方法。

1. 物理成因分析方法

物理成因分析方法在充分考虑水文序列演变规律与行星相对位置、地球自转速度、大气环流、太阳黑子、下垫面情况等关系的基础上,通过研究此类宏观因素的运动规律,分析筛选出与目标流域水文序列变化规律相关性较强的影响因子构建预报模型,并采用数学方法分析水文序列的中长期演变规律。

2. 数理统计预报方法

数理统计预报方法是通过分析历史水文序列的内在规律,进而得出水文要素自相关关系,从而实现中长期水文预报。其数据资料获取相对容易,操作简单,是解决中长期水文预报问题的传统重要手段。数理统计预报方法根据预报因子不同,可划分为单因子预报和多因子综合预报两类,主要包括平稳时间序列、趋势分析、多元回归分析、逐步回归分析等。

3. 智能水文预报方法

结合以往的预报成果可知,水文系统作为一个高度复杂的非线性系统,采用传统预测方法进行预报难以得到准确、可靠的预报结果。因此,结合水文系统的非线性特点,通过引入现代最先进的数据挖掘、统计分析、智能优化等新技术,同时耦合传统预报方法的优势,从而构建更加符合水文系统特性、预报精度更高的现代智能水文预报模型。目前,现代智能水文预报方法主要包括模糊数学方法、灰色系统方法、人工神经网络方法、支持向量机方法、小波分析方法、混沌理论方法及相关向量机方法等。

1.3.2.2　短期水文预报技术

1. 流域水文模型

流域水文模型采用数学模型对流域发生的水文过程进行模拟,通过计算机编程求解,受到了水文学家的广泛关注,成为研究水资源等地球环境问题的重要工具。流域水文模型的研究经历了由20世纪50~60年代的"黑箱"模型、20世纪60年代以来的集总式概念模型即"灰箱"模型,向20世纪80年代中期以来的具有物理机制的分布式水文模型即"白箱"模型发展的过程。

进入21世纪以来,水文模型的发展日趋复杂化、多样化和实用化。一方面与地理信息系统(GIS)、数字高程模型(DEM)和遥感(RS)、航测及雷达等遥测技术相结合,以求更加客观地表征流域下垫面和气象输入条件的时空变异性;另一方面还与地球化学、环境生态、水土保持、气象和气候等学科和领域的专业模型相耦合,以解决与流域水循环相关的各种生产实际问题。

2. 陆气耦合模式径流预报

基于陆气耦合的径流预报以其能够明显的增长洪水预报预见期而得到了广大科研人员和管理者的重视,从耦合方式上来分,主要包括单向耦合与双向耦合两种。单向耦合仅考虑气象因素对水文过程的影响,以气象模式的输出场作为水文模型的驱动,实现未来径流过程的预报。双向耦合是将水文模型嵌入到数值天气预报模式(Numerical Weather Prediction, NWP)中,并以降水、蒸散发等作为两种模型相互作用的纽带。单向耦合具有灵活性高、模型调试方便等特点,因其不考虑陆面模式对大气的反馈作用,主要用于中短期的径流预报。双向耦合在径流预报中的优点和缺点都很明显,其优点主要是物理意义明确,考虑了水文气象之间的相互作用机制;缺点主要表现为灵活性不高、调试困难,且水文模型运行受制于天气模式而速度较慢。

近些年来,WRF 模式(Weather Research and Forecasting Model, WRF Model)成了发展最为迅速的中尺度大气模式,针对 WRF 模式的耦合应用也越来越多。

3. 数值天气预报

数值天气预报的概念早已被提出,但真正得到快速发展却是在近 20 年。20 世纪 90 年代以来,数值天气预报模式在观测技术、计算技术、传输技术等的推动下,取得了巨大的进步,先后诞生了一大批模式产品,如 ETA 模式、MM5 模式(5th Generation Penn State Mesoscale Meteorology Model)、RAMS(Regional Atmospheric Modeling System)等。然而,数值天气模式极其复杂,各类模式在发展过程中均有不同的缺陷,为了整合各方最新的研究成果,美国多所研究机构共同开发了新一代高分辨率数值天气预报模式——WRF 模式。

当前,国内外针对 WRF 模式的研究日益深入,从模式模拟预报能力的检验,到不同参数化方案的对比,再到不同模式之间的对比,大量的研究为 WRF 模式的应用和改进提供了参考。

1.3.2.3　梯级水库群优化调度技术

随着美国的 Little 于 1955 年研究水库优化调度问题,并在此基础上提出水库系统的随机动态规划调度模型,开启了用系统科学的方法进行水库优化调度研究的先例,随后有多种的水库群优化调度方法被提出并逐步应用于调度实践,主要包括线性规划方法、非线性规划方法、动态规划方法及启发式优化方法等。

在以上几类方法之外,还有一类比较重要的研究方向——并行优化技术。近年来,随着多核技术及并行算法的快速发展,并行计算技术也被广泛应用于水库优化调度研究。从目前来看,虽然在水库群调度方面,并行计算技术应用研究还处于初级阶段,距离系统化应用还有一定距离,但随着计算机技术的进步及计算机并行环境的日趋成熟,并行计算技术将给大规模梯级水库群联合优化调度问题的求解提供更加强大的支持,必将成为未来的研究热点。

1.3.2.4　梯级水库群调度规则

水库调度规则是根据水电站已有的长系列来水、库容及出流过程等历史资料,通过深入对比分析总结出来的具有规律性的水库调度特征数据,其特点是不连续性。通过水库调度规则可有效控制水库实时调度,尽量减少来水预报不确定性对水库调度合理性的影响,确保水库的高效、合理运行,发挥最大效益。从表现形式上看,水库调度规则主要表现为调度图和调度函数。

1.调度图

调度图可用于指导、控制水库按规则合理运行,其体现形式为控制曲线图,横坐标是时间(月、旬),纵坐标是水库水位或蓄水量,曲线图中用蓄水量和下泄水量的指示线将水库的兴利库容划分出不同的调度区。

2.调度函数

目前,国内外关于水库群调度函数的研究大概分为以下几类:

第一,基于回归分析的水库群调度函数。首先采用隐随机优化方法确定水库群的最优运行过程,然后通过回归分析方法确定一年内各调度时段的调度函数,最后通过模拟方法对已确定的调度函数进行检验和修正,如卢华友等将动态系统多层递阶预测与回归分析有机结合在一起,从而确定了包括水库决策变量及其影响因素的动态调度函数。

第二,基于人工智能技术的水库群调度函数。人工智能技术对于建立非线性、多变量的复杂水库群调度函数具有较好的适用性,它丰富了调度函数的表述方式和确定方法体系。目前,人工神经网络技术、支持向量机和模糊系统是建立水库群调度函数采用较多的人工智能技术。

第三,与其他调度规则形式结合的水库群调度函数。鉴于我国水库群运行管理现状及水库群运行调度中应用确定性优化调度方法时存在的来水不确定问题,裘杏莲等在充分考虑系统特点的基础上提出了时空分区控制规则,将其与调度函数相结合后构建了一种优化调度模式,从而实现了实用性和有效性的大幅提升。

第四,分段调度函数。雷晓云等提出了确定水库群多级保证率优化调度函数的原理与方法,并以新疆玛河流域四座水库联调为研究案例,基于保证率构建了分段调度函数,并通过函数的模拟运行证明该方法是科学、合理、可行的。

1.3.2.5　梯级水库群风险调度技术

20世纪七八十年代,水库调度中提出了风险的概念和分析方法,近几十年来,在水库调度风险分析理论方法方面的研究得到了快速发展,并取得了丰硕的研究成果。

在水库风险调度研究中,首要工作是分析并识别关键的风险因子,它对接下来进行的风险估计与决策的合理性和实用性具有重要意义。风险估计是水库风险调度的又一重要工作,确切地说,在风险因子识别基础上进行风险估计从而实现对水库调度中存在的风险进行量化与评估是水库风险调度的最终目的。

水库风险调度方法研究中包含了不同类型和不同方面的风险估计,随着水库调度新需求的不断提出及不同风险因子之间的复杂联系,增大了水库调度系统风险估计的难度,因此在未来的研究中需要结合数学、统计学等方面的最新成果发展新的风险估计方法,更重要的一点是要结合实际问题实现对现有技术方法的灵活运用,真正做到将科学技术转化为生产力。

1.3.2.6　流域工程安全监控与分析技术

1. 流域大型库区滑坡体安全稳定分析技术

流域大型库区滑坡体安全研究方面,涉及库岸稳定、滑坡体滑速、涌浪高度及其传播等问题。此外,为评判库岸滑坡发生后坝体的安全性,还必须研究滑坡涌浪对大坝的作用,分析大坝在涌浪作用下的安全性。

流域库岸稳定性判断是一个复杂的岩土工程分析过程,判断方法包括定性分析方法和定量分析方法。定性分析方法是从自然条件、作用因素及其变化上对比滑动与稳定之间的关系,以判断库岸的稳定程度,主要包括自然(成因)历史分析法、工程类比法、图解法、边坡稳定性分析专家系统等;定量分析方法是用各种力学方法计算出库岸稳定度在数值上的界限,其分为确定性分析方法和不确定分析方法,其中确定性分析方法主要包括极限平衡分析方法和数值分析方法,不确定性分析方法主要包括灰色系统评价方法、可靠度分析方法和模糊综合评价方法等。

滑坡体滑速计算及涌浪高度和传播计算方面,国内外并没有统一规范的方法。虽然有很多学者对此做了大量研究工作,但是不同方法计算出来的结果有时候出入很大。因此,既缺少实测的资料,又没有统一规范的方法,这些给滑坡体滑速预测及涌浪高度和传播计算带来了一定困难。

2. 流域水电工程主要建筑物耦联监控与分析技术

国内外大多水电工程都实施或规划了工程安全监测系统、机电设备的状态监测系统,基本形成了数字流域多种精度结合的地理信息和常规专业数据采集及传输的基础条件。随着流域水电开发的推进,工程安全监测和机电设备状态监测技术还需要进一步发展。这主要体现在,国内外仅有部分大型水电站对水轮发电机组运行状态进行在线监测,并未对水–机–电–厂房结构耦联进行全面监测,从而无法提供全面的监测信息;高坝大库泄洪建筑物安全监测以往侧重于观测水力要素,包括动水压力观测、渗压观测、流速观测等,且观测多为"点"的观测,难以真实、全面地反映泄流结构的工作性态变化并及时发现存在的异常、病害或隐患;对于深埋地下工程及泄流结构水下部位,传统的健康检测方法还具有一定的局限性,对其进行长期安全监测还缺乏有效的技术手段。

因此,研究水力学监测、结构动力学监测与物探检测技术相结合的多级耦合检测技术,建立基于多级检测技术、力学分析、信息融合分析技术相结合的安全耦合动态监测与分析方法,可提高水电工程安全监测和及时预警的有效性、可靠性。在此类方法中,力学分析主要是通过有限元数值分析和实测数据反馈分析相结合进行水工建筑物结构的工作性态动力检测(模态参数识别),通过全局优化算法匹配结构的实测频率和有限元模型模态计算频率以寻求反映结构真实性态的有限元模型,进而达到准确识别结构损伤位置和程度的目的。信息融合分析技术用于结合从多个信息源得来的数据和相关数据库中的相关信息,获得比单一信息来源更高的精确度和推论。对于水工建筑物健康监测领域,决策级融合可以综合多个损伤监测指标的识别结果,以提高损伤识别的准确率。首先,通过使用多种损伤识别方法分别对实测数据进行分析处理,包括滤波降噪、模态识别、特征提取等,得出每种损伤识别方法的初步判断结论;然后,对各种初步判断结果进行决策级融合判断进而获得综合推断结果。

1.3.3　数据集成管理技术

数字流域的本质是通过有效驾驭数据来科学管理流域。通过对流域数据的汇总、存储、监控、分析,最后形成对流域动态、实时、科学的管理,最大化地发挥流域水资源的综合效益。数字流域的管理对象是数据,这些数据包括流域运行的实时状态数据、流域生产工程管理数据、流域管理过程中的文档数据、流域现场的视频监控数据,以及流域地理和空间的数据。

数字流域,是通过数据全生命周期集成管理(如图1-1所示),运用"云大物移"(云计算、大数据、物联网、移动平台)等互联网+技术,完成流域数据的采集、汇总、存储、监控、展现、分析。物联网和移动平台主要用于数据采集和展现;云计算主要完成数据的汇总、存储等,为数据分析提供技术环境;大数据平台进行数据分析、监控与展开,实现流域全数据全生命周期的管理与应用。其中,大数据技术和云计算技术是数据集成管理的关键技术。

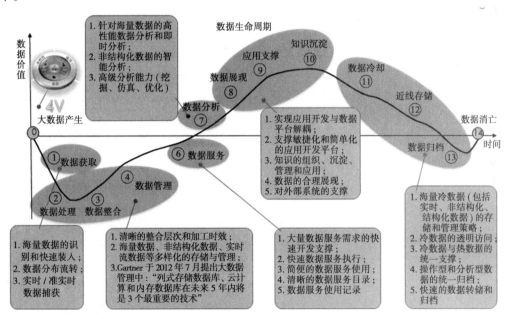

图1-1　数据全生命周期集成管理

1.3.3.1　大数据技术简介及其在数字流域的应用

对于大数据(Big data),研究机构 Gartner 给出了这样的定义:大数据是需要新处理模式才能具有更强的决策力、洞察发现力和流程优化能力来适应海量、高增长率和多样化的信息资产。IBM 公司也进行了定义,即大数据具有四个层面的特点:第一,数据体量巨大,从 TB 级别,跃升到 PB 级别;第二,数据类型繁多,包括网络日志、视频、图片、地理位置信息等;第三,价值密度低,商业价值高,以视频为例,连续不间断监控过程中,可能有用的数据仅仅有一两秒;第四,处理速度快。业界将其归纳为 4 个"V",即 Volume、Variety、Value、Velocity。

大数据就是互联网发展到现今阶段的一种表象或特征,百度百科中从三个层面来展开大数据的描述,如图1-2所示。

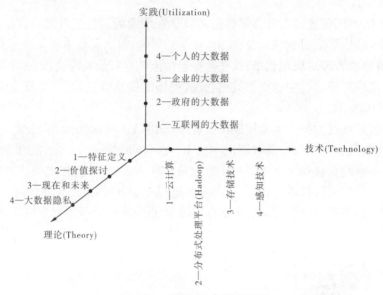

图1-2　大数据三个层面描述

第一层面是理论,理论是认知的必经途径,也是被广泛认同和传播的基线。在这里从大数据的特征定义理解行业对大数据的整体描绘和定性;从对大数据价值的探讨来深入解析大数据的珍贵所在;洞悉大数据的发展趋势;从大数据隐私这个特别而重要的视角审视人和数据之间的长久博弈。第二层面是技术,技术是大数据价值体现的手段和前进的基石。在这里分别从云计算、分布式处理平台、存储技术和感知技术的发展来说明大数据从采集、处理、存储到形成结果的整个过程。第三层面是实践,实践是大数据的最终价值体现。在这里分别从互联网的大数据、政府的大数据、企业的大数据和个人的大数据四个方面来描绘大数据已经展现的美好景象及即将实现的蓝图。

数字流域依赖大数据技术和平台完成流域数据的采集、汇总、存储、监控、展现、分析。其中,按照数字流域对大数据中流域运行的实时状态数据、流域生产工程管理数据、流域管理过程中的文档数据、流域现场的视频监控数据,以及流域地理和空间的数据,大数据平台应包括存储结构化数据的传统数据仓库平台、存储非结构化数据的分布式数据平台与存储实时数据流的数据平台,实现对来自包括流域生产管理系统、工程管理系统、人力资源管理系统、财务管理系统、实时数据交换平台、文档管理系统等专业系统的涵盖结构化数据、非结构化数据、实时数据、空间地理信息数据、三维模型数据五大类数据的采集、转换、存储、管理和应用,并基于流域基础数据模型实现覆盖全流域、全业务、全层级的各类数据的关联,为流域数据应用提供支撑。

针对数字流域的不同类型数据,需要通过混合的大数据平台技术,实现对不同类型数据的建模与存储。数据仓库按数据层次划分为缓冲层、整合层、汇总层、数据集市层。数据仓库不同层级间数据流转:通过数据的加载、校验、清洗、转换、整合、汇总等操作,实现数据从缓冲层、整合层、汇总层到数据集市层的流转,主要以关系数据库内部批量实现。在数据存储包含基于关系数据库的传统数据仓库与基于 Hadoop 的大数据平台,用来存放不同性质的数据,并提供不同的数据服务。传统数据仓库负责存储和管理结构化数据,大数据平台负责存储和管理非结构化数据、实时数据、流域空间地理信息、工程三维模型数据。全流域基础数据模型及企业数据模型的设计是数据存储的结构。全流域基础数据模型,就是用以进行全流域数字化表达的各类 GIS 模型数据、BIM 模型数据的基础骨架。在数据模型中充分考虑全流域基础数据模型与各类 GIS 模型数据、BIM 模型数据的耦合。

企业数据模型,是以水电站全生命周期理论为基础,设计覆盖流域工程设计、水电建设、发电运行等全流域、全业务、全层级的数据模型,使公司各类应用系统能在统一的电站全生命周期管理中支撑各类数据进行交换和应用。企业数据模型包括流域基础数据模型信息(如流域、大坝、系统、设备等)、管理信息(如建设管理、生产管理、集控运行、大坝管理、生态管理、移民管理、工程物资管理、生产物资管理、财务管理、人力资源管理、企业内控、风险信息等)、文档等非结构化信息、实时信息、空间信息等,如图 1-3 所示。

图 1-3 企业数据模型组成

对流域开发企业管理而言,大数据应提供高度汇总的关键信息展示,帮助高层管理者快速了解企业经营状态,快速作出战略决策;对中层管理者而言,大数据将提供灵活的、多方位的信息统计、分析、汇总,通过业务分析及建模工具,对业务进行计划和预测,分析发展趋势,为科学分析提供有力依据;对业务操作者而言,大数据提供日常对内对外的各种管理报表,对各种异常情况进行预警,对日常业务活动进行监控。

1.3.3.2 云计算技术简介及其在数字流域的应用

云计算(Cloud Computing)是基于互联网的相关服务的增加、使用和交付模式,通常涉及通过互联网来提供动态易扩展且经常是虚拟化的资源。现阶段广为接受的是美国国家标准与技术研究院(NIST)的定义:云计算是一种按使用量付费的模式,这种模式提供可用的、便捷的、按需的网络访问,进入可配置的计算资源共享池(资源包括网络、服务器、存储、应用软件、服务),这些资源能够被快速提供,只需投入很少的管理工作,或与服务供应商进行很少的交互。云计算是分布式计算(Distributed Computing)、并行计算(Parallel Computing)、效用计算(Utility Computing)、网络存储(Network Storage Technologies)、虚拟化(Virtualization)、负载均衡(Load Balance)、热备份冗余(High Available)等传统计算机和网络技术发展融合的产物。

　　云计算可以认为包括以下几个层次的服务:基础设施即服务(IaaS),平台即服务(PaaS)和软件即服务(SaaS)。

　　(1)IaaS(Infrastructure as a Service):基础设施即服务。消费者通过 Internet 可以从完善的计算机基础设施获得服务。例如:硬件服务器租用。

　　(2)PaaS(Platform as a Service):平台即服务。PaaS 实际上是指将软件研发的平台作为一种服务,以 SaaS 的模式提交给用户。因此,PaaS 也是 SaaS 模式的一种应用,但是 PaaS 的出现可以加快 SaaS 的发展,尤其是加快 SaaS 应用的开发速度。例如:软件的个性化定制开发。

　　(3)SaaS(Software as a Service):软件即服务。它是一种通过 Internet 提供软件的模式,用户无需购买软件,而是向提供商租用基于 Web 的软件,来管理企业经营活动。例如:阳光云服务器。

　　1. 运用云计算技术实现流域基础设施虚拟化

　　云计算的基础设施层(IaaS)和平台层(PaaS)相关技术,首先应用在流域机房升级改造上,实现流域计算资源、存储资源的逻辑抽象和统一表示,在服务器、网络及存储管理等方面都有着突出的优势,大大降低了信息基础设施管理复杂度,提高了资源利用率和运营效率,从而有效地控制了成本。其次,云计算所代表的计算服务模式,使流域相关用户能通过网络随时获得近乎无限的计算能力和丰富多样的信息服务,它创新的商业模式使用户对计算和服务可以取用自由、按量付费。目前的流域基础设施云计算可以融合以虚拟化、服务管理自动化和标准化为代表的大量革新技术,云计算借助虚拟化技术的伸缩性和灵活性,将资源封装为服务交付给用户,减少数据中心的运营成本;利用标准化,方便流域相关的管理应用系统的开发和交付,缩短了应用系统的上线时间。

　　2. 运用云计算技术支撑流域数字化应用

　　基于云计算的流域基础设施,以 SaaS 的形式,承载并支撑流域三类应用:第一类是传统管理信息化的主要应用系统,包括流域生产管理系统、流域工程管理系统、流域资源管理系统(ERP)和流域行政办公相关系统;第二类是流域集中监控与运行中心的系统,即以"水、电、坝、设备、市场"为基础管理对象,建立覆盖集控中心和电站信息"采、监、析、显"的一体化的应用系统,包括水情水调系统、计算机监控系统、调度自动化系统、水工建筑物监控系统等;第三类是流域大数据中心,包括以水电站全生命周期理论为基础,覆盖流域工程设计、水电建设、发电运行等全流域、全业务、全层级的各类信息数据大平台,以及平台上的各类分析、监控、辅助决策等应用。

1.3.4　三维可视化展现技术

1.3.4.1　三维 GIS 技术

　　1. 三维 GIS 的概念和功能特点

　　地理信息系统(Geographic Information System,GIS)指的是对现实世界地理数据及其属性数据进行采集、存储、建模、管理、运算、分析、显示,以对资源、环境和区域等方面进行规划、管理和决策的人机系统。

　　GIS 技术按照组织和显示地理数据的维度可以划分为二维 GIS 和三维 GIS。二维

GIS 只能处理平面坐标系上的信息,如果相同的坐标点(x,y)对应多个z值则无法表达。一些 GIS 系统将高程变量作为属性变量,但是在这种情况下高程值并不是一个独立的变量,因此这种 GIS 系统只能称为 2.5 维系统。二维 GIS 和三维 GIS 的本质区别在于数据分布的范围:对于二维 GIS 系统,可用表达式 $v=f(x,y)$ 来表示,对二维平面内的一个坐标(x,y)它相应的属性值是v,对于 2.5 维 GIS 系统来说,v代表对应点的高程值,从这样的 GIS 系统中只能获取地表点的信息,而系统中其他点都不可知,因此本质是二维的。一个真正的三维 GIS 系统,具有 x、y、z 三个独立的坐标轴,z 是一个独立的变量,可用表达式 $v=f(x,y,z)$ 来表示,其中(x,y,z)在三维空间内连续变化,任一点(x,y,z)的属性值都可以得到,因此具有连续的数据结构和与之相应的分析功能。从直观展示效果来说,相比于二维 GIS,三维 GIS 对客观世界的表达更能给人以真实的感受,它采用立体造型技术展现地理空间现象,不仅能表达空间对象间的平面关系,而且能描述和表达它们之间的垂向关系;另外,空间对象三维可视化、三维空间数据管理、对象 – 属性双向查询、三维空间分析等功能也是三维 GIS 独有的特点。其中,后三项功能还是三维 GIS 与 3D MAX、Maya 等三维虚拟仿真软件的根本区别。正因为其所具备的独特优势,三维 GIS 技术已广泛应用于城市规划、数字校园、建筑设计、地质灾害监控、石油、电力等领域。

2. 三维 GIS 空间分析技术

1)空间查询技术

空间查询包括属性 – 空间位置查询、空间位置 – 属性查询及空间关系(邻接、包含、相离、相交、覆盖等)查询等。

2)空间量测技术

空间量测包括距离、质心、面积、表面积、体积等的测量。

3)叠置分析技术

叠置分析是指将两个或更多的空间要素对象所在图层进行逻辑交、逻辑并、逻辑差等基本运算,生成一个包含新要素的图层,该图层综合了原来多层空间要素所具有的空间或属性特征。

4)缓冲区分析技术

缓冲区分析是指以点、线、面、体等空间要素对象为基础,自动建立其周围一定范围内的缓冲区图层,进而将该图层与目标图层进行叠置分析以获取所需结果。

5)网络分析技术

网络分析是指依据网络拓扑关系,通过考察网络元素的空间及属性数据,以数学理论模型为基础,对网络的性能特征进行综合分析的一种方法。具体包括路径分析、资源分配、连通分析等。

6)空间统计分析技术

空间统计分析是指对多个空间要素对象的属性及其空间分布进行综合统计分析,以发现其属性的空间统计分布规律的方法。

3. 三维 GIS 平台的搭建

三维 GIS 平台的搭建主要有两种方式:一是利用图形引擎从底层开发实现,典型的开发方式有 C + +、C#、JAVA 和 OpenGL、DirectX 等,底层开发方式具有针对性强、灵活、开发工作量大的特点;二是在已有成熟三维 GIS 平台基础上进行二次开发实现,目前较为成熟的三维 GIS 平台包括 Skyline、ArcGIS 等国外软件,也包括 SuperMap、CityMaker、EV - Globe、UGlobe 等国产软件,此种开发方式开发工作量相对较小,但在开发过程中会受到使用平台自身性能的限制。

4. 三维 GIS 和 BIM 的融合

三维 GIS 平台的优势是展示宏观场景,对于精细化场景的展现是 BIM 平台的特长,因此对于流域水电工程这类既包含宏观流域空间地理环境,又包含枢纽区水工建筑物、机电设备、金属结构等精细化三维模型的展现,需要将 BIM 技术引入到三维 GIS 平台中,实现宏观场景与微观精细化场景的无缝过渡。

1.3.4.2　虚拟现实技术

1. 虚拟现实技术的概念和特征

虚拟现实技术是能够让用户通过多种传感设备投入到创建的计算机虚拟环境中,实现用户依靠多种感知方式实时感知和操作虚拟世界中的各种对象,从而获得身临其境的真实感受。

虚拟现实技术有以下三种主要特征,即 3I 特性:一是沉浸感(Immersion),指使用户通过视觉感知、触觉感知、运动感知、听觉感知等方式沉浸在虚拟环境中,如同在现实世界中一样;二是交互性(Interactivity),指用户利用键盘、鼠标,以及三维交互设备对虚拟环境中的对象进行多感知交互操作,并能够得到对象的自然反馈信息;三是构想性(Imagination),指用户可以根据在虚拟环境中的自身行为和已获取的信息,通过联想、推理和逻辑判断等思维过程,随着系统的仿真状态变化对系统演变的未来进展进行想象,以获取更多的知识。

虚拟现实系统根据用户参与形式的不同一般分为四种模式:桌面式、沉浸式、增强式和分布式。桌面式是使用普通显示器或立体显示器作为用户观察虚拟世界的一个窗口;沉浸式可以利用头盔式显示器、位置跟踪器、数据手套和其他设备,使参与者获得身临其境的感觉;增强式是将真实环境和虚拟环境融合在一起,使用户既可以看到真实世界,又可以看到叠加在真实世界的虚拟对象信息;分布式是将异地不同用户联结起来,投入到同一虚拟世界进行操作,共同体验虚拟经历。

2. 虚拟现实和三维 GIS 的融合

三维 GIS 技术的优势是对三维空间数据的组织管理和展现,然而在三维 GIS 平台中,一方面空间数据的展现是静止的,另一方面信息获取的交互方式主要通过系统界面来实现,故难以营造更具真实感的用户体验环境。虚拟现实和三维 GIS 的融合,一方面可以实现在三维 GIS 环境中对现实世界变化过程(如施工进度面貌、建筑物及山体变形、洪水传播等)的仿真模拟,另一方面可以实现用户和三维空间对象之间的多感知交互,这样可以给用户带来沉浸式的体现效果,更好地理解和分析虚拟世界信息。

2　雅砻江流域数字化平台建设需求

2.1　雅砻江公司信息化建设基本情况

在雅砻江流域开发管理过程中,雅砻江公司进行了基础通信网络系统、数据交换平台、服务器虚拟化平台等公共信息服务平台的建设,为业务应用系统建设提供了良好的基础保障条件,同时为满足业务管理需求进行了工程建设管理信息系统、两河口大坝施工质量实时监控系统、电力生产管理信息系统、水电厂实时运行监控系统、水情测报与水调自动化系统、流域大坝安全监测信息管理系统等业务管理平台的建设,初步形成了雅砻江公司的信息化管理体系,并建立了相应的管理维护团队和管理保障机制,为企业信息化建设和深化应用奠定了良好的通信支撑和保障基础。

2.1.1　工程建设管理信息系统

雅砻江公司工程建设管理信息系统主要为在建水电工程的质量、成本、进度等目标服务,包含合同结算、物资管理、质量管理、进度计划等若干模块。工程管理的基本单元划分主要按照工程的工作分解结构,即 WBS 进行划分,土建、安装等施工项目都按单位工程、分部工程、分项工程和单元工程的层级关系逐层细化,并以单元工程为质量验评、投资计量等管理的基础单元。工程管理信息系统实现了向财务系统的数据传送,结算流程可以转到财务系统中运行。

2.1.2　两河口大坝施工质量实时监控系统

为控制水电站关键项目的施工质量,优化施工过程计划,雅砻江公司针对两河口水电站建设了大坝施工质量实时监控系统,通过大型施工设备上的定位及传感设备,实时采集运输车辆位置、碾压激振力等关键施工参数数据,并进行系统自动分析处理,对不满足设计要求的施工过程进行实时报警,并对施工质量验收评定提供数据支撑。

2.1.3　电力生产管理信息系统

雅砻江流域电力生产管理信息系统是基于 MAXIMO 产品客户化开发完成的,主要功能包括运行操作票证办理、检修工作票证办理、缺陷申报与消缺处理、设备台账、物资管理、安全管理等,其中涉及对设备的记录标识时按照德国 KKS 编码系统,按照系统、设备、部件层级关系进行逐层细化,作为设备管理和操作对象。建筑物对设备空间区域进行标识,便于记录缺陷等数据。监测设备进行 KKS 编码,记录缺陷和维护数据。

2.1.4 水电厂实时运行监控系统

雅砻江公司为各个电厂建设了包括计算机监控系统、电能量采集系统、继电保护和故障录波系统等在内的设备运行状态实时数据采集和自动控制系统,这些系统集中在电力生产安全分区的Ⅰ区和Ⅱ区,基本上自动运行控制,只在电厂和集控中心相应安全分区内数量很少的计算机上能够查看数据,系统产生的大量设备状态数据按照测点来标识并进行逻辑判断,没有与其他信息系统共享,也还没有用于设备状态分析诊断及检修决策。

2.1.5 水情测报与水调自动化系统

雅砻江公司通过自建和信息共享的流域水文、气象站点自动监测数据,建立水情测报系统对流域来水情况进行自动预测预报,以支撑工程施工期的防洪度汛和电站运行的水库调度。在此基础上,实现了约束边界条件下的梯级水库泄放水优化调度、闸门启闭调度方案计算和评估,为电站效益的充分发挥提供支持。

2.1.6 流域大坝安全监测信息管理系统

为实时监测电站工程建筑物及周边区域地质环境,保证电站工程建筑物和区域环境地质安全,雅砻江公司建设了流域大坝安全监测信息管理系统,实现对各个工程安全监测设备读数的自动化采集与数据管理,提供数据分析、安全预警、信息报送等功能。系统中安全监测设备的编码与设计施工图纸中各个监测设备的编号保持一致。

2.2 雅砻江流域数字化平台需求分析

目前,数字流域在潜在产业化效益最为突出的水电行业应用还很少,本书的重要目标和特色就是要将数字流域技术在流域水电开发管理中进行全面应用,推进数字流域技术走向全面产业化。为了达到这一目标,本书将在研究雅砻江流域数字化平台建设规划及技术标准体系基础上,重点研究突破雅砻江流域梯级水电站群联合优化调度系统、工程安全监控和流域安全管理体系、水电工程全生命周期管理关键技术等内容,以流域—工程—电站为主线,健全流域信息采集传输、存储管理和应用服务等基础设施,建立包含雅砻江流域水电开发规划与数字化设计系统、雅砻江流域水电工程建设管理与决策支持系统、雅砻江流域水电站运行管理与决策支持系统、雅砻江流域开发水资源综合管理与决策支持系统等主要应用系统在内的雅砻江流域数字化平台,并进行应用示范,以满足流域开发管理需求,实现从工程项目的规划设计、施工建设到生产运行全生命周期管理的高度沉浸感、高度逼真度和高度协同性,实现流域开发发电、防洪、生态保护、水土保持、公共安全等多目标数字化管理,为流域开发专业管理和决策提供强有力的支撑。

根据流域数字化平台的定位和流域水电开发的核心业务,分析数字化平台的功能需求,流域开发的过程管理包括以下几方面的内容。

(1)工程建设的过程控制。水电站的建设包括挡水建筑物、引水系统、泄洪系统、地下厂房、发电设备安装等。工程建设的过程控制包括工程进度控制、工程质量控制、工程量监控、施工现场人员和车辆监控、关键工程实施过程监控等。

（2）电力生产的过程控制。水电站的运行管理包括安全管理、生产管理、技术管理等。电力生产的过程控制包括生产现场的安全监控、厂区车辆及人员的实时监控、枢纽泄洪过程监控和管理、生产运行仿真。

（3）梯级水电站运行调度。梯级水电站运行调度包括对流域气象、水情的数字化监测和预报，实现对径流的精确掌握，通过梯级水库多目标优化调度模型分析，用于梯级水库的优化调度。

（4）征地移民的过程控制。征地移民涉及大范围的林地、土地征占用和居民生产生活恢复，包括人口搬迁、生产安置及工矿、企业、基础设施及城镇的规划和拆迁复建。征地移民的过程控制包括实物指标的管理、实施进度的管理等。

（5）环保水保的过程管理。流域的环保水保工作涉及自然环境、地表水环境、地下水环境等具有明显空间特征的信息，环保水保的过程管理包括相关三维信息的管理、重要生态环境敏感区的监控、环保水保设施的监控等。

（6）大坝和区域公共安全的过程管理。大坝是水电站的核心建筑物，大坝安全不仅关系到电站的正常运行，也关系到流域的社会经济和生态环境安全。大坝安全的过程管理包括大坝安全监测过程管理、大坝水工维护过程管理等。同时，在大坝日常的运行过程中，对电站的下泄洪水演进过程进行模拟，并对可能影响的区域实行有效的预警，也是水电公共安全管理的重要需求。

3　雅砻江流域数字化平台系统框架及集成共享体系

3.1　流域数字化平台总体架构

雅砻江流域数字化平台在统一的系统建设技术标准体系框架下，汇总采集和整合管理空间数据和相关管理业务基础数据，以流域及工程模型的空间对象统一编码、数据统一配置管理、数据库结构统一规划的流域水电全生命周期管理数据中心为支撑，开发各专业信息管理与应用系统和三维可视化信息集成展示与会商平台。雅砻江流域数字化平台在数据源之上，采用包括数据管理层、业务应用层和展示会商层的三层架构体系设计，总体框架如图3-1所示。

3.1.1　数据源

雅砻江流域数字化平台的数据源包括通过3S、物联网、航测等技术自动化采集或是人工采集的雅砻江流域空间地理信息数据，在雅砻江流域工程建设和生产经营过程中由传感器、建筑物、设施设备、人员和已有业务系统产生的各类数据及由水电工程项目设计人员建立的工程三维模型数据。从数据自身的特征来看，大致可以划分为以下五种类型。

3.1.1.1　空间地理信息数据

该类数据主要来自于专业测绘机构通过遥测、航测、人工观测并制作发布的地理信息数据，常见的地理数据包括数字高程模型（DEM）和数字正射影像（DOM）、数字线划地图（DLG）等。

3.1.1.2　工程三维模型数据

工程三维模型数据主要是指水电工程项目设计人员基于三维辅助设计软件所建立的水电工程三维模型输出文件。对于进入运行阶段的电站，工程三维模型数据基本保持不变，其三维模型的维护更新任务由运行单位自行承担；对于建设过程中的水电工程，工程三维模型随设计深化和施工过程不断发生变更，三维模型的维护更新任务由设计单位作为三维数字化动态设计工作任务一并承担，定期更新随施工实际进展和设计变更而变化的实际和计划实现的工程三维模型。工程三维模型文件中包含三维模型空间对象的分解结构和编码，空间对象在进行三维设计建模时就应遵循流域水电全生命周期管理数据中心设计的统一分解结构及编码体系。三维模型数据由于存储了几何模型信息，数据量较大，需以文件格式接入，其文件格式接入应事先转换为与软件平台无关的第三方模型文件，如VRML、STL、IGES、STEP标准格式。

以流域空间地理信息系统和工程三维模型建立的空间对象为载体，可以不断集成与之相关的各阶段、各种类型业务数据以服务于项目的设计、建设、运营等整个生命周期。

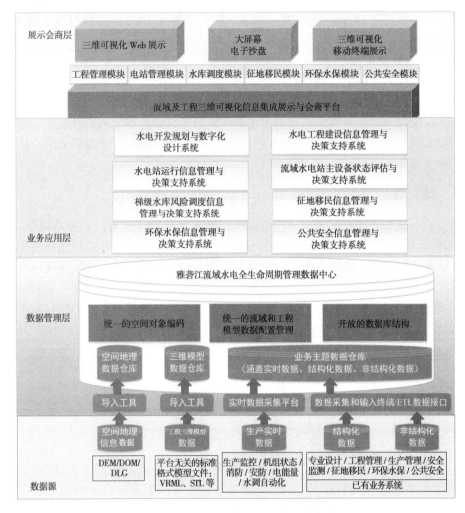

图 3-1　雅砻江流域数字化平台总体框架

3.1.1.3　生产实时数据

生产实时数据主要来自于电力生产过程中相关的传感器和设备,通过分布式控制系统(DCS)、数据采集与监视控制系统(SCADA)等底层信息系统进行采集,真实反映了电力生产的实时状态和历史过程。该类数据所涉及的系统主要包括电站计算机监控系统、工业电视系统、机组状态监测和分析系统、电能量采集系统、故障录波信息系统、水调自动化系统等。由于生产实时数据位于电力二次安防的安全区内,采集这些数据需要建设符合电力二次安防要求的数据交换平台,才可方便地实现数据资源的利用。

3.1.1.4　结构化数据

结构化数据包括设计期的工程规划设计基础资料和设计成果数据,施工期、运行期各新增业务应用系统采集的业务基础数据,以及由已有业务系统(主要包括工程建设管理信息系统、两河口大坝施工质量实时监控系统、电力生产管理信息系统、大坝安全监测信息管理系统等)采集获得的业务基础数据和分析结果数据。该类数据具有固定的结构,通常以关系数据库的二维表结构表达,反映雅砻江流域开发和管理状况,并为特定用户的工作和业务提供支持,数据产生既有终端用户的手工输入,也有经过应用系统的二次加工处理。

3.1.1.5　非结构化数据

相对于结构化数据而言,难以用关系数据库的二维表结构表达的数据统称为非结构化数据,它包括各种格式的办公文档、设计图纸、文本文件、图像文件、XML、HTML、报表、音频和视频信息等。非结构化数据的来源通常包括来自设计单位的设计基础资料和设计成果中的文档和电子图档、来自工业视频系统的音频和视频信息、来自各业务应用系统的各类文档和图片、来自互联网的网页等。

3.1.2　数据管理层

数据管理层主要负责汇总采集和整合管理流域开发管理所需的各种数据源,通过编码映射、格式转换等手段实现数据项统一编码和标准化,形成雅砻江流域水电全生命周期管理数据中心。雅砻江流域水电全生命周期管理数据中心是数据管理层的核心,也是雅砻江流域数字化平台中各个系统统一的数据汇集区和数据提供区。由于数据源的特征差异较大,数据采集的方式和技术也存在较大差别,因此需要在数据管理层中针对不同类别的数据分别采用不同的数据采集和导入方案。

3.1.2.1　针对地理数据和工程模型数据的数据导入和维护工具

地理数据和工程模型数据均属于特定领域的数据,在雅砻江流域数字化平台中作为三维可视化展示的基础数据。地理数据和模型数据需要利用专业化软件工具进行制作、发布和维护,有统一的国际标准和国家标准规定其数据格式,可通过数据导入和维护工具,实现对地理数据和模型数据的初始化导入和后续更新维护功能。

3.1.2.2　针对生产实时数据的实时数据采集平台

根据电力二次安防的要求,计算机监控系统、机组状态监测和分析系统、故障录波系统、电能量采集系统、水调自动化系统、工业电视系统等产生实时数据的信息系统部署在安全Ⅰ区或者安全Ⅱ区,必须实现从安全Ⅱ区向管理信息大区(Ⅲ区)进行高频率的单向数据传输;生产相关的传感器、设备、DCS系统和SCADA系统等对外传输数据所采用的协议标准多种多样。因此,为保证实时数据采集的实时性和完整性,需专门针对生产实时数据设计高性能的实时数据采集平台。该平台基于网闸单向传输协议实现从安全Ⅱ区向管理信息大区(Ⅲ区)的秒级单向数据传输,通过配置方式指定传输的源数据和目标数据;同时内置支持采集工业现场的多种工业设备协议,并以多种工业设备协议向其他系统或设备提供数据分发服务,以实现对管理信息大区(Ⅲ区)中的实时数据采集。

3.1.2.3　针对结构化和非结构化数据的数据采集与输入终端以及 ETL 数据接口

针对结构化和非结构化的数据采集,通过设计各类数据的采集与输入终端,建立数据编码标准,实现结构化和非结构化数据的自动化采集或手工录入。此外,通过 ETL 技术,对已有业务系统的数据进行提取、结构转换,加载至大数据中心,实现已有业务系统数据资源的整合应用。

3.1.3　业务应用层

业务应用层包括了雅砻江流域数字化建设平台的八大专业信息管理与应用系统,其主要功能是实现各业务领域内专题数据的汇集管理,以及数据分析、决策支持等功能的开发,并负责向流域三维可视化信息集成展示与会商平台提供三维可视化展示所需的基础数据和分析决策结果数据。

3.1.3.1 雅砻江流域水电开发规划与数字化设计系统

雅砻江流域水电开发规划与数字化设计系统以流域三维空间地理信息系统为基础,集成流域水文泥沙、区域或水库地质、地物地类、矿产、生态环境、名胜古迹、行政区划、道路交通等地理信息,人口、宗教、经济发展状况等社会经济信息,以及工程三维设计成果及属性等,为流域三维可视化信息集成展示与会商平台提供流域空间地理背景信息和工程三维设计模型数据,实现流域及工程规划设计数据的集成。

3.1.3.2 雅砻江流域水电工程建设信息管理与决策支持系统

雅砻江流域水电工程建设信息管理与决策支持系统以工程项目划分(WBS)、人员/物资分布区域为基础进行水电工程施工期图纸文档、施工质量、工程进度、计量投资、安全与应急、设备物资、现场视频监控等信息的管理与分析决策,为流域三维可视化信息集成展示与会商平台提供施工期工程建设管理数据,实现工程施工管理数据的集成。

3.1.3.3 雅砻江流域水电站运行信息管理与决策支持系统

雅砻江流域水电站运行信息管理与决策支持系统以电站KKS为基础进行电站安全监测与巡视、机电设备检修维护、生产物资设备、生产运行视频监控等信息的管理与分析决策,为流域三维可视化信息集成展示与会商平台提供运行期电站生产管理数据,实现电站运行管理数据的集成。

3.1.3.4 雅砻江流域水电站主设备状态评估与决策支持系统

雅砻江流域水电站主设备状态评估与决策支持系统利用数据中心历史数据(如运行状态数据、在线监测数据等)及人工输入的数据(如预试检测记录、带电测试数据、缺陷记录等),进行数据综合分析,实现水电站水轮发电机组、GCB、主变压器及GIS等设备的故障诊断、状态评价、预测和风险评估及检修决策建议功能,为雅砻江公司设备精细化管理和实施状态检修工作提供技术支撑。

3.1.3.5 雅砻江流域梯级水库风险调度与决策支持系统

雅砻江流域梯级水库风险调度与决策支持系统以流域梯级电站和水文站、雨量站为基础进行流域雨情、水情,各电站水库水位、流量,电站出力、发电量等信息的管理,并在本书理论方法研究的基础上实现短期、中期、长期水库预报调度及预报调度方案后评估,为流域三维可视化信息集成展示与会商平台提供流域梯级调度管理相关的水情、雨情、水调、电能量等基础数据及调度方案分析成果数据,实现流域梯级水库调度管理相关数据的集成。

3.1.3.6 雅砻江流域征地移民信息管理与决策支持系统

雅砻江流域征地移民信息管理与决策支持系统以移民安置项目中所涉及的县、乡/镇、村、户及主要专业项目为基础进行项目基本信息、预可研成果、实物指标调查成果、规划成果、移民安置计划、移民安置进度、合同、资金拨付、土地等信息的管理与分析决策,为流域三维可视化信息集成展示与会商平台提供流域征地移民管理数据,实现流域征地移民管理相关数据的集成。

3.1.3.7　雅砻江流域环保水保信息管理与决策支持系统

雅砻江流域环保水保信息管理与决策支持系统以工程施工期及运行期环保水保设施和环境监测站点为基础进行流域环境背景,环保水保设施设计、实施进展及运行监控,环境监测等信息的管理与分析决策,为流域三维可视化信息集成展示与会商平台提供流域环保水保管理数据,实现流域环保水保管理相关数据的集成。

3.1.3.8　雅砻江流域公共安全信息管理与决策支持系统

雅砻江流域公共安全信息管理与决策支持系统以警示设施、重点防护区域和对象为基础进行流域公共安全信息的管理,并进行泄洪及警示方案决策支持,为流域三维可视化信息集成展示与会商平台提供流域公共安全等基础数据及泄洪方案分析成果数据,实现流域公共安全管理相关数据的集成。

3.1.4　展示会商层

展示会商层以流域三维可视化信息集成展示与会商平台为核心,依托流域水电全生命周期管理数据中心和流域基础三维可视化平台,整合多源海量空间数据和业务管理数据,并集成展现业务应用系统基础数据和分析成果数据,开发各项业务的三维典型应用功能,实现流域水电工程、水电站运行、梯级水库调度、征地移民、环保水保、公共安全等信息集成与三维展示,为计算机用户、移动终端、大屏幕、电子沙盘等流域三维综合可视化展示应用开发及专家会商决策提供数据支撑。

3.2　流域数字化平台基础设施集成体系

雅砻江流域数字化平台对计算资源进行有机集成和优化配置,充分发挥计算资源的利用率,研究为各类业务应用搭建和提供所需计算资源的方法和机制,为雅砻江流域数字化平台业务应用系统的开发提供整体解决方案和技术规范。通过分析数据资源的需求和来源,研究雅砻江流域数字化平台数据资源体系结构,制定数据资源标准;研究数据标准化转换与无缝集成技术,研究在总体框架内,把各类数据资源在时间和空间维度上整合到雅砻江流域数字化平台数据资源体系内的方法和技术路线,为数据资源的集成提供相应的规范、标准和技术路线。

3.2.1　计算资源集成应用规划

通过现场调研和专家座谈,掌握了雅砻江公司计算机资源现状及未来需求,确定了以虚拟化硬件计算资源服务器平台和多种分布式计算平台为核心的计算机资源集成规范,是保证现有系统和未来系统合理最大化利用资源的有效手段。

雅砻江流域数字化平台计算资源的有机集成包括硬件计算资源和软件计算资源两部分。其中,硬件计算资源集成是以云计算中基础设施即服务(IaaS)为基础的,以资源虚拟化为手段的计算平台建设;软件计算资源集成则是以 IaaS、PaaS 及 SaaS 为核心,以虚拟HTC、HPC 及 MapReduce 等 MTC 多任务分布式计算平台为手段,为大规模数据模拟、三维模型渲染、全流域数据分析、离线数据挖掘和聚类分析等计算密集型算法提供私有的、可扩展的、强大的统一计算资源平台。计算资源集成整体架构如图 3-2 所示。

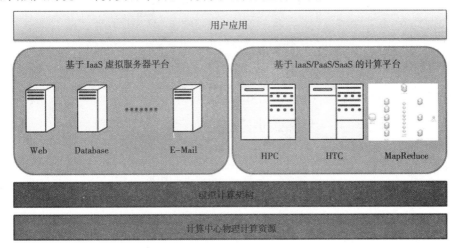

图 3-2　计算资源集成整体架构

其中,基于 IaaS 的虚拟服务器平台是为用户应用程序提供日常服务所需设备。具体架构采用 OpenStack、Xen、VMWare、VirtualBox 或 Hyper－V 等相应软件进行搭建,该方案具有提高硬件计算资源利用率、增强服务的扩展性、便于统一管理和集成、强化系统的安全性和稳定性等优点。图 3-3 为基于 IaaS 的虚拟服务器组架构。

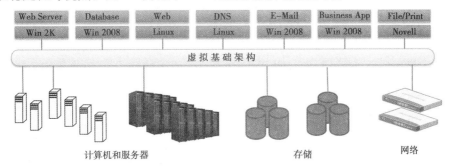

图 3-3　基于 IaaS 的虚拟服务器组架构

基于 IaaS、PaaS 和 SaaS 的统一计算平台是雅砻江流域数字化平台的后台计算平台,可以为雅砻江流域数字化平台所需的三维模型生成、三维地图的渲染、模型计算、数据分析与挖掘等大规模数据计算提供可能。这一方面为了提供更为高效的后台计算资源,另一方面也为其他应用程序的服务提供更优质的数据结构,从而减少动态数据的实时性要求所需巨大的处理器压力,同时提供更快的服务。

计算资源平台主要以高性能计算(HPC)、高通量计算(HTC)及分布式计算平台(如MapReduce)的方式为用户提供多种选择。计算中心可以根据用户所需计算的类型指导或开发相应类型的处理程序,实现对不同需求的应用。

计算资源平台的动态配置基础也是资源虚拟化。图 3-4 显示的是三组物理集群通过虚拟化后整合成一个计算资源池,并在之上创建多个动态的虚拟集群。

计算资源既包括硬件计算资源也包括软件计算平台,对于雅砻江流域数字化平台信

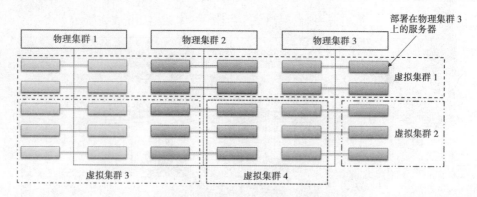

图 3-4　计算资源虚拟化示意图

息集成而言,必然面临用户分布广、网络保障难、设备类型多、管理难度大等诸多问题。因此,在计算资源集中管理规范中确定以公司计算中心、电站分计算中心和孤立计算中心三级的计算资源保障平台。

公司计算中心:全面负责公司业务网络资源和计算资源的保障工作,建立所有离线计算资源的统一平台。所有离线计算结果生成动态更新包定时发布。

电站分计算中心:仅负责本电站及区域内用户信息的服务,对本区域内产生的数据通过网络上传至公司计算中心,将公司计算中心线下计算的结果定期更新至分计算中心。

孤立计算中心:仅在无法提供可靠网络与公司计算中心连接的区域,建立孤立计算中心。其产生和消费的数据通过光盘与公司计算中心进行同步。

图 3-5 为各数据中心分布示意图。

3.2.2　数据中心计算资源集成建设方案

3.2.2.1　企业数据中心建设要求

数据中心的计算资源整合是 IP 技术与 IT 技术两大领域的结合体,对于数据中心的管理不仅需要从底层资源的角度出发来保障业务和性能,也要从业务和性能的角度出发来优化网络。这意味着对数据中心计算资源的管理需要采用全新的管理模型和灵活的功能架构,并且充分考虑基础设施、技术趋势、业务运行、运维服务等各种管理要素,建立一个标准化、开放式、易扩展、可联动的统一智能管理平台,实现资源、业务、运维融合联动的精细化管理。

云计算数据中心是计算资源集中管理的核心,这不但包含对计算机系统和其他与之配套设备(例如通信和存储系统)的管理,还包含对冗余的数据通信连接、环境控制设备、监控设备及各种安全装置等所有辅助设施的管理。

云计算数据中心是支撑云服务要求的数据中心,包括场地、供配电、空调暖通、服务器、存储、网络、管理系统、安全等相关设施,具有高安全性、资源池化、弹性、规模化、模块化、可管理性、高能效、高可用等特征。

新一代绿色数据中心(简称绿色数据中心),就是通过自动化、资源整合与管理、虚拟化、安全及能源管理等新技术的应用,解决目前数据中心普遍存在的成本快速增加、资源管理日益复杂、信息安全及能源危机等尖锐的问题,从而打造与行业/企业业务动态发展

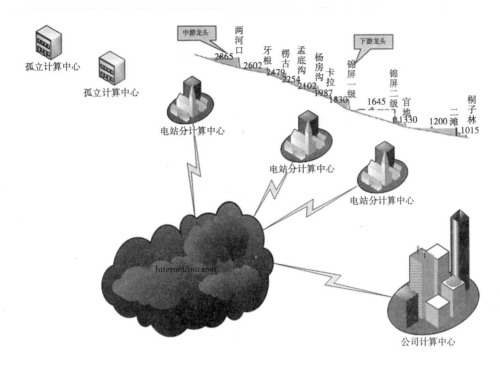

图 3-5 计算中心分布示意图

相适应的新一代企业基础设施。

从云计算数据中心的定义可以看出,云计算数据中心就是在传统数据中心的基础上,体现云计算关键特征的数据中心。从内涵上看,云计算数据中心包含了新一代绿色数据中心。

3.2.2.2 云计算数据中心参考架构

目前,国内外已经广泛开展数据中心的建设,但是对云计算数据中心的组成及各个组成部分总体要求的认识尚需统一。云计算数据中心参考架构如图 3-6 所示。

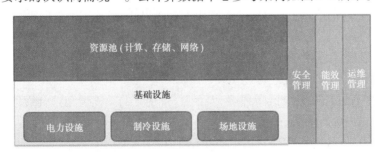

图 3-6 云计算数据中心参考架构

从图 3-6 可以看出,云计算数据中心参考架构主要包括五个部分。

1. 基础设施

基础设施是指为保证云计算服务商 IT 环境和服务正常运行而必须建设的各类设施,如建筑、电气、空调、网络等,基础设施满足模块化、弹性扩展、按需提供和智能化调度。其中,场地设施主要包括数据中心建设和运行所依赖的环境,如地理位置、房屋结构等;电力设施包括供配电系统、UPS 不间断电源系统;制冷设施包括冷源系统、传输系统和精密空调系统。

2. 资源池

资源池是指云计算数据中心中所涉及的各种硬件和软件的集合,按其类型可分为计算资源、存储资源和网络资源。其中,计算资源池由执行和管理计算任务的软硬件资源组成,包括了云计算数据中心的物理主机、管理物理主机硬件资源的系统软件及协调多物理主机计算行为的中间件等,以池化方式实现虚拟主机的调度与分配。存储资源池包括各类以存储数据为目的提供的资源,提供的形式包括但不限于块存储、文件存储、对象存储等,提供一种实用性的存储服务,为众多用户提供一个通过网络访问的共享存储池。网络资源池由网络软硬件、网络协议和网络接入资源构成,网络资源池主要实现了云计算数据中心各个组件的互联、用户业务的按需部署和服务。

3. 安全管理

安全管理包括技术措施和管理措施两部分,主要用于防范云计算数据中心各种来自外部和内部的攻击、破坏和意外情况等安全威胁,保障云计算数据中心不受影响,信息系统可以稳定运行。其中,技术措施保障云计算数据中心基础设施和资源池的安全;管理措施是对数据中心各种角色的活动控制和规定,包括安全方针、安全组织、人力资源安全等。

4. 能效管理

能效管理包括能效计量、能耗评定、能效管理机制。其中,能效计量实现对云计算数据中心各种组件(包括基础设施、资源池等)的能源和效率进行计量数据采集和监测;能耗评定是指根据一定的规则对能耗给予评分,包括评定的原则、指标、基本要求与方法;能效管理机制是在云计算数据中心运行过程中,为有效进行能效管理而建立的对应的组织架构、流程和制度。

5. 运维管理

运维管理包括运维管理组织、运维管理机制和运维管理工具。运维管理主要实现云计算数据中心在运维管理过程中准确识别相关功能组件,了解该组件的设计能力,定义与该组件技术特点相匹配的监控指标,并通过主动与被动的管理,最大限度地保证数据中心各功能组件的可用性,最终实现数据中心服务与经济上的目标。

3.2.2.3 数据中心管理解决方案

(1)数据中心管理需要提供端到端、大容量、可视化的基础设施整合管理方案。

数据中心除传统的网络、安全设备外,还存在存储、服务器等设备,这要求对常见的网管功能进行重新设计,包括拓扑、告警、性能、面板、配置等,以实现对基础设施的整合管理。在底层协议方面,需要将传统的 SNMP 网络管理协议和 WMI、JMX 等其他管理协议进行整合,以同时支持对 IP 设备和 IT 设备的管理。

在软件架构方面,需要考虑上万台设备对管理平台性能的冲击,因此必须采用分布式的架构设计,让管理平台可以同时运行在多个物理服务器上,实现管理负载的分担。

另外,数据中心所在的机房、机架等也需要进行管理,这些靠传统物理拓扑的搜索是搜不出来的,需要考虑增加新的可视化拓扑管理功能,让管理员可以查看分区、楼层、机房、机架、设备面板等视图,方便管理员从各个维度对数据中心的各种资源进行管理。

(2)数据中心管理需要提供虚拟化、自动化的管理方案。

传统的管理软件只考虑物理设备的管理,对于虚拟机、虚拟网络设备等虚拟资源无法识别,更不用说对这些资源进行配置。然而,数据中心虚拟化和自动化是大势所趋,虚拟资源的监控、部署与迁移等需求将推动数据中心管理平台进行新的变革。

对于虚拟资源,首先需要考虑在拓扑、设备等信息中增加相关的技术支持,使管理员能够在拓扑图上同时管理物理资源和虚拟化资源,查看虚拟网络设备的面板,以及虚拟机的 CPU、内存、磁盘空间等信息。其次是加强对各种资源的配置管理能力,能够对物理设备和虚拟设备下发网络配置,建立配置基线模板,定期自动备份,并且支持虚拟网络环境(VLAN、ACL、QoS 等)的迁移和部署,满足快速部署、业务迁移、新系统测试等不同场景的需求。再次,数据中心管理需要提供面向业务的应用管理和流量分析方案。

数据中心存在着各种关键业务和应用,如服务器、操作系统、数据库、Web 服务、中间件、邮件等,对这些业务系统的管理应该遵循高可靠的原则,采用无监控代理(agentless)的方式进行监控,尽量不影响业务系统的运行。

在可视化方面,为便于实现 IP 与 IT 的融合管理,需要将网络管理与业务管理的功能进行对接,拓扑图上不但可以显示设备信息,也可以显示服务器菜单运行业务及详细性能参数。另外,数据中心带来了新的业务模型,如 1:N(单台服务器运行多个业务)、N:1(多台服务器运行单个业务)和 N:M(不同业务间的流量模型),这些业务对于数据中心的流量带来了很大的冲击,有可能造成流量瓶颈,影响业务运行,见图3-7。

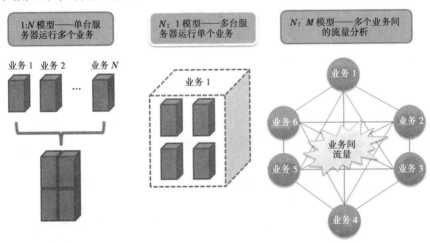

图 3-7 数据中心业务流量模型

因此,可以对诸如流量分析软件进行改进,提供基于 NetFlow/NetStream/sFlow 等流量分析技术的分析功能,并通过各种可视化的流量视图,对业务流量中的接口、应用、主机、会话、IP 组、七层应用等进行分析,从而找出瓶颈,规划接口带宽,满足用户对内部业务进行持续监控和改进的流量分析需求。

(3)数据中心管理还需要提供可控、可审计、可度量的运维管理方案。

对于负责运行数据中心的企业 IT 部门,经常遇到以下问题:

①IT 部门的工作量难以衡量与评估。

②故障处理有较大的随意性,出现问题后难以找到责任人与处理办法。

③技术人员的流动增大了 IT 管理难度,只有依赖经验丰富的老管理人员,新人一时无法接手管理。

④IT 部门的成本不好控制,投入产出的效果不明显。

因此,必须考虑引入运维管理,参考 IT 服务管理的最佳实践——ITIL 管理模型,结合企业内部的人员、技术、流程和其他条件,通过用户服务平台、资产库、知识库等工具,对常见的故障处理流程、配置变更流程等进行梳理和固化,加强服务响应能力,及时总结相关经验,提高 IT 部门的服务交付能力与服务支持能力。

3.2.2.4　计算中心建设技术路线

1. 基于企业私有云提供 IaaS 服务

私有云技术在 IaaS 服务中扮演非常重要的角色。它可以将整个系统采用 OpenStack 技术路线或 VMware 服务器解决方案。下面仅介绍 OpenStack 的基本功能以供参考。

OpenStack 既是一个社区,也是一个项目和一个开源软件,它提供了一个部署云的操作平台或工具集。其宗旨在于帮助组织运行为虚拟计算或存储服务的云,为公有云、私有云,也为大云、小云提供可扩展的、灵活的云计算。

OpenStack 旗下包含了一组由社区维护的开源项目,它们分别是 OpenStack Compute (Nova)、OpenStack Object Storage(Swift),以及 OpenStack Image Service(Glance)。

OpenStack Compute 为云组织的控制器,它提供一个工具来部署云,包括运行实例、管理网络及控制用户和其他项目对云的访问。其底层的开源项目名称是 Nova,其提供的软件能控制 IaaS 云计算平台,类似于 AmazonEC2 和 Rackspace Cloud Servers。实际上它定义的是,与运行在主机操作系统上潜在的虚拟化机制交互的驱动,暴露基于 Web API 的功能。

OpenStack Object Storage 是一个可扩展的对象存储系统。对象存储支持多种应用,比如复制和存档数据,图像或视频服务,存储次级静态数据,开发数据存储整合的新应用,存储容量难以估计的数据,为 Web 应用创建基于云的弹性存储。

OpenStack Image Service 是一个虚拟机镜像的存储、查询和检索系统,服务包括的 RESTful API 允许用户通过 HTTP 请求查询 VM 镜像元数据,以及检索实际的镜像。VM 镜像有四种配置方式:简单的文件系统,类似 OpenStack Object Storage 的对象存储系统,直接用 Amazon's Simple Storage Solution(S3)存储,用带有 Object Store 的 S3 间接访问 S3。

用户可基于上述服务根据实际情况建立符合自身需要的私有云服务中心。

2. 基于服务器集群的 HPC、HTC 服务

为了提高雅砻江流域数字化平台大规模并行计算的效率,计算中心可以为特别的功能提供不同类型的高性能计算平台或高通量计算平台。这通常可以采用服务器集群来实现,集群中的服务器可以根据实际需求采用物理服务器或虚拟服务器。服务器集群的应用率可能会根据实际工作对象的不同而不同。通常对于模型大规模计算和模拟采用 HPC 服务,而不间断的类型转换服务则可采用 HTC 服务。HPC 服务可为多个模型线共享,不同时间完成不同的作业调度。

服务器集群就是指将很多服务器集中起来一起进行同一种服务,在客户端看来就像是只有一个服务器。集群可以利用多个计算机进行并行计算从而获得很高的计算速度,也可以用多个计算机做备份,从而使得任何一个机器坏了整个系统还能正常运行。

一旦在服务器上安装并运行了集群服务,该服务器即可加入集群。集群化操作可以减少单点故障数量,并且实现了集群化资源的高可用性。

服务器集群的优势:集群系统可解决所有的服务器硬件故障,当某一台服务器出现任何故障,如硬盘、内存、CPU、主板、I/O 板及电源故障,运行在这台服务器上的应用就会切换到其他服务器上。

集群系统可解决软件系统问题,我们知道,在计算机系统中,用户所使用的是应用程序和数据,而应用系统运行在操作系统之上,操作系统又运行在服务器上。这样,只要应用系统、操作系统、服务器三者中的任何一个出现故障,系统实际上就停止了向客户端提供服务,比如我们常见的软件死机,就是这种情况之一,尽管服务器硬件完好,但服务器仍旧不能向客户端提供服务。而集群的最大优势在于对故障服务器的监控是基于应用的,也就是说,只要服务器的应用停止运行,其他的相关服务器就会接管这个应用,而不必理会应用停止运行的原因是什么。

集群系统可以解决人为失误造成的应用系统停止工作的情况,例如,当管理员对某台服务器操作不当导致该服务器停机时,运行在这台服务器上的应用系统也就停止了运行。由于集群是对应用进行监控,因此其他的相关服务器就会接管这个应用。

3. 基于私有云的 MapReduce 服务

计算中心 MapReduce 服务是为了雅砻江流域数字化平台大规模模型计算而建立的,这个平台可以通过在私有云上建立大量虚拟机,再组成并发的计算平台,从而大大提高每台物理服务器多核计算资源利用效率。

MapReduce 提供了以下的主要功能:

(1)数据划分和计算任务调度:系统自动将一个作业(Job)待处理的大数据划分为很多个数据块,每个数据块对应于一个计算任务(Task),并自动调度计算节点来处理相应的数据块。作业和任务调度功能主要负责分配和调度计算节点(Map 节点或 Reduce 节点),同时负责监控这些节点的执行状态,并负责 Map 节点执行的同步控制。

(2)数据/代码互定位:为了减少数据通信,一个基本原则是本地化数据处理,即一个计算节点尽可能处理其本地磁盘上所分布存储的数据,这实现了代码向数据的迁移;当无法进行这种本地化数据处理时,再寻找其他可用节点并将数据从网络上传送给该节点(数据向代码迁移),但将尽可能从数据所在的本地机架上寻找可用节点以减少通信延迟。

(3)系统优化:为了减少数据通信开销,中间结果数据进入 Reduce 节点前会进行一定的合并处理;一个 Reduce 节点所处理的数据可能会来自多个 Map 节点,为了避免 Reduce 计算阶段发生数据相关性,Map 节点输出的中间结果需使用一定的策略进行适当的划分处理,保证相关性数据发送到同一个 Reduce 节点。此外,系统还进行一些计算性能优化处理,如对最慢的计算任务采用多备份执行,选最快完成者作为结果。

(4)出错检测和恢复:以低端商用服务器构成的大规模 MapReduce 计算集群中,节点硬件(主机、磁盘、内存等)出错和软件出错是常态,因此 MapReduce 需要能检测并隔离出错节点,并调度分配新的节点接管出错节点的计算任务。同时,系统还将维护数据存储的可靠性,用多备份冗余存储机制提高数据存储的可靠性,并能及时检测和恢复出错的数据。

3.3　流域数字化平台数据资源集成体系

　　针对雅砻江流域数字化平台系统建设规划及雅砻江公司未来应用系统示范应用的需求,结合《雅砻江公司信息化建设发展规划》,研究制定雅砻江流域数字化平台数据资源共享规划。确定了以雅砻江流域数字化平台数据中心为共享核心基础,将各应用系统数据接入数据中心,再统一由数据中心为各应用提供数据服务。

3.3.1　雅砻江流域数字化平台数据交换接口

3.3.1.1　数据交换接口模型

　　各现有应用系统在其运行和使用中将产生大量数据,这些数据必须统一通过数据交换平台转出。为了保证数字雅砻江信息化集成的要求,必须对数据交换平台转出的数据进行规范,同时对数据接口进行规范。

　　数据转换集成接口实现过程:源业务对象注册、业务元对象校验、业务元对象存储。数据交换接口模型如图 3-8 所示。

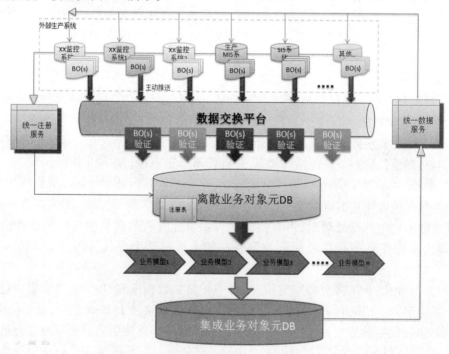

图 3-8　数据交换接口模型

3.3.1.2　历史业务系统与数据交换平台

历史业务系统在不做大的修改,通过现有业务数据交换平台转入到雅砻江流域数字化平台数据交换平台时,采用本规则处理。以下几点是实施过程中需要考虑的条件:

假定历史业务系统只作为数据生产者,不从本平台读取业务数据。此时历史业务系统会保持原系统的完整性和独立性,也不会破坏当前的应用状态。

雅砻江公司现有数据交换平台与雅砻江流域数字化平台数据交换平台是两个不同系统。为保证原有历史系统的正常运行,历史系统数据通过旧数据交换平台转出到新平台。因此,业务系统业务对象(BO)数据通过旧数据交换平台转出,再接入到新数据交换平台。

如果历史业务系统需要本平台数据作为基础,则建议对系统进行升级,完全按照雅砻江流域数字化平台应用规范进行设计。这样既可以减化数据集成难度,又可以利用雅砻江流域数字化平台三维虚拟现实展示基础库,实现更为丰富的数据展现功能。

3.3.1.3　新业务系统与雅砻江流域数字化平台数据交换

公司新建业务系统应分成两个层次:一是独立系统(如在安全Ⅰ区、Ⅱ区的生产管理方面应用系统),二是雅砻江流域数字化平台应用系统。

针对第一个独立系统的设计和需求,由于公司原有技术规范要求,数据交换可通过原有数据交换平台转出,再由旧数据交换平台将业务对象数据转出到新数据交换平台。

对于第二个基于雅砻江流域数字化平台的应用系统,则完全应采用雅砻江流域数字化平台数据交换平台要求进行。

3.3.1.4　雅砻江流域数字化平台数据交换平台工作过程

信息注册。在非雅砻江流域数字化平台上的应用程序需要将数据转出到本平台上之前,必须首先在信息中心进行注册。注册必须提交的数据(BO)应包括:①数据产生的系统名称;②注册时间;③注册人;④数据的类型:存储类型如 Text、XML、流媒体;⑤数据架构模式(XML schema);⑥数据所需容量;⑦信息导入接口函数;⑧数据导入周期类型(定时,定期,不定期,实时);⑨数据导入周期(依赖于上一数据导入周期类型);⑩查询此数据表单 URL;⑪权限;⑫权限期限。

数据校验。当外部业务应用系统进行数据推送时,数据交换平台调用注册时的数据 Schema 对转出数据进行校验。转出数据格式必须以 XML 形式提供,数据分成两部分: Head 和 Content。空间坐标、时间、权限、权限期限这部分作为 Head,数据内容作为 Content。

数据写入。将校验通过的数据按要求写入数据库,包括业务对象的权限级别设定和业务对象集合的权限级别设定。①业务对象(BO)权限级别设定:不可见、可见摘要、详细内容;②业务对象集合(BO set)权限级别设定:不可见、可见摘要、详细内容。以上 2 种权限可独立使用,也可做加和使用。

结果输出存储格式规范:使用关系数据库对业务对象元进行结构化存储。

可针对一个注册建立一组数据表,此时数据内容根据注册提供的数据架构建立关联数据表;可针对一个注册建立唯一一张数据表,此时数据内容部分采用 XML 字段存储。

为每一个应用建立相应的索引。

储存时效性:永久。

外部系统业务对象数据交换方式:①主动推送:业务应用可采用主动推送方式与元对象数据库进行数据交换;②数据交换平台抓取:可采用由交换平台抓取方式,获得业务应用数据,再与元对象数据库进行数据交换。

3.3.2 雅砻江流域数字化平台数据集成转换接口

3.3.2.1 雅砻江流域数字化平台数据集成转换接口模型

雅砻江流域数字化平台数据集成主要实现三个任务:①数据接口,针对不同类型数据的输入与输出,定义统一的注册、校验、发布及权限接口;②数据转换,针对数据服务的不同要求,将数据进行转换,提高数据服务质量;③数据存储,针对各种不同来源不同类型的数据,提供统一的数据存储服务。图3-9为数据集成及转换关系模型。

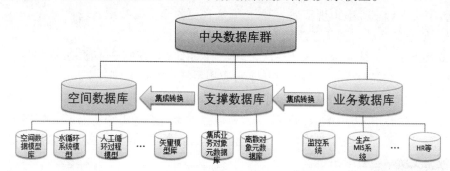

图3-9　数据集成及转换关系模型

雅砻江流域数字化平台数据集成转换模型中,业务数据库为各业务系统通过数据交换平台导出的业务数据提供存储区域;支撑数据库为将业务数据库通过集成转换接口转换成对象元数据库的中间结果提供存储区;空间数据库则是经过第二次集成转换及渲染后供地理信息系统3D虚拟现实技术进行展示的数据存储区。

数据集成转换的目的是加快用户请求的响应速度,并实现3D展示效果。转换接口分成以下两种:业务对象数据转换集成接口和地理信息系统转换接口。

1. 业务对象数据转换集成接口

业务对象数据转换集成接口是将各应用系统的业务数据,转换成业务对象元数据,并增加时空标记的过程。这将打破原系统内部业务对象间的紧密数据耦合关系,而更接近整个平台公共数据服务数据。图3-10为数据转换集成接口关系图。

将各独立、分散的生产业务系统数据进行集成转换,存储至集成业务对象元数据库,为数字化图形做准备。

集成业务对象元数据的组织形式,将以数据对象的空间、时间,以及数据权限为中心,在此基础上再进行业务类型划分,从而使各业务对象有机地与雅砻江流域数字化平台地理信息系统数据有机结合。

2. 地理信息系统转换接口

为适应三维虚拟现实展示的需求,地理信息系统转换接口将上一层转换到集成业务对象元数据库中的数据,转换为能够高速响应用户请求的地理信息数据。

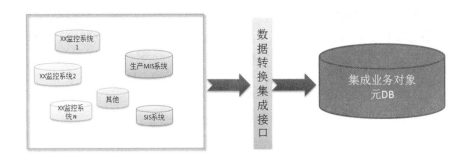

图 3-10　数据转换集成接口

由于三维虚拟现实展示平台的要求,展示数据通常以对象元矢量形式存在,如对象矢量模型、分类 GIS 图层、矢量或栅格图像等形式。这样从业务对象元数据库中的数据,需要转换到基于 GIS 的数据。图 3-11 为地理信息系统转换接口模型图。

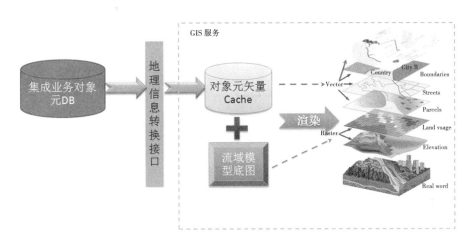

图 3-11　地理信息系统转换接口模型

将各集成业务对象元数据转换为 GIS 访问的矢量对象元数据,再通过渲染转换为 GIS 系统显示所应用的图层数据,为 3D 虚拟现实展示服务。

在地理信息转换过程中应满足下列要求:

定义:将有时效性的数据业务对象转换为 GIS 可标识的信息。

权限设定:针对业务对象所渲染的图层需要实现权限的划分。

结果输出存储格式规范:GIS 矢量存储。GIS 中基本的点、线、面模型,也就是最基本矢量数据,要求使用矢量数据结构记录矢量对象信息。

常见的矢量数据结构有以下 5 种:面条数据结构(spaghetti)、索引式数据结构、DIME 数据结构、链状双重独立式数据结构、POLYVRT 数据结构。

栅格数据存储:直接采用 GIS 数据存储,定期更新。

储存时效性:永久。

数据发布:为保障孤立站点计算资源能够使用,采取定期发布方式生成增量更新数据包。

3.3.2.2 地理信息接口数据处理

地理信息接口数据处理是雅砻江流域数字化平台应用系统开发的核心。雅砻江流域数字化平台应用系统是建立在数字流域模型和集成业务元数据之上的业务应用。一个应用通常是将一组离散的业务对象元数据进行业务关联组合,形成业务应用表或视图,存储至对象元矢量 Cache 数据库。最后通过地图服务引擎渲染成可视化的图层,展现在雅砻江流域数字化平台上。图 3-12 为地理信息接口数据处理模型图。

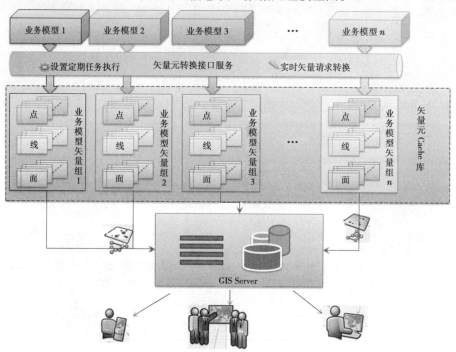

图 3-12　地理信息接口数据处理模型

整个接口数据处理过程应符合下列要求:

矢量元存储数据结构:矢量数据结构有 5 种,即面条数据结构(spaghetti)、索引式数据结构、DIME 数据结构、链状双重独立式数据结构、POLYVRT 数据结构。

接口服务方式:WebService 接口/Http 接口。

定期任务:根据用户实际需求,设置业务数据转换任务和执行周期,将业务对象元转换成矢量元并按指定矢量结构存储。

实时数据转换响应:根据特殊情况也可以响应实时图层请求。

权限设定:继承用户对业务对象的权限。

储存时效性:永久。

雅砻江流域数字化平台数据集成解决方案是从应用的层面和角度给出雅砻江流域数字化平台数据资源集成实施方案。通过此解决方案满足了不同系统间互联互通的需求,能够解决不同业务系统之间数据的不一致性,保证了雅砻江流域数字化平台时空数据之间的共享性,可为雅砻江流域数字化平台建设提供参考和依据。

3.4 流域数字化平台技术标准体系

流域数字化平台建设是一项复杂的系统工程,涉及水利、电力、通信、信息化等众多领域。考虑到流域数字化平台的重点是信息资源的开发利用和信息技术的应用服务,因此流域数字化平台技术标准体系当前应突出软件,具有相对的全面性。随着信息化的进展,再不断扩展和延伸。分析了现有水利、电力相关领域的信息化标准,提出了可以采用和企业需要编制的标准,形成了《流域数字化平台技术标准体系》。

《流域数字化平台技术标准体系》收录了国内外相关行业的已有标准,提出了部分企业拟编标准。在层次上,根据国家标准和行业标准相结合的方法,划分了通用标准和水利水电、信息技术专用标准;在专业序列上,根据雅砻江流域数字化平台的主要对象和工作流程,划分了 A 术语、B 分类与编码、C 地理信息、D 规划设计、E 信息采集、F 信息传输与交换、G 信息存储、H 信息处理、I 应用系统、J 安全、K 管理等专业序列。既考虑了信息自身的属性,又紧密结合当前应用的实际,使之通俗易懂,便于理解,具有相对的全面性,同时又突出雅砻江流域数字化平台的特点。《流域数字化平台技术标准体系》结构框架见图 3-13。

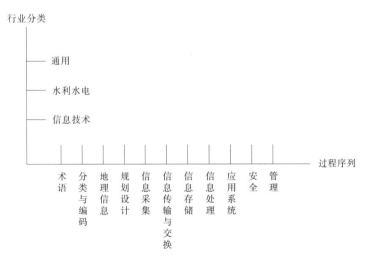

图 3-13 《流域数字化平台技术标准体系》结构框架图

体系表中编制的标准统计见表 3-1。

表 3-1 《流域数字化平台技术标准体系》中的标准统计

过程序列	标准数	国家标准	行业标准	企业标准	地方标准	国际标准
A 术语	129	106	19	1	0	3
B 分类与编码	126	64	57	4	0	1
C 地理信息	33	7	21	1	0	4
D 规划设计	31	5	23	3	0	0

续表 3-1

过程序列	标准数	国家标准	行业标准	企业标准	地方标准	国际标准
E 信息采集	45	9	33	3	0	0
F 信息传输与交换	77	28	18	3	0	28
G 信息存储	66	11	49	2	3	1
H 信息处理	69	31	32	2	1	3
I 应用系统	21	3	11	6	0	1
J 安全	82	62	14	5	0	1
K 管理	12	3	8	1	0	0
总计	691	329	285	31	4	42

　　具体的《雅砻江流域数字化平台技术标准体系》拟定的企编标准共 32 项,其中已颁标准 7 项,拟编标准 25 项,如表 3-2 所示。

表 3-2 《雅砻江流域数字化平台技术标准体系》中的企编标准

序号	标准名称	标准状态	所属序列
1	雅砻江流域电力生产物资编码规范	已颁	分类与编码
2	雅砻江流域电站 KKS 编码指导意见	已颁	分类与编码
3	二滩水电开发有限责任公司工程管理信息分类编码基础标准	已颁	分类与编码
4	企业服务总线(ESB)服务规范	已颁	应用系统
5	雅砻江流域数字化平台数据集成技术标准	已颁	应用系统
6	雅砻江流域数字化平台计算资源集成应用标准	已颁	应用系统
7	雅砻江流域数字化平台三维可视化信息集成展示与会商平台系统集成技术标准	已颁	应用系统
8	雅砻江流域数字化平台技术常用术语	拟编	术语
9	雅砻江流域数字化平台计算与存储资源编码	拟编	分类与编码
10	空间地理数据存储管理技术标准	拟编	地理信息
11	雅砻江流域数字化平台规划编制规程	拟编	规划设计
12	雅砻江流域数字化平台项目建议书编制规程	拟编	规划设计
13	雅砻江流域数字化平台初步设计编制规程	拟编	规划设计
14	水文遥测信息采集技术标准	拟编	信息采集
15	网络公共资源采集技术标准	拟编	信息采集
16	工程管理信息采集技术标准	拟编	信息采集
17	雅砻江流域数字化平台系统网络 IP 地址及路由分配规则	拟编	信息传输与交换

续表 3-2

序号	标准名称	标准状态	所属序列
18	雅砻江流域数字化平台信息流框架	拟编	信息传输与交换
19	雅砻江流域数字化平台网络管理规定	拟编	信息传输与交换
20	雅砻江流域数字化平台数据库系统建设与运行管理技术标准	拟编	信息存储
21	雅砻江流域数字化平台信息资源共享管理规定	拟编	信息存储
22	雅砻江流域数字化平台专业方法库开发技术标准	拟编	信息处理
23	雅砻江流域数字化平台数据中心管理规定	拟编	信息处理
24	雅砻江流域数字化平台系统业务流程设计规范	拟编	应用系统
25	雅砻江流域梯级水电站群联合优化调度系统技术标准	拟编	应用系统
26	雅砻江流域工程安全监控与流域安全管理系统技术标准	拟编	应用系统
27	通信网络安全设计指南	拟编	安全
28	雅砻江涉密网安全技术规程	拟编	安全
29	数据传输安全标准	拟编	安全
30	数据中心和分中心信息安全建设规范	拟编	安全
31	雅砻江流域数字化平台系统权限管理规定	拟编	安全
32	雅砻江流域数字化平台建设与运行维护责任制度	拟编	管理

4　雅砻江流域径流过程和梯级调度数字化管理

4.1　雅砻江流域水情测报系统建设情况

4.1.1　系统建设范围及目标

雅砻江流域水情自动测报系统建设的目的是为雅砻江流域梯级水电站开发和运行管理提供及时准确的水情监测及预报信息。根据雅砻江流域暴雨洪水特性,结合各梯级水库调度的要求,系统覆盖范围为甘孜以下雅砻江流域,面积约 10.3 万 km^2,其主要支流包括鲜水河、庆大河、力丘河、小金河、九龙河、安宁河。雅砻江干流中下游共设 11 个预报控制断面,全部为规划建设和已建成的水电站,分别为:两河口、牙根、楞古、孟底沟、杨房沟、卡拉、锦屏一级、锦屏二级、官地、二滩、桐子林。其中每个电站均为下一级电站的干流入库控制站。除了干流上一级入库控制站,支流的汇入也是电站入库洪水的重要组成部分,为了满足各级电站对洪水预报的要求,结合系统覆盖区内的河流分布和水利水电工程以及水情自动测报系统建设情况,选择支流上的 21 个站点作为重要水情监测和预报的控制断面。

雅砻江流域水情自动测报系统的总体目标是实现流域水情信息的自动采集、传输,满足各梯级电站不同预见期的水情预报要求,为梯级电站提供及时准确的水情信息,满足流域内梯级电站开发与运行管理并存局面的要求,为流域梯级电站联合(优化)调度等提供基础数据和决策支持。系统建设具体目标包括:

(1)通过遥测站建设,实现水位、雨量、气象信息自动采集、固态存储、自动传输,流量人工置数、自动传输。

(2)通过建设遥测站至中心站的数据传输通信网,确保遥测站的数据传输通信的畅通,提高水情信息传输的可靠性和时效性。

(3)开发水情应用软件,实现系统遥测水情、气象信息的自动接收和入库,为梯级水电站水文预报和信息查询服务提供基础信息。

(4)通过中心站计算机网络建设,提高水情信息的处理能力;通过数据库系统的建设,提高数据存储效率,实现信息的高效共享和快速应用。

(5)编制水文预报方案,开发水文预报软件,实现梯级水电站短、中、长期水文预报。

4.1.2　系统建设情况

雅砻江流域水情自动测报系统是基于自建的水文站、水位站、雨量站、气象站采集的实时信息,以实时水情数据库、历史水情数据库为数据源,选用适合流域特点的水文模型,编制实时水文预报方案,同时以先进的雨量查补技术、实时校正技术为辅助手段,开发集水情测报、洪水预报、调洪演算为一体的水情测报系统,实时掌握雅砻江流域雨水情信息,有效提高流域各梯级电站及主要支流洪水预报的精度和预见期,并为各梯级电站提供科学、合理的洪水预报和调洪成果。

　　雅砻江流域水情自动测报系统由遥测站和中心站组成,遥测站与中心站通过独立信道进行数据传输,中心站是本系统的功能集成地,负责信息接收处理、数据库管理,为水情预报和信息服务提供软硬件平台,中心站通过雅砻江流域集控中心通信系统与其他系统有数据交换(如水调自动化系统、计算机监控系统等)。

　　雅砻江流域水情自动测报系统的工作流程如下:系统中遥测站水文要素一旦发生变化,遥测设备即刻进行数据采集,资料经通信设备传输至中心站完成资料预处理后进入数据库,完成水情预报,并通过计算机网络、移动短信等向有关部门分发。系统数据采集、传输、处理、水情预报等全过程流程如图 4-1 所示。

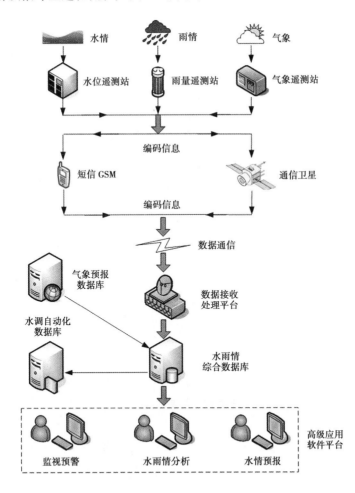

图 4-1　水情自动测报系统工作流程示意图

　　目前,系统共设有 148 个遥测站(设备 161 套),其中包括水文(位)站 47 个、雨量站85 个、自动气象遥测站 16 个。为监测各施工区水位变化,在各梯级电站的重要河道断面

（如围堰前、导流洞进出口、大坝上下等）分别布设水位站。雨量站布设与流域暴雨的地区分布基本一致,对各区间的雨量进行监测,掌握区间来水流量,提高流量预报精度。为了配合施工区气象服务需求,在各梯级电站施工区均布设了自动气象站。为保证测站设备能在雷电、暴雨、停电等恶劣条件下可靠、正常地工作,遥测站终端及通信设备采用太阳能板浮充蓄电池直流供电方式。通信主要采用北斗卫星、GSM 移动通信两种信道组成的混合通信方式。水位、雨量和气象传感器全部采用目前最先进成熟的遥测设备。

4.2　流域径流预报及误差分析技术

4.2.1　基于数据挖掘方法的中长期水文预报技术与应用

4.2.1.1　基于数据挖掘方法的中长期水文预报技术

1. 技术框架

基于模糊聚类算法、混沌时间序列相空间重构方法及相关向量机算法等方法的中长期水文预报模型技术框架如图 4-2 所示,主要研究内容包括年径流分级、非线性预报模型建模及预报、基于优化算法库的参数率定及预报内容四部分。

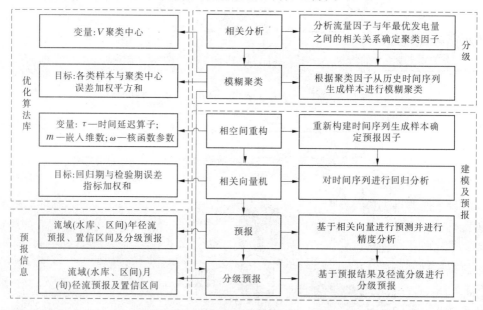

图 4-2　中长期水文预报模型技术框架

1）年径流分级

基于模糊聚类算法对历史径流序列进行分级（划分为特丰、丰、平、枯、特枯五级）并进行丰枯变换分析,计算年际丰枯变换转移矩阵。

2）非线性预报模型建模及预报

基于混沌时间序列相空间重构方法及相关向量机算法,建立非线性中长期水文预报模型,得到中长期预报的期望与方差等特征参数,在获得确定性预报的同时得到满足一定置信水平的预报区间。中长期非线性径流预报模型的关键参数如表 4-1 所示,主要包括模型相关参数与样本相关参数两类。模型相关参数包括维数 m、时间延迟算子 τ 及核函数参数 ω,其中维数 m 与时间延迟算子 τ 为相空间重构优化参数,而核函数参数 ω 为相关向量机优化参数。样本相关参数包括模拟样本数 nr 及检验样本数 nc,用来定义非线性中长期水文预报模型模拟样本与检验样本的规模。

表 4-1 中长期非线性径流预报模型关键参数

参数类型	1	2	3
模型相关参数	维数 m	时间延迟算子 τ	核函数参数 ω
样本相关参数	模拟样本数 nr	检验样本数 nc	

3)基于优化算法库的参数率定

采用优化算法对构建的非线性预报模型进行参数率定。优化变量为模型相关参数,即维数 m、时间延迟算子 τ 及核函数参数 ω。

4)预报内容

本书开展的中长期径流预报内容主要包括年径流预报与月径流预报,如表 4-2 所示。其中年径流预报内容包括确定性预报、预报置信区间及分级预报,而月径流预报内容则包括确定性预报以及预报置信区间。

表 4-2 中长期径流预报内容

预报类型	预报内容		
	确定性预报	预报置信区间	分级预报
年径流预报	√	√	√
月径流预报	√	√	

2. 模糊 c 均值聚类算法(FCM)

在硬 c 聚类算法基础上结合模糊理论发展起来的 FCM 聚类算法是一种能够对样本集进行自动分类的方法。该方法在聚类分析过程中并不是直接得到样本点所属的类,而是需要先通过优化准则函数计算各样本点相对聚类中心的隶属度,再采用去模糊化的方法最终确定样本所属的类,基本原理如下:

$X = \{x_1, x_2, \cdots, x_i, \cdots, x_n\}$ 为样本集,其中元素 x_i 有 l 个特征,即 $x_i = \{x_{i1}, x_{i2}, \cdots, x_{il}\}$,而分类数为 c 类$(2 \leqslant c \leqslant n)$,并设聚类中心向量 $P = \{p_1, p_2, \cdots, p_c\}$,则根据聚类准则可将 FCM 聚类算法描述为如下的约束优化问题:

目标函数:$\min J(X, U, V) = \sum\limits_{i=1}^{c} \sum\limits_{j=1}^{n} u_{ij}^{m} (d_{ij})^2$

$$\text{s.t.} \begin{cases} d_{ij} = \sqrt{\sum\limits_{k=1}^{l} (x_{jk} - p_{ik})^2} \\ \sum\limits_{i=1}^{c} u_{ij} = 1 \end{cases} \quad (4\text{-}1)$$

式中：d_{ij} 为样本 x_j 与聚类中心 p_i 的欧式距离；u_{ij} 表示样本 x_j 相对聚类中心 p_i 的隶属度；$m \in [1, \infty)$，为模糊权重指数，用来控制聚类分析结果模糊度，一般可取 $m \in [1.5, 2.5)$。

采用 Lagrange 乘数法对式(4-1)所描述的最小优化问题进行求解，可得到隶属度矩阵 U 和聚类中心 P 的计算公式如下

$$u_{ij} = \begin{cases} \left(\dfrac{d_{ij}}{\sum\limits_{j=1}^{c} d_{ik}} \right)^{-\frac{2}{m-1}} & ; \quad d_{ik} > 0 (1 \leq k \leq c) \\ 1 & ; \quad d_{ij} > 0 (1 \leq i \leq c) \\ 0 & ; \quad \exists k, k \neq i, d_{ik} = 0 \end{cases} \tag{4-2}$$

$$v_i = \frac{\sum\limits_{j=1}^{n} (u_{ij}^m \cdot x_j)}{\sum\limits_{j=1}^{c} \| x_j - v_j \|^{-\frac{2}{m-1}}} \tag{4-3}$$

FCM 算法的具体步骤如下：

(1)设定类别数 $c (2 \leq c \leq n)$、模糊权数 m(一般取 2)、迭代收敛阈值 ε 及迭代次数 H，并初始化聚类中心 P^0。

(2)根据式(4-2)更新隶属度矩阵 U^{h+1} 得

$$U^{h+1} = \left(\frac{d_{ij}^h}{\sum\limits_{k=1}^{c} d_{ik}^h} \right)^{-\frac{2}{m-1}} \tag{4-4}$$

(3)根据式(4-3)更新聚类中心向量 V_i^{h+1}

$$V_i^{h+1} = \frac{\sum\limits_{j=1}^{n} (u_{ij}^h)^m \cdot x_k}{\sum\limits_{j=1}^{n} (u_{ij}^h)^m} \tag{4-5}$$

(4)如果 V_i^{h+1} 的收敛判断小于阈值 ε，则停止迭代；否则取 $h = h + 1$，转到步骤(2)进行下一循环计算。

3. 中长期非线性径流预报模型

确定径流预报的影响因子及建立非线性预报模型是中长期径流预报研究的关键，因此这里采用相空间重构技术对时间序列进行重构，从而挖掘水文序列自身的变量因子，在此基础上采用相关向量机算法建立非线性径流预报模型，对重构后的水文序列进行回归分析及预测。对于相空间重构及相关向量机算法中的模型参数，采用开发的智能算法库进行优化。

1)相空间重构

采用坐标延迟对水文混沌时间序列进行相空间重构。通过在一维水文时间序列 $\{x(n)\}$ 中设定不同时间延迟，坐标延迟法构造了一个 m 维相空间矢量来重建水文动力系统，从而如式(4-6)所示

$$x(i) = \{x(i), x(i+\tau)\}, \cdots, x(i+(m-1)\tau)\} \tag{4-6}$$

式中:m 为嵌入维数;τ 为时间延迟算子。

通过对参数 m,τ 的优化实现了原动力系统的重构,从而找出隐藏的水文序列演化规律,为提高中长期非线性预报模型的预报精度奠定基础。

2)相关向量机算法

Tipping 于 2001 年基于 Sparse Bayesian 学习理论提出了相关向量机(Relevance Vextor Machine,RVM)算法,其核心思想是在核理论中应用基于高斯过程的 Bayesian 推理,从而能够得到回归结构的后验概率分布,并且不受 Mercer 件的限制,可以使用任意形式的核函数。RVM 算法的基本理论如下:

定义非线性模型为 $t = y(x) + \varepsilon$,其中设 x 是 D 维输入向量,$y(\cdot)$ 是非线性函数,$\varepsilon \sim N(0,\sigma_\varepsilon^2)$ 是独立同分布的高斯型噪声,t 是输出结果。

回归分析的目标是寻找 $\{x_n,t_n\}_{n=1}^N$ 的逼近函数 $\hat{y}$,其中 N 是样本数,t_n 是实数集。在相关向量回归(Relevance Vector Regression,RVR)分析的框架下,可采用数学表达 $t = \Phi\omega + \varepsilon$ 来描述回归分析问题,其中 ω 是参数向量,Φ 是 $N \times M$ 的核矩阵,如式(4-7)所示。

$$\Phi = \begin{bmatrix} \Phi_{11} & \cdots & \Phi_{1M} \\ \vdots & & \vdots \\ \Phi_{N1} & \cdots & \Phi_{NM} \end{bmatrix}, \Phi_{nm} = K(x_n,x_m), K(\cdot) \text{ 是核函数} \tag{4-7}$$

由 Bayesian 推理,$p(t|x)$ 满足 $N(t|y(x),\sigma^2)$ 分布,则数据集合的似然估计为

$$p(t \mid \omega,\sigma^2) = (2\pi\sigma^2)^{-N/2}\exp\{-\|t - \Phi\omega\|^2/(2\sigma^2)\} \tag{4-8}$$

其中,$t = (t_1,\cdots,t_N)$,$\omega = (\omega_1,\cdots,\omega_N)$。

参数 ω 的先验分布为

$$p(\omega \mid \alpha) = (2\pi)^{-M/2}\prod_{m=1}^{M}\alpha_m^{1/2}\exp\{-(\alpha_m\omega_m^2)/2\} \tag{4-9}$$

其中,$\alpha = (\alpha_1,\cdots,\alpha_M)$ 是超参数,M 为超参数的个数。

在此基础上,进一步由 Bayesian 推理推求参数的后验分布,如式(4-10)所示

$$p(\omega \mid t,\alpha,\sigma^2) \sim N(\mu,\textstyle\sum) = (2\pi)^{-(N+1)/2}|\textstyle\sum|^{-1/2}\exp\{-(\omega - \mu)^T\textstyle\sum^{-1}(\omega - \mu)/2\} \tag{4-10}$$

其中,后验方差 $\sum$ 和均值 μ 分别为

$$\sum = (\sigma^{-2}\Phi^T\Phi + A)^{-1} \tag{4-11}$$

$$\mu = \sigma^{-2}\textstyle\sum\Phi^T \tag{4-12}$$

式中,$A = \mathrm{diag}(\alpha_0,\alpha_1,\cdots,\alpha_M)$。

在实际计算过程中,大部分参数的后验分布趋近于零,而剩余这些非零参数对应的向量代表了数据中的原型样本,是原始数据集核心特征的代表,被称为"相关向量"。

在采用 RVM 模型进行预测时,对于输入的预测因子 x_*,预测结果 t_* 满足高斯分布 $p(t_* \mid t) \sim N(\mu_*,\sigma_*^2)$,其中

$$\mu_* = F\mu \tag{4-13}$$

$$\sigma_*^2 = \sigma_{op}^2 + F^T\textstyle\sum F \tag{4-14}$$

其中,均值 μ_* 是 t_* 的预测期望,作为确定性预报输出结果,而 σ_*^2 代表 t_* 的预测不确定性,用于确定 t_* 在一定置信水平下的预测区间。

4.2.1.2　雅砻江下游水库群中长期径流预报应用

1. 雅砻江流域径流分级

采用模糊 c 均值聚类算法对流域出口点 1953～2012 年历史年均径流数据进行分级计算,分级结果如表 4-3 所示。

表 4-3　历史年总径流分级结果

年份	分级	年份	分级	年份	分级	年份	分级	年份	分级	年份	分级
1953	3	1963	3	1973	5	1983	5	1993	2	2003	4
1954	1	1964	2	1974	1	1984	4	1994	5	2004	2
1955	2	1965	1	1975	4	1985	3	1995	3	2005	2
1956	4	1966	2	1976	4	1986	4	1996	3	2006	5
1957	2	1967	5	1977	4	1987	2	1997	4	2007	2
1958	3	1968	2	1978	3	1988	3	1998	1	2008	3
1959	4	1969	4	1979	4	1989	2	1999	2	2009	3
1960	3	1970	3	1980	2	1990	2	2000	2	2010	4
1961	4	1971	4	1981	3	1991	2	2001	2	2011	5
1962	2	1972	5	1982	4	1992	5	2002	4	2012	2

为了更加真实地反映原水文序列的特性,在采用历史径流序列进行分级的同时,这里也采用了随机模拟序列进行聚类分析。基于随机生成 1 000 年径流序列进行聚类分析,结果如表 4-4 所示。由表 4-4 可以看出,对比随机模拟序列与历史序列聚类中心,聚类 2、聚类 3、聚类 4 偏差较小,而聚类 1 和聚类 5 偏差较大。采用随机模拟序列聚类中心结果对历史序列重新定级(见表 4-5),60 年中有 53 年一致,占总年数 88.33%,偏差 ≤1 级比例为 98%。

表 4-4　聚类中心结果对比　　　　　　　　　　　　　(单位:m^3/s)

序列类型	聚类 1	聚类 2	聚类 3	聚类 4	聚类 5
历史序列	2 658	2 188	1 864	1 667	1 485
随机模拟序列	2 485	2 164	1 923	1 676	1 375

表 4-5　历史序列定级对比

项目	一致	偏差 1 级	偏差 2 级
个数	53	6	1
比例(%)	88.33	10.00	1.67

2. 雅砻江流域年径流预报及分级预报

构建年径流预报模型,并采用智能优化算法对核函数参数 ω 进行优化,见表 4-6。根据《水文情报预报规范》(GB/T 22482—2008)的要求,中长期径流预报的许可误差取实测值的20%,分级预报的许可误差为偏差1级,计算结果如表4-7所示,确定性预报合格率为79.17%,分级预报合格率为87.50%。

表4-6　年径流预报模型参数

参数类型	1	2
模型相关参数	$m = 2$	$\tau = 3$
样本相关参数	$nr = 30$	$nc = 6$

表4-7　年径流预报结果

年份	实测值 (m^3/s)	预测值 (m^3/s)	预报相对 误差(%)	分级误差 (单位1)	95%置信上限 (m^3/s)	95%置信下限 (m^3/s)
1989	2 039.00	1 817.16	−10.88	0	2 041.36	1 592.96
1990	2 221.00	2 255.58	1.557	0	2 364.98	2 146.18
1991	2 180.00	1 892.68	−13.18	1	2 183.28	1 602.08
1992	1 529.00	1 694.28	10.81	0	1 914.78	1 473.78
1993	2 185.00	1 856.81	−15.02	1	2 055.11	1 658.51
1994	1 449.00	1 732.71	19.58	−1	2 018.31	1 447.11
1995	1 820.00	1 708.56	−6.123	1	1 930.56	1 486.56
1996	1 786.00	1 699.18	−4.861	0	1 925.78	1 472.58
1997	1 663.00	1 669.85	0.411 9	0	1 880.55	1 459.15
1998	2 615.00	2 121.81	−18.86	1	2 418.81	1 824.81
1999	2 252.00	1 671.43	−25.78	2	1 853.23	1 489.63
2000	2 232.00	1 705.47	−23.59	1	1 900.07	1 510.87
2001	2 204.00	1 666.44	−24.39	2	1 850.44	1 482.44
2002	1 684.00	1 692.62	0.511 9	0	1 856.72	1 528.52
2003	2 104.00	1 659.85	−21.11	1	1 820.65	1 499.05
2004	2 016.00	1 777.10	−11.85	1	2 020.20	1 534.00
2005	2 143.00	1 779.98	−16.94	1	2 031.68	1 528.28
2006	1 430.00	1 813.96	26.85	−2	2 071.66	1 556.26
2007	1 561.00	1 640.56	5.097	0	1 768.46	1 512.66
2008	1 950.00	1 860.11	−4.61	0	2 090.31	1 629.91
2009	1 797.00	1 860.74	3.547	−1	2 122.44	1 599.04
2010	1 716.00	1 908.36	11.21	−1	2 144.76	1 671.96
2011	1 346.00	1 587.34	17.93	−1	1 837.94	1 336.74
2012	2 096.00	1 922.45	−8.28	1	2 175.95	1 668.95
预报合格率(%)	79.17%					
分级预报合格率(%)	87.50%					

3. 雅砻江流域月径流预报

采用年径流模型相关参数分析方法对月径流模型参数进行估计,为了保证预报精度,同时控制计算量,本节分别对汛期(5~10月)及枯期(1~4月、11月、12月)采用统一参数,参数估计结果如表4-8所示。

表4-8　雅砻江流域月径流预报模型参数

参数类型		汛期	枯期
模型相关参数	维数 m	4	2
	时间延迟算子 τ	5	2
样本相关参数	模拟样本数 nr	40	40
	检验样本数 nc	7	7

各水库径流月径流预报合格率如表4-9所示。从表4-9结果来看,1~4月预报合格率较高,11月、12月预报合格率相对较低,5~10月预报合格率较差,其中8月、9月预报合格率最低。综合来看,5~10月预报合格率较低,梯级平均合格率仅为47.12%;其他月份预报合格率较高,梯级平均合格率能够达到87.82%;而全年综合预报合格率为67.47%。

表4-9　各水库径流月径流预报合格率 （单位:%）

月份	锦西	官地	二滩	桐子林	综合
1月	100.00	92.31	84.62	92.31	92.31
2月	100.00	92.31	84.62	100.00	94.23
3月	92.31	100.00	84.62	100.00	94.23
4月	92.31	92.31	92.31	69.23	86.54
5月	46.15	53.85	76.92	61.54	59.62
6月	46.15	38.46	38.46	38.46	40.38
7月	46.15	53.85	61.54	61.54	55.77
8月	30.77	38.46	23.08	30.77	30.77
9月	23.08	30.77	30.77	38.46	30.77
10月	69.23	76.92	61.54	53.85	65.38
11月	76.92	84.62	76.92	76.92	78.85
12月	84.62	84.62	76.92	76.92	80.77
其他月份	91.03	91.03	83.33	85.90	87.82
5~10月	43.59	48.72	48.72	47.44	47.12
全年	67.31	69.87	66.03	66.67	67.47

4.2.2　分布式水文模型在雅砻江流域的建模及应用

4.2.2.1　分布式水文模型 EasyDHM

1.模型总体框架

分布式水文模型是将研究区域离散为若干细小的计算单元,根据各计算单元内降雨、下垫面等情况,计算各计算单元内的产流量。EasyDHM 首先根据数字河网离散为若干子流域,每个子流域中有且仅有一条主河道。每个子流域可以依据等高带、等流时带或水文效应单元划分为若干内部计算单元。本书采用等高带这种内部单元形式,即子流域内部计算单元即为等高带。为描述等高带内土地利用的异质性,每个等高带单元依据其土地利用类型又划分为若干土地利用单元,以实现模型考虑土地利用空间异质性的下垫面离散。同样道理,模型输入需要的气象信息也展布到各等高带中,展布方法采用的是泰森多边形法。而为模拟及参数率定方便,EasyDHM 将集合有若干子流域的参数分区作为模拟评价单元。参数分区是依据有实测径流资料的水文站或水库的空间位置来划分的。

考虑土地利用空间异质性的 EasyDHM 的基本产流单元为土地利用单元。每个子流域内产汇流模拟顺序如图 4-3 所示。每个等高带的产流量按不同土地利用单元产流量的面积加权平均得到,其后各等高带再按面积加权平均后得到整个子流域的产流量。子流域产流结果连同上游子流域汇入流量一起作为子流域主河段的入流量,在河道内进行汇流演算,得到每个参数分区内的流量。

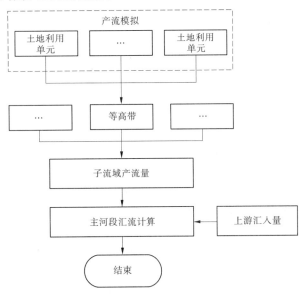

图 4-3　考虑土地利用影响的 EasyDHM 中子流域内产汇流模拟流程

2.流域空间单元划分

EasyDHM 在开发之初,即提出了分区的思想,共有以下两种划分方式。

(1)按照水文站、水库、出口点的控制范围划分,即将汇水于同一水文站、水库、出口点的栅格划分为同一分区,但栅格不会重复统计,即任一栅格只能在一个分区内。这种划分方法使得根据水文站的径流过程进行参数率定更具有针对性。

（2）依据行政分区、水资源分区等既定的分区进行划分。这种分区能够很好地反映人类活动的影响，主要针对既定功能分区内的水资源评价工作提供服务。

分布式水文模型 EasyDHM 的基本计算单元为子流域内部单元（产流模块）和子流域主河道（汇流模块）。因此，分布式水文模型 EasyDHM 在模拟前还需将研究范围进一步细化为若干子流域，并将子流域进一步细化为内部单元。

3. 核心计算模块

分布式水文模型模拟的核心即是从大气降雨到陆地产流的产流模拟模块和从陆地产流到河道出口点的河道汇流模块。在分布式水文模型 EasyDHM 中，产流模块的基本计算单元为子流域内部单元，产流模块输入为各单元的降雨及计算蒸发的相关气象要素，计算出的是计算单元的地表径流、壤中流、地下径流和蒸发（属于损失，不对产流做贡献）。EasyDHM 模型中，认为地下径流自行在子流域地下单元中进行侧向演进，最终汇于各子流域地下径流出口点。

分布式水文模型 EasyDHM 的一个很重要的创新点即是引入了水库调度的模拟计算，而 EasyDHM 前处理模块的流域空间单元划分模块确保了水库必然在某一子流域的出口点上，如图 4-4 所示的水库 2。因此，在 EasyDHM 各子流域主河道汇流结束后，还会马上判断子流域出口点是否为水库，若为水库则读入水库相关信息展开水库调度计算，然后汇入下游子流域。

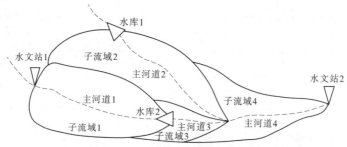

图 4-4　水文站 2 所控制分区的水循环过程

产流算法是影响流域产流的最主要模块，直接影响了河道径流量的大小。为支持不同流域产流特点，EasyDHM 支持多种产流计算算法：EasyDHM、WetSpa、新安江和 Hymod 产流算法（按计算过程复杂程度排序）。其中，EasyDHM 产流算法综合了 SWAT 模型、WetSpa 等多种水文模型的特点，是分布式水文模型 EasyDHM 首选的产流算法。

4. 模型参数率定

1）模型主要参数

EasyDHM 和其他分布式水文模型一样，大多数参数是分布式的，其中表 4-10 和表 4-11 中所有以"修正系数"或者"M"结尾的参数都是分布式参数，这些参数在每个计算单元都不一样，其他参数则是对所有单元都采用统一的值。EasyDHM 中每个计算单元都有一套独立的参数，在进行模型调参时逐个单元进行调参是不可行的。一方面很难获得每个单元的观察资料，另一方面也会产生巨大的工作量。因此，参考 SWAT 模型的调参策略，在保证单元间相对关系的基础上整体调参。

表 4-10 EasyDHM 产流参数

类型	No.	名称	意义	下限	上限
全局参数	1	CN_2	土壤处于平均含水量时的 SCS 曲线参数	1	100
	2	gwdelay	全局地下水退水时间	0	200
	3	alphabf	地下基流回归常数	0	1
	4	Tdrain	土壤水下渗持续时间	10	50
	5	TIMP	积雪滞后系数	0.5	1.5
	6	snocovmx	积雪 100% 覆盖时的积雪水当量值	0.8	1.2
	7	sno50cov	积雪 50% 覆盖时的积雪水当量值	0.3	0.7
	8	Smfmx	最大融雪指数(6 月 21 日)	4	8
	9	Smfmn	最小融雪指数(12 月 21 日)	1.4	4
	10	solf	土壤冻结系数	0	1
	11	solfm	土壤冻融系数	0	1
	12	Solzcoe(i)	第 i 层土壤深度占总土壤层深度比例	0	1
计算单元产流参数修正参数	13	UnitSlopeM	计算单元坡度修正系数	0.1	10
	14	ConductM(i)	第 i 层土壤饱和导水系数修正系数	0.8	100
	15	PorosityM	土壤空隙率修正系数	0.5	1.5
	16	FieldCapM	土壤添加持水率修正系数	0.5	1.2
	17	PoreIndexM	土壤孔隙指数修正系数	0.5	1.5
	18	LaiMaxM	最大叶面积指数修正系数	0.5	3
	19	DepressM	地表填注能力修正系数	0.5	3
	20	RootDpthM	根深修正系数	0.5	1.5
	21	ItcmaxM	最大冠层截留能力修正系数	0.5	3
	22	ImpM	不透水面积比例修正系数	0	2
	23	Dep_impM	地下隔水层深度修正系数	0.4	0.83
	24	Sol_crkM	土壤孔隙容量修正系数	0.5	1.5

表 4-11 EasyDHM 汇流参数

类型	No.	名称	意义	下限	上限
计算单元汇流修正参数	1	CH_S2M	子流域主河道坡度修正系数	0.1	10
	2	CH_L2M	子流域主河道长度修正系数	0.5	1.5
	3	CH_N2M	子流域主河道曼宁糙率系数修正系数	0.1	10
	4	CH_K2M	子流域主河道河床底板导水系数修正系数	0.1	10

2）参数敏感性分析方法

为了分析水文模型在不同地区、不同气候条件下各个参数的敏感性,选用了全局敏感性分析方法——LH-OAT 敏感性分析方法。LH-OAT 方法是结合了 LH（Latin-Hypercube）抽样法和 OAT（One-Factor-At-a-Time）敏感度分析的一种全局参数敏感性分析的新方法,同时兼备 LH 抽样法和 OAT 敏感度分析法的优点。EasyDHM 即通过集成 LH-OAT 方法实现了对各种产流、汇流参数的敏感性分析,为参数优化提供了依据。

3）参数优化方法

模型参数率定（识别）也就是参数优化。水文学中谈到的优化算法一般分为局部优化算法和全局优化算法。毫无疑问,全局最优肯定比局部最优更有说服力。在过去 30 年,发展了很多全局最优方法。EasyDHM 可采用单目标启发式算法 SCE-UA 或多目标启发式算法 MOSCEM-UA 进行参数优化。

5. 多模型组合预报及集合预报

采用 EasyDHM、WetSpa、新安江和 Hymod 四种不同产流模型,对同一场洪水过程进行模拟,并在此基础上,对任意一种水文模型采用不同种类的参数组合进行洪水模拟预报,这样在预见期内,洪水预报和调度人员可以得到多种模型和多组参数的洪水预报情况,可以为防洪和发电的调度做更好的准备。通过设置不同的初始状态、未来降雨信息、模型信息和参数信息进行组合和选择,在确定一定的组合和选择后,将整体模型进行演算,生成一组或多组对比的洪水径流模式从而达到提升预报的可信度的效果。

6. 径流预报误差控制技术

在洪水预报中,目前常采用的实时校正方法和技术主要有:①水文模型流量预报实时校正算法;②误差自回归校正算法;③递推最小二乘算法。这些实时校正方法的共同特点是,能实时地处理水文系统最新出现的预报误差,并以此作为修正预报模型参数、状态、预报输出值的依据,从而使预报系统迅速适应现时的状况。

1）水文模型流量预报实时校正算法

当模型预报流量与实测流量有较大的系统误差时,可以采用传统的相关分析方法,直接利用模型预报流量与反推的实测流量,建立洪水预报的相关校正模型。

2）误差自回归校正算法

用预报模型求得的预报值与实测值之差是一系列随时序变化的数值,称为误差序列,可用时间序列分析的方法寻求表示其变化规律的模型。利用水文模型的预报流量序列 $\{Q_{\text{预}}(j), j=1, \cdots, t\}$ 与实测的流量序列 $\{Q_{\text{实}}(j), j=1, \cdots, t\}$ 的残差序列 $\{e(j), j=t+1, \cdots\}$,建立残差预报模型,将预报的残差 $\{e(j), j=t+1, \cdots\}$ 叠加到预报流量 $\{Q_{\text{预}}(j), j=t+1, \cdots\}$ 上,完成流域洪水预报校正,从而提高洪水预报精度。

3）递推最小二乘法

递推最小二乘法的核心是根据实时输入的信息,更新预报误差的权重,从而达到实时校正的目的。根据可利用的误差序列的长短,递推最小二乘法可分为:①有限记忆递推最小二乘法;②衰减记忆递推最小二乘法;③时变遗忘因子递推最小二乘法。

4.2.2.2　EasyDHM 在雅砻江流域的建模

分布式流域水循环模拟需要详细的输入以及验证数据,包括:DEM 数据处理,即洼地的确定、填充、水系网络生成等;水文气象数据准备,即给出雨量站、水文站和气象站的分布图,并将站点数据在流域内进行空间展布;土地利用信息准备,即分别给出1980年、1995年和2000年3个时段的土地利用图;土壤数据准备,即根据土壤质地三角形分析法对土壤数据进行分类。

1. DEM数据处理

雅砻江流域水文模型中的原始DEM数据来自于美国联邦地质调查局(USGS)的HYDRO1k。从原始的DEM直接提取的模拟河网与实际河网有较多不一致的地方,主要原因有:①DEM中部分栅格的高程偏大,致使其上游形成"伪洼地",特别是在山间盆地平原区;②在平原地区高程差别小,特别是有些区域河道较为密集,模拟河网容易与实际河网不一致。为使模拟河网与实际河网比较一致,需参照实际河网(见图4-5)对原始DEM进行修正。

完成DEM修正工作后,对修正后的DEM数据进行填注、生成流向、计算流入累计数及提取河道一系列计算,可以得到自动生成的水系河网及各河段的出口点(见图4-6)。

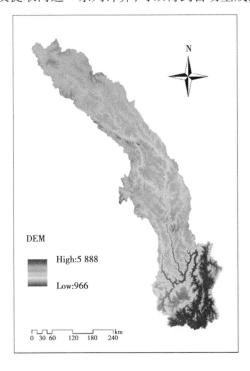

图4-5 雅砻江流域原始DEM图

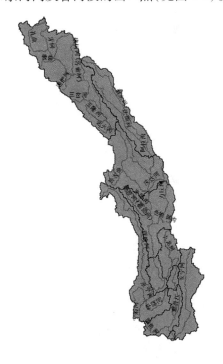

图4-6 雅砻江流域水系图

2. 土地利用信息准备

雅砻江流域的土地利用数据共包括三个时段(1980年、1995年和2000年),图4-7给出了2000年土地利用的一级分类类型。

3. 土壤数据准备

土壤基础信息主要来源于第二次全国土壤普查的汇总资料,基本矢量图为该次普查所获的全国土壤数据库。在雅砻江流域的模拟中,土壤数据根据不同的土壤层深度划分为 0～10 cm 土壤数据、10～20 cm 土壤数据、20～30 cm 土壤数据、30～70 cm 土壤数据、70 cm 以上土壤数据。对应深度的土壤数据又包含两个参数:黏粒百分含量和砂粒百分含量。在实际应用中,需要得到不同土壤层的土壤类型和土壤层的整体土壤类型。各土壤层土壤类型是按各层土壤的实际含黏粒质量百分量和砂粒质量百分量比对土壤质地三角分类获得的;土壤层整体的土壤类型是得到各土壤层含黏土量和砂土量的加权平均后比对土壤质地三角分类得到的。雅砻江流域土壤类型分布如图 4-8 所示。

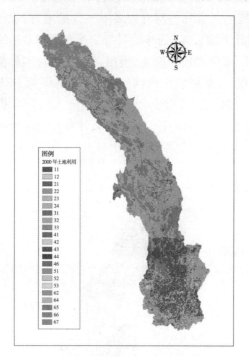
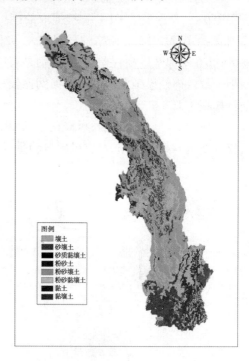

图 4-7　2000 年土地利用类型　　　　**图 4-8　雅砻江流域土壤类型分布**

4.空间单元离散

根据 6 个水文站点、5 个水库及 1 个流域总出口点,将雅砻江流域划分为 12 个分区。每个水文站、水库(或出口点)单独控制的区域,称为一个参数分区。在前面基于 DEM 提取的数字流域基础上确定出每个水文站的控制范围,进而划分出各个参数分区、子流域(110 个)及计算单元(1 890 个)。

4.2.2.3　参数率定及结果分析

1.模型参数率定及验证

根据现有数据情况,从雅砻江流域的研究区中选取 2008～2010 年水文径流资料中具有代表性的场次洪水进行参数率定,并选用 2011 年、2012 年汛期洪水场次进行验证。率定及验证结果分别如表 4-12、表 4-13 所示。

从麦地龙 2011 年、新龙 2012 年代表性场次洪水模拟过程线(见图 4-9、图 4-10)可以看出,降雨径流模拟过程与实测过程拟合较好。

表4-12　模型各参数分区率定结果

站点	雅江	新龙	道孚	麦地龙	湾滩
年份	2008~2010	2008~2010	2008~2010	2008~2010	2008~2010
RE	0.064	0.054	0.379	0.003	0.012
DC	0.892	0.958	0.709	0.954	0.766

注:DC代表Nash效率系数;RE代表相对误差。

表4-13　模型各参数分区验证结果

站点	年份	RE	DC	站点	年份	RE	DC
雅江	2012	0.137	0.204	雅江	2011	0.157	0.317
新龙	2012	0.074	0.910	新龙	2011	—	—
道孚	2012	0.731	0.258	道孚	2011	0.026	0.332
麦地龙	2012	0.191	0.463	麦地龙	2011	0.015	0.846
湾滩	2012	0.016	0.606	湾滩	2011	0.086	0.461

注:DC代表Nash效率系数;RE代表相对误差。

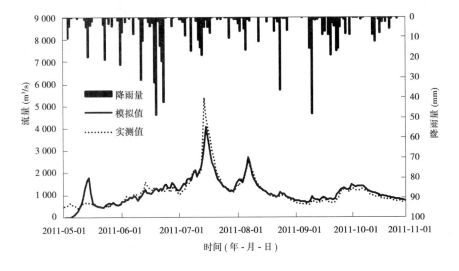

图4-9　麦地龙2011年汛期洪水预报结果

2. 结果分析

通过对雅砻江流域进行的汛期洪水预报,从模拟结果可以看出,整个预报期的洪峰、洪量及洪现时间的拟合较好,且Nash效率系数的结果也比较理想,说明模拟总体结果可信,过程模拟也比较满意。新龙站、麦地龙站总体模拟效果更好。然而道孚站的模拟效果不理想,相对误差高达73.1%。整体而言,洪现时间、洪峰模拟效果较好,且洪量的拟合效果也令人满意。

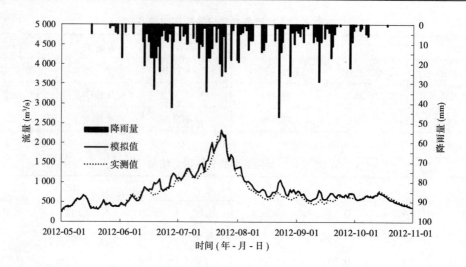

图 4-10　新龙 2012 年汛期洪水预报结果

4.2.3　雅砻江流域陆气耦合模式构建及预报

4.2.3.1　雅砻江流域 WRF 模式构建

利用高分辨率数值天气模式预报区域降水,并驱动水文模型进行径流预报是目前提高径流预报有效预见期的主要途径。在雅砻江流域数值天气预报中,选择了基于 ARW 内核的 WRF V3.5。为了获取分辨率较高的计算结果,并且尽可能减轻计算负担,本书使用三层嵌套的方式逐级增加区域的分辨率。嵌套区域的设置充分考虑了周边大地形和重点天气、气候系统,并尽量避免模拟中跨越气候特征或地理特点相差巨大的区域。从外到内各相邻嵌套层的分辨率比例取 3∶1。雅砻江流域参数初始配置如表 4-14 所示。选择了对降水预报影响较大的云微物理参数化方案和积云对流参数化方案作为优化组合对象,这两类物理方案的具体配置将在后文介绍。需要说明的是,在模式最内层 3 km 分辨率网格下已无需设置积云对流参数化方案,因此仅在外面两层嵌套区域进行该方案的设置。

表 4-14　WRF 模式参数配置

配置类别	配置取值
动力框架	Non-hydrostatic
驱动数据	NCEP FNL
驱动数据间隔	6 h
网格划分	Domain 1：（203 × 199）×35 Domain 2：（241 × 235）×35 Domain 3：（241 × 289）×35
分辨率	Domain 1：27 km × 27 km Domain 2：9 km × 9 km Domain 3：3 km × 3 km

续表 4-14

配置类别	配置取值
覆盖区域	$26.5° \sim 34°N ,97° \sim 104°E$
地图投影	Mercator
水平网格系统	Arakawa-C grid
积分步长	90 s
垂直坐标系统	Terrain-following hydrostatic pressure Vertical co-ordinate with 35 vertical levels
时间差分方案	3rd order Runga-Kutta Scheme
空间差分方案	6th order center differencing
边界层方案	YSU
云微物理参数化方案	待定
积云对流参数化方案	待定
陆面模式方案	Noah land surface scheme
长波辐射方案	RRTM scheme
短波辐射方案	Dudhia scheme

4.2.3.2　雅砻江流域 WRF 模式参数化方案优化组合

WRF 模式不同参数化方案组合在不同地区的适用性有较大差异,对模拟结果影响较大。为了实现 WRF 模式在雅砻江流域的参数本地化,本书构建了评价指标体系,对各方案模拟结果进行了对比分析和优选。

1. 参数化方案评价指标体系

降水是形成径流的最直接的驱动力,是水文模型运行所需要的最重要的外部变量,其准确与否直接决定径流模拟的效果。降水对径流的影响主要集中在面雨量和点雨量两个方面。面雨量是一定时间段内落在研究区的总雨量,是影响径流总量的重要因素。点雨量能够反映降水的时空分布变化,是洪峰流量及峰现时间的主要影响因素。因此,评价指标体系主要根据面雨量评价和点雨量评价来构建,如图 4-11 所示。

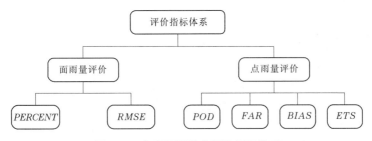

图 4-11　方案预报精度评价指标体系

面雨量评价中主要包括 *PERCENT* 和 *RMSE*(Root Mean Squared Errors,均方根误差)两个评价指标。指标 *PERCENT* 的计算公式如下

$$PERCENT = SIM/OBS \qquad (4\text{-}15)$$

式中:*PERCENT* 代表同一区域上模拟面雨量占观测面雨量的百分比(%);*SIM* 代表模拟面雨量;*OBS* 代表观测面雨量。

指标 *RMSE* 的计算公式如下

$$RMSE = \sqrt{1/N \sum_{1}^{N} (S - O)^2} \qquad (4\text{-}16)$$

式中:*RMSE* 为均方根误差;*S* 为单个格点上的模拟值,mm/d;*O* 为单个格点上的观测值(插值得到),mm/d;*N* 为研究区域所包含的格点数量。

针对点雨量的评价,主要有 *POD*、*FAR*、*BIAS* 和 *ETS*。点雨量评价指标依据表 4-15 和式(4-17)～式(4-20)计算。

表 4-15　*th* 阈值上观测值(*OBS*)与模拟值(*SIM*)列联表

模拟值	观测值	
	$OBS \geqslant th$	$OBS < th$
$SIM \geqslant th$	H	F
$SIM < th$	M	NONE

表 4-15 中 *th* 代表某一降水量级,如 5 mm/d、10 mm/d、25 mm/d 等。H 代表观测值与模拟值同时大于阈值 *th* 的观测点数量,例如针对 25 mm/d 阈值,站点 A 监测降水量为 30 mm/d,与其对应的模拟降水值为 26 mm/d,则 H 值将加 1。F、M、NONE 值的计算规则与 H 相同。在一场降水评价中,如果 H 较大则说明模式在研究区域的站点上对超过阈值 *th* 的降雨探测效果较好,如果 F 较大则说明模式有空报的倾向,反之 M 较大则说明模式有漏报的倾向。*POD*、*FAR*、*BIAS* 和 *ETS* 依据表 4-15 中变量的计算公式如下所示

$$POD = H/(H + M) \qquad (4\text{-}17)$$

$$FAR = F/(H + F) \qquad (4\text{-}18)$$

$$BIAS = (H + F)/(H + M) \qquad (4\text{-}19)$$

$$ETS = (H - E)/(H + M + F - E) \qquad (4\text{-}20)$$

$$E = (H + F)(H + M)/N_s \qquad (4\text{-}21)$$

其中:N_s 为观测站点的数量。

2. 基于 Euclid 贴近度的综合评价方法

用于评价数值天气模式降水预报精度的指标较多,各个指标的侧重点均有所不同,有些指标关注降雨落区精度的评价,而有些指标则侧重降雨量级精度的评价,并且一种参数化方案组合很难在所有的单项指标评价中均取得比其他参数化方案更好的效果,因此仅凭不同指标的评价和分析,很难准确地选择出综合表现效果最好的参数化方案组合。模糊数学为解决这类问题提供了有效的方法,由 Euclid 贴近度的概念可知,Eculid 贴近度可以较好地表征两个模糊子集的接近程度,这种特性在数值天气模式参数化方案优化组合中具有重要的意义。将 $PERCENT$、$RMSE$、POD、$\overline{FAR}$、$\overline{BIAS}$、ETS 六个指标组成论域 *V*,其中

$\overline{POD}$、$\overline{FAR}$、$\overline{BIAS}$、$\overline{ETS}$是 POD、FAR、$BIAS$、ETS 在各阈值上的平均值

$$\overline{POD} = \frac{1}{M}\sum_{m=1}^{M}(W_m \cdot POD_m) \qquad (4\text{-}22)$$

$$\overline{FAR} = \frac{1}{M}\sum_{m=1}^{M}(W_m \cdot FAR_m) \qquad (4\text{-}23)$$

$$\overline{BIAS} = \frac{1}{M}\sum_{m=1}^{M}(W_m \cdot BIAS_m) \qquad (4\text{-}24)$$

$$\overline{ETS} = \frac{1}{M}\sum_{m=1}^{M}(W_m \cdot ETS_m) \qquad (4\text{-}25)$$

式(4-22)中 POD_m 是阈值 thm 上的 POD 指标值,其他指标类似,阈值集合为 $th = \{th1, th2, \cdots, thm, \cdots, thM\}$,$W_m$ 是某一阈值的权重,且 $\sum_{m=1}^{M} W_m = 1$。

将模拟案例(某次降水事件)对应的评价结果设为模糊子集 S_i,并且构建各指标值的隶属度函数 $\mu(x)$,得到式(4-26)

$$S_i = \{\mu(PERCENT_i), \mu(RMSE_i), \cdots, \mu(\overline{ETS_i})\} \qquad (4\text{-}26)$$

式中

$$\mu(PERCENT_i) = PERCENT_i \qquad (4\text{-}27)$$

$$\mu(RMSE_i) = RMSE_i/\max\{RMSE_1, RMSE_2, \cdots, RMSE_n\} \qquad (4\text{-}28)$$

$$\mu(\overline{POD_i}) = \overline{POD_i} \qquad (4\text{-}29)$$

$$\mu(\overline{FAR_i}) = \overline{FAR_i} \qquad (4\text{-}30)$$

$$\mu(\overline{BIAS_i}) = \begin{cases} 2 & \overline{BIAS_i} \geqslant 2 \\ \overline{BIAS_i} & \overline{BIAS_i} < 2 \end{cases} \qquad (4\text{-}31)$$

$$\mu(\overline{ETS_i}) = \begin{cases} \overline{ETS_i} & \overline{ETS_i} > 0 \\ 0 & \overline{ETS_i} \leqslant 0 \end{cases} \qquad (4\text{-}32)$$

以上各式中,$i \in [1, 2, \cdots, n]$,为降水事件的序号。

将理论上各指标的最优值形成模糊子集 O,根据指标体系中各指标的物理意义,设置 $O = \{1, 0, 1, 0, 1, 1\}$。

为了避免因单次降水事件评价而导致的较大的随机误差,在实际方案评价过程中,一般采用多场降水过程的平均表现来判断不同方案组合的优劣,因此某一方案组合基于 Euclid 贴近度的综合评价值可以表示成该方案下多次降水事件指标评价结果(模糊集 S_i)与 O 的 Euclid 贴近度的算数术平均值,如式(4-33)所示

$$E(S,O) = \frac{1}{n}\sum_{i=1}^{n}e(S_i, O) \qquad (4\text{-}33)$$

3. 参数化方案组合及实验设计

雅砻江流域雨量站分布极为不均,大部分雨量站集中在流域下游,根据实际情况,选取雅砻江下游作为方案优选的研究区域,如图 4-12 所示。

由图 4-12 可知,将下游划分为 6 个子流域,分别为雅砻江干流流域、加米河流域、安宁河流域、鳡鱼河流域、卧罗河流域和理塘河流域,为了便于讨论,将这 6 个流域分别编码

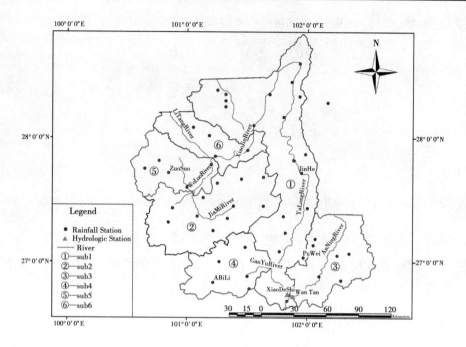

图 4-12　雅砻江下游水系与站点分布

为 sub1、sub2、sub3、sub4、sub5 和 sub6，并标于图上。评价过程中用到的地面观测数据，来自图 4-12 标示的 51 个雨量站点。

选取 3 场降水过程，以及 WRF 模式常用的 7 种云微物理参数化方案和 3 种积云对流参数化方案，设计实验如表 4-16 所示。

表 4-16　实验设计表

配置类别	配置取值
驱动数据	NCEP FNL
开始时间	1）00 UTC September 21，2005 2）00 UTC July 6，2005 3）00 UTC June 24，2006
结束时间	1）00 UTC September 27，2005 2）00 UTC July 11，2005 3）00 UTC July 1，2006
云微物理参数化方案	1）Kessler scheme（Kessler） 2）Lin et al. scheme（Lin） 3）Single-Moment 3-class scheme（WSM3） 4）Single-Moment 5-class scheme（WSM5） 5）Ferrier scheme（Ferrier） 6）Single-Moment 6-class scheme（WSM6） 7）New Thompson et al. scheme（NTH）
积云对流参数化方案	1）Kain-Fritsch（KF） 2）Betts-Miller-Janjic（BMJ） 3）Grell-Devenyi（GD）

可见,针对每场降水事件,均有 21 种不同的参数化方案组合,3 场降水事件共需要进行 63 次模拟。需要注意的是,区域 1、区域 2 和区域 3 所用的参数化方案保持一致,但由于在模式最内层分辨率达到了 3 km,无需积云对流参数化方案,因此仅在外层的区域 1 和区域 2 对该方案进行设置。

4. 不同参数化方案组合 Euclid 贴近度评价

降水是水汽、高层动量、下垫面地形和热力作用等共同作用的结果,在雅砻江流域区域气候特征明显、地形复杂的情况下,模式参数化方案优选是本研究成败的关键,因此对各参数化方案组合的表现进行多方面详细分析是很有必要的。基于分项指标的评价方法具有计算简单、针对性强、便于机理分析等优势,但其评价过程所遵循的基本规则是取小取大,强调极值的作用,容易造成信息丢失等问题,并且,由于涉及的评价指标较多,而各指标的评价标准往往较为模糊,因此评价结果容易受评价人知识背景、个人喜好和经验的影响,从而造成判断失误等。从模糊数学的角度出发,采用欧几里德 Euclid 贴近度对各方案组合进行评价,可以有效弥补分项指标评价的不足,并实现两者优势的结合,既能对方案组合在总降水量模拟、降水分布模拟、降水探测率、空报率等方面的表现进行详细分析和对比,明晰各方案的优势,为方案改进和预报方法创新提供数据支撑,又可以从总体表现效果上对 WRF 模式各方案组合给以定量评价。根据 Euclid 计算公式,将 $PERCENT$, $RMSE$, $\overline{POD}$, $\overline{FAR}$, $BIAS$, $\overline{ETS}$ 六个指标组成论域 $V = \{PERCENT, RMSE, \overline{POD}, \overline{FAR}, BIAS, \overline{ETS}\}$,根据隶属度函数及各指标的物理意义,设置 $O = \{1, 0, 1, 0, 1, 1\}$ 为论域中的极值点,计算了 21 种方案组合距极值点的 Euclid 贴近度,结果如表 4-17 所示。

表 4-17 21 种方案组合距极值点的 Euclid 贴近度计算结果

MPS	CPS	Euclid 贴近度
WSM3	GD	0.354
WSM3	BMJ	0.364
WSM3	KF	0.379
NTH	BMJ	0.382
Ferrier	KF	0.383
Ferrier	GD	0.386
Ferrier	BMJ	0.394
WSM6	BMJ	0.400
WSM6	GD	0.401
WSM5	GD	0.403
WSM5	KF	0.404
Lin	BMJ	0.405
NTH	GD	0.411
WSM5	BMJ	0.418

续表 4-17

MPS	CPS	Euclid 贴近度
WSM6	KF	0.425
Lin	GD	0.426
Lin	KF	0.442
NTH	KF	0.451
Kessler	GD	0.640
Kessler	BMJ	0.706
Kessler	KF	0.723

由贴近度计算结果可知,WSM3 和 GD 方案组合与论域 V 中极值点 O 的 Euclid 贴近度是最小的,表明该方案组合的总体表现最优。因此,设置雅砻江流域 WRF 模式的云微物理参数化方案和积云对流参数化方案分别为 WSM3 和 GD。

4.2.3.3 基于陆气耦合的径流不确定性预报

基于陆气耦合的径流不确定性预报是利用模式参数的不确定性,基于等效性思想对洪水过程进行预报。模型参数的异参同效特性,使径流预报可据此确定径流过程的集合预报,以及径流的上包线和下包线。此外,为了使预报结果便于理解和使用,本书在不确定性预报的基础上给出了确定性的推荐径流过程。推荐径流过程的获取是利用最邻近相似原理,在预报开始前的一段时间启动耦合模式,将等效参数组代入模型,获取该时段内各参数组的似然函数值,并选取似然函数值最高的一个参数组作为推荐参数组,以其预报的径流过程作为先验信息下的推荐径流过程。具体的预报方法如图 4-13 所示,图中①~⑤代表模型参数库中不同的等效参数组。

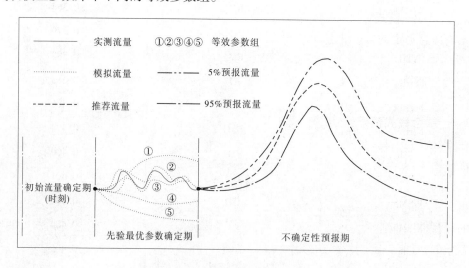

图 4-13　基于模型参数库的洪水预报方法示意

预报过程从时间上分为三个阶段:首先是初始流量确定期(时刻),其次是先验最优参数确定期,最后是不确定性预报期。

1. 初始流量确定期(时刻)

该操作主要用于确定各子流域的初始流量,由于次洪预报没有较长的预热期,因此这一过程极为重要。在预报过程开始时刻,采用流域中待预报水文站的实测资料,以各子流域的面积为权重对初始时刻实测流量进行分配,如式(4-34)所示

$$Q_i = \frac{S_i}{\sum_{j=1}^{n} S_j} \times Q_0 \tag{4-34}$$

式中:Q_i 是子流域 i 的初始流量;S_i 为子流域 i 的流域面积;$\sum_{j=1}^{n} S_j$ 是待预报水文站上游子流域的面积总和;Q_0 是预报过程开始时刻待预报水文站的实测径流量;n 是待预报水文站上游子流域的数量。

若待预报水文站上游存在其他有数据的水文站点,则依据从上游到下游、从支流到干流的原则,依次确定各子流域的初始流量。

2. 先验最优参数确定期

选择预报开始前的一段时间,将等效参数组依次代入分布式水文模型,并利用 FNL 数据作为初始场和侧边界条件驱动耦合模式运行,得到每组参数获得的纳什效率系数值,根据最邻近相似原理选取纳什效率系数最高的一组参数——图 4-13 中的参数组②,作为预报阶段使用的先验最优参数组。根据经验,本书设置先验最优参数确定期为预报开始前的 120 h。

3. 不确定性预报期

使用从 NCEP 下载的 GFS 数据作为 WRF 模式的初始场和边界场,对未来约 144 h 的降水情况进行预报(除去资料下载及模式运行耗时)。利用先验最优参数确定期得到的参数组,在 WRF 模式输出降水数据的驱动下,实现未来约一周的确定性径流预报,给出根据先验信息确定的推荐径流过程。此外,将模型等效参数组带入分布式水文模型,在 WRF 模式输出降水数据的驱动下,实现未来约一周的一定置信度下的不确定性径流预报。本书选取置信度水平为 90%,因此不确定性径流预报应给出 95% 下包线和 5% 上包线的径流过程。

4.2.3.4 耦合模式预报效果

在雅江、列瓦、乌拉溪、泸宁和打罗 5 个水文站的 10 场暴雨洪水验证中,模型表现效果较优。图 4-14 给出了雅江 10 场暴雨洪水事件模拟验证结果,模拟结果由纳什效率系数最高的径流过程和 90% 置信度水平下的径流上包线和径流下包线组成。

由图 4-14 可知,多数情况的实测径流均落在了 90% 置信区间内,纳升效率系数 NS 最高的径流曲线能够较好地反映实测径流过程及其不确定性。综上所述,构建的耦合模式是有效的,具有一定的模拟预报能力。

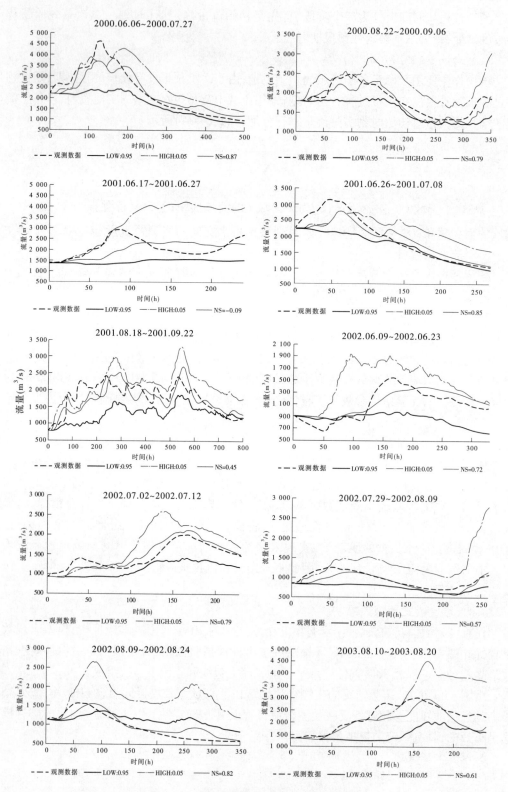

图 4-14　模型参数库在雅江水文站的检验

4.3 流域水电站群水电生态联合优化调度技术

4.3.1 水库系统的经济特性与水库优化调度技术

4.3.1.1 基于单调性的水库调度算法

对于水库优化调度问题

$$B_t(s_t) = \max_{r_t}\left[b_t(s_t, q_t, r_t) + B_{t+1}(s_{t+1}) \right]$$

$$\text{s.t.} \begin{cases} r_t + s_{t+1} = s_t + q_t \\ \underline{r} \leqslant r_t \leqslant \bar{r} \\ \underline{s} \leqslant s_{t+1} \leqslant \bar{s} \end{cases} \tag{4-35}$$

动态规划首先离散库容状态变量 s_t，然后采用穷举搜索的方法，确定 s_t 对应的最优 s_{t+1}^* 和 r_t^*。设库容状态被离散为 K 个值，用 i、j 分别表示 s_t、s_{t+1} 的状态。动态规划的计算步骤如下：

（1）设定 $i=1$（s_t 的最小值）。

（2）在 $j=1,2,\cdots,K$（s_{t+1} 的所有取值）之间搜索具有最大调度效益 $b_t(s_t, q_t, r_t) + B_{t+1}(s_{t+1})$ 的最优余留水量 s_{t+1}^*。

（3）确定对应 i 的最优泄水决策 r_t^*。

（4）更新 i 的取值 $i=i+1$，重复上述步骤，直至 $i=K$（s_t 的最大值）。

在上述计算步骤中，对于本时段蓄水量的每一个取值（共 K 个），需要测试下一时段蓄水量的所有取值（共 K 个），才能够确定最优的余留水量和泄流决策，如图 4-15 所示。由此可见，动态规划算法的计算量为 $O(K^2)$。

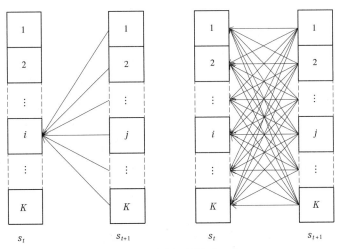

图 4-15 动态规划算法示意

传统动态规划算法通过穷举搜索的方式确定最优调度决策。库容状态变量的离散值越多,优化过程越精细,相应的,算法计算量也越大。值得指出的是,穷举搜索并未考虑 s_t 与 s_{t+1}^*、r_t^* 之间的单调性关系。接下来,本章基于发电调度中的单调性关系,对传统动态规划算法进行改进。

对于发电优化调度问题,建立动态规划模型

$$B_t(s_t) = \max_{r_t}[b_t(s_t,r_t) + B_{t+1}(s_{t+1})]$$

$$s.t. \begin{cases} r_t + s_{t+1} = s_t + q_t \\ \underline{r} \le r_t \le \bar{r} \\ \underline{s} \le s_{t+1} \le \bar{s} \end{cases} \tag{4-36}$$

受 $b_t(s_t,r_t)$ 中 s_t、r_t 互补性的影响,s_t 与 s_{t+1}^*、r_t^* 间不存在单调性关系。同时,当忽略互补性,$ab_t(s_t,r_t)$ 近似 $b_t(s_t,r_t)$ 时,即

$$ab_t(s_t,r_t) \approx b_t(\bar{s}_t,\bar{r}_t) +$$

$$\frac{\partial b_t(\bar{s}_t,\bar{r}_t)}{\partial s_t}(s_t - \bar{s}_t) + \frac{\partial b_t(\bar{s}_t,\bar{r}_t)}{\partial r_t}(r_t - \bar{s}_t) +$$

$$\frac{1}{2}\frac{\partial^2 b_t(\bar{s}_t,\bar{r}_t)}{\partial s_t^2}(s_t - \bar{s}_t)^2 + \frac{1}{2}\frac{\partial^2 b_t(\bar{s}_t,\bar{r}_t)}{\partial r_t^2}(r_t - \bar{r}_t)^2 \tag{4-37}$$

对于近似的发电优化调度动态规划模型

$$AB_t(s_t) = \max_{r_t}[ab_t(s_t,r_t) + AB_{t+1}(s_{t+1})]$$

$$s.t. \begin{cases} r_t + s_{t+1} = s_t + q_t \\ \underline{r} \le r_t \le \bar{r} \\ \underline{s} \le s_{t+1} \le \bar{s} \end{cases} \tag{4-38}$$

式(4-38)中,s_t 与 s_{t+1}^*、r_t^* 间存在单调性关系。

将式(4-38)与式(4-36)进行对比,可知:近似的发电优化调度模型较为简单,能直接采用高效的 IDP 算法求解。但是,该模型忽略了发电函数中 s_t、r_t 的互补性,求解近似模型式(4-38)得到的最优解不一定是式(4-36)的最优解。

根据逐次优化的原理,可以采用简单模型来求解复杂模型,一方面,利用简单模型易于求解的优点;另一方面,通过迭代计算对简单模型及其最优解进行修正和改进,使之不断接近复杂模型及其最优解。例如,可以将逐次优化和线性规划相结合,求解非线性模型。首先,需要根据初始解对非线性模型的目标函数、约束条件进行线性化,转化为近似的线性模型;然后,采用线性规划求解线性化近似模型和得到近似最优解;最后,通过迭代运用线性化和线性规划模型,近似最优解将逐渐改进,不断接近原非线性规划模型的最优解。

借鉴逐次优化的思想,设计逐次改进动态规划算法(Successive Improved Dynamic Programming,SIDP),如图 4-16 所示。

逐次改进动态规划算法的步骤如下:

初始步骤,设定初始解,将其作为给定的最优决策;

迭代步骤1,由给定决策结合式(4-36)构建近似的发电优化调度模型式(4-38);

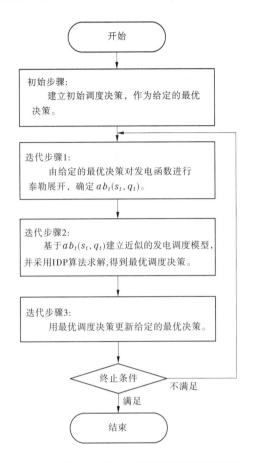

图 4-16　逐次改进动态规划算法(SIDP)流程

迭代步骤 2,采用 IDP 算法求解式(4-38)得到近似的最优决策;

迭代步骤 3,用求解的近似最优决策来更新给定的最优决策。

然后,判断终止条件是否满足:满足时,直接输出最优决策;不满足时,继续运行迭代步骤 1~3。

对 SIDP 算法的计算量进行分析:由图 4-16 可知,计算量主要取决于预先设置的终止条件。如果选取最优决策收敛为终止条件,决策收敛速度越快,总计算量越小;反之,总计算量越大。如果选取最大迭代计算次数为终止条件,总计算量等于最大迭代次数乘以IDP 算法的计算量。

4.3.1.2　调度实验与算法评估

在调度决策单调性的基础上,本章对传统动态规划算法进行改进,提出了逐次改进随机动态规划算法(SIDP)。接下来,本章将基于二滩水库的数据,设计调度实验,对这些算法的可靠性和计算效率进行评估。

发电优化调度的模型为

$$\max_{[r_1,\cdots,r_T]} \sum_{t=1}^{T} p_t g_t(s_t,r_t)\Delta$$

$$\text{s.t.}\begin{cases} g_t(s_t,r_t) = \gamma\left\{\dfrac{1}{2}\big[SSR(s_t) + SSR(s_{t+1}) - SDR(r_t)\big]\right\}r_t \\ s_{t+1} = s_t + q_t\Delta - r_t\Delta \\ g_{\min} \leqslant g_t(s_t,r_t) \leqslant g_{\max} \\ s_{\min} \leqslant s_t \leqslant s_{\max} \\ s_1 = s_{\text{ini}} \\ s_{T+1} = s_{\text{end}} \end{cases} \tag{4-39}$$

式(4-39)中,p_t、$g_t(s_t,r_t)$、Δ分别表示时段t的电量售价、机组出力、时段长度;目标函数为时段1至T的总发电收入最大化;γ为机组出力系数;$g_{\min}$、$g_{\max}$分别为保证出力和最大出力。将式(4-39)转化为动态规划两阶段递归方程

$$B_t(s_t) = \max_{r_t}\big[b_t(s_t,r_t) + B_{t+1}(s_{t+1})\big]$$

$$\text{s.t.}\begin{cases} b_t(s_t,r_t) = p_t g_t(s_t,r_t)\Delta \\ g_t(s_t,r_t) = \gamma\left\{\dfrac{1}{2}\big[SSR(s_t) + SSR(s_{t+1}) - SDR(r_r)\big]\right\}r_t \\ s_{t+1} = s_t + q_t\Delta - r_t\Delta \\ g_{\min} \leqslant g_t(s_t,r_t) \leqslant g_{\max} \\ s_{\min} \leqslant s_t \leqslant s_{\max} \end{cases} \tag{4-40}$$

式(4-40)中,γ为0.009;Δ为864 000 s;$g_{\min}$、$g_{\max}$分别为最小出力、装机出力;$s_{\min}$、$s_{\max}$为最小库容和最大库容;s_{ini}和s_{end}为初始库容和末库容。发电优化调度中,径流序列$q_t(t=1,2,\cdots,36)$如图4-17所示。

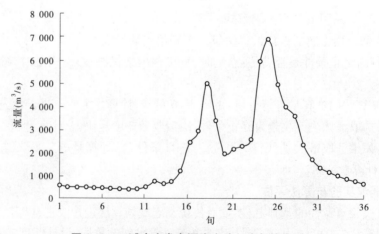

图4-17　二滩水库发电调度实验入库径流序列

　　逐次改进动态规划算法的计算流程如图4-16所示。首先,需要为算法设定初始调度决策;其次,需要设定算法终止条件。算法的终止条件为最大迭代计算次数,共20次。比较传统与逐次改进动态规划算法的计算时间,如图4-18所示。随库容状态离散数目的增

加,传统动态规划计算时间呈二次方增加,逐次改进动态规划计算时间呈线性增加。可见,逐次改进动态规划能够显著提高水库发电优化调度模型的求解效率。

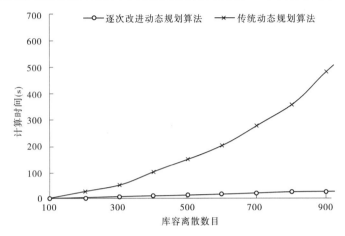

图4-18　传统动态规划和逐次改进动态规划计算时间对比

4.3.2　改进智能算法及优化算法通用并行化框架开发

4.3.2.1　基于动态变量抽样空间(DVSS)的改进智能算法

1. 动态变量抽样空间的基本原理

动态变量抽样空间的理论包括三个关键部分:变量排序、组合变量及信息交互机制,这里将从这三个角度详细阐述。

1) 变量排序

遗传算法在处理 n 个独立变量的约束优化问题时,是将每个变量独立进行抽样与进化,这符合算法实现的一般性逻辑:一步一步来,程序逻辑上无法同时对两个以上的变量进行同步抽样或进化,虽然变量之间的地位是平等的,但是算法中却给定了一种隐性的无意义的排序。

DVSS 找到约束优化问题变量的一种先后排序方式,使变量间满足下式

$$
\begin{aligned}
x_1 &\in (x_{1,\min}, x_{1,\max}) \\
x_2 &\in (x(x_1)_{2,\min}, x(x_1)_{2,\max}) \\
&\vdots \\
x_{n-1} &\in (x(x_1,x_2,\cdots,x_{n-2})_{n-1,\min}, x(x_1,x_2,\cdots,x_{n-2})_{n-1,\max}) \\
x_n &\in (x(x_1,x_2,\cdots\cdots,x_{n-1})_{n,\min}, x(x_1,x_2,\cdots,x_{n-1})_{n,\max})
\end{aligned}
\tag{4-41}
$$

按先后顺序逐变量抽样,根据已确定变量信息动态改变当前变量的抽样空间,将复杂的约束优化问题转化成为阶段性的单变量优化,进而可以采用传统遗传算法的逻辑进行优化。DVSS 在进行阶段抽样时,仅考虑已抽样变量的信息,而不考虑未抽样变量的信息,例如当我们对 x_i 进行抽样时,将 $x_1,x_2,\cdots,x_{i-1}$ 视为已知变量,而 $x_{i+1},x_{i+2},\cdots,x_n$ 尚未参与优化不做考虑,则把染色体(优化问题的解)的抽样阶段性转化为 x_i 单变量的抽样,见图4-19。

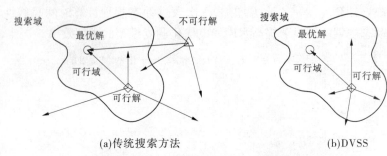

图 4-19　DVSS 与传统搜索方法的区别

图 4-19 中清楚地描述了 DVSS 与传统方法的差别,传统的一些方法初始解对于原问题来说可能是可行解也可能是不可行解,每个解的进化空间是整个搜索域,而 DVSS 保证初始解是可行解,而进化过程中保证在可行域或者略大于可行域的范围内进行搜索。

2)组合变量

传统遗传算法是将问题的决策变量抽象为一组基因构成的染色体,每个决策变量对应一个基因,各基因给定进化范围,独立进化,同时协同实现染色体的功能。这样一种抽象方式适合相对简单的问题,决策变量的实际意义明确且相关性小,尤其适合理论研究中的数学问题。但是在实际应用中,各个决策变量很难符合传统遗传算法的变量独立要求,变量之间关系经常非常复杂,需要采用结构更加复杂的抽象方式。根据生物学定义,基因是 DNA 片段,而 DNA 片段是由一组碱基互补配对构成的,基因可以独立实现某一功能,同时一些复杂的功能是由基因组合来实现的。

基于这种概念,DVSS 将决策变量抽象为最基本的碱基,决策变量之间的组合与协同可以实现基因和基因组的功能。需要指出的是,在基于可行空间搜索的优化概念中,对决策变量的抽象需要灵活运用,问题的有些特征可定义为独立变量时可用基因表示,而有些功能可以抽象为一对碱基,多个碱基组成一个基因,这种情况下单个决策变量(碱基)不能表现任何功能,也没有具体的物理的意义。

DVSS 对问题的抽象分为三个层面:碱基、基因、基因组。在实际问题中需要灵活运用,基因组可以只包括一个或多个基因,基因可以包括一个或多个碱基。

3)信息交互机制

在这种抽象的基础上,DVSS 算法引入信息交互机制,使得进化过程中不同层面间、各层面内部可以进行有效的信息共享,如图 4-20 所示。染色体进化的基本方式是逐个碱基进行互补配对,这种逻辑与 DVSS 阶段性单个变量抽样的方式类似,当一个碱基变量进化完毕时,其信息进入交互机制,从而影响下一个碱基变量的进化空间和方向。同理,基因、基因组进化完毕后也会通过信息交互机制影响下一组基因、基因组的进化空间和方向。信息交互机制需要根据问题的不同设定,通过分析优化问题的物理机制,寻找各决策变量之间的相互制约关系,引入几何、解析式等数学方法实现对参数优化空间的有效控制,保证优化问题在可行空间内搜索最优解。

2. 基于动态变量抽样空间的改进智能算法

改进智能算法通用开发框架如图 4-21 所示,主要包括两部分:接口部分和内部机构部分。

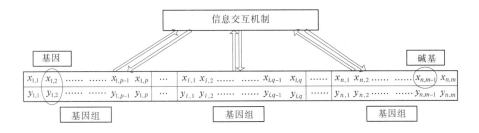

图 4-20 基于 DVSS 优化概念的染色体个体结构

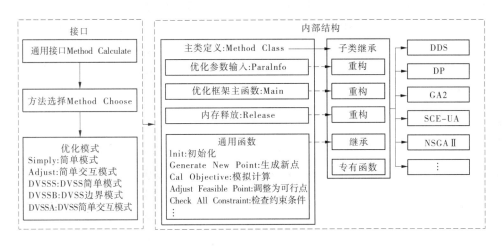

图 4-21 改进智能算法通用开发框架

接口部分的功能是作为内部函数与外部程序沟通的桥梁,它一方面实现了对内部结构的保护,另一方面降低了外部程序构建的难度、简化了外部程序的规模。接口部分主要包括通用接口、方法选择、模式选择三大功能。通用接口是优化算法库对外的唯一接口函数,通过输入不同参数来识别不同的模式,如图 4-22 所示。

```
Interface MethodCalculate
    Module Procedure MethodCalculate_Simply
    Module Procedure MethodCalculate_Adjust
    Module Procedure MethodCalculate_DVSSS
    Module Procedure MethodCalculate_DVSSB
    Module Procedure MethodCalculate_DVSSA
End Interface

Subroutine MethodCalculate_Simply(MethodID,VNum,ParaData,Bound,SubRun,SubObj,BestPoint)
Subroutine MethodCalculate_Adjust(MethodID,VNum,ParaData,Bound,SubRun,SubObj,SubAdj,BestPoint)
Subroutine MethodCalculate_DVSSS(MethodID,VNum,ParaData,SubRun,SubObj,SubInit,SubEvol,BestPoint)
Subroutine MethodCalculate_DVSSB(MethodID,VNum,ParaData,Bound,SubRun,SubObj,SubInit,SubEvol,BestPoint)
Subroutine MethodCalculate_DVSSA(MethodID,VNum,ParaData,SubRun,SubObj,SubAdj,SubInit,SubEvol,BestPoint)
```

图 4-22 通用接口及模式选择示意

内部机构部分是优化算法库的核心部分,主要包括父类、算法子类及辅助函数库等。父类主要包含了各算法通用的计算参数、主体计算流程函数及通用函数。子类一方面实现对父类参数、函数的继承和重构,同时根据各算法的特点定义相应的专有参数及函数,进行各自算法的实现。辅助函数库主要包含了一些不需要进行类封装、使用广泛的函数。

目前,优化算法库实现的方法主要有 DDS、DP、GA2、SCE-UA、NSGA-II 等算法。

4.3.2.2 优化算法通用并行化框架开发

MPI 是目前使用最为广泛的并行编程标准环境之一,从程序结构上可以分为主从模式(Master-Slave)、单程序多数据模式(Single Program Multiple Data, SPMD)和多程序多数据模式(Multiple Programs Multiple Data, MPMD)。主从模式主要应用于某些动态负载平衡的问题,但处理大规模并行程序计算时难度较大,并行可扩展性差。SPMD 模式不区分主从进程,当 MPI 程序编译生成可执行程序后,各进程同时运行相同的程序并根据进程号来自动确定各自执行的 MPI 程序中的指令路径,因此拥有较强的可扩展性,适用于大规模并行计算问题。尽管没有主从进程之分,但 SPMD 模式通常会设定一个总进程负责流程控制及结果汇总等任务,而 MPMD 模式则会编译成多个 MPI 程序,各进程执行不同的 MPI 程序,而消息传递过程与 SPMD 模式是一致的。

MPI 并行程序设计需要结合具体应用问题的特征来选择合适的并行编程模式,但一般情况下为了降低并行应用软件使用和维护的成本,通常会选择 SPMD 模式进行并行程序开发。在进行优化算法通用并行化框架开发研究中,涉及的优化算法有 DP、GA 及SCE – UA等,各算法的并行化设计除在消息传递机制及数据处理方面有所差异外,基本的设计思路和计算流程是一致的。因此,本研究采用 SPMD 模式来实现各优化算法的并行化编程。

1. 优化算法通用并行化框架设计

优化算法通用并行化框架如图 4-23 所示,由图 4-23 可以看出,优化算法通用并行化框架是基于改进智能算法通用开发框架实现的并行化开发,由于本书实现的模型算法开发都是基于通用化理念进行的,因此在结构上两者并没有太大差距,也是分为接口与内部结构两部分。

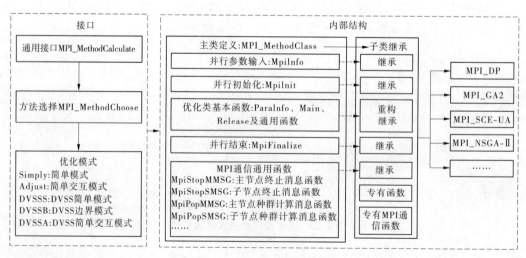

图 4-23   通用并行化框架设计

主要的工作集中于内部结构部分的并行化。并行优化算法的主类涵盖了全部非并行化函数,同时需要基于 MIPCH2 的框架开发并行参数输入、并行初始化、并行结束及 MPI 通信通用函数。子类需要继承主类的参数及函数,也需要对部分函数进行重构,关键是要根据各子类算法并行化思路开发专有 MPI 通信函数。

已实现并行化开发的算法有 MPI_DP、MPI_GA2、MPI_SCE-UA 以及 MPI_NSGA-II 等算法,而 DDS 算法属于单染色体进化算法,不适合做并行化开发。

2. 遗传算法并行化开发

遗传算法并行化开发如图 4-24 所示,主要包括三部分:GA/NSGA-II 并行算法、通用接口及外部程序三部分。算法的整体设计思路与动态规划算法并行化设计思路一致,区别在于进行数据交换的阶段不同。GA/NSGA-II 并行算法的一个关键区别在于每一代进化前都需要调用 MpiStopMMSG 进行计算停止判断,如果 allcurp > maxp 则向子节点返回停止信息,相反进行进化计算,而子节点会向主节点发送当前子节点已抽样样本点个数,由主节点进行汇总计算 allcurp 用于下一代进化前的停止判断。GA/NSGA-II 并行算法中只需要反复调用 MpiPopMMSG 与 MpiPopSMSG 进行数据交换,因此该方法并行化实现相对简单。

4.3.2.3 案例应用

1. 基于改进智能算法的水库调度优化

1) 基于 DVSS 的模型设计

采用改进遗传算法对二滩水库旬过程进行优化。假定初末水位为固定值,设定为正常蓄水位,优化变量为 1 ~ 35 旬的时段末水位。采用 DVSS 基本原理设计优化模型的信息交互机制,实现对优化变量抽样空间的动态修正。对于第 i 时刻的末水位变量抽样空间动态修正基本步骤如下:

(1) 计算抽样空间上限,$MaxSt = BegSt_t + Inflow_t$。如果 $MaxSt$ 大于时段末最高蓄水位 $ResmaxSt_t$,则 $MaxSt = ResmaxSt_t$。

(2) 计算仅考虑当前时段发电用水情况下的抽样空间下限,$MinSt_1 = BegSt_t + Inflow_t - MaxEflow_t$。在汛期时段最大发电用水量按最大过机流量计算,而在非汛期按保证出力发电流量计算。如果 $MinSt_1$ 大于时段末最高蓄水位 $ResmaxSt_t$,则 $MinSt_1 = ResmaxSt_t$。如果 $MinSt_1$ 小于时段末死水位 $ResminSt_t$,则 $MinSt_1 = ResminSt_t$。

(3) 计算满足调度期末水位要求的抽样空间下限,$MinSt_2 = ResSt_{end} - \sum_{t+1}^{T} (Inflow_t - MaxEflow_t)$。如果 $MinSt_2$ 大于时段末最高蓄水位 $ResmaxSt_t$,则 $MinSt_2 = ResmaxSt_t$。如果 $MinSt_2$ 小于时段末死水位 $ResminSt_t$,则 $MinSt_2 = ResminSt_t$。

(4) 如果 $MinSt_1 > MinSt_2$,则 $MinSt = MinSt_1$;反之,则 $MinSt = MinSt_2$,从而确定了时段 t 末水位变量的动态修正抽样空间。

2) 案例分析

采用各优化算法对二滩水库进行优化调度,二滩水库 2012 年来水过程如图 4-25 所示,计算结果如表 4-18 所示。由表 4-18 可以看出,DP 优化结果为 173.41 亿 kW·h,并作为其他算法参考值。传统 SCE-UA 发电效益为 173.47 亿 kW·h,与 DP 优化结果基本一致,而传统 GA 优化结果为 167.58,为 DP 优化结果的 96.64%。而基于 DVSS 改进智能算

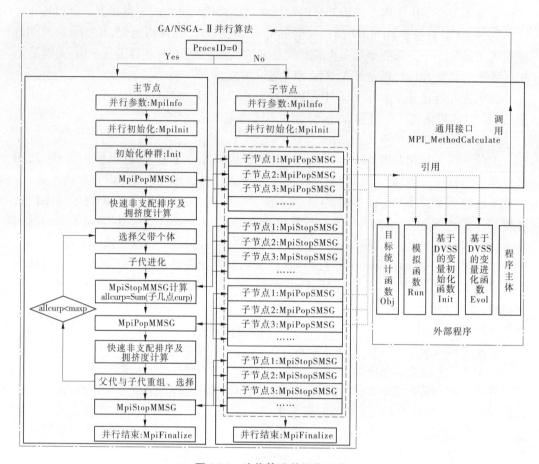

图 4-24　遗传算法并行化开发

法后各算法优化效果均有所提高,DVSS-GA 优化结果提高了 0.75% ,相对 DP 比例也提高到 97.36% ,而 DVSS-SCE-UA 优化结果提高了 0.19% 。

　　根据以上分析可以得到以下结果,基于 DVSS 的改进智能算法能够有效地提高智能算法的优化效果,提高算法的全局优化能力,而 SCE-UA 算法作为一种全局优化能力较强的算法,其改进算法优化效益提高较小,而 GA 算法的优化效果则相对明显。

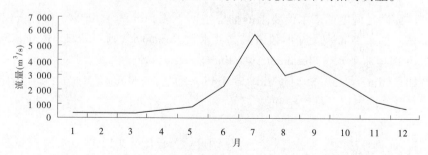

图 4-25　二滩水库 2012 年月径流过程

表4-18 水库优化调度结果表

算法		传统方法	DVSS	增幅(%)
DP(亿 kW·h)		173.41	—	—
GA	优化结果(亿 kW·h)	167.58	168.83	0.75
	相对 DP 比例(%)	96.64	97.36	—
SCE-UA	优化结果(亿 kW·h)	173.47	173.80	0.19
	相对 DP 比例(%)	100.04	100.23	—

图4-26 展示了各方法优化水位过程,由图可以看出传统 GA、SCE-UA 算法与 DP 算法的水位波动过程在大趋势上基本一致,即在汛前会出现较大的水位消落,而基于 DVSS 改进智能算法的汛前消落水位较小,主要原因在于算法外部程序 Init 与 Evol 函数有效地实现了人工干预,在本节案例中基于 DVSS 模型设计的思路就是在考虑余留期来水不确定的情况下尽可能保证最低标准的发电用水量,从而使得模型结果在保证发电量最大的情况下,使汛期维持了相对较高的水位。如果调整 DVSS 模型设计的思路,将会得到不同的水位趋势。

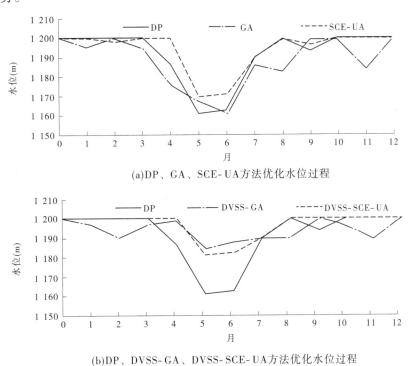

(a)DP、GA、SCE-UA方法优化水位过程

(b)DP、DVSS-GA、DVSS-SCE-UA方法优化水位过程

图4-26 各方法优化水位过程

基于 DVSS 改进智能算法的优化效益提高能力与优化问题本身的复杂程度、优化目标个数呈正比例,优化问题越复杂,优化目标越多,则基于 DVSS 改进智能算法的优化效果会越明显,在本书后面梯级水库群调度规则多目标优化研究中的结果将更加有力地验

证这一结论。

2. 基于并行 DP 算法的水库调度优化

本章开展优化算法通用并行化开发尚处于框架设计与开发阶段,为了保证开发工作进行的灵活性,本章所涉及各个算法测试平台 PC 单机(ThinkpadT410,双核,内存4G),测试案例的计算规模也相对较小,采用 MPI_GA 或 MPI_SCE-UA 等算法时,往往计算效率不会有所提高,甚至在大多情况下有所降低。因此,本节仅就并行 DP 算法的计算效率进行验证。案例研究对象请参考 4.3.2.3 节,计算结果如表 4-19 所示,通过对比可以发现,并行 DP 算法并不会影响优化效果,同时能够有效地减少计算时间。在水位离散数为 200 时,计算时间减少了 1.42%,而把水位离散数提高 10 倍,则计算时间将减少 33.40%。

表 4-19　并行 DP 算法计算效率表

水位离散数	最优值(亿 kW·h)		计算时间(s)		变幅(%)
	非并行	并行	非并行	并行	
200	173.37	173.37	1.41	1.39	−1.42
2 000	173.37	173.37	140.02	93.26	−33.40

4.3.3　梯级水库群调度规则多目标优化技术与应用

4.3.3.1　调度规则多目标优化技术

1. 动态变量抽样空间及在调度图优化中的应用

1)DVSS-GA 算法变量体系

由混合拐点式的调度图概化方式,调度图在模型被参数化为一组时间变量和水位变量的组合,每个变量自身的属性信息记录着调度线编号(由正常蓄水位向死水位递增编码)、拐点编号(由左向右递增编码)及变量类型,从而根据自身的属性信息对应着调度图上的每一个的时间 t(或水位 z)坐标。根据变量与调度图各拐点坐标的一一对应关系,可以灵活地将变量组合转化为参数化调度图,反之亦然。各变量的属性信息同时要记录调度图拐点坐标间的相对关系。同理,变量组合所构成的拐点组合以及调度线组合也需要与调度图中的拐点以及调度线信息一一对应,并且记录调度图拐点以及调度线之间的相对关系。基于变量、变量组及其属性信息构建调度图优化模型的信息交互机制,从而保证初始种群生成以及进化过程中产生的每一个样本都是可行解。

2)信息交互机制

信息交互机制是基于变量、变量组及其属性信息构建的,核心目的是实现对调度图中拐点、调度线间相对关系的动态仿真。因此,调度图优化模型信息交互机制的建立必须满足如下两点要求,以拐点 $Node(i,j)$(其中 i 为当前调度线编号,j 为调度线 i 上的拐点编号)为例进行说明:

(1)当对 $Node(i,j)$ 的时间变量进行抽样时,必须保证其样本空间下限不小于同调度线上前一个拐点的时间变量值,即 $Min_{t(i,j)} \geqslant Min_{t(i,j-1)}$,而样本空间上限必须满足 $Max_{t(i,j)} \leqslant$

36;当对 $Node(i,j)$ 的水文变量进行抽样时,必须保证其样本空间上限小于调度线 $i-1$ 上时间变量相同拐点的水位变量值,即 $\mathrm{Max}_{z(i,j)} \leqslant \mathrm{Max}_{z(i-1,j)}$,当上调度线 $i-1$ 不存在相同时间变量拐点时,则根据 $t(i,j)$ 进行插值得到相应的水位值,而样本空间下限需满足 $\mathrm{Min}_{z(i,j)} \geqslant z_{\mathrm{dead}}$。

(2)在条件(1)满足要求的基础上,必须保证 $Line(i)$ 与 $Line(i-1)$ 之间不相交。采用射线搜索的方法,通过 $Node(i,j)$ 以及调度线 $i-1$ 上控制性拐点所形成的射线对(1)中划定的变量抽样空间进行动态修正,从而确保拐点 $Node(i,j)$ 为可行点。

2. 调度图优化模型

1)模型基本架构

调度图优化模型从横向上看包括输入、模型主体以及输出三个层面,如图 4-27 所示。

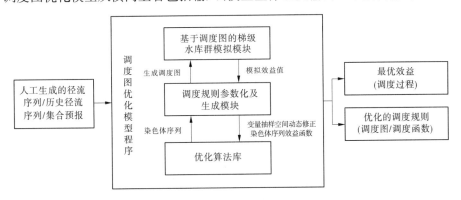

图 4-27　调度图优化模型框架图

输入信息主要为水库群入库径流序列,也包括水库特征参数及曲线等信息。

模型主体是模型计算的核心程序,包含三大模块,分别为基于调度图的梯级水库群模拟模块、调度规则参数化及生成模块和优化算法库。基于调度图的梯级水库群模拟模块主要实现了基于调度图的水库群模拟调度功能,并返回需要的调度过程及统计指标。优化算法库则是根据定义的优化变量及抽样空间进行参数优化。而调度图参数化及生成模块起到桥梁作用,它实现了调度图的参数化定义,能够将优化参数序列转化为模拟模块需要的调度图形式,也能够将参数化调度图转化为优化算法库需要的变量序列,并能够对优化变量的抽样空间进行动态修正,更重要的是能够将模拟模块生成的统计指标返回给优化库,从而推动优化过程的进行。

输出信息主要包括优化调度过程以及优化调度图。

2)调度图模拟模型

调度图模拟模型是指以调度图为决策依据而构建的梯级水库群联合调度过程模拟模型。与其他水库调度模拟模型的主要区别在于,调度图模拟模型在当前时段调度模拟过程中不是根据时段末水位或出库流量等人为设定参数模拟出当前时段的调度方式,而是需要根据初始水位状态及其在调度图中所处的区域来确定时段出力变量,再根据水头、流量、出力三者之间的非线性关系采用试算的方式来计算得出当前时段的调度结果,从而确定水库的工作方式。

3）初始解法

初始解法的基本假设是：认为设计调度图的形式是一种最为接近最优解的形式。因此，可以将设计调度图的信息数字化，作为优化算法初始种群中的一个个体。在进化过程中，该个体的子代就保留了设计调度图的形式，如果假设是正确的，那么在最终的 Pareto 前沿上就会有一部分个体是在设计调度图对应个体所在的局部区域搜索到的，并且这部分个体生成的调度图形状会跟设计调度图有很大的相似性。如果假设是错误的，那么设计调度图的形式就会被抛弃掉，算法依靠自身的力量搜索最优解。

该方法的特点是：是一种间接考虑经验性假设的方法，需要依靠优化算法自身来突破设计调度图的局限，无论假设是否成立，最终优化的 Pareto 前沿上的点是不被设计调度图模拟点所支配的。这种方法在纯水位式以及混合拐点式模型中均适用，尤其是在纯水位式模型中效果更加明显。

4）分析法

分析法是将调度图的形式直接反映到 DVSS-GA 算法的编码过程中，因此需要对动态变量抽样空间的概念做进一步的扩展。

动态变量抽样空间的概念是为了保证算法抽样以及进化过程在可行域内进行，从而提高模型的优化效率及效果。但如果能通过分析、论证来划定最优解可能存在的区域或者给定最优解所具有的某些特质，模型就可以进一步缩小搜索区域，在可行域的部分区域进行搜索。如果采用逆向思维的话，也可以划定不可能存在最优解的区域，并将其从搜索范围中去掉，从而使得模型最优解的搜索范围得到进一步的缩小。

在调度图优化这个问题中，通过设置关键性拐点以及给定图形的基本趋势，可以使得优化问题的搜索空间进一步缩小。在编码处理上，可以理解为在原始问题上增加了新的约束，但是必须根据 DVSS-GA 算法变量的排序，逐变量设定约束，再结合射线搜索的方法，解决优化问题。

扩展之后的动态变量抽样空间分为两类：一类是满足强约束要求的隐式动态变量抽样空间，如为了满足调度图调度线不交叉而采用射线搜索方式划定的动态空间，这一类空间隐藏在算法内部，为了保证优化问题成立，不允许被突破；另一类是满足这种附加约束的显式动态变量抽样空间，如调度图设置中增加的一些关键拐点和线型趋势等，这一部分动态空间是根据外部信息由人为设定的，强制性弱，灵活性强。在算法中要优先保证满足隐式动态变量抽样空间的范围。

3. 梯级水库群联合调度规则优化降维技术

水库群联合调度图优化降维技术是吸取 DPSA 的迭代优化策略，以调度图为单元，根据水库上下游关系及调度图模拟的优先级，一次迭代优化一个水库的一张调度图（见图 4-28），从而极大地降低了单次优化的变量规模，降低了寻优难度，同时通过多次循环迭代使得水库群联合调度图优化效果趋向最优。

4.3.3.2　雅砻江流域下游水库群调度规则优化

本节设计了两组优化方案进行优化，一是基于设计调度图线型的优化方案，二是将各调度图调度线个数缩减为 6 条的优化方案。多方案的优化 Pareto 前沿如图 4-29 所示，可以发现方案一和方案二的 Pareto 前沿非常接近，而方案二的优化效果略优于方案一，因此

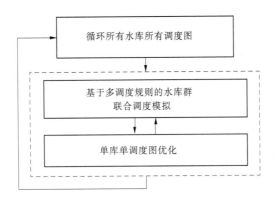

图 4-28 水库群联合调度图优化降维技术框架

可以认为在减少调度线条数的情况下并不会影响调度图优化效果。

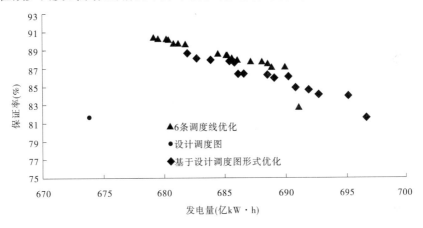

图 4-29 不同调度线条数优化 Pareto 图

从方案二 Pareto 前沿上挑选发电量最大解、发电保证率最大解、支配解以及推荐解列于表4-20。发电量最大解的发电量比设计调度图要高出 17.27 亿 kW·h,增发率达到了2.56%,发电保证率提高到82.70%,而发电保证率最大解的发电量比设计调度图提高了0.78%,发电保证率提高到90.39%。推荐方案发电量增加了 16.10 亿,增发率达到了2.39%,而保证率提高到87.08%。图 4-30、图 4-31 为推荐方案的优化调度图。

表 4-20 雅砻江下游梯级水库群调度图优化结果

类型	E(亿 kW·h)	P_N(%)
模拟解	673.78	81.59
Max$E$ 解	691.06	82.70
推荐解	689.88	87.08
MaxP_N 解	679.09	90.39

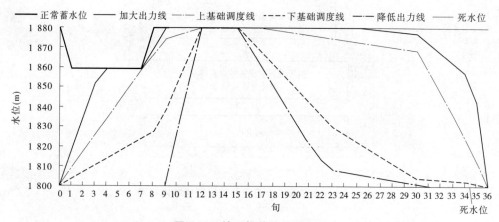

图 4-30　锦西推荐优化调度图

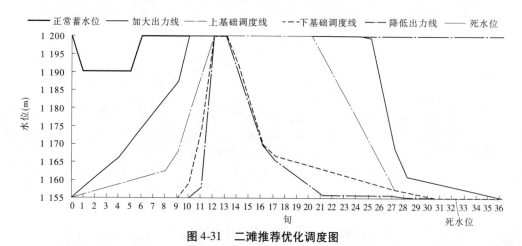

图 4-31　二滩推荐优化调度图

4.3.4　流域梯级水电站群实时风险分析与决策

4.3.4.1　梯级水库群风险调度技术

1. 技术框架

梯级水库群发电风险分析技术框架如图 4-32 所示,主要研究内容包括三部分:常规分析、末蓄能效益分析以及年发电调度风险分析。

1) 常规分析

假设初末水位均为正常蓄水位,基于历史径流随机模拟序列,分析梯级水库群年发电效益的概率密度函数。

常规分析基本步骤(见图 4-33)如下:

(1) 基于历史径流序列进行随机模拟,获得 1 000 组径流模拟序列,每组径流序列为一个调度周期。

(2) 循环 1 000 组径流场景,采用固定的初末水位对每一组径流场景采用 DPSA 算法建立水库群优化调度模型进行优化计算,并统计获得发电效益值序列。

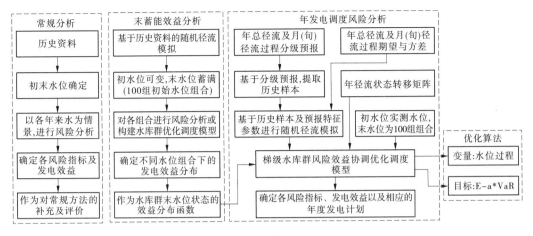

图 4-32 梯级水库群发电风险分析技术框架

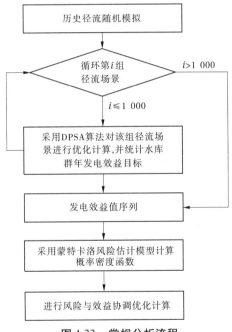

图 4-33 常规分析流程

（3）采用蒙特卡洛风险估计模型对发电效益值序列进行分析，得到历史径流模拟序列发电效益的概率密度函数。

（4）根据发电效益的概率密度函数，进行风险与效益协调优化计算。

2）末蓄能效益分析

末蓄能效益分析基本步骤（见图 4-34）如下：

（1）采用 PARMA 模型进行历史径流随机模拟，获得 1 000 组径流模拟序列，每组径流序列为一个调度周期。

（2）从水库群中选取季调节以上能力的水库进行库容离散，得到末蓄能组合。

（3）针对一组末库容组合，构建水库群发电调度风险与效益协调优化模型，以水位过

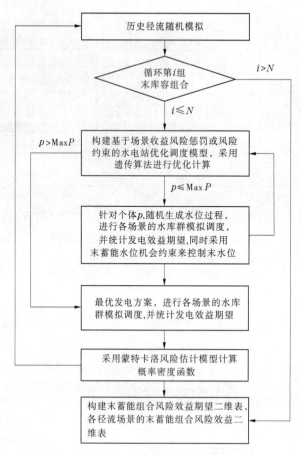

历史径流随机模拟

循环第 i 组
末库容组合

$i > N$

$i \leqslant N$

构建基于场景收益风险惩罚或风险
约束的水电站优化调度模型，采用
遗传算法进行优化计算

$p > \mathrm{Max}\,P$

$p \leqslant \mathrm{Max}\,P$

针对个体 p，随机生成水位过程，
进行各场景的水库群模拟调度，
并统计发电效益期望，同时采用
末蓄能水位机会约束来控制末水位

最优发电方案，进行各场景的水库
群模拟调度，并统计发电效益期望

采用蒙特卡洛风险估计模型计算
概率密度函数

构建末蓄能组合风险效益期望二维表，
各径流场景的末蓄能组合风险效益二
维表

图 4-34　末蓄能效益分析流程

程为优化变量，采用改进智能算法进行优化，优化目标为考虑风险惩罚的发电效益期望最大化，得到该目标最大化情况下的调度方案，并统计获得发电效益值序列。

（4）采用蒙特卡洛风险估计模型对发电效益值序列进行分析，得到各组末库容组合情境下历史径流模拟序列发电效益的概率密度函数。根据发电效益的概率密度函数，进行风险与效益协调优化计算。

（5）根据发电效益期望构建末蓄能组合风险效益期望二维表，以及各径流场景的末蓄能组合风险效益二维表。

3）年发电调度风险分析

年发电调度风险分析基本步骤（见图 4-35）如下：

（1）基于中长期概率预报期望及方差进行随机模拟，获得 1 000 组径流模拟序列，每组径流序列为一个调度周期。

（2）构建水库群发电调度风险与效益协调优化模型，以水位过程为优化变量，采用改进智能算法进行优化，优化目标为考虑风险惩罚的发电效益期望最大化。

（3）针对每一个体，发电效益期望目标的计算包括两部分，第一部分是考虑风险惩罚的年度发电效益期望，第二部分是末库容效益值。末库容效益值采用末蓄能效益分析中

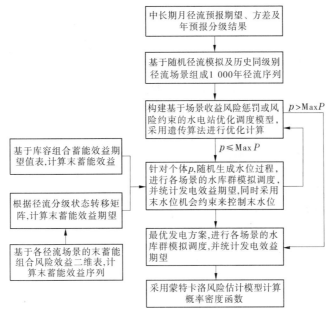

图 4-35　年发电调度风险分析流程

生成的末蓄能组合风险效益二维表进行插值计算。当根据年径流丰枯转移矩阵进行计算时,需要根据各径流场景的末蓄能组合风险效益二维表插值计算出各径流场景下的发电效益,再进行统计分析得到考虑风险惩罚的发电效益期望。

(4)得到发电效益期望目标最大化情况下的调度方案,并统计获得发电效益值序列。

(5)采用蒙特卡洛风险估计模型对发电效益值序列进行分析,得到各组末库容组合情境下历史径流模拟序列发电效益的概率密度函数。根据发电效益的概率密度函数,进行风险与效益协调优化计算。

2. 关键模型算法

1)基于蒙特卡洛法的风险估计

如图 4-36 所示为年最优发电量样本的概率密度函数,c 为置信水平,$1-c$ 为发电风险,基于蒙特卡洛法的风险估计工作主要包括:①根据已知置信水平 c,确定一定风险水平下发电目标 E;②已知发电目标 E,确定该发电目标下风险水平。因此,年最优发电量样本的概率密度函数的估计是风险估计的关键步骤。

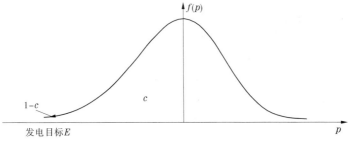

图 4-36　年最优发电量样本的概率密度函数示例

（1）蒙特卡洛法。

蒙特卡洛法是一种以概率和统计理论方法为基础的随机模拟方法，通过模拟或抽样的方式直接对系统的运行进行模拟，避免了对系统的内部特征进行描述，从而降低了风险估计问题的难度。针对梯级水库群风险调度问题的蒙特卡洛法风险估计的思路如图 4-37 所示，主要包括四个层面：①入库径流随机模拟，包括两类，一类是基于历史径流数据进行随机模拟，代表水文系统的不确定性，一类是基于概率预报结果进行的随机模拟，代表预报的不确定性，在随机模拟过程中重点关注的是随机序列的典型性与代表性，这对后期的发电风险调度研究的合理性起到决定作用；②梯级水库群系统仿真，以随机模拟径流序列为输入，通过建立梯级水库群模拟模型，进行不同径流场景的调度过程模拟，从而得到发电调度风险估计所需的年发电量样本序列，其中梯级水库群模拟模型能否真实地反映实际的研究对象是需要重点验证的问题；③采用最大熵估计模型对年发电量样本序列进行估计，得到概率密度函数；④根据年发电量样本序列概率密度函数计算发电风险调度的风险指标，用于风险分析工作。

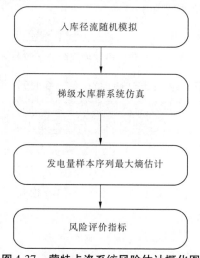

图 4-37　蒙特卡洛系统风险估计概化图

（2）最大熵估计。

设随机变量 ξ 定义在区间 I 上，ξ 的概率密度函数为 $f(x)$，且 $f(x)$ 满足以下约束条件

$$p\int_{I}^{i} f(x)\,\mathrm{d}x = 1 \tag{4-42}$$

$$\int_{I}^{i} u_i(x)f(x)\,\mathrm{d}x = M_i, i = 1,2,\cdots,m, \quad M_i \text{ 为常数} \tag{4-43}$$

则随机变量 ξ 的最大熵分布的密度函数为 $f(x) = \exp\left[\lambda_0 + \sum_{i=1}^{m} \lambda_i u_i(x)\right]$，其中 λ_i 为拉格朗日乘子。

求最大熵解 $f(x)$ 的关键是求势函数 $\Gamma(\lambda_1,\cdots,\lambda_N)$ 的最小点。在 $N>1$ 时必须用数值解法。原则上，各种最优化算法（寻找目标泛函的最小值）都可以利用。牛顿算法是一个成功的例子。

根据牛顿算法，从某个初始值 $\lambda_n^{(0)}$，$n = 1,\cdots,N$（零或小正数）开始，迭代公式是

$$\lambda_n^{(k+1)} = \lambda_n^{(k)} - a_n, n = 1, \cdots, N \tag{4-44}$$

其中,改变量 a_m 是线性方程组

$$\sum_{m=1}^{N} H_{nm} a_m = \mu_n - \langle x^n \rangle_N, n = 1, \cdots, N \tag{4-45}$$

的解。方程组的系数矩阵 H_{nm} 为 Γ 的 Hessian 矩阵,其元素为

$$H_{nm} = \frac{\partial^2 \Gamma}{\partial \lambda_n \partial \lambda_m} \tag{4-46}$$

H_{nm} 可以用迭代得到的矩来表示。

$$H_{nm} = \langle x^{n+m} \rangle_N - \langle x^n \rangle_N \langle x^m \rangle_N, n, m = 1, \cdots, N \tag{4-47}$$

各阶矩 $\langle x^n \rangle_N$ 用第 k 次迭代的 $\lambda_n^{(k)}$ 计算。迭代进行到每个计算得到的矩 $\langle x^n \rangle_N$ 与所给 μ_n 的误差或每个 $\lambda_n^{(k+1)}$ 与 $\lambda_n^{(k)}$ 的误差(相对误差或绝对误差)小于某一预定的小正数 ε 时停止。

2)水库群发电调度风险与效益协调优化调度模型

A. 基本模型约束

水库调度模拟模型约束包括水库水量平衡约束、库容上下限约束、出力上下限约束及出流量上下限约束。

(1)水库水量平衡约束

$$V_{t+1} = V_t + (Q_{inf,t} - Q_t)\Delta t \tag{4-48}$$

式中: V_t、V_{t+1} 分别表示水库 t 时段初、末库容; $Q_{inf,t}$ 表示水库 t 时段入库流量; Q_t 表示水库 t 时段出库流量,包括发电放水、供水、弃水等。

(2)水位约束

$$Z_{t,\min} \leqslant Z_t \leqslant Z_{t,\max} \tag{4-49}$$

式中: $Z_{t,\max}$、$Z_{t,\min}$ 分别表示水库 t 时段水位上限、下限值; Z_t 表示水库 t 时段水位值。

(3)流量约束

$$Q_{t,\min} \leqslant Q_t \leqslant Q_{t,\max} \tag{4-50}$$

式中: $Q_{t,\max}$、$Q_{t,\min}$ 分别表示水库 t 时段最大、最小允许出库流量; Q_t 表示水库 t 时段出库流量。

(4)出力约束

$$N_t \leqslant N_{t,\max} \tag{4-51}$$

式中: $N_{t,\max}$ 表示水库 t 时段机组相应水头下的最大出力; N_t 表示水库 t 时段出力。

(5)水位库容关系曲线

$$Z_t = f(V_t), V_t = f(Z_t) \tag{4-52}$$

式中符号所表示的意义与前文一致。

(6)尾水位流量关系曲线

$$Q_t = f(Z_{dr,t}), Z_{dr,t} = f(Q_t) \tag{4-53}$$

式中: $Z_{dr,t}$ 表示水库 t 时段尾水位。

B. 末水位机会约束

在采用智能算法优化时,由于生成的水位变量在基于随机水文序列的水库调度模拟

过程中常常存在不可行的状况,因此本书采用的水库调度模拟模型能够自动对不合理的水位进行调整,而调整后的末水位极有可能与算法生成的末水位不相等甚至偏差很大,这在很大程度上给末蓄能效益的计算带来不便。针对这一问题,为了尽可能降低模拟模型水位调整机制对末水位不确定性产生的影响,引入末水位机会约束

$$P(Z_{ad,end} \neq Z_{v,end}) \leqslant 1 - c \tag{4-54}$$

式中:$Z_{ad,end}$、$Z_{v,end}$分别表示水库进行水位调整后的末水位及算法生成的末水位;c为末水位稳定性的置信水平;$P(Z_{ad,end} \neq Z_{v,end})$为调整后末水位与算法生成末水位不相等的概率。

末水位机会约束的根本作用是保证算法生成的水位变量中末水位变量的稳定性,从而便于末蓄能效益的统一计算,这也符合水库调度中年末末水位控制的基本概念。

C. 风险管理策略

目标函数在考虑发电效益最大化的同时,对期望下方风险增加惩罚系数,从而得到在优先保证发电效益最优的情况下得到风险最小化的调度方案,此时水电熵的目标函数表示为

$$\max \sum_{s=1}^{s} \pi(s) Profit(s) - M \sum_{s=1}^{s} \pi(s) Risk(s) \tag{4-55}$$

其中,$Profit(s)$为发电效益,$Risk(s)$为风险,M为惩罚系数。

决策者可通过调整惩罚系数M来控制在调度方案中考虑风险的力度,原则上M取值范围为$[0, \infty)$,而为了避免过度考虑风险而影响发电效益,一般情况下可取$M \in [0, 1]$。当$M = 0$时为常规优化调度方案,即不考虑风险因素;当$M > 0$时,为风险与效益协调优化方案,而M取值大小则代表了决策者对风险的重视程度。

4.3.4.2　雅砻江流域下游水库群风险调度应用

1. 基于历史径流序列的风险估计

(1)随机生成1 000年梯级各水库逐月径流过程,采用DPSA进行逐年梯级发电过程优化,得到样本数为1 000的梯级年均总发电量过程,并对样本进行正太化处理$x = \dfrac{x - \mu}{\sigma^2}$,同时在$(-3, 3)$范围内绘制直方图。

(2)基于这一样本过程,构建最大熵估计模型。

(3)最大熵估计的一个关键参数是λ_n中的n,在雅砻江下游梯级发电量风险估计中,当$n \geqslant 5$时,牛顿迭代算法不收敛。

(4)当$n = 2$时前半部分偏差较小,当$n = 3$、$n = 4$时后半部分偏差较小,但是当$n = 3$时第一组偏差比较大,最后取当$n = 2, 4$时分布加权结果作为分布估计结果。

因此,雅砻江下游梯级水库群年发电量序列概率密度函数如式(4-56)所示,概率密度函数直方图如图4-38所示。

$$f_N(x) = 0.5 \times \exp(-0.930\,5 - 0.485\,5x^2) + 0.5 \times$$
$$\exp(-0.768\,5 + 0.898x - 0.884\,8x^2 - 0.359\,6x^3) \tag{4-56}$$

2. 水库群年末蓄能组合风险效益分析

1)末蓄能组合设置

研究工作主要针对雅砻江流域下游水库群调度开展,包含锦西、锦东、官地、二滩及桐

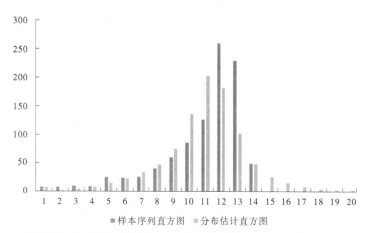

■ 样本序列直方图　■ 分布估计直方图

图 4-38　雅砻江下游梯级水库群年发电量概率密度函数直方图

子林五座串联型水库,雅砻江流域下游水库群中锦西为年调节水库,二滩为季调节水库,各水库从死库容至蓄满库容离散为 10 组库容数据见表 4-21,因此形成 100 组库容组合。

表 4-21　锦西、二滩水库库容离散值表　　　（单位:×10⁶ m³）

水库	1	2	3	4	5	6	7	8	9	10
锦西	2 854	3 399.67	3 945.33	4 491	5 067	5 582.33	6 128	6 673.67	7 233	7 765
二滩	2 400	2 945.67	3 491.33	4 037	4 582.67	5 128.33	5 674	6 219.67	6 765.33	7 311

2）末蓄能组合风险效益分析

对雅砻江流域下游水库群 100 组末蓄能组合分别进行末蓄能效益分析。首先,采用 SAMS2007 基于历史径流序列生成的 1 000 组径流随机模拟序列作为末蓄能组合风险效益分析的输入,参照图 4-34 所示分析流程。然后,采用 DPSA 算法对每一组末蓄能组合情境下的每组径流场景进行优化调度计算,总计进行 10 万次模型计算,耗时 3 d。

如表 4-22、图 4-39 所示为末蓄能组合风险效益期望二维表及变化曲线,可以看到随着锦西及二滩库容的提高,发电效益期望呈线性增长的趋势。

表 4-22　末蓄能组合风险效益期望二维表　　　（单位:×10⁸ kW·h）

锦西库容	二滩库容编号									
编号	1	2	3	4	5	6	7	8	9	10
1	663.81	665.64	667.48	669.05	670.63	671.89	673.00	674.46	676.03	677.71
2	673.85	675.68	677.44	679.08	680.67	682.39	684.04	685.09	686.32	688.00
3	682.72	684.05	685.29	686.71	688.24	689.74	691.60	693.19	694.57	695.50
4	688.57	690.14	691.79	693.46	695.01	696.63	698.35	700.06	701.76	703.44
5	697.74	699.33	700.85	702.35	703.96	705.61	707.34	709.47	711.68	713.90
6	707.43	708.97	710.48	712.11	713.80	715.68	717.91	720.17	722.42	724.64
7	717.05	718.66	720.30	722.02	724.13	726.41	728.69	730.96	733.20	735.34
8	726.77	728.47	730.31	732.58	734.91	737.20	739.49	741.73	743.94	744.77
9	734.12	736.24	738.58	740.92	743.26	745.56	747.80	750.03	751.75	754.14
10	738.87	741.29	743.65	746.05	748.49	750.82	753.15	755.20	756.70	756.98

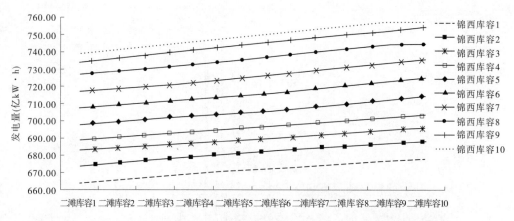

图4-39　锦西不同库容情况下末蓄能组合风险效益期望随二滩库容变化曲线

3）考虑年末蓄能组合效益的年发电风险分析

根据随机模拟序列及年径流分析预报结果计算得到年径流丰枯转移矩阵 Ψ 以及分级预报误差向量 Σ ,采用水库群风险与效益协调优化调度模型进行综合效益优化。水库水位过程如图4-40所示。同时,模型能够得到在不同径流场景下的综合效益序列,采用常规分析方法,可以得到该序列的概率密度函数如图4-41所示。根据该概率密度函数,可以计算得出,在95%置信水平下,雅砻江下游梯级最大发电目标为709亿 kW·h。与基于末蓄能效益期望表的发电风险分析得到的发电目标相比增加了7亿 kW·h,发电目标有所增加,同时年末蓄水位也有所提高(见表4-23),因此可以得出以下结论:采用基于年径流丰枯转移矩阵与场景末蓄能效益表进行发电风险效益分析,能够有效提高95%置信水平下的发电目标及末蓄能效益。

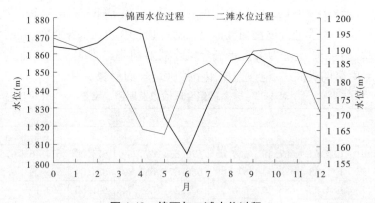

图4-40　锦西与二滩水位过程

表4-23　风险调度效益对比表

类型	名称	95%置信水平下发电目标 （×10⁸ kW·h）	锦西末水位 （m）	二滩末水位 （m）
情景一	基于末蓄能效益期望表	702	1 841.76	1 160.79
情景二	基于年径流丰枯转移矩阵与 场景末蓄能效益表	709	1 846.63	1 170.35

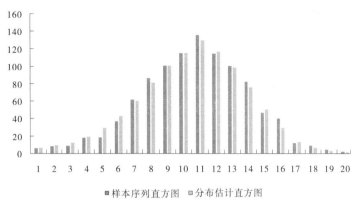

样本序列直方图　分布估计直方图

图4-41　概率密度函数直方图

3. 比较分析

采用2012年中长期径流预报结果与实测径流数据进行优化调度及比较分析,如表4-24所示。本节以基于实测的DP优化方案为基础方案,分别计算了基于预报的设计调度图方案、优化调度图方案、风险调度方案。由表4-24计算结果可以看出,基于预报的设计调度图方案年发电量最小,占DP最优方案优化结果的85.62%;基于预报的优化调度图方案年发电量的DP比例为87.14%,相对方案一的增幅为1.77%;而基于预报的风险调度方案的DP比例为89.41%,相对方案一的增幅为4.42%。由此可以看出,设计调度图方案是最保守的方案,而优化调度图方案与风险调度方案的发电效益相对较高,说明通过考虑径流预报不确定性能够在合理的范围内提高水库群运行调度的预期效益,进一步在设定发电不足风险率为5%的可接受条件下,通过风险调度能够进一步提高预期效益。

表4-24　考虑预报的梯级水库群优化调度结果对比

方案	名称	年发电量 (亿 kW · h)	占DP比例 (%)	增幅 (%)
方案一	基于预报的设计调度图方案	679	85.62	—
方案二	基于预报的优化调度图方案	691	87.14	1.77
方案三	基于预报的风险调度方案	709	89.41	4.42
方案四	基于实测的DP优化方案	793	—	16.79

4. 措施与建议

基于以上结果分析,针对雅砻江中下游梯级水库群风险调度工作,提出以下建议:

(1)采用逐年水库群的实际运行结果对该情景下末蓄能组合风险效益二维表进行修正。在采用基于年径流丰枯转移矩阵及场景末蓄能效益表的发电风险分析方式时,虽然理论上能够有效提高预期发电效益,但对各情景下末蓄能组合风险效益二维表值的合理性要求更高。因此,需要根据逐年水库群的实际运行情况,对相同径流情景下的末蓄能组合风险效益二维表进行人工修正,从而提高考虑年末蓄能组合效益的年发电风险分析结果的可靠性。

（2）由于 GA 等智能优化算法通常存在优化效果不稳定等问题，在年内发电调度方案计算中可采用人工经验设定水位法等方法得到多组调度方案以及考虑年末蓄能组合效益的年发电风险分析结果，通过比选来确定一套风险小、发电效益高、稳定性强的调度方案。

（3）在实时调度中，应采用滚动修正的方式实时计算考虑年末蓄能组合效益的年内余留期的发电风险分析结果，从而提高调度结果的合理性与可靠性，同时也保证了调度方案的可执行性。

（4）两河口水库建成后，雅砻江中下游水库群具备较强调蓄能力的水库增加至 3 座，因此本章提出的末蓄能组合风险效益二维表的形式已经无法满足应用要求，可根据实际工作需要建立三水库的末蓄能组合风险效益三维表，或者以三水库初始水位为参数拟合末蓄能组合风险效益函数，从而实现两河口水库建成后考虑年末蓄能组合效益的年发电风险分析。

5　流域安全监测及预警管理数字化技术

5.1　安全监测及预警基本情况

流域安全监测及预警是通过仪器观测和巡视检查对水电工程建筑物及其基础、工程边坡、近坝库岸及水电站周围环境进行测量与观察，并通过模型计算判断工程实际安全状况，及时预警的一系列过程，是保证工程运行安全的最重要手段。雅砻江流域安全监测及预警管理数字化技术主要包括大坝安全监测自动化系统建设、雅砻江流域大坝安全信息管理系统研究与建设，以及流域大型滑坡体失稳特性分析方法及预警指标体系研究、流域水电工程主要建筑物安全耦合动态监测方法研究等内容。

5.1.1　大坝安全监测自动化系统建设

大坝安全监测传感器安装埋设、监测自动化系统建设是安全监测数据高效获取与数字化工作的基础。以锦屏一级水电工程为例，通过监测仪器布设、采集模块安装、组网与系统集成等工作，实现了大坝及坝基、枢纽区边坡、水垫塘、引水发电系统和泄洪洞工程等部位监测仪器接入监测自动化系统，实现了数据自动化采集，保证了数据的可靠、实时和一致性，提高了工作效率，适应了电厂"无人值班、少人值守"现代企业管理的需要。

5.1.2　雅砻江流域大坝安全信息管理系统研究与建设

雅砻江流域大坝安全信息管理系统（简称流域大坝系统）是按照雅砻江公司"流域化、集团化、科学化"发展与管理理念建立的流域大坝安全管理的技术平台，是国内第一家实现流域梯级电站群大坝安全信息全面集中采集和管理的技术平台，通过流域大坝系统研究与建设，实现了全流域各投产和在建大坝安全信息化管理，统一处理监测等数据的采集、导入（录入）、审核、分析等业务，主要解决的问题包括：利用采集服务等软件技术，将各电站不同监测自动化系统集成在流域大坝系统中，实现了流域远程数据采集和仪器检查等基础工作；强化管理和统计功能，通过对各电站监测自动化系统运行情况、人工监测开展情况、巡视检查等工作的统计分析，设定工作考核指标，促进电厂间的横向比较与管理提升；规范水电站建设期永久监测项目的管理，实现安全监测工作从建设期到运行期的无缝衔接和平滑过渡；利用点检仪开展水工巡视检查，实现巡检精细化管理；利用手机和平板电脑的移动信息化软件，满足移动办公需求。流域大坝系统荣获 2015 年度中国电力建设企业协会电力建设科学技术进步二等奖。

5.1.3　流域大型滑坡体失稳特性分析方法及预警指标体系研究

在广泛调研、分析国内外大型滑坡失稳机理过程、致灾特点和规律的基础上,开展了雅砻江流域典型特大型滑坡体安全动态监测与智能快速预警响应系统研究,建立了与强震监测连锁的滑坡体稳定性监测、滑坡涌浪监测、滑坡响应监测系统,并建立了基于力学分析、实时监测反馈、智能预测识别相融合的智能快速的预警体系和应急响应系统。

5.1.4　流域水电工程主要建筑物安全耦合动态监测方法研究

通过广泛调研、机理分析和极限条件下数值仿真,分析了雅砻江流域水电工程主要建筑物的损伤机理和规律,开展了水电工程主要建筑物的安全耦合动态监测系统研究,开发了具有自主知识产权的泄流结构安全监测仪器(如空蚀磨蚀监测仪等),研究了"多损伤、强干扰、强耦合"条件下,背景噪声的剔除、仪器故障信号的识别和损伤敏感特征提取方法,研究了水力学监测、结构动力学监测与物探监测技术相结合的多级监测技术,建立了基于力学分析、多级监测技术、信息融合技术、智能预测识别相融合的安全耦合动态监测方法,提出了安全预警的预判方法和指标体系。

5.2　锦屏一级水电站监测自动化系统

5.2.1　监测布置

锦屏一级水电站安全监测主要包括变形监测控制网、枢纽区边坡工程、大坝工程和引水发电系统工程等。

5.2.1.1　变形监测控制网

建立平面监测控制网和水准监测控制网,为水工建筑物、坝区边坡和洞室提供外部变形监测基点。

5.2.1.2　枢纽区边坡工程

主要工程部位包括坝肩边坡(如坝肩槽开挖边坡、缆机平台开挖边坡和自然边坡、拱肩槽及缆机平台开挖边坡、高线混凝土系统及开关站开挖边坡等)、左岸基础处理工程、泄洪雾化影响区边坡(如右岸猴子岩边坡、左岸Ⅳ~Ⅵ号山梁等)、导流洞进出口边坡、泄洪洞出口边坡、电站进水口边坡、尾水洞出口边坡、库区滑坡等,主要监测项目为变形监测、应力应变监测、渗流渗压(地下水)监测、温度监测等。

5.2.1.3　大坝工程

工程部位包括拱坝、水垫塘和二道坝,主要监测项目为变形监测、温度监测、应力应变监测、渗流渗压监测、接缝监测、环境量监测、特殊监测(如强震监测、雾化观测、水力学监测等)等。

5.2.1.4　引水发电系统工程

工程部位包括地下厂房、压力管道、尾水洞等,主要监测项目为围岩变形监测、支护应力监测、蜗壳及混凝土结构监测等。

5.2.2　监测自动化系统建设目的

根据锦屏一级工程的特点和地质条件,针对安全监测设计工作开展了大量的研究分析和论证工作,对大坝及坝基、引水发电系统、枢纽区边坡等均布置了相对完善和有针对性的安全监测体系,监测范围广、测点较多。在如此大范围内采用人工数据采集及管理使得观测精度和频次很受限制,难以保证数据的可靠、实时和一致性,不但后期运行管理工作量极大,所采集的大量数据进行人工处理分析,达不到安全监控的目的,也不适应电厂"无人值班、少人值守"现代企业管理的需要,同时也不能达到大坝安全管理相关法律法规的要求。监测自动化采集系统不仅测读快,且能够做到相关量同步测读,能够胜任多测点、密测次和减少人工干预数据的要求,提供建筑物在时间上和空间上更为连续的信息,及时对所采集的监测数据按需要的深度进行实时分析和报表生成,作为各层次相关人员决策的重要参考依据,发现问题可以及时采取相应措施,防患于未然。

在综合考虑整个枢纽的监控体系布置基础上,接入监测自动化系统的各监测部位的监测设施必须具有针对性和必要性。监测测点接入太多使得系统庞大、可靠性降低;监测测点接入太少又不能达到有效安全监控的目的。为使进入自动化系统的监测设施控制在适度、合理的规模,需综合考虑监测部位的重要性、目前的安全现状和监测仪器的可靠稳定性等因素,枢纽区监测设施接入自动化系统应达到以下目的和要求:

(1)自动化系统建设以系统的可靠性和实用性为首要考虑原则,兼顾系统的先进性和经济性;纳入监测自动化系统的建筑物部位、项目和监测点满足《水电厂大坝安全监测自动化系统实用化验收细则(试行)》的要求。

(2)对于必须接入监测自动化系统的监测项目,首先考虑监测部位的关键性,其次考虑监测项目的重要性,最后对照仪器埋设考证表和测值综合判断仪器可靠性,对监测部位和监测项目的接入均予以统筹考虑。

(3)大坝、引水发电系统为纳入安全监测自动化系统的重点部位,除部分施工期监测项目及非电测类仪器外,其余监测项目均接入监测自动化系统;左右岸边坡内监测仪器均接入安全监测自动化系统。

(4)GPS系统进行安全监测自动化改造,改造完成后将作为监测子系统纳入锦屏一级自动化系统。

(5)对强震监测系统,由于其数据采集和传输实时性要求很高且数据存储量大,其自动化系统自成体系,本阶段考虑把强震监测系统作为一个监测子系统纳入锦屏一级自动化系统。

(6)枢纽工程水力学观测项目本阶段暂不考虑接入监测自动化系统。

(7)为满足自动化系统资料分析要求,锦屏一级水电站后期将在枢纽区布置简易气象站,对枢纽区气温、降雨等环境量进行采集,采集数据进入锦屏一级自动化监测系统。

(8)对不接入自动化监测系统的监测仪器引入规划的测站,视需要接入数据人工采集装置进行继续观测。需要人工观测的其余监测项目按照相关技术要求进行观测。

(9)对目前尚未实施的永久监测仪器,接入自动化监测系统的仪器工程量暂按招标图、技施阶段的总体布置图和施工详图的规模考虑。

5.2.3　监测自动化系统设计原则

结合锦屏一级水电站工程规模、特点,在满足运行需要的情况下,监测自动化系统遵循下列原则:

(1)全面性。在进行自动化设计时按照现行规范的要求,做到大坝、引水发电系统、边坡及库区滑坡监测设施全面规划,分部位分期实施,满足蓄水和运行期安全监控的需要。对大坝监测项目来说,重点考虑变形、渗流、混凝土应力、施工期及运行期坝体温度场等监测项目;对引水发电系统来说,重点考虑引水系统和三大洞室部位围岩变形、渗流及支护应力等监测项目;对边坡及库区滑坡来说,重点考虑坡体浅表面变形和深部变形监测项目。

(2)针对性。接入监测自动化系统的监测部位、项目和测点要有针对性,应以满足监测工程安全运行需要为主,施工期临时监测和为科学研究而设置的测点可考虑暂不接入监测自动化系统。选择控制枢纽建筑物安全的监测项目和测点,以减轻劳动强度、提高监测信息实时反馈程度。

(3)可靠实用、技术先进性。数据自动采集系统的选择首先立足国内,采用国内外成熟的先进技术成果,通过高性能计算机网络环境,采用先进的数据库管理软件、开发分析软件、图形处理软件及数据处理方法来实现系统功能。

(4)稳定性。自动化监测系统必须可靠性高、长期稳定性好、抗干扰能力强、技术成熟、准确可靠;能适应水工建筑物的恶劣工作环境,具有可靠的供电、防雷、接地、防潮等保护措施;系统必须具有完善的数据备份功能,能够方便地对数据进行备份和恢复;整个监测系统应为分布式,容错性较好,局部故障不会影响全局运行;实现监测自动化时,还应设置人工手段,便于定期比测,并保证自动化系统发生故障时,能人工测读监测数据,以保证资料的连续性。

(5)安全性。系统具有完善的保密、安全控制和安全管理功能,防止非法用户对数据进行操控。

(6)实时性。测量时间应短,不应因仪器数量庞大而延长测量时间、数据传输和处理时间,将自动化(或半自动化)监测的数据和人工监测数据及时导入到系统,对各种数据进行实时分析处理,以监控各建筑物的工作性态。

(7)兼容性。系统能与本工程的各类监测仪器设备可靠连接,数据传输方式多样。

(8)可扩展性和开放性。系统应具有较强的可扩展性,提供良好的接口,能够方便地添加模块。自动化采集系统的通信协议及规约应对用户开放,数据库结构也对用户开放。

5.2.4　监测自动化系统构架

5.2.4.1　系统构成

本工程枢纽区安全监测自动化范围主要包括大坝及坝基、枢纽区边坡、水垫塘和地下引水发电系统等。枢纽区安全监测自动化系统在分期实施过程中,首批监测自动化系统建成后应对以前所有的监测数据和新采集的监测数据进行统一管理,随后根据监测仪器分批移交情况,分阶段及时将监测仪器进入自动化数据采集系统,进行合同规定的数据采集、管理和分析工作。

本工程监测自动化系统采用分布式、多级连接的网络结构形式。其安全监测自动化系统按三级设置,即监测站、监测管理站和监测中心站。监测站,主要作用是数据采集装置对监测传感器进行数据采集、存储、电源管理及监测数据上传和接收监测管理站上位机的控制指令。监测管理站,主要作用是数据采集计算机通过数据采集系统接收数据采集装置的数据并进行转换、按规定的格式统一存放在原始和整编数据库中,并接收监测管理中心站上位机的相关指令及对数据采集装置下达控制指令。监测中心站,主要作用是工作站和服务器通过系统软件对监测管理站自动采集、其他半自动、人工测读的数据及工程所有与安全监测相关的文档资料进行集中统一管理,并根据实际情况反馈给监测管理站采集计算机相关控制指令。

5.2.4.2　系统总体功能与性能

1. 监测功能

系统具备多种数据采集方式和测量控制方式。

(1)数据采集方式:选点测量、巡回测量、定时测量,并可在测量控制单元上进行人工测读。

(2)测量控制方式:应答式和自报式两种方式采集各类传感器数据,并能够对每支传感器设置警戒值,系统能够进行自动报警。

应答式:由采集机或联网计算机发出命令,测控单元接收命令完成规定测量,测量完毕将数据暂存,并根据命令要求将测量的数据传输至计算机。

自报式:由各台测控单元自动按设定的时间和方式进行时间采集,并将所测数据暂存,同时传送至采集机。

2. 显示功能

显示监测布置图、过程曲线、监测数据分布图、监测控制点布置图、报警状态显示窗口等。

3. 存储功能

系统具备数据自动存储和数据自动备份功能。在外部电源突然中断时,保证内存数据和参数不丢失。

4. 操作功能

从现场监测中心的计算机上可实现监视操作、输入/输出、显示打印、报告现有测值状态、调用历史数据、评估系统运行状态。

5. 通信功能

系统具备数据通信功能,包括数据采集装置与监测管理站的计算机或监测管理中心站计算机之间的双向数据通信,以及监测管理站和监测管理中心站内部及其同系统外部的网络计算机之间的双向数据通信。

6. 安全防护功能

系统具有网络安全防护功能,确保网络安全运行。

7. 自检功能

系统具有自检能力,对现场设备进行自动检查,能在计算机上显示系统运行状态和故障信息,以便及时进行维护。

8. 系统供电

系统采用 220 V 交流电源或太阳能电池,测控单元配备蓄电池,在系统供电中断的情况下,能保证现场测控单元至少连续工作一周。

9. 其他

系统具有较强的环境适应性,耐恶劣环境,具备防雷、防潮、防锈蚀、防鼠、抗振、抗电磁干扰等性能,能够在潮湿、高雷击、强电磁干扰条件下长期连续稳定正常运行。

系统具有方便可操作的人工比测专用设备,备有与便携式监测仪表或便携式计算机通信的接口,能够使用便携式监测仪表或便携式计算机采集监测数据,进行人工补测、比测,防止资料中断。

系统能提供在施工期由其他监测承包人采用常规的二次仪表定期对监测传感器的数据测读的功能。

5.2.4.3 自动化技术要求

工程安全监测领域中的数据采集自动化系统具有以下特征:①传感器数量庞大,传感器种类多,非标准化现象明显;②监测范围大,现场条件差,现场监测装置基本上是在露天或洞室中工作,电磁干扰强烈,因此工程安全监测自动化系统需要具备较高的机械或电气防护等级;③监测对象的变化缓慢,但是监测的物理量变化范围大,传感器的灵敏度小,因此要求数据采集自动化系统具有非常高的分辨率和非常低的测量误差;④安全监测的传感器数量大,监测时间持续数十年,因此数据的自动化存储管理在系统中占有极其重要的地位;⑤数据采集自动化系统的中央控制室离现场一般情况下有较远的距离,并且这样的系统不是孤立的,它需要与其他的相关系统进行数据交换,因此网络通信技术也是数据采集自动化系统的核心技术之一。

通过对监测数据采集自动化系统的特征分析可以看出,工程安全监测自动化系统几乎涵盖了传统的自动化系统的全部技术,而且在数据管理、信息交换、数据处理、系统安全等方面,还运用了大量计算机技术、网络技术的手段和成果。一个完整的监测数据采集自动化系统一般包含传感器及其接口、模拟信号调理、模拟信号数字化处理、信息储存、信息通信网路,以及电源保障、电气保护等部分。

1.测量控制单元指标

(1)通信接口:采用标准 RS-485 的现场总线,提供软件接口(如控件、函数库、动态链接库等)或开放通用通信规约。

(2)具有人工测量接口,以方便人工比测或在采集装置发生故障时人工测读数据。

(3)通道数:标准 8～32 个通道。

(4)测量控制单元采集的传感器:差动电阻式、振弦式、电容式、标准量、电位器式、智能型传感器等。

(5)测量方式:定时、间断、单检、巡检、选测或任设测点群。

(6)定时间隔:10 min 至每月采样一次,可随时设置。

(7)采样时间:≤30 s/点。

(8)适应工作环境:温度 -10～+50 ℃(-25～+60 ℃可选),湿度≤95%。

(9)测量控制单元平均无故障时间:$MTBF \geqslant 10\ 000$ h。

(10)平均维修时间:$MTTR \leqslant 24$ h。

(11)防雷电感应:1 500 W。

(12)数据存储容:≥100 测次。

2.数据采集模块指标

1)差阻式数据采集模块

(1)测点容量:8～32 通道。

(2)测量精度:电阻值≤0.02 Ω,电阻比≤0.000 2。

(3)分辨率:电阻值为 0.01 Ω,电阻比为 0.000 1。

(4)测量时间:每通道 3～5 s。

2)振弦式数据采集模块

(1)测点容量:8～32 通道。

(2)测量精度:时基精度 ±0.005%(0～+50 ℃),温度 ±0.5% FSR。

(3)分辨率:频率 0.1 Hz,温度 0.1 ℃。

(4)测量时间:每通道 3～5 s。

3)电位器式数据采集模块

(1)测点容量:8～32 通道。

(2)测量范围:0.000 1～1.000 0。

(3)测量时间:每通道 3～5 s。

(4)基本误差:0.05% F.S。

(5)分辨率:0.01% F.S。

4)智能型传感器数据采集模块

(1)测点容量:8～32 通道。

(2)量程:匹配智能传感器。

(3)测量精度:匹配智能传感器。

(4)分辨率:匹配智能传感器。

(5)测量时间:每通道 3～5 s。

3.监测数据采集信息管理软件

与自动化数据采集单元配套,具有数据在线采集、电测成果计算、测点数据的报表、图形输出、采集馈控、远程召测、信息报送七个主要部分。各部分有独立的用户界面,既可以和安全监测信息管理及综合分析系统协同工作,又可单独运行。

(1)在线数据采集。通过各建筑物的数据采集单元与计算机原始数据库的接口通信软件,按测点编号进行通信采集,自动获得采集监测量的测值。

(2)测值计算整理。原始数据库中的各类实测数据,依据仪器厂家的转换公式以及厂家或现场率定的参数,将监测物理量转换为监测数据量,将转换结果存储到整编数据库中。

(3)报表、图形输出。用户可根据需求,对整编成果定制和输出各种布置图、过程线、分布图和特征值报表。

(4)采集馈控。用于自动化监测系统,接收来自安全监测信息管理及综合分析系统的疑似测点复测命令,并进行复测、反馈至该系统等。

(5)远程召测监控管理。实现雅砻江公司大坝安全管理信息系统特定端口的机器通过 C/S 模式能远程控制现场采集机,实现命令修改、采集、数据传输等。

(6)信息报送。按照相关规定定时上报相关信息到雅砻江公司大坝中心。

5.2.4.4　网络通信型式

本工程安全监测自动化网络结构采用分布式网络结构,监测管理站、现场监测站之间采用光纤,局部测站内采用双绞线;监测管理中心站、各个子系统的监测管理站之间根据布置位置采用光纤连接形成星型高速局域网。监测管理中心站和雅砻江公司大坝中心采用专用网络实现接入。

5.2.4.5　电源供电方式

1.监测管理中心站

监测管理中心站配置一套交流不间断电源(UPS),容量 2 kVA,蓄电池按维持设备正常工作 60 min 设置。输入交流 380 V 回路引自管理中心的配电设备,输出 220 V 对站内设备供电。

2.监测管理站

各监测管理站分别配置一套交流不间断电源(UPS),容量 3 kVA,蓄电池按维持设备正常工作 60 min 设置。输入交流 380 V 回路引自站址的配电箱,多路输出 220 V 除对站内设备供电外,还应提供较近测站的交流供电回路。

3.监测站

大坝和引水发电系统的大部分站点,从相应各监测管理站 UPS 通过电力电缆直接引入 220 V 交流电对设备进行供电;个别距离较远的站点可在就近电源插孔取电。

5.2.4.6　过电压保护、接地方式和设备防护措施

1.监测中心站、管理站

监测中心站、管理站可直接利用工程的防雷、接地设施;机房内设备的工作地、保护地采用联合接地方式与电站接地网可靠连接。

2.监测站

大坝和引水发电系统的监测站点可直接用接地线与电站接地网连接;测站设备的引

入电缆应采用屏蔽电缆,其屏蔽层应可靠接地。

边坡等户外测站,应设置接地装置,装置的电阻应小于 10 Ω。

自动化系统除对所有暴露在野外的信号电缆、通信电缆等加装钢管保护外,对数据采集单元在供电系统的防雷、一次传感器及通信接口的防雷和中心计算机房的防雷等方面做全面的考虑,保证系统在雷击和电源波动等情况下能正常工作。

5.2.4.7　系统运行方式

1. 中央控制方式

由监测中心站采集机或主站管理计算机,命令所有数据采集单元同时巡测或指定单台、单点进行选测,测量完毕将数据列表显示,并根据需要存入采集数据库。

2. 自动控制方式

由各台测控单元自动按设定时间进行巡测、存储,并将所测数据送至监测中心站的采集机备份保存。

3. 远程控制方式

由经过允许协议的远程计算机,通过流域大坝系统网络对现场中心站进行全过程操作或对现场测控单元进行连接控制、检测和管理。

4. 人工测量方式

每台测控单元对每支接入自动化系统的传感器均具备人工测量的功能。

5.2.4.8　系统功能性要求

1. 实时性

(1)现场数据采集单元的响应能力需满足数据采集和控制命令执行的时间要求,现场单个数据采集单元测量一次的时间小于 3 min,控制命令响应时间小于 1 s。

(2)整个系统的响应能力需满足系统数据采集、人机通信、控制功能和系统通信的时间要求。数据采集时间包括全部现场数据采集单元数据的采集时间和相应数据转入整编数据库的时间,前者小于 30 min,后者小于 10 s。

(3)RS – 485 总线通信波特率:1 200 bps。

2. 可靠性

(1)数据采集系统及其设备能适应现场的工作环境,具有足够高的抗干扰性能,能长期可靠地稳定运行。

(2)网络通信抗干扰能力(有线数据通信):100%。

(3)整个系统平均无故障时间:$MTBF > 6\ 300$ h。

(4)监测系统自动采集数据的缺失率:$W \leqslant 3\%$。

(5)系统实测数据与同时同条件人工比测数据偏差 δ 保持基本稳定,无趋势性漂移,与人工比测数据对比结果 $\delta \leqslant 2\sigma$。

(6)所有数据采集单元的电源、传感器的输入口、通信接口和电源输入输出口均有可靠的过压保护,具有在正常振荡范围内保证电路正常工作电压水平的保护装置。系统配置多级雷击保护装置,保护强电荷冲击。

3. 精确性

整个安全监测自动化系统通过联机调试投入运行后实现下列功能:

（1）分布式系统可用应答式或自报式实现自动巡测、定时巡测或选测，并能在交流电源或通信中断条件下自动巡测并储存数据。

（2）数据处理和数据库管理及其分析功能。

（3）监测系统运行状态自检和报警功能。

5.2.4.9　系统安全性要求

系统安全性是指保护数据库以及数据的网络传输，以防止非法入侵和使用，它与数据保密问题密切相关，主要涉及数据的存取控制、修改和传输的技术手段，主要从软件、硬件、网络和数据流方面进行安全性防护。

应用软件安全性主要依赖于硬件系统、操作系统、数据库以及网络通行系统的安全机制。同时，在软件的设计方法上，采用面向对象的方法，使数据和相关的操作局限在一个对象中，从而简化实现的复杂性。常用的方法主要有：混合安全模式、用户权限管理、系统日志、数据库备份等。为了保证关键计算机（采集计算机、数据服务器计算机等）安全可靠的运行，C/S 应用要有运行环境的安全设计，通过对系统设置并加装硬件防火墙、采用高端网络交换机等，既能保证其应用的顺利运行，同时也能使这些关键计算机不受病毒和黑客的攻击。B/S 应用要求可在不降低浏览器安全级别的情况下，顺畅地浏览系统相关信息。

网络安全性。当局域网和广域网连接的时候，网络安全性是网络建设首要解决的问题。常用的方法有：系统控制权限，客户段访问服务器、服务器数据库、数据库里的子表、子表中的字段和记录，必须具有相应的权限。网络控制权限，通过网络端口访问操作系统。其中，数据库的访问与数据的访问是数据库系统安全设置来完全控制的，而服务器的访问控制同时包含了物理安全性管理与网络安全性管理。具体网络数据安全服务层次模型如图 5-1 所示。

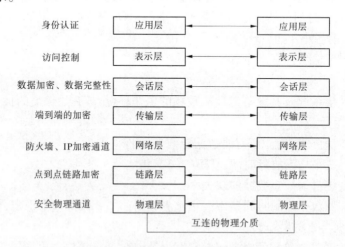

图 5-1　网络数据安全服务层次模型

对于系统的数据流，严格按照下位机写入上位机；对于指令流，应严格按照上位机控制下位机。对于软件方面，系统的各工作界面应设置严格的访问操作权限，设置完善的登录日志。

在硬件方面,广域网和局域网之间应配置安全防护和隔离设备,主要采用硬件防火墙和高端网络交换机等。

5.2.5 接入监测自动化系统的测点

自动化系统根据工程监测系统总体设计,按下列原则选择实施自动化监测的项目、内容和测点:

(1)为监视工程安全运行而设置的监测项目。

(2)需要进行高准确度、高频次监测而用人工观测难以胜任的监测项目。

(3)监测点所在部位的环境条件不允许或不可能用人工方式进行观测的监测项目。

(4)拟纳入自动化监测的项目已有成熟的、可供选用的监测仪器设备。

(5)测点应反映工程建筑物的工作性态,目的明确。

(6)测点选择宜相互呼应,重点部位的监测值宜能相互校核,必要时进行冗余设置。

根据上述原则,对接入枢纽区安全监测自动化系统各部位监测项目和测点统计如下。

5.2.5.1 枢纽区边坡

枢纽区边坡监测仪器接入自动化系统的规则如下:

(1)各部位变形监测的多点位移计、石墨杆收敛计、测缝计、位错计等接入自动化系统;测斜孔、滑动测微计等不接入自动化系统。

(2)各部位渗流渗压监测的渗压计接入自动化系统。

(3)各部位应力应变监测的钢筋计、应变计接入自动化系统;锚索测力计选择一半接入自动化系统;锚杆应力计不接入自动化系统。

(4)坝肩边坡 GPS 系统自动化改造后接入自动化系统。

5.2.5.2 拱坝工程

大坝及坝基监测仪器接入自动化系统的规则如下:

(1)坝体及坝基变形监测的垂线、竖直传高、多点位移计、引张线、静力水准接入自动化系统。

(2)坝体及坝基应力应变、接缝、渗流渗压监测的所有仪器接入自动化系统。

(3)坝体及坝基温度监测的永久温度计接入系统,施工期临时温度计不接入自动化系统。

(4)坝顶 GPS 系统自动化改造后接入自动化系统。

(5)坝前、坝后水位观测的水位计接入自动化系统。

(6)表孔、深孔局部结构监测的所有仪器接入自动化系统。

(7)强震监测自成自动化监测系统,作为一个子系统纳入自动化系统。

(8)水垫塘及二道坝的位移计、测缝计、渗压计、量水堰接入自动化系统。

(9)水力学观测仪器暂不考虑接入自动化系统。

5.2.5.3 引水发电系统

引水发电系统监测仪器接入自动化系统的规则如下:

(1)地下厂房三大洞室围岩变形监测的多点位移计、石墨杆收敛计全部接入自动化系统;支护应力监测的锚索测力计选择一半接入自动化系统,锚杆应力计不接入自动化系统。

（2）岩锚梁监测仪器不接入自动化系统。

（3）压力管道围岩变形监测的多点位移计接入自动化系统；渗流渗压监测的渗压计接入自动化系统；支护应力监测的钢筋计接入自动化系统；锚杆应力计不接入自动化系统。

（4）尾水洞变形监测的多点位移计、测缝计接入自动化系统；渗流渗压监测的渗压计接入自动化系统；支护应力监测的钢筋计接入自动化系统；锚杆应力计不接入自动化系统。

5.2.5.4　其他部位

其他部位（导流洞、泄洪洞）监测仪器接入自动化系统的规则如下：

（1）导流洞堵头监测仪器全部接入自动化系统，导流洞洞身监测仪器不接入自动化系统。

（2）泄洪洞所有监测仪器接入自动化系统。

5.2.6　监测自动化系统的集成

锦屏一级水电站工程安全监测自动化监测管理站和现场监测站、监测中心站和监测管理站之间的监测网络控制模式总体结构如图 5-2 所示。

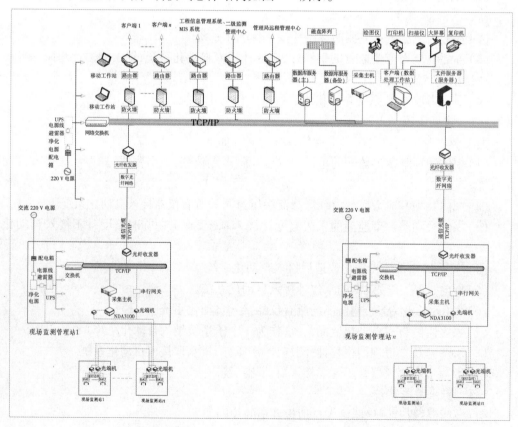

图 5-2　自动化系统控制模式总体结构示意

根据锦屏一级水电站枢纽建筑物布置特点及监测管理站的环境要求,监测站布置原则是监测仪器相对集中的部位集中设置,主要考虑交通、通风及无干扰并远离强电磁干扰设备。监测管理中心站设置在业主永久营地,监测管理站分别设置在左右岸边坡坝顶平台、大坝坝顶、大坝坝体廊道、二道坝坝体廊道、第一副厂房等处。锦屏一级水电站工程枢纽区各级测站网络结构和通信方式如图5-3所示。

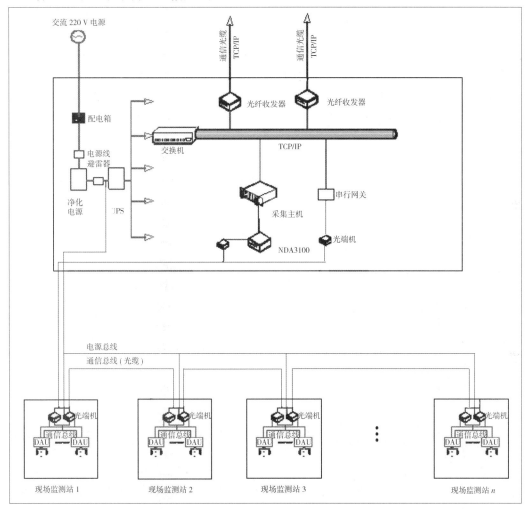

图 5-3　自动化系统网络结构和通信方式示意图

5.2.6.1　现场监测站

现场监测站,主要作用是数据采集装置对监测传感器进行数据采集、存储、电源管理及监测数据上传和接收监测管理站上位机的控制指令。各建筑物现场监测站的规划设置,主要根据建筑物布置和施工期监测仪器电缆走线情况等因素考虑。便于监测电缆的牵引,力争使电缆长度最小,考虑自动化数据采集模块的利用率高。

锦屏一级水电站工程安全监测自动化系统共设置42个监测站,其中左岸边坡4个,右岸边坡1个,大坝及坝基24个,水垫塘及二道坝1个,引水发电系统及泄洪洞工程

12 个。

5.2.6.2 监测管理站

监测管理站,主要作用是数据采集计算机通过数据采集系统接收数据采集装置的数据并进行转换,按规定的格式统一存放在原始和整编数据库中,并接收监测管理中心站上位机的相关指令及对数据采集装置下达控制指令。

监测管理站应具备适合工业应用的环境,具备良好的接地、防雷、抗干扰功能,具备净化电源和不间断电源,确保系统稳定供电。有较高运算速度和较大存储容量的工作站、安装数据采集信息管理系统,并配有必要的外设。

锦屏一级水电站工程安全监测自动化系统共设置监测管理站 7 个,其中左岸边坡 1 个,右岸边坡 1 个,大坝 3 个,厂房 2 个。

监测管理站设置见表 5-1。

表 5-1　监测管理站设置

管理站编号	位置	管理的监测站
JP－01	左岸坝顶平台	BPL－01、BPL－02、BPL－03、BPL－04
JP－02	右岸坝顶平台	BPR－01
JP－03	坝顶电梯井上部观测房	AD－01、AD－02、AD－03、AD－04、AD－05、AD－06
JP－04	坝体 1 778 m 高程廊道 13#坝段垂线观测房	AD－07、AD－08、AD－09、AD－10、AD－11、AD－12、AD－13、AD－14、AD－15、AD－16、AD－17、AD－18
JP－05	坝体 1 664 m 高程廊道 13#坝段垂线观测房	AD－19、AD－20、AD－21、AD－22、AD－23、AD－24
JP－06	第二副厂房	PH－01、PH－02、PH－03、PH－04、PH－05、PH－06、PH－07
JP－07	第二副厂房	PH－08、PH－09、PH－10、PH－11、PH－12、SDT－01

根据现场监测站和监测管理站的设置,对各监测管理站及其下属现场监测站自动化设备进行汇总,见表 5-2。

表 5-2 监测管理站自动化设备工程量

设备名称	规格型号	单位	数量							合计
			JP-01	JP-02	JP-03	JP-04	JP-05	JP-06	JP-07	
差阻式数据采集模块	NDA1103	个	2	1	2	4	3	2		14
差阻式数据采集模块	NDA1104	个	10		75	65	39	2	2	193
振弦式数据采集模块	NDA1403	个	61	23	28	32	9	94	90	337
智能式数据采集模块	NDA1705	个			6	12	14			32
数据采集单元箱(DAU)	DAU2000	套	38	12	58	60	33	51	48	300
采集站主机	IPC610	台	1	1	1	1	1	1	1	7
工作站		台	1	1	1	1	1	1	1	7
自动采集软件		套				1				1
标准机柜	19 in,高 1.8 m	个	1	1	1	1	1	1	1	7
打印机	黑白激光 A4	台	1	1	1	1	1	1	1	7
防雷隔离稳压电源	CWY-3kVA	台	1	1	1	1	1	1		6
不间断电源(UPS)	C3KS	台	1	1	1	1	1		1	6
信号线避雷器	NSPD	个	162	41						203
电源线避雷器	菲尼克斯	个	10	4	2	2	2	2		22
配电箱		台	1	1	1	1	1	1		6
网络交换机	8口以上	台	1	1	1	1	1	1		6
光纤收发器		套	2	2	8	2	2	2	2	20
防雷 RS-232/485 转换器	NDA3100	套	1	1	1	1	1	1	1	7
串行网关		个	1	1	1	1	1	1	1	7
光端机	NDA3421	台	10	4	15	28	20	16	16	109
通信光缆	8目单模铠装	m	1 300		2 000	4 000	2 200	1 500	2 670	13 670
供电电缆	NDBD2	m	820	120	1 320	2 500	1 350	1 250	1 780	9 140
通信电缆	NDBT4	m	340	120	340	500	250	500	440	2 490
电缆保护管	PE 管	m	300	100	1 180	2 250	1 200	1 100	1 590	7 720
电脑桌,椅		套	1	1	1	1	1	1	1	7

注:1 in＝2.54 cm。

5.2.6.3 监测中心站

监测中心站的主要作用是工作站和服务器通过系统软件对监测管理站自动采集、其他半自动和人工测读的数据、工程所有与安全监测相关的文档资料进行集中统一管理,并根据实际情况反馈监测管理站的采集计算机相关控制指令,同时具有远程服务功能。

监测中心站具备适合工业应用的环境,具备良好的接地、防雷、抗干扰功能,具备净化电源和不间断电源,确保系统稳定供电。有较高运算速度和较大存储容量的 PC 机和服务器,并配有必要的外设。监测中心站设置数据服务器、工作站计算机、监测管理站计算机、监测中心站服务器和工作站计算机后台数据库统一为 SQL Server 或其他大型关系型数据库软件。数据服务器对所有数据(原始数据、整理整编数据等)采用同一格式统一管理在同一数据库中,前台的监测信息管理系统具有服务器端功能,不同授权用户能远程控制管理各子系统计算机的所有和部分功能,具备与监测管理站进行网络通信和数据采集的能力,具有 24 h 不间断运行的在线监控和分级报警功能。工作站计算机主要的监测信息管理系统除服务器端功能外其余全部功能应齐备,满足日常监测工作的需要,具有完善的临时和历史测值的数据库管理能力、画面、报表编辑功能,具有系统自检、诊断功能,并实时打印自检、诊断结果及运行中的异常情况,作为硬拷贝文档。

监测中心站负责本工程全部安全监测管理工作,主要设备统计见表 5-3。

表 5-3　监测中心站主要设备统计

设备名称	单位	数量	主要技术指标	备注
数据库服务器	台	2		
文件服务器(Web 服务器)	台	1		
采集主机	台	1		
工作站	台	1		
数据库软件	套	2	MS SQL Server 2008 简体中文企业版数据库	
安全监测信息管理网络系统软件	套	1	NARI DSIMS 大坝安全 信息管理网络系统软件 V4.0	
服务器机柜	个	1	19in,高 2 m	
便携式采集机	台	2		
USB – RS232 转换器	台	2		
RS232/485 转换器	台	2		
黑白激光打印机	台	1	黑白激光 A3	
彩色激光打印机	台	1	彩色激光 A3	
大屏幕显示系统	套	1		
复印机	台	1		

续表 5-3

设备名称	单位	数量	主要技术指标	备注
扫描仪	台	1		
绘图仪	台	1		
防雷隔离稳压电源	台	1	CWY－3kVA	
不间断电源(UPS)	台	1	C3KS	
电源避雷器	台	2	菲尼克斯	
配电箱	台	1		
网络交换机	台	1	24 口以上	
光纤收发器	台	4		
路由器	台	3		
防火墙	台	3		
电脑桌、椅	套	5		
空调	台	1		

5.3　雅砻江流域大坝安全信息管理系统

5.3.1　流域大坝安全信息化管理

按照"流域化、集团化、科学化"发展与管理理念,雅砻江公司于 2011 年成立了大坝中心,主要承担流域梯级电站大坝的安全管理与技术支持工作,雅砻江公司流域化大坝安全管理的框架初步形成。为统筹流域大坝安全管理,建立健全流域大坝安全信息化体系,实现流域大坝安全信息化管理,雅砻江公司于 2011 年启动了流域大坝系统建设,系统已于 2013 年 9 月投入运行。

锦屏一级水电站及流域梯级电站接入流域大坝系统后,大坝安全监测等数据的采集、导入(录入)、处理、分析等业务均通过流域大坝系统开展,从而取代电站单独建设施工期或运行期大坝安全信息管理系统,节省了工程投资。流域大坝系统于 2015 年荣获了中国电力建设企业协会电力建设科学技术进步二等奖,通过流域大坝系统的建设和应用,使公司大坝安全监测等工作进一步理顺关系、明确界面、优化流程、共享资源、提升效率,实践"互联网＋"在大坝安全管理工作中的应用,对雅砻江公司大坝安全管理提升起到了促进作用。

5.3.2　流域大坝系统概况

5.3.2.1　流域大坝系统的任务

流域大坝系统定位为雅砻江公司流域大坝安全管理和技术管理的统一平台,主要功能是对公司各投运水电站以安全监测为主,包括对巡检维护、定检注册等大坝安全信息进行全面管理,并为施工期大坝安全监测管理提供信息化手段,最终实现全流域22级梯级电站大坝安全信息的接入和管理。

系统具体任务是实现对所辖各个水电厂大坝安全信息的集成,实现对监测自动化系统的远程采集,同时人工记录信息、水情信息可及时远程报送、汇总到公司大坝中心,最终对大坝安全信息集中管理、分析、处理和发布,完成信息审核、监测资料整编、资料分析、大坝安全工作评价等主要信息处理工作。流域大坝系统与当前部分水电站的自动采集系统、信息管理系统、外观监测数据、人工监测数据、水情系统、强震系统、泄洪振动系统等大坝安全监测相关的系统软件或者数据存储文件进行数据的无缝对接,并能够驱动自动化采集系统,实现远程采集、即时采集。所有电站的大坝安全监测信息集成汇总后,再通过报送机将信息按照原电监会相关规定报送至能源局大坝管理平台。

5.3.2.2　流域大坝系统的目标

系统作为雅砻江公司大坝安全监测管理的业务支撑、工作和信息的查询平台,提供高效的信息处理和应用流程,优化和重新配置水工管理专业的人力资源,有效地将安全生产的综合管理和专业管理结合为一个整体,支撑公司水电站大坝安全的流域化、科学化管理,提高公司水电站大坝的运行和管理水平。具体建设目标分以下七项。

1. 目标一:信息流向清晰、人员职责明确

系统的信息流向清晰并体现管理模式的高效和创新点,系统的正常运行需要相关人员了解各自的信息采集、处理和分析的职责,系统能帮助监督管理部门对水工管理相关人员进行及时准确的考核,正确反映系统运行情况。

2. 目标二:及时采集、传递和集中数据

集中化管理,主要是对数据的集中,整个系统在运行过程中,涉及人工监测数据、自动化采集数据、巡视检查记录、值班日志、设备台账、水情监测数据、测斜数据等;涉及系统包括自动化采集系统、水情监测系统、生产管理系统、公司主系统以及能源局大坝中心系统等,系统之间需要信息的共享与交互,子系统和主系统之间还需要远程的数据传输和交互,数据的及时采集、传递是整个系统正常、高效运行的基础。

3. 目标三:系统功能完备

要实现流域水电站的集中化、科学化管理,除运行管理人员和管理制度外,还必须要有相对应的成熟可靠的信息化手段,充分利用大坝安全信息系统的信息采集、信息处理、信息远程传输、计算分析、图形分析、报警监控等功能,才能很好地支撑公司实现对整个流域的水电站的集中化管理。

4. 目标四:专业化数据处理和分析

大坝安全运行管理具有高度的专业性,集中化管理需要对处理分析软件进行集成,从而可以集中专业人员对集中后的各座大坝安全信息数据进行专业化的处理和分析,充分体现系统的优越性。

5. 目标五:使用简单、操作便捷

系统功能的实现方式一方面应考虑工作人员已有的思维和工作习惯;另一方面应建立良好的功能和对象关系,精简操作步骤,实现便捷。系统可通过前台快速输出和后台组

织递补相结合的方式,快速响应用户。系统的软件应重视界面的美观,能够吸引并引导用户自己完成相应的操作,起到向导的作用。

6.目标六:方便增加新电站

雅砻江流域新建电站要在若干年内陆续加入到本系统中,因此要考虑到水电站加入系统时可能的各种情况,并对此明确策略,在不影响已有系统正常运行的情况下方便地增加水电站。

7.目标七:系统安全可靠

整个系统应该能够长时间安全可靠的运行。通过硬件和软件等多方面的措施来确保系统的安全性和可靠性。尽量不增加已有网络的安全负担,通过适当的硬件冗余、数据传输加密、数据备份确保系统的安全和可靠。

5.3.2.3 系统实施主要工作内容

实施范围涉及雅砻江公司总部和二滩、锦屏一级、锦屏二级、两河口、桐子林、官地六座水电站。

在雅砻江公司成都总部建设一个对所辖水电站大坝安全信息集中管理的流域大坝安全信息管理系统(简称主系统)或本系统。主系统保存公司所有大坝的安全信息,在公司内通过 Web 方式发布大坝安全信息。主系统通过通信接收服务接收各水电站传输的信息,经审核后进行相应的处理,完成资料整编、数据分析和信息发布任务。主系统和移动用户可远程采集自动化监测数据。

二滩水电站保留原有的自动化监测管理系统和采集软件,通过采集软件采集的自动化监测数据首先保留在自动化监测系统的数据库中,通过数据交换软件将数据提取至主系统数据库;同时增加自动化监测采集服务,在采集服务器上设置缓存数据库,在电站与公司的网络不通畅时将自动化监测数据保留在缓存数据库中,待网络接通后传输至主系统数据库。

官地、锦屏一级、锦屏二级水电站通过数据交换软件将原有信息管理系统的数据提取到流域主系统数据库,主系统需要的信息类别如果没有在水电站信息系统中,直接录入主系统。水电站端的自动化系统设置自动化监测采集服务,满足远程采集需要。

桐子林和两河口水电站没有建设大坝安全信息管理系统,在流域大坝系统建设中直接纳入本系统,不再建设电站的大坝安全信息管理系统。

其他流域新建电站不再另行建设电站的大坝安全信息管理系统,直接纳入本系统进行信息管理,大坝安全管理责任仍按照公司相关规定落实到各相关单位。规划中的水电站开始建设后,施工单位和工程管理局按照公司大坝安全信息化要求将信息录入本系统,本系统将提供信息录入软件和信息服务。

桐子林、官地、锦屏一级、锦屏二级、两河口水电站以及以后新建的水电站在完全纳入本系统后,由本系统将各水电站的监测数据由二滩电厂的备份服务器下载至设置在水电站的台式机本地数据库上,本地数据库所用的台式机不另作他用。当网络完全中断时,系统自动切换数据库的指向,提供应急时的数据查询和自动化采集任务,采集服务缓存数据同时导入本地数据库,当网络恢复后,缓存数据再导入主系统数据库,网络中断时的应急情况,不提供人工监测数据的本地录入。二滩水电站设置有主系统的远程备份数据库可作为网络中断时的应急数据库。

各水电站在巡视检查线路上的关键点安装接触式 TI－ID 卡地址纽,巡视人员在巡视检查经过这些关键点时,用巡视检查机读取和记录地址纽的编号和时间,巡视结束后,由 C/S 管理软件将记录入库。

水情、气象、出入库流量、泄流量、泄洪震动、强震监测等第三方数据通过软件从公司各相关系统自动取得。

本系统可对雅砻江流域 22 个水电站的大坝安全信息进行管理。

5.3.3　系统架构

5.3.3.1　功能架构

系统的总体功能主要体现在定义和配置系统的基础数据、信息录入和数据采集、数据的网络传输、数据计算和审核、建立监测数据的统计分析模型、信息查询、资料整编、系统运行维护和安全防护,以及管理与考核方面有关数据的统计,并实现安全监测、巡视检查等工作考核指标的计算。系统主要功能架构见图 5-4。

5.3.3.2　软件模块结构

主要模块包括系统管理(用户管理、数据库备份、软件升级、重启系统、服务管理等)、基本信息设置(水电站初始化、设置各类默认值、定义测点属性、增加测点和布置图、定义导航方式、设置计算公式、设置监控指标、设置巡视检查路线等)、数据采集与录入(监测自动化系统的采集和采集服务,数据交互、人工录入、水情等相关系统接口、巡检等)、外委单位数据录入(外委单位、施工单位本地数据录入与传输)、数据计算、数据审核与监控、数据查询与统计(数据、图表、信息的各类查询)、数据传输与报送、资料整编系统、离线分析系统、手机与平板电脑软件、Web 信息发布系统(公司大坝安全信息网)、自动升级、状态监控(对系统各个模块、服务、数据库、服务器进行操作层面、运行层面的状态监视和控制)。整个系统采用 C/S 加 B/S 的混合结构模式,软件结构采用多层结构,分别为数据访问层、业务逻辑服务器层和表现层(包括客户端应用表现层和 Web 页面表现层)。各模块与应用对象关系见图 5-5。

5.3.4　网络结构

系统硬件设备主要包括 1 台运行数据库服务器、1 台文件服务器、1 台 Web 服务器、1 台应用服务器、1 台通信服务器、1 台备用服务器、1 台容灾数据库服务器、1 台容灾文件服务器,以及台式机、机柜、交换机等附属设备,系统所有数据信息均存储在数据库服务器和文件服务器中,Web 服务器用作架设信息发布网站,应用服务器用作发布应用服务接口,通信服务器用作数据交换接口,备用服务器作为各服务的临时备用,台式机作为报送机安装报送软件和客户端安装应用软件,见图 5-6。

服务器和台式机均接入雅砻江公司办公网和专用电力集控网,见图 5-7。集控水情系统数据库服务器通过交换机接入集控网,各电站自动化监测采集系统数据库服务器、强震采集系统数据库服务器、泄洪振动系统数据库服务器、巡视检查系统数据库服务器等都优先接入集控网,然后经过硬件防火墙接入办公网。目前,除二滩水电站强震系统只能接

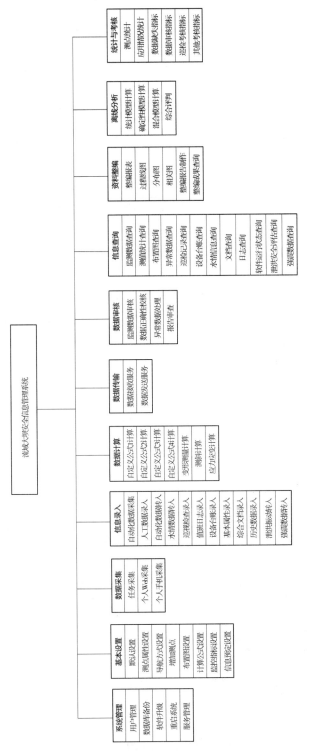

图 5-4 系统功能架构图

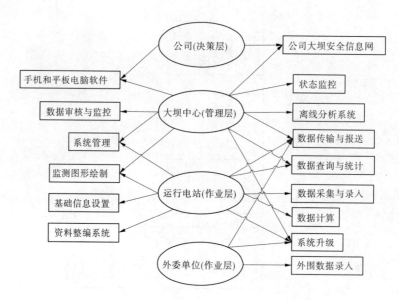

图 5-5　软件模块与应用关系结构图

入集控网外,其他服务器都可以接入办公网,二滩和官地可以接入集控网,总体网络结构见图 5-8,二滩网络结构见图 5-9。

手机、平板电脑,网外用户可以通过 VPN 进行拨号连接到雅砻江流域公司办公网。

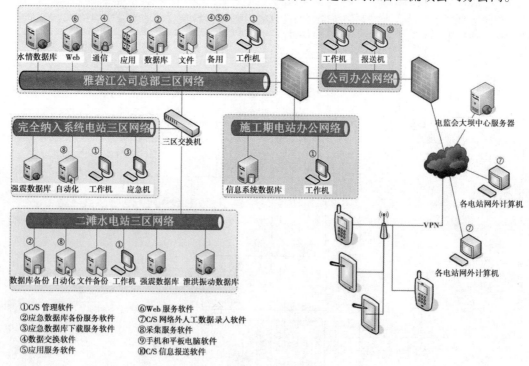

图 5-6　系统网络架构拓扑图

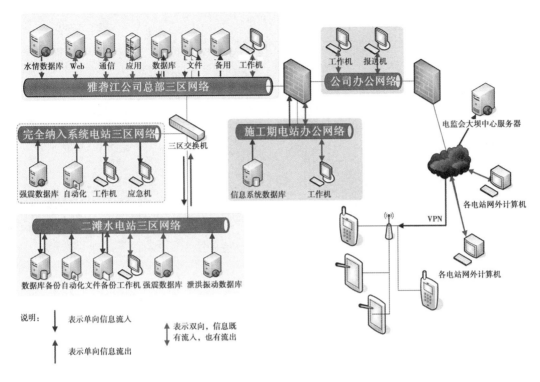

说明：↓ 表示单向信息流入

↑ 表示单向信息流出

↕ 表示双向，信息既
有流入，也有流出

图 5-7   系统信息流向示意图

5.3.5   主要硬件设备及配套商业软件

5.3.5.1   总部端安装的硬件设备

（1）数据库服务器 1 台：IBM X3850X5 4U 机架式服务器。

（2）Web 服务器 1 台：IBM X3650M4 2U 机架式服务器。

（3）应用服务器 1 台：IBM X3650M4 2U 机架式服务器。

（4）文件服务器 1 台：IBM X3650M4 2U 机架式服务器。

（5）通信服务器 1 台：IBM X3650M4 2U 机架式服务器。

（6）备用服务器 1 台：IBM X3650M4 2U 机架式服务器。

（7）工作机和报送机各 1 台。

（8）网络打印机 1 台。

（9）深信服 SLL VPN2050 – L 1 台。

（10）短信机 GPRS – MODEM 1 台。

（11）交换机 CISCO WS – C3560V2 – 24PS – S 2 台。

（12）KVM 一切八 1 套（含显示器）：EZ – Link EZ5708。

5.3.5.2   二滩水电站端安装的硬件设备

（1）服务器机柜 1 台：图腾 K3 鼎极网络服务器机柜。

（2）数据库备份服务器 1 台：IBM X3650M4 2U 机架式服务器。

（3）文件备份服务器 1 台：IBM X3650M4 2U 机架式服务器。

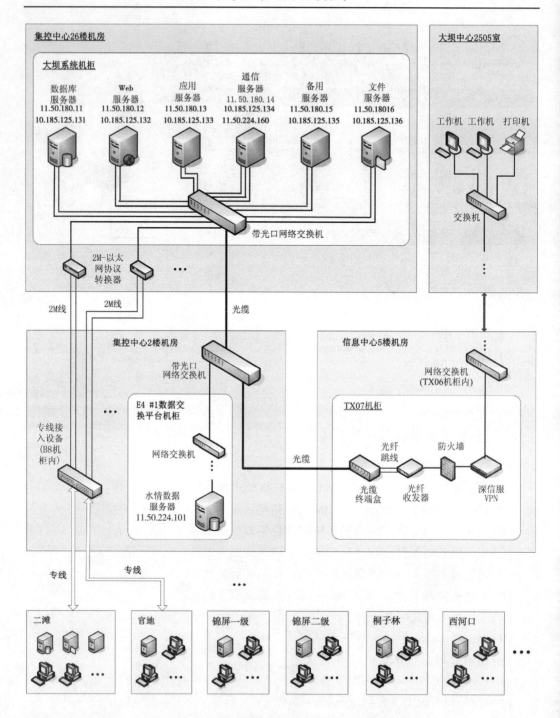

说明：图中各设备之间连接线除特别标明外，均为双绞线。

图 5-8　总体网络结构图

（4）交换机 1 个：CISCO SG200 – 26。

（5）巡视检查机 5 台。

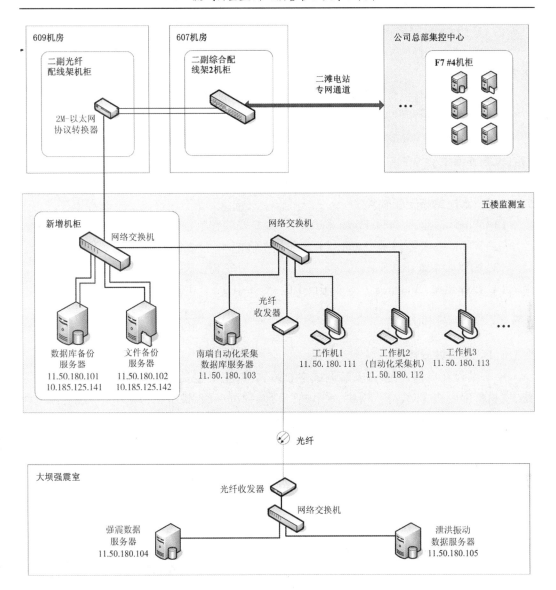

图 5-9 二滩水电站网络结构图

(6)巡视检查地址纽和人员纽 100 个,实际使用 66 个,备用 34 个。

5.3.5.3 总部端配套软件

(1)操作系统:Windows Server 2008 R2(Standard, 64 位,简体中文)。主要安装在 6 台服务器上。

(2)操作系统:Windows 7 专业版(64 位,简体中文)。主要安装在台式机上。

(3)网络服务中间件:Oracle Weblogic Server 11gR1(10.3.5)。主要安装在 Web 服务器上。

(4)网络服务中间件:Weblogic LDAP Server。主要安装在 Web 服务器上。

(5)数据库系统:Sql Server 2008 标准版。主要安装在数据库服务器、备用服务器上。

(6)应用系统:Microsoft office 2010 标准版(简体中文)。主要安装在台式机上。

（7）应用系统：网络报送软件。主要安装在报送机上。

（8）Windows 组件：NET Framework4.0。主要安装在应用服务器、通信服务器、备用服务器、台式机上。

（9）Windows 组件：SliverLight。主要安装在 Web 服务器、备用服务器、台式机上。

5.3.5.4　二滩水电站端配套软件

（1）操作系统：Windows Server 2008 R2（Standard，64 位，简体中文）。主要安装在 2 台容灾服务器上。

（2）数据库系统：Sql Server 2008 标准版。主要安装在容灾数据库服务器上。

5.3.5.5　水电站端配套软件

（1）Windows 组件：NET Framework4.0。主要安装在笔记本、台式机上。

（2）Windows 组件：SliverLight。主要安装在笔记本、台式机上。

（3）数据库系统：Sql Server 2008 标准版。主要安装在应急机上。

（4）操作系统：Windows 7 专业版（64 位，简体中文）。主要安装在应急机上。

5.3.6　应用软件组成

5.3.6.1　中心站软件

中心站设在成都，开发并安装调试中心站软件，主要包括系统管理模块、多坝管理系统、资料整编模块、离线分析模块、水电站（官地、锦屏一级、锦屏二级水电站）施工期大坝安全信息系统数据接入软件、通信服务（数据提取、邮件接收、第三方数据接入）软件、应用服务软件、自动化监测数据采集模块、Web 信息系统。

5.3.6.2　网络内人工数据录入、计算、审查模块（iDam）

网络内人工数据录入、计算、审查模块，自动化监测数据录入、计算、审查，水情数据、泄洪振动数据、强震数据等自动抓取、计算、审核。以 C/S 和主系统提供服务的方式运行，数据均在主系统数据库中。

5.3.6.3　网络外人工数据录入模块（iDamEx）

网络外人工数据录入模块，以 C/S 单机的方式运行，数据在本地缓存，并通过后台发送邮件的方式向主系统同步。

5.3.6.4　自动化监测采集服务软件

二滩水电站已有的自动化监测系统，增加数据采集服务，采集数据存放在采集数据库服务器中，并及时传递到主系统。

5.3.6.5　变形测量计算模块

变形测量计算模块，满足目前二滩、桐子林、官地、锦屏一级、锦屏二级、两河口 6 个水电站在进行的变形测量类型的计算，软件连接主系统数据库工作。外委单位在使用该模块时，连接本地缓存数据库工作。

5.3.6.6　手机和平板电脑软件

Apple iOS 和 Android 两个系统的手机和平板电脑软件，通过 VPN 设置实现信息查询和自动化监测数据简单采集功能，软件由主系统数据库提供数据服务。

5.3.6.7 容灾应急数据库处理服务软件

主系统数据的容灾备份设在异地二滩水电站处,容灾处理服务软件用于备份主系统运行数据库到二滩水电站容灾库,应急数据库处理服务软件进行按电站拆分,下载软件用于各水电站从二滩容灾数据库服务器下载本电站应急数据库。

5.3.6.8 信息报送软件

由主系统统一向国家能源局大坝安全监察中心报送雅砻江公司下辖的大坝监测数据。

5.3.7 主要应用软件模块功能实现

5.3.7.1 系统管理

实现对系统电站、用户、查询条件、图形绘制属性、环境量、信息预订、问题反馈与解答等基础的系统运行参数设置。主要分4个子模块进行实施。

(1)用户管理:实现了雅砻公司 OA 办公用户与主系统用户的同步功能,协助雅砻江公司信息中心完成统一门户系统的实施部署。同时,也实现了系统内用户、网络外用户的权限管理,从电站、模块、仪器等多个维度进行权限的划分和分配。

(2)系统设置:实现了对系统的查询条件、图形绘制属性、各个电站环境量等默认条件的属性设置。

(3)信息预订:实现了用户自己设置预订内容,数据在录入、采集、报警等情况发生时,会根据用户的预订情况,进行相关信息的发送,发送方式可以通过短信,也可以通过邮件。

(4)问题反馈与解答:实现了对系统使用问题的反馈、解答、跟踪、查找等功能。

5.3.7.2 基础信息设置

在电站接入初期,对监测的内容、目标、方法的设置,主要包括监测仪器、监测项目、监测分组、测点、计算公式、监测指标、布置图形、巡视路线、流域地震基础信息设置等。主要分7个子模块进行实施。

(1)仪器设置:实现了对仪器类型、仪器考证、仪器监测分量、仪器参数定义等仪器类型的属性进行设置和管理。

(2)监测项目:实现在相同仪器类型下的监测项目管理,同时实现了监测测点按照监测项目的导航分类。

(3)测点管理:实现测点的增加、修改、删除,测点参数的录入、分段处理等功能,同时实现测点分组管理,针对测斜点、多点位移计点、锚索、锚杆等特殊类型的测点进行区别管理。

(4)导航设置:在实现按照仪器、项目、布置图的导航外,可以实现按照监测部位、监测目的、测量方法等各种适合的方式建立导航分类。

(5)评判指标设置:实现对每个测点、每个监测量进行评判指标上下限的设置,设置过程中可以通过引用测点的极值进行快速的设置,也可以对设置好的指标进行修改和历史测值的重新评判。

(6)布置图设置:实现了对监测布置图形的管理、图形上测点的布置、属性设置等功能。

(7)巡检路线设置:实现了巡视检查路线的设置和管理。

5.3.7.3　数据采集与录入

将所有与大坝安全监测相关的观测数据、文件资料整理录入到本系统,并对外提供数据访问接口、录入接口,在系统中也称为数据交互软件。

涉及的相关数据包括自动化监测数据、人工观测数据、测斜、水情系统、强震系统、泄洪振动系统、巡检系统数据等各类大坝安全监测数据。主要分为9个子模块进行实施。

(1)自动化数据远程采集:实现二滩水电站、官地水电站、锦屏一级水电站、锦屏二级水电站的自动化数据远程采集,在系统的 iDam 客户端、大坝监测信息网、移动终端都可以实时采集接入了自动化的测点。

(2)数据人工录入:实现了采集数据的人工录入功能,录入数据也可以以自动化数据进行保存,录入数据即可完成成果值的计算和评判。

(3)Excel 数据导入:实现了各水电站、外委单位的 Excel 格式的监测数据导入功能。完成了二滩水电站、桐子林水电站、官地水电站、锦屏一级水电站、锦屏二级水电站、两河口水电站的历史 Excel 数据的入库操作。导入时完成成果值的计算和评判。

(4)测斜等数据文件导入:实现了各水电站、外委单位的测斜文件导入,二滩厂房观测文件导入,金龙山观测文件导入等。导入时完成成果值的计算和评判。

(5)数据抓取:实现了集控水情数据,二滩水电站自动化监测数据、强震系统数据、泄洪振动数据,官地水电站自动化监测数据、强震系统数据、小神探巡检数据,锦屏一级、锦屏二级自动化监测数据的抓取功能。同时,实现了所有抓取数据的成果计算和测值评判。

(6)数据接收与入库:实现外委单位录入数据的接收、入库、计算、评判等功能。

(7)巡视检查录入:实现了二滩水电站巡检机数据导入、官地水电站小神探巡检数据导入。

(8)数据对外接口:实现了对外委单位的基础信息下载、历史数据下载接口,实现了水情数据的对外接口。

(9)流域地震数据接口:实现流域台网数据、目录数据的导入。导入过程中根据经纬度进行了区域划分和距离计算。

5.3.7.4　外委单位数据录入

外委单位数据录入模块主要指针对雅砻江公司网外的用户,通常是受雅砻江公司委托进行大坝安全监测工作的第三方单位(简称外委单位)。这些单位需要及时将监测到的数据录入到中心站数据库,由于网络限制,只能采用互联网进行传输交互。

外委单位在录入人工观测数据后,将其缓存在本地缓存数据库中,在检查确认后,可以通过同步功能,将数据同步至主系统中心数据库服务器,也可以下载与本用户相关的基础信息和历史数据。主要分3个子模块进行实施。

(1)系统设置:实现了外委单位的管理范围设置。

(2)录入软件:实现了外委单位的数据录入、查询、图形绘制、数据同步等功能。

(3)数据同步:实现了外委单位从主系统服务器上获取登录信息、管理测点等基础信息和历史数据,实现了录入的数据同步到主系统服务器等功能。

5.3.7.5 变形测量计算

外观变形测量仪器的设置、计算参数的设置、观测数据文件的导入和计算、成果查询等相关功能。主要分 3 个子模块进行实施。

(1)设置与管理:实现了对控制点、控制网点、水准线路、观测仪器、计算参数等外观变形测量的基础信息管理。

(2)数据录入与计算:实现了测量周期管理、观测文件导入、观测成果计算等功能。

(3)数据查询:实现了外观变形的原始数据、成果数据的查询、历史数据及计算过程的回溯。

5.3.7.6 数据计算

实现对系统所有仪器、测点的成果计算公式的编制,并实现对测量数据的计算。主要分 2 个子模块进行实施。

(1)公式配置:实现了单测点计算公式、多测点计算公式、条件公式、汇总公式等各类公式的设置,公式按照其适用范围又分为仪器公式和测点公式,以引用方式实现公式的统一和特殊处理。

(2)公式计算:实现了测值成果按照设置的计算公式和测点的计算参数,根据观测时间、公式条件进行读取计算。

5.3.7.7 数据检查

通过评判指标的设置和评判功能,实现对测值的评判和分类,将测值分为正常、异常、错误三种类型,同时将异常又分为采集异常和评判异常,对异常数据、错误数据提供及时报警,报警信息触发信息预订功能发送给用户。提供正常测值检查确认、异常测值检查确认、二次仪表采集、报警信息处理、检查记录单自动记录并可以人工填报等相关功能。

对时间段内的数据可以进行自动化、人工比测,绘制比测过程线来分析测值的可靠性,也可以通过缺失率的统计、平均无故障时间的计算来分析自动化设备的稳定性。主要分 9 个子模块进行实施。

(1)设备检查:实现了对自动化采集装置的远程通信检查、时钟查询、时钟设置以及设备自检等,以方便用户及时了解各个自动化采集单元的工作情况。

(2)测值评判预警:当测值在人工录入、文件导入、数据抓取等方式进入系统时,都会自动调用测值评判模块实现对测值的判定,确定测值是否正常,并进行标识,同时会根据自动化测点的采集通道状态判定是否属于采集异常。

(3)测值人工审核:实现了针对自动评判为正常的测值记录,进行人工的审核确认,以确保测值的准确性。

(4)采集异常处理:实现了针对自动评判为采集异常、指标评判异常或者错误的数据进行人工确认、二次仪表采集或进行测值的清理操作等。

(5)测值检查记录单:实现了根据测值检查的情况,自动生成记录单,记录测值检查情况,并提供人工维护记录单的功能。

(6)测值人工比测:实现了人工测值和自动化测值在一定时间范围内的比测。计算比测相关系数,绘制比测过程线。

(7)自动化缺失率统计:实现了自动化采集单元的采集缺失率情况统计。

(8)自动化平均无故障时间:实现了自动化采集模块的平均无故障时间的计算。

(9)报警信息处理:实现了对异常报警信息进行关联处理,对历史报警信息进行删除等处理的操作。

5.3.7.8 数据查询

实现对监测数据、监测文档资料、报警信息、监测布置图、巡视检查、泄洪振动、强震监测、流域地震、操作日志等与系统相关的信息进行查询和统计。主要分8个子模块进行实施。

(1)监测数据查询:实现了按不同电站、不同导航,分时间段、分测值类型进行多条件、多维度查询。人工测值可以修改,自动化测值禁止修改。测值可以进行审核处理。以上操作都受到权限的约束。

(2)报警信息查询:实现了对不同电站、分时段、分状态的报警信息查询,同时可以对报警信息进行处理,对评判指标进行快速设置。

(3)测值统计:实现了对测值的分类统计,包括特征值统计和日常的统计。

(4)布置图查询:实现了对监测布置图及其关联测点的查询。

(5)巡视检查查询:实现了对巡视检查结果的查询、审核和输出等功能。

(6)文件资料查询:实现了文件资料的分类管理、上传、下载。

(7)泄洪振动:实现了对泄洪振动系统监测数据和波形图的查询。

(8)强震监测:实现了对强震监测系统的数据和波形图的查询。

5.3.7.9 监测图形绘制

实现对常用监测曲线(过程线、分布线、相关线、测斜图)、等值线图、断面分布图形的绘制。绘制过程中能够进行各种坐标、线条样式的设置。图形可以输出。主要分3个子模块进行实施。

(1)监测曲线:实现了监测过程线、分布线、测斜图、相关线的模板配置、批量绘制、属性设置、测值处理等相关功能。

(2)等值线图:实现了根据测值情况绘制等值线的功能。

(3)断面分布图:实现了在监测布置图上绘制某个时期测值分布的示意图形。

5.3.7.10 资料整编

系统中已经内置了常用监测项目的原始报表格式,遵照《土石坝安全监测资料整编规程》和《混凝土坝安全监测资料整编规程》要求,用户可以直接选取复制模板,对于特殊的监测项目,用户也可以自己定义设计原始报表模板,同时用户可以自己定义特殊的月报、周报模板。

在成果资料整编子模块中用户可以根据需要选择监测量进行报表格式设置,可以拆分合并单元格,设置单元格行高、列宽、颜色、字体、文字对齐方式等。生成的报表可以直接打印,也可以输出为 Word 或者 Excel 文件。主要分4个子模块进行实施。

(1)数据报表配置:用来设置各类数据报表的格式和数据来源。

(2)图形整编配置:用来设置各类图形的格式和数据来源。

(3)资料整编:用来组合各个模版,进行周、月、年、任意时段的报表生成。

(4)成果管理:用来对生成的报表进行审核、查询、管理。

5.3.7.11 离线分析

通过建立统计模型,实现统计模型的分析计算、结果查询等功能。主要分4个子模块进行实施。

(1)模型管理:实现了设置每个分析模块、管理模型中的因子。

(2)模型计算:实现了根据模型进行统计分析计算,包括拟合、分解、相关系统计算等。

(3)分析结果查询:实现了对历史分析结果的查询。

(4)综合分析与评判:实现了对测点的水工建筑物分类,对同一建筑物测点进行统计分析。

5.3.7.12 数据传输

数据传输用于实现异地数据通过互联网的传输,实现数据同步处理。主要分3个子模块进行实施。

(1)从雅砻江公司中心站报送各电站的大坝安全信息、状态监控信息、系统问题反馈到能源局大坝中心。

(2)各外委单位录入数据后通过邮件传输到雅砻江公司中心站。传输的数据采用文件的形式,而且传输前后都经过预处理,主要包括完整性验证、压缩加密(传输前)和解密解压(传输后)。

(3)从能源局大坝管理平台上下载最新的行业动态等信息。

5.3.7.13 大坝安全信息网

实现对监测数据的发布、文档资料的发布和分类管理、巡检结果的发布、电站概况、信息预订、行业资讯、系统运行状态展示等功能。主要分8个子模块进行实施。

(1)概要信息展示:实现了对主要、最新发布信息的集中展示、分类导航。

(2)动态信息:实现了对行业新闻、行业动态的查询和浏览,该信息的来源是从能源局大坝中心网站上自动获取的。

(3)电站概况:实现了对流域内各水电站的概况浏览、流域电站导航图浏览。

(4)安全管理:实现了对管理制度、注册资料、定检资料的分类、上传、下载管理。

(5)大坝安全信息查询:实现了对各水电站大坝监测信息的查询浏览,包括监测数据、环境信息、测点属性、强震监测、泄洪振动、巡视检查、监测资料文档、技术资料文档、雅砻江大坝中心报告等查询浏览,测值过程线绘制、远程采集数据、断面分布图绘制等功能。

(6)信息预订:实现了对监测信息、报警信息、整编成果等信息的预订。后台实现了对预订信息的监控和发送。

(7)系统管理:实现了对用户的管理、权限的划分、系统的运行状态监控查询、各类报告的管理、资料分类的管理。

(8)意见反馈:实现了用户填报关于系统的使用情况、完善建议,信息会自动传递给运维技术人员,技术人员可以查询这些信息,并给予解答。

5.3.7.14 移动终端软件

用于实现在移动终端上(安卓版本、苹果版本的手机及平板电脑)浏览实时监测信息、远程采集数据、预订信息等功能。主要分2个子模块进行实施。

（1）安卓版软件：安卓版本的客户端软件，用于查询监测信息、文件报告、远程采集数据、预订监测资料等。

（2）苹果版软件：苹果版本的客户端软件，用于查询监测信息、文件报告、远程采集数据、预订监测资料等。

5.3.7.15　自动升级

用于实现主系统的升级和 iDam 客户端软件的升级。

主系统的升级包括数据库升级、大坝监测信息网升级、应用服务升级、数据交换平台升级等部署在中心服务器上应用软件与服务接口的升级，这部分升级通过人工操作完成。

iDam 客户端的升级通过在服务器上发布新的版本实现自动升级更新。

5.3.7.16　状态监控

实现对雅砻江公司中心站服务器、二滩容灾服务器、各自动化采集服务器等重要节点的远程在线监控。监控包括服务器运行情况和安装软件的运行情况。主要分 2 个模块进行实施。

（1）在各个纳入监控范围的服务器中安装服务器远程监控服务，实时将服务器的运行状态更新到雅砻江公司中心站主系统中。

（2）在大坝监测信息网站，以图形方式展示监控的信息。清晰地反映出被监控服务器及其安装软件的运行现状。

5.3.7.17　应用服务

实现了为各类数据处理提供服务接口，是 iDam 客户端等应用软件、大坝监测信息网的数据服务接口，是它们能正常运行的先决条件。

5.3.7.18　后台处理进程

实现了大数据后台任务处理的功能，主要包括大量的数据远程自动化采集、批量的报表整编生成、大量的数据计算评判等。

5.3.7.19　应急指挥

在应用服务中提供了相关的接口，可以供应急指挥系统进行调用。

5.3.7.20　OA 账户同步、容灾、应急库处理

实现了雅砻江公司中心站数据库的异地容灾备份、应急机的数据库下载等功能，数据在传输过程，进行压缩、加密的处理。主要分 4 个模块进行实施。

（1）每日定时将统一门户同步到接口库中的 OA 账户信息更新到雅砻江公司中心库。

（2）中心库远程容灾备份服务：实现了从中心库上每日按年度、每月完整进行数据同步、备份、发送远程异地容灾服务器等功能。

（3）容灾库拆分服务：实现获取中心库发来的年度备份数据库或完整备份数据库文件，并将数据库进行还原，同步到容灾库的功能。同时，每日将容灾库按不同电站进行分割、备份，并放在指定的位置。

（4）应急库下载：实现本电站应急库的下载、还原等功能。

5.3.7.21　应用情况统计

实现对系统的应用情况进行统计分析。主要分 5 个子模块进行施工。

（1）iDam 模块应用统计：实现按每个电站对 iDam 的登录、查询、录入、整编、图形、文

档等各个子模块应用的统计。

（2）软件有效利用率：实现各个电站对整个系统应用、iDam、iDamEx、大坝监测信息网的使用情况统计。

（3）iDamEx数据传输统计：实现各个电站外委客户端数据传输量的汇总统计。

（4）监测数据分布：实现监测数据在各个电站的新增、分布情况统计。

（5）指标统计：实现各个电站、各个外委单位数据的录入、审核、缺失情况，巡检的录入、审核情况等统计。

5.3.7.22 流域地震信息

实现对流域地震信息的接入。包括基础信息设置、台网监测数据导入、目录监测数据导入、各类数据查询、统计分析等。主要分4个模块进行实施。

（1）基础设置：实现了水电站经纬度坐标、水电站区域划分、台网管理等基础信息的配置管理。

（2）地震数据导入：实现了流域地震系统目录数据导入接口、台网监测数据导入接口。导入时根据经纬度进行计算、归类。

（3）地震查询：实现了按电站、按区域进行地震目录数据查询、台网运行率数据查询。

（4）地震统计：实现了地震目录信息、台网数据信息，按时间段进行分归属统计。同时，实现了$M \sim T$图的绘制，地震发生次数的图形绘制等。

5.3.8 系统安全措施

主要从控制网络接入、用户权限、容灾备份数据库、采用RAID技术、安装防病毒软件及防火墙软件、报送数据打包加密等方面保障本系统安全。

5.3.8.1 网络接入

雅砻江公司内网分OA办公网和电力集控内网，本系统所有的服务器、工作站、台式机、笔记本等都只接入雅砻江公司内网。除报送机外，其他服务器和台式机，原则上不访问外网。在访问外网时，都将受到雅砻江公司的网络安全保护和监控管理。

外网不能直接访问本系统服务器。移动终端等外网设备必须通过专用VPN进行专线连接，并进行加密、认证访问。

外委单位的用户不能访问本系统，只能通过外委客户端进行数据录入和数据传递，数据传递方式通过邮件等第三方安全账户进行中转。

5.3.8.2 访问密码加密

对所有用户的登录密码作加密处理，以防止被窃取。

5.3.8.3 控制用户权限

在用户进入系统时，程序首先根据输入的用户名和密码进行用户身份鉴定，只有合法的用户才允许进入。对于已经进入到系统内的用户，严格控制其权限，禁止未授权操作。操作分为不同的软件模块和不同的管理电站、管理仪器等多维角度。

5.3.8.4 容灾备份与应急处理

为保证数据库遭受破坏后能及时恢复，并确保不影响系统的正常运行，对系统数据做了详细的备份应急措施。

雅砻江公司成都中心站数据库、二滩水电站容灾库、各水电站应急数据库每周定时做一次数据库完全备份。

成都中心站数据库每天将近一年的监测数据同步至二滩水电站容灾库；每月进行一次完整的备份，并同步到二滩水电站容灾库。成都中心站文件资料每天差异备份到二滩水电站容灾文件服务器上，实现数据资料的异地容灾备份。

二滩水电站容灾数据库每天进行按电站分库处理，各个水电站每天自行下载自己的数据库进行还原。

应用服务程序在连接成都中心站数据库失败后，自动切换到二滩容灾库，如果再失败，客户端不再连接应用服务，自动切换到当前水电站应急库，以防止在网络中断情况下影响数据查询。

5.3.8.5　采用 RAID 技术

针对硬盘可能损坏的情况，RAID（冗余磁盘阵列）技术是一种保障数据库正常运行使用的行之有效的方法。RAID 1 即磁盘镜像，它为选定的磁盘建立一个冗余的完整拷贝，所有写到主磁盘上的数据都被写入镜像磁盘中，当主磁盘数据损坏时，能够立即切换到镜像磁盘的副本以获得数据。

5.3.8.6　安装防病毒软件及防火墙软件

通过安装防病毒软件及防火墙软件，防范病毒感染及来自网络的非法入侵和攻击。

5.3.8.7　传输数据打包加密

无论是监测数据还是基础信息，均在报送前即对其打包并作加密处理，以防止信息在报送过程中被非法获取。

5.3.8.8　服务认证

所有客户端不能直接访问主系统数据库及其文件，必须通过应用服务进行连接认证，只有合法用户才能访问应用服务，才能调用服务提供的接口以实现与服务器的数据交互。

5.3.9　系统使用的流程

流域大坝系统的使用流程主要包括总体流程、基础配置流程、数据录入流程、资料整编流程、离线分析流程、变形测量流程，以及主程序、外委客户端增加测点、数据传输的相关使用流程。

总体流程是使用流域大坝系统开展信息管理的主流程，涉及电站接入的初始化工作、测点建立和基础信息配置、历史数据入库、后续数据导入、数据计算、数据评判审核、数据查询、数据分析产出报告、信息报送等各个方面，体现了系统使用的整体思路。系统使用总体流程见图 5-10。

数据录入流程是最常用的流程之一，涉及数据采集、数据入库、数据计算、数据评判审核、测值预警等方面，体现了一条监测值的流向和处理过程。数据录入包括历史数据导入、自动化数据采集提取、水情数据采集提取、人工观测数据录入、外委单位客户端数据传输入库、测斜与外观等数据导入等来源方式。数据录入及审核流程见图 5-11。

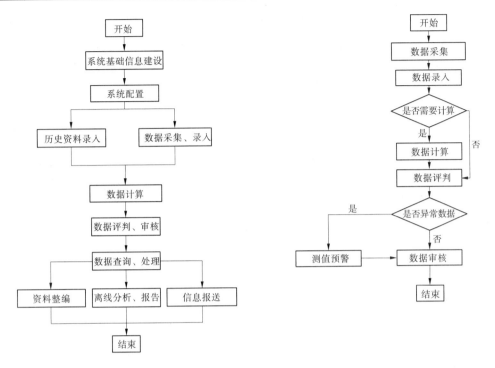

图 5-10　系统使用总体流程　　　　　　　图 5-11　数据录入及审核流程

5.3.10　流域大坝信息化建设应用效果

5.3.10.1　及时掌握大坝安全信息

雅砻江公司各级工作人员,可根据工作需要选取专业软件、网站页面、平板电脑、智能手机4种访问途径获取大坝安全信息,及时掌握大坝安全状况,特别是可通过与系统同步的大坝安全信息网站这一信息发布平台,便捷地查询和采集数据,并可以在网站上通过手机短信或邮件方式预定数据,在需要时第一时间了解到相关情况。

5.3.10.2　节省投资优化资源

流域大坝系统按全流域22级水电站信息统一管理的要求进行设计和建设,统筹规划目前流域各投运、在建、筹建水电站纳入系统的时间和方式,后续建设的电站项目,监测信息直接纳入流域大坝系统管理,不再需要重复建设电站监测信息管理系统,节省了投资。同时,通过信息化远程管理和流域共享等手段,可以进一步优化公司大坝安全管理、安全监测等人力资源配置,提高电厂和在建电站监测参与人员技能和效用,有利于形成精干高效的生产运行队伍,有利于推进电站群无人值班(少人值守)工作,解决生产一线员工后顾之忧,吸引并留住有用人才。

5.3.10.3　提高监测工作效率

流域大坝系统提供了监测数据自动化接入和人工数据快速入库的平台,大坝安全监测中工作量较大的数据录入、数据处理、分析整编等工作可以便捷地实现或由系统一键完成,部分工作可以在公司总部远程完成,大幅降低了现场工作人员的劳动强度和工作量。原来需要每个电站都投入人员的工作,现在可以集中专业人员完成多个电站同类工作,专业化程度得到提高。对大坝安全相关单位较多的施工期水电站,其工作效率更是大幅提高,从数据的录入、审核到发布,各单位可便捷及时完成,同时系统还可根据工作的及时性评价施工单位和监测中心的工作质量。

5.3.10.4　安全监测工作施工期转运行期无缝衔接

流域大坝系统能够满足水电站建设和运行不同阶段的安全管理要求,能够适应不同的管理模式和工作流程,各单位、部门、人员能够根据其工作职责有序开展工作。系统充分兼容水电站建设和运行的大坝安全监测信息,运行期和施工期的信息在同一系统中存储、处理和发布,并不需要差别对待和标识。系统从建设初期就可以为水电站提供信息管理服务,建设期到运行期的大坝安全管理职责变化不影响系统的运行,系统在施工期和运行期之间可实现安全监测工作无缝衔接和平滑过渡。

5.3.10.5　提升大坝安全管理水平

流域大坝系统针对公司现有大坝安全管理工作的实际情况,根据雅砻江公司相关职能部门、大坝中心、各电厂、各管理局的职责和工作需求,通过信息化的手段,进一步理顺关系、明确界面、优化流程、共享资源,充分体现其科学性、实用性、高效性,使各方面的管理协调一致,形成远程监控和现场检查相结合的流域大坝安全管理新模式,提升了公司大坝安全的整体管理水平。

5.4　流域大型滑坡体失稳特性分析及预警指标体系

我国是世界上滑坡灾害发生最多、滑坡灾害损失最严重的国家。每年平均经济损失在10亿元以上,对人民生命财产造成了巨大的威胁。据不完全统计,仅汶川地震引起的滑坡就有3 412处,由高速非远程滑坡演变而成的泥石流千余处,由滑坡体或泥石流阻塞河道引起的具有明显危害和威胁的堰塞湖33个。

影响滑坡体稳定性的因素极其复杂,从而使得滑坡体稳定性分析预报难以取得较理想的结果。表5-4列出部分国内外水电站库区滑坡事件的主要诱因。影响滑坡体稳定性的主要因素包括:连续强降雨、水库蓄放水、人为扰动、地震等外部因素;坡高、坡脚、滑块体积、质量等地形因素;节理裂隙、软弱结构面、地质分层等地质条件;静水压力、孔隙水压力、渗透系数、水位差、动水压力等水流条件;内聚力、剪切模量等力学参数,特别是岩土结构具有松散性、多相性、非线性;岩土体形成年代不同、力学性质各异、初始地应力难以确切获得;对地震等外部荷载认识欠缺。

表 5-4 部分国内外水电站库区滑坡事件统计

滑坡	发生时间	发生地点	主要诱因
马尔帕塞	1959 年 2 月	拱坝坝肩基岩	地质勘查不充分,基岩侵蚀失效
塘岩光	1961 年 3 月	湖南柘溪水库大坝右岸上游 1 550 m 处	水库蓄水
瓦伊昂	1963 年 10 月	水库左岸	地质勘查不充分,工作人员失误,水库蓄水
唐古栋	1967 年 6 月	四川雅砻江	坡脚被水流侵蚀,长期蠕变
乌江东风	1994 年 5 月至 1995 年 2 月	水库库首、库岸及居民区地表多有开裂	水库蓄水、放水
拉西瓦	2007 年 7 月	水电站工地左岸高边坡	人为因素、长期蠕变
锦屏	2012 年 8 月	水库库区	强降雨
溪洛渡	2013 年 7 月	水库库区	水库蓄水

滑坡失稳运动过程从物理学角度可作如下描述:在一定条件下,滑坡体在滑动力作用下以启动加速度向着滑动力方向沿动态滑动面运动,每一瞬间都有一个滑动面,并受到一个与最小稳定系数所对应的方向一致的滑动力作用,它与滑坡体原有运动速度共同作用,使滑坡体自动沿着一个稳定系数最小、滑动力最大、阻力最小的方向前进,直至停止。决定运动滑坡体停止的充要条件是:滑坡体瞬间稳定系数 $F_{st} > 1$,且瞬间运动速度 $v_t = 0$。这样滑坡便沿着一系列动态滑动面所组成的复杂空间轨迹运动,直至停止。这种变化贯穿于滑坡运动的始终,形成了滑坡运动开始—运动—停止的全过程。

目前,滑坡预测预警的方法可以分为 3 大类,如图 5-12 所示:以内因为主的方法、以外因为主的方法和以监测为主的方法。以内因分析(地质力学模型)为主的论文较多,但预测预报效果不是很理想,监测仪器的保护可能需要较高的成本。

5.4.1 地震作用下渗流边坡的动力响应耦合分析

FLAC3D 适用于非线性大变形分析,在岩土领域应用非常广泛,可以模拟多孔介质中的流体流动,具有强大的渗流计算功能,并可以将渗流模型与固体(力学)模型进行耦合。

5.4.1.1 边坡模型

郑颖人等对于边坡模型的几何边界范围提出了具体的要求:坡脚到边坡低侧边界的距离为坡高的 1.5 倍,坡顶到边坡高侧边界的距离为坡高的 2.5 倍,上下边界总高不低于 2 倍坡高。本模型参照这一标准范围适当扩展,取坡高 25 m,边坡水平距离 15 m,上下边界总高 55 m,坡脚约为 59.0°,高侧边界距离坡顶 65 m,低侧边界距离坡脚 50 m,顺层倾角约为 49.5°。顺层岩质边坡分为两层,上层为风化表层,下层为基岩,无软弱夹层。模型中材料类型均设为弹塑性材料,采用 Mohr-Coulomb 屈服准则。顺层岩质边坡计算模型

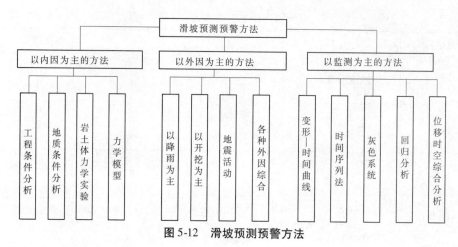

图 5-12　滑坡预测预警方法

及岩体物理力学参数分别见图 5-13 及表 5-5。

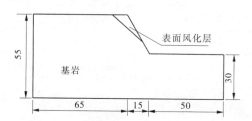

图 5-13　顺层岩质边坡几何示意图 （单位:m）

表 5-5　边坡及地下水物理力学参数

岩层	体积模量（GPa）	剪切模量（GPa）	黏聚力（MPa）	内摩擦角（°）	抗拉强度（MPa）
表面风化层	10.7	1.65	0.075	55	0.1
基岩	3.0	7.4	15	26	2.5

岩层	岩体密度（kg/m³）	渗透系数（m²/(Pa·s)）	孔隙率	流体密度（kg/m³）	流体模量（GPa）
表面风化层	2 600	1.0×10^{-15}	0.25	1 000	0.2
基岩	2 700	1.0×10^{-13}	0.25	1 000	0.2

5.4.1.2　边界条件及参数设置

　　对边坡模型四周边界设置了自由场边界条件。通过在边界网格上设置水平和垂直阻尼器来达到自由场与主体网格的耦合,模拟了无限场地的效果,向上传播的面波不会产生扭曲,有效避免了向外传播的地震波反射回模型内部和能量发散。对于下层基岩,其模量较大,认为是刚性地基,因此底部可不设静态边界条件。边界条件设置如图 5-14 所示。

　　模型中地下水的水面概化为水平面,地下水面高程分别设置在 40 m 和 55 m 处。不考虑毛细现象,假设水面以下的岩体处于饱和状态,水面以上的岩体不含水分。本模型中基岩和表面风化层的渗透系数分别取为 10^{-15} m²/(Pa·s)和 10^{-13} m²/(Pa·s),孔隙率均取为0.25,见表5-5。设置地下水的体积模量为 $2e^{-8}$ Pa,密度取1 000 kg/m³,未设置比奥系数和比奥模量,不考虑岩体的可压缩性。由于地震持续时间仅为19.19 s,远远小于岩体渗流作用的时间,所以采用不透水边界,即边界上节点与外界没有流体交换,边界节点上的孔压值可以自由变化。本模型阻尼选取为局部阻尼,阻尼系数大小为0.157。

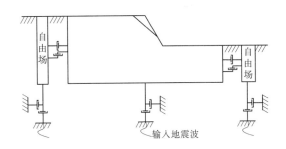

图 5-14 地震作用下边坡边界条件示意

5.4.1.3 含地下水边坡的加速度响应规律

选择实测天津波南北向动力时程,经滤波和基线调整后,作为地震动输入,加速度时程曲线如图5-15所示。

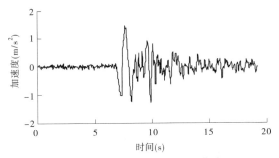

图 5-15 地震波加速度时程曲线

沿边坡厚度方向距离原点(O点)11 m且垂直于边坡厚度方向的平面将坡体切开,以该平面代替整个坡体作加速度响应规律分析。定义坡体上某点加速度响应时程峰值(PGA)和坡脚点(O点)加速度响应时程峰值之比为 PGA 的放大系数,如图5-16(a)、(b)、(c)所示,分别为坡面一定范围内无水、水深40 m和水深55 m时的 PGA 放大系数等值线图。从图5-16(a)中可以看出,在不考虑地下水的情况下,坡面附近加速度分布规律呈现明显的垂直放大效应和临空面放大效应,其中坡顶点的 PGA 放大系数最大,达到1.60。从等值线分布规律来看,基本符合低边坡动力反应类型。图5-16(b)是水深40 m时的 PGA 放大系数等值线图,坡面垂直放大效应和临空面放大效应仍然存在,但相对于无水坡体的情况,其规律性更差,等值线分布更加"杂乱",总体上满足垂直放大效应和临空面放大效应,但局部区域存在多处明显的"环状"等值线,表明该位置处的 PGA 放大系数产生异常,该点加速度峰值明显高于或低于周围节点的加速度峰值,与总体趋势相悖。同时,数值分析结果表明水深40 m时 PGA 放大系数在坡顶达到最大值,为1.64,略大于无水情况。图5-16(c)是水深55 m时的 PGA 放大系数等值线图,此时整个边坡处于饱和

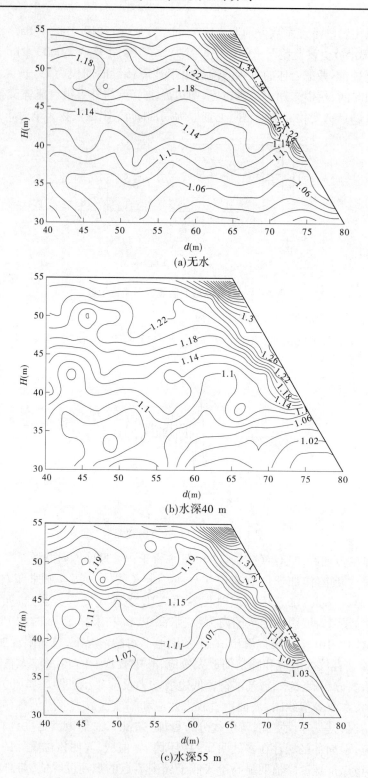

(a)无水

(b)水深40 m

(c)水深55 m

图 5-16 不同水位下的 PGA 放大系数等值线图

状态,其线型分布规律性同样较差,总体上仍然符合垂直放大效应和临空面放大效应的规律。坡顶处 PGA 放大系数最大,达到 1.69,大于无水及水深 40 m 的情况。由此,可以总结出一般性的规律:含水边坡坡顶的加速度响应峰值和 PGA 放大系数大于不含水边坡;顺层岩体内赋存的水分会对 PGA 放大系数的分布产生扰动,但加速度垂直放大和临空面放大的总体趋势不会发生改变。

为了进一步分析水位对顺层岩质边坡加速度动力响应的影响规律,分别对 35 m、45 m 和 50 m 水深时边坡的加速度响应作了分析,得到如下结果。图 5-17 给出了不同水深下边坡坡顶、坡脚的加速度响应峰值,图 5-18 给出了 PGA 放大系数的变化趋势。

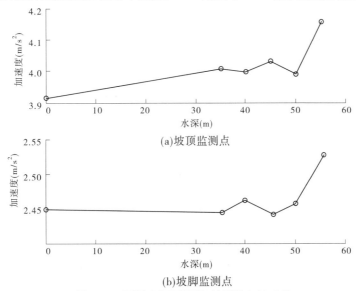

(a)坡顶监测点

(b)坡脚监测点

图 5-17　不同水深下坡顶、坡脚的加速度值

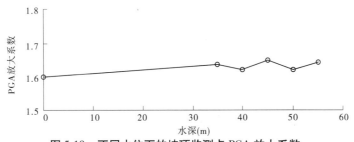

图 5-18　不同水位下的坡顶监测点 PGA 放大系数

从图 5-18 可知,含水边坡的 PGA 放大系数均大于无水边坡,但仅就含水边坡自身变化而言,PGA 放大系数随水位的上升呈波动状态,总体的上升趋势并不明显。从加速度变化的角度来看,水深 35 m、水深 40 m、水深 45 m 和水深 50 m 情况下的坡脚加速度峰值相对无水时坡脚加速度峰值的变化趋势不明显,但饱和状态下(即水深 55 m 时),坡脚加速度峰值呈现"跳跃式"增长,这一现象同样存在于坡顶最大加速度峰值的变化之中。对于坡顶加速度峰值,赋含地下水边坡相对于无水边坡的坡顶加速度呈现明显的增大趋势,但含水边坡自身不同水位情况下加速度的变化却呈现波动状态,上升趋势不明显,饱和状态下的坡顶加速度峰值同样呈现"跳跃式"变化。就 PGA 放大系数等值线图而言,含水边

坡的分布更为"杂乱",规律性较差,可能是地震波在孔隙水与岩土体骨架两种介质之间传播导致反射、折射等现象频繁发生的原因。

5.4.1.4　地下水对边坡稳定性的影响

如图 5-19 所示为无水和水深 55 m 情况下坡顶监测点 x 向位移的变化情况。相对于无水边坡,赋含地下水边坡的坡顶最大位移明显增大。无水时,坡顶 x 方向最大位移为 5.299 cm,考虑地下水时,坡顶位移最大可达 7.098 cm,较无水情况增大了 34%。由此可知,地下水对于坡顶位移有明显的放大作用,地下水的存在对于边坡地震稳定性是不利的。然而,地下水深从 35 m 升高到 55 m 过程中,最大位移略有增加,但增加幅度极为有限,35 m 水深时坡顶最大位移为 7.066 cm,55 m 水深时为 7.098 cm,仅增大了 0.5%。

如图 5-20 所示为地震结束时坡面各点的残留位移。

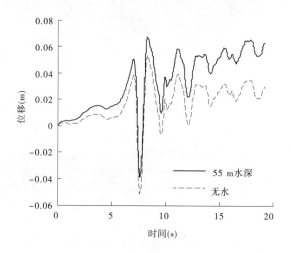

图 5-19　两种情况下坡顶 x 向位移时程曲线图

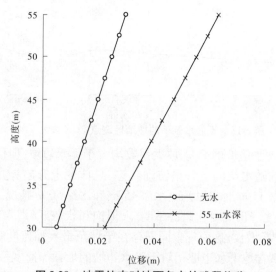

图 5-20　地震结束时坡面各点的残留位移

从图5-21中可以看出,塑性区集中在表面风化层,无水情况下多数单元主要受剪切破坏,少量单元为拉剪共同作用破坏。随着地下水位的升高,拉剪共同作用破坏单元逐渐增加,表明对顺层岩质边坡的破坏效应逐渐增加。从图5-21上还可以看出,由于水位升高而增加的拉剪共同作用破坏单元有一部分位于滑坡体上缘,说明地下水位的升高将促使滑动体上缘的张拉破坏。从塑性破坏区分布情况来看,地下水对顺层岩质边坡的稳定是不利的。

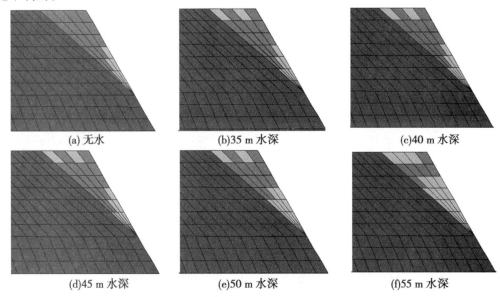

(a) 无水　　　　　　(b)35 m 水深　　　　　　(c)40 m 水深

(d)45 m 水深　　　　　　(e)50 m 水深　　　　　　(f)55 m 水深

图5-21　不同水位下的塑性区分布图

5.4.2　锦屏一级水电站近坝库岸呷爬滑坡数值模拟研究

5.4.2.1　近坝库岸呷爬滑坡地质环境概况

呷爬滑坡位于雅砻江右岸,距锦屏一级水电站大坝约11.5 km。雅砻江在该处河道较为顺直,河流流向N12°E。河谷较为宽阔,左岸平缓,河漫滩、阶地发育;右岸为反向坡,岸坡相对较陡,坡度为35°。

呷爬滑坡处岸坡岩层产状为N10°~30°E/SE∠85°,岩性为三叠系杂谷脑组深灰—灰黑色粉砂质板岩夹变质细砂岩。滑坡平面展布呈长条状,其圈谷地貌保存完好。前缘最低高程1 655 m,与枯期河水位持平,后缘高程2 120 m,前后缘高差465 m。滑坡纵长约880 m,宽260~300 m,面积约0.28 km²,滑坡残体体积约1 300 万 m³。滑坡表面可见3级平台,3级平台高程分别为1 775~1 840 m、1 880~1 925 m、2 010~2 100 m,坡度为17°~18°,原为耕地。

滑坡前缘至中部,滑体表层组成物质主要为块碎石土,块碎石成分为粉砂质板岩、泥岩及砾岩;在滑坡中部至后缘,滑体表层组成物质主要为孤石及含块石较多的块碎石土、未完全解体的粉砂质板岩及变质细砂岩、砾岩;滑体物质分层明显,据钻孔揭露,孔深27.97~39.57 m以上为褐黄、灰黄色块碎石土,以下至77.08~81.80 m为破碎的岩石碎块夹黏土,局部岩体保留有原始层面。在滑坡前缘及沟内,见滑带出露。滑带在剪出口位置反翘,其产状 N15°E/SE∠22°。滑带物质主要由灰黑色泥夹碎石,碎石成分为炭质板岩、变质细砂岩等,带内夹有大量石英颗粒,滑带厚 1～3 m,局部可达 8 m,滑带土干燥时极为坚硬,遇水后松软。

5.4.2.2 水文地质条件及成因

呷爬滑坡(见图 5-22)表面深切冲沟发育,在 I 级、II 级平台中发育有两条较明显的纵向冲沟。其中,一条位于滑坡轴线的北侧(1#沟),另一条位于滑坡轴线的南侧(2#沟),南侧冲沟比北侧冲沟更为深长。其所在地段属于砂板岩分布区,大气降水多以地表径流形式沿表面冲沟迅速排出,汇入雅砻江。沿砂板岩裂隙入渗而成为第四系孔隙水的水体仅为整个大气降水的小部分,该部分孔隙水及砂板岩裂隙水入渗后仍向雅砻江排泄。基岩裂隙发育程度决定了其含水性的强弱,对于砂板岩,以砂岩为裂隙含水性较强。滑坡探洞中地下水渗滴现象不明显,而且地表泉水出露现象较少,唯一的流量为 $Q=4.5$ L/s 的泉水位于三滩坝址某山沟上游,周围有大理岩分布。所以,该砂板岩分布区的含水性较弱,雅砻江两岸地下水水位较深,水力坡降平缓。根据水化学分析,在砂板岩坝址附近地下水含有 SO_4^{2-} 离子,主要是因为黄铁矿晶体在砂岩中赋含较多。从基岩裂隙水、泉水、河水的情况来看,地下水基本属于低矿化度的 $HCO_3 - Ca - Mg$ 类型,环境水对混凝土等工程材料不具有明显的侵蚀性。

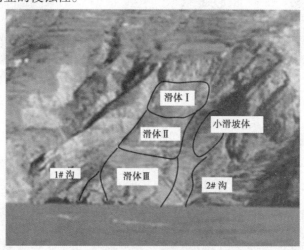

图 5-22 呷爬滑坡

在《雅砻江锦屏 I 级水电站坝区及近库岸(含坝前)高边坡稳定性研究》的前期研究工作报告中,给出了呷爬滑坡的成因。呷爬滑坡位置处于河流右岸的反向坡,实地地表勘测及钻孔揭露的数据表明,位于滑坡体下部的滑床(基岩)主要由深灰—灰黑色粉砂质板岩构成,硬度较软弱,如图 5-23 所示。下部基岩的岩体产状为 N10°～30°E,SE∠40°,由地表岩体勘测得到其产状为 N15°～25°E,NW∠20°～30°,表明由地下基岩到地表产生强烈变形,岩体处于松弛状态。谷坡岩体在重力作用下,坡壁上的岩体容易产生临空面方向的倾倒变形;由于板岩岩质硬度较低,因而容易弯曲,随着岩体更加接近地表,其弯曲变形加剧,在接近谷坡的区域,伴随有强烈的倾倒变形,在弯矩最大的部位形成楔形拉裂缝,从而形成了弯曲-拉裂变形形式。河水对滑坡体岸坡前缘的不断冲刷以及河谷的强烈下

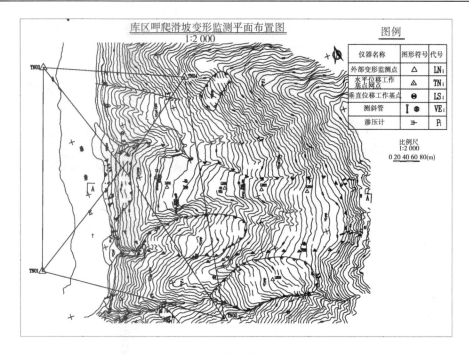

图 5-23 呷爬滑坡平面图

切,导致弯曲 - 拉裂作用进一步加剧,最终使岩体弯曲折断裂缝贯通,形成完整滑带及滑坡体。但是,呷爬滑坡体的弯曲 - 拉裂作用发生于中等倾角反向坡中,其岸坡结构条件与其他相邻滑坡体(如水文站右岸滑坡体)不同,见图 5-24。

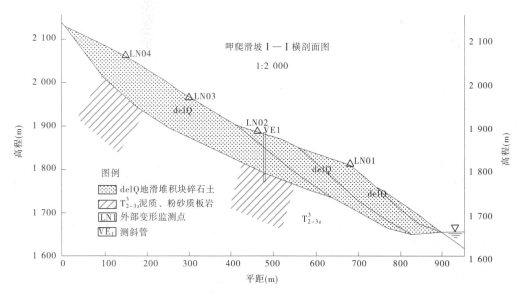

图 5-24 呷爬滑坡典型剖面图

5.4.2.3 数值模型的建立

滑坡体网格模型是通过 AUTOCAD、ANSYS 和 FLAC3D 三种软件综合运用生成的。首先在地质资料 CAD 图中生成面域,然后通过 .sat 格式文件将 CAD 面域导入 ANSYS 中,然后在 ANSYS 中通过布尔运算修正模型并划分网格,最后通过 ANSYS 网格导入 FLAC3D 的接口程序,实现模型导入,如图 5-25 所示。

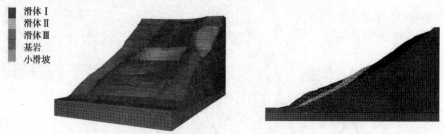

图中图例:
滑体Ⅰ
滑体Ⅱ
滑体Ⅲ
基岩
小滑坡

图 5-25　呷爬滑坡 FLAC3D 数值模型

局部阻尼:FLAC3D 采用主要针对准静力问题和动力问题建立运动方程求解。不论是动力还是准静力计算,其均采用变阻尼系数的动态方程求解,模拟准静力过程时,阻尼系数取一个较大的值(默认为 0.8),动力过程根据实际情况选择阻尼系数(一般可以取 0.157)。本书数值模型计算中采用局部阻尼进行计算。

局部阻尼的主体思路是通过增加或减少节点的质量,达到衰减能量的目的,通过在动力方程中添加一个阻尼力项实现局部阻尼的施加。其动力方程可以表示如下

$$F + f = M\left(\frac{\mathrm{d}v}{\mathrm{d}t}\right) \tag{5-1}$$

式中:F 为不考虑阻尼时的动力方程中的惯性力和刚度力之和;f 为阻尼力;M 为振子质量;$\frac{\mathrm{d}v}{\mathrm{d}t}$ 为加速度。阻尼力 f 可由下式求得

$$f = -\beta \mid F \mid \mathrm{sign}(v) \tag{5-2}$$

式中:$\mathrm{sign}(y)$ 为符号函数,由式(5-3)表示,通过对速度符号的判定,引入运动方向对阻尼力的影响;β 为局部阻尼系数,需人工设置,一般由临界阻尼比确定,当临界阻尼比为 0.05 时,局部阻尼系数 β 取为 0.157。

$$\mathrm{sign}(y) = \begin{cases} +1 & y > 0 \\ -1 & y < 0 \\ 0 & y = 0 \end{cases} \tag{5-3}$$

对于滑坡体内存在的滑带、节理裂隙、软弱夹层等,考虑到其两侧的土体材料组成差别不大,变形模量处于同一数量级。因而,滑移接触应满足非穿透性条件,即接触面两端材料不能相互嵌入。

对于 FLAC3D 的滑移接触面动力计算,采用罚函数的方法,切向罚因子即为切向刚度 k_s,法向罚因子即为法向刚度 k_n。

对于不同的情况,接触面的参数设置有不同的要求。若仅仅将接触面作为连接两个不同网格模型的连接面,其等效刚度可以取为

$$\max\left[\frac{\left(K + \frac{4}{3}G\right)}{\Delta z_{\min}}\right]$$

式中:K 和 G 分别是与接触面相连的模型材料的体积模量和剪切模量;$\Delta z_{\min}$ 是与接触面单

元相连的主体网格单元在法向上的最小长度;max 表示该值是遍历所有与接触面相接单元对应上式的最大值。

若作为相对于周围岩土体材料而言较刚的刚性面,更为通常的做法是设置其法向和切向刚度是相邻两侧单元最大刚度的 100~1 000 倍,这样可以保证计算过程中只产生滑动与张开而不产生变形。若作为一个真实存在的软弱面,其不可看作刚性面,因为接触面的力学性质及参数对整个模型结构的振动特性将产生影响,其所有参数都应根据实验确定。

对于本模型,接触面主要为模拟滑带而设置,滑带的物质主要由灰黑色泥夹碎石,碎石成分为炭质板岩、变质细砂岩等,带内夹有大量石英颗粒,滑带厚 1~3 m,局部可达 8 m,滑带土干燥时极为坚硬。考虑滑带土的厚度(最大 8 m)相对整个滑坡体的尺寸(1 000 m×700 m×500 m)可以忽略不计,这决定了在滑带不致破裂的情况下,无论是剪切变形还是法向压缩变形,其变形幅度都可以忽略,而且,滑带土具有干燥时极为坚硬的性质,符合接触面设置中刚性面的条件,因而取接触面为相对刚性面。结合接触面两侧材料的刚度,以及 FLAC3D 的运算效率,将其法向刚度设置为 6.7×10^{10} Pa/m,切向刚度设置为 2.2×10^{10} Pa/m。接触滑移面设置为一空间曲面,分布于主滑体和滑床之间,如图 5-26 所示。为了验证滑移接触面设置的有效性,在边坡模型上施加一较大的地震波,滑坡体的运动状态如图 5-27 所示。主滑体逐渐与滑床分离,实现了滑坡体滑动破坏的动态模拟,说明滑移接触面的设置是有效的。

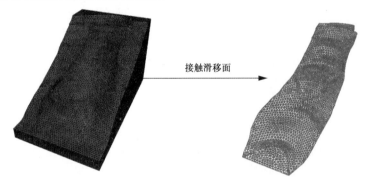

接触滑移面

图 5-26 接触滑移面设置

5.4.2.4 滑坡体的初始应力条件

根据呷爬滑坡体的地质地层结构、滑床的性质以及岩土体的物理力学性质,将滑坡体模型的材料类型概化为 6 种。具体划分为,将三叠系杂谷脑组深灰 – 灰黑色变质粉砂质板岩夹变质细砂岩作为基岩考虑为一种材料;将主滑带及形成主滑坡的滑体Ⅰ、滑体Ⅱ和滑体Ⅲ分别考虑为四种材料;主滑坡侧面分布有一处规模较小的小滑坡,将小滑坡考虑为一种材料,其并不作为主要的分析对象。根据相关研究报告及文献,呷爬参考《雅砻江锦屏一级水电站坝址选择研究报告》《锦屏一级水电站预可行性研究报告》以及成都勘测设计研究院所提供的数据,并依据工程经验及工程地质手册等综合选取确定呷爬滑坡的岩土体材料参数,如表 5-6 所示。接触滑移面材料参数设置为:切向刚度 2 220 MPa,法向刚度 6 670 MPa,内摩擦角 24°,黏聚力 0.005 MPa,抗拉强度 0.005 MPa。

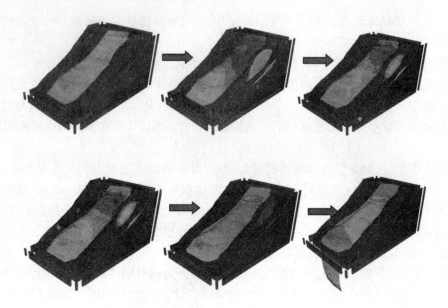

图 5-27　接触滑移面有效性检验

表 5-6　岩土体材料参数

材料组	岩土体	黏聚力*（MPa）	内摩擦角（°）	容重（MN/m³）	抗拉强度（MPa）	剪切模量（MPa）	体积模量（MPa）	弹性模量（MPa）	泊松比
1	滑体Ⅰ	0.06	34	0.025	0.05	606.1	1 481.5	1 600	0.32
2	滑体Ⅱ	0.06	32	0.025	0.05	568.2	1 388.9	1 500	0.32
3	滑体Ⅲ	0.06	30	0.025	0.05	530.3	1 296.3	1 400	0.32
4	基岩	1	40	0.027	0.8	3 937	7 246.4	10 000	0.27
5	小滑坡	0.06	34	0.025	0.05	606.1	1 481.5	1 600	0.32

　　本例边坡岩土体模型的初始应力条件由变强度参数的弹塑性求解法求得，所生成的初始应力场如图 5-28 所示。

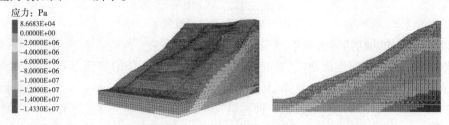

图 5-28　呷爬滑坡初始竖向应力

5.4.2.5　地震动输入

　　对于呷爬滑坡体场地类型的判断可以参照《建筑抗震设计规范》（GB 50011—2010）进行，该规范首先根据表 5-7 确定场地表层土的类型（主要由土层剪切波速量化界定），然后按照规范要求确定场地表层土的厚度，再根据表 5-8 确定对应的场地类别。

表5-7 土的类型划分和剪切波速范围

土的类型	岩土名称和性状	土层剪切波速范围(m/s)
岩石	坚硬、较硬且完整的岩石	$v_s > 800$
坚硬土或软质岩石	破碎的和较破碎的岩石或软和较软的岩石,密实的碎石土	$800 \geqslant v_s > 500$
中硬土	中密、稍密的碎石土,密实、中密的砾、粗砂、中砂,$f_{ak} > 150$ 的黏性土和粉土,坚硬黄土	$500 \geqslant v_s > 250$
中软土	稍密的砾、粗砂、中砂,除松散外的细砂、粉砂,$f_{ak} \leqslant 150$ 的黏性土和粉土,$f_{ak} > 130$ 的填土,可塑新黄土	$250 \geqslant v_s > 150$
软弱土	淤泥和淤泥质土,松散的砂,新近沉积的黏性土和粉土,$f_{ak} \leqslant 130$ 的填土,流塑黄土	$v_s < 150$

注:f_{ak} 为由载荷试验等方法得到的地基承载力特征值(kPa);v_s 为岩土剪切波速。

表5-8 各类建筑场地的覆盖层厚度

岩石的剪切波速或土的等效剪切波速(m/s)	场地类别				
	I_0	I_1	II	IV	IV
$v_s > 800$	0				
$800 \geqslant v_s > 500$		0			
$500 \geqslant v_s > 250$		<5	≥5		
$250 \geqslant v_s > 150$		<3	3~50	>50	
$v_s < 150$		<3	3~15	15~80	>80

　　根据《锦屏一级第三阶段蓄水后库岸稳定复核报告》,呷爬滑坡体前缘、中部和后缘组成物质主要为块碎石土(以粉砂质板岩、泥岩及砾岩为主要成分),孤石,不完全解体的粉砂质板岩及变质细砂岩、砾岩。根据典型剖面钻孔显示,滑体最厚处为100 m以上,平均深度为60 m。其表层土力学参数取值为:剪切模量530~600 MPa;密度2 500 kg/m³。根据剪切波速计算公式 $v_s = \sqrt{G/\rho}$ 可得到 $v_s = 460 \sim 490$ m/s。其下卧基岩剪切模量和密度分别为3 937 MPa、2 700 kg/m³。下卧土层的剪切波速大于500 m/s。根据《建筑抗震设计规范》规定:当下卧土层剪切波速大于500 m/s且其下各土层的剪切波速均不小于500 m/s时,场地覆盖层厚度等于地面至下卧土层的距离。因此,呷爬滑坡平均场地覆盖层厚度为60 m,波速为460~490 m/s,属于二类场地。应选择对应的二类场地地震波记录进行分析。选择El-Centro地震波作为模型的地震动输入。对于真实地震动的加速度数据,一般在地震结束时刻位移归零,体现在加速度时程上,应得到其对时间的二次积分(位移)为零。但是,数据采集过程中受到诸多因素的影响,如加速度初始值、速度初始值、低频环境噪声、低频仪器噪声和人为操作误差等,可能导致零线漂移现象。应通过人工调平,将其结束时刻的速度、位移调整为零,以符合实际,而且,测试环境中其他低频及高频噪声通过带通滤波器将非地震波频率区段的波形过滤,以排除干扰,而且去除地震动高频成分的操作对于局部阻尼的应用也是有利的,因此这里将0.1 Hz以下以及15 Hz以上频率成分滤掉。

如图 5-29 所示,(a)、(c)、(e)分别表示原始 El – Centro 地震波的加速度、速度及位移时程,(b)、(d)、(f)分别表示经过调平及带通滤波(0.1~15 Hz)的输入地震动加速度、速度和位移时程。从图中可以看出,地震动的基线校正效果较好。

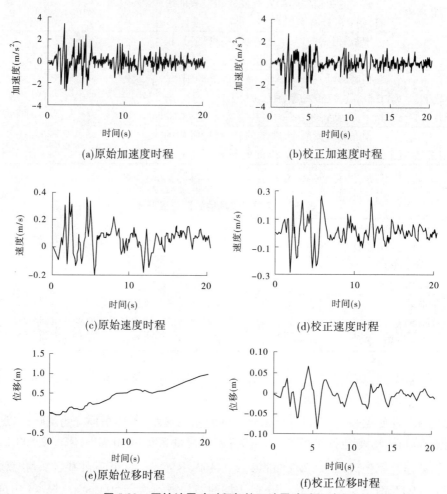

(a)原始加速度时程　　　　　　　　　(b)校正加速度时程

(c)原始速度时程　　　　　　　　　(d)校正速度时程

(e)原始位移时程　　　　　　　　　(f)校正位移时程

图 5-29　原始地震动时程与校正地震动时程对比

5.4.2.6　一维地震动计算结果分析

采用自然波(El – Centro)经滤波和纠偏后在水平方向输入一维地震动。通过假设呷爬滑坡所处地区设防烈度不同,模拟不同烈度的地震现象,涵盖了可能出现的 7 级、8 级和 9 级烈度的地震,基本包括了呷爬滑坡所在的锦屏水电站库区所受的各级地震威胁。对不同峰值地震动输入情况下的固定边界滑坡体和无限元边界滑坡体进行了敏感性分析。

1.7 级烈度地震作用下滑坡体边界条件敏感性分析

对于 7 级设防烈度的Ⅱ类场地,其罕遇地震加速度峰值在 0.15g 左右(g 为重力加速度),即 1.47 m/s²。地震动输入波形 El-Centro 南北向加速度时程经滤波和基线调平后,峰值为 3.337 m/s²,将其调整符合输入地震加速度峰值后施加于模型底面,由于地震动在全时程中呈现出明显的前期振动非常强烈、后期迅速衰弱的特点,并考虑计算时间,仅取其前 20 s 时程进行计算。

图 5-30 给出了 20 s 时刻滑坡体位移云图。从图 5-30 可知,滑坡体在 7 级烈度罕遇地震作用下,自由场边界条件和固定边界条件位移相差不大,二者的最大位移发生处均位于上滑体左侧顶点周围的一小部分区域,自由场边界条件下最大位移为 3.46 m,固定边界条件下滑坡体最大位移为 3.26 m,二者相差 6%,考虑自由场边界条件所得的滑坡体位移在数值上更大。地震结束时,滑坡体主体在不同边界条件下均集中在 0.5～2 m。

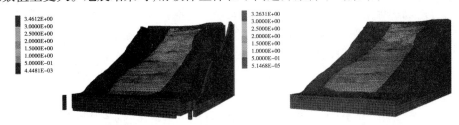

图 5-30　自由场边界和固定边界滑坡体位移云图对比(7 级烈度地震作用)

图 5-31 给出了 5 s 和 15 s 时刻自由场边界条件和固定边界条件下滑坡塑性区分布图。如图 5-31(a)所示,5 s 时刻坡面单元的破坏状态在两种边界条件下相差不大,自由场边界下坡面进入剪切塑性变形破坏的单元(shear-n)在数量上略多于固定边界条件,且均衡分布在滑坡体的上下两侧,而在固定边界条件下,处于剪切破坏状态的单元主要分布于滑坡体下部。对于图 5-31(b),由于已经到达地震尾声,坡面上在 5 s 时刻处于剪切破坏状态的单元多数从塑性变形区进入弹性区,自由场边界条件下在 15 s 时刻坡面上几乎不存在剪切破坏单元,而在自由场条件下,坡面还零星分布着剪切破坏区域,尤其在滑坡体上部较为集中,可见在自由场状态下地震动输入对滑坡体上部的破坏作用略大于滑坡体下部。

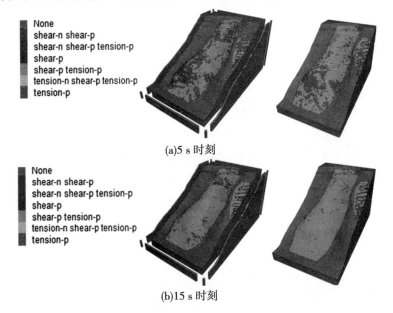

(a)5 s 时刻

(b)15 s 时刻

图 5-31　自由场边界和固定边界滑坡体塑性区对比(7 级烈度地震作用)

2.8 级烈度地震作用下滑坡体边界条件敏感性分析

对于 8 级烈度地震作用的 Ⅱ 类场地，其罕遇地震加速度峰值在 0.30g 左右（g 为重力加速度），即 2.94 m/s²。地震动输入波形 El-Centro 南北向加速度时程经滤波和基线调平后，峰值为 3.337 m/s²，将其调整符合输入地震加速度峰值后施加于模型底面，取其前 20 s 时程进行计算。

图 5-32 给出了 20 s 时刻滑坡体位移云图，从图中可知，滑坡体在 8 级烈度罕遇地震作用下，自由场边界条件和固定边界条件位移有一定差距，这一点与 7 级烈度罕遇地震作用下不同；与 7 级烈度罕遇地震作用类似的是，二者的最大位移发生处同样均位于上滑体左侧顶点周围的一小部分区域，自由场边界条件下最大位移为 5.62 m，固定边界条件下滑坡体最大位移为 4.31 m，二者相差 23%，考虑自由场边界条件所得的滑坡体位移条件更为不利。随着空间下移，滑坡体位移迅速减小，对于自由场边界条件，地震结束时的滑坡主体位移主要集中在 2~4 m 范围内，而在固定边界条件下，地震结束时的滑坡主体位移主要集中在 1~3 m 范围，因此从滑坡体平均位移来看，自由场边界位移更大。

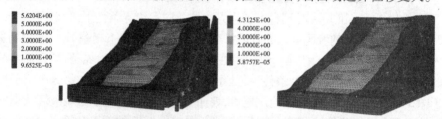

图 5-32　自由场边界和固定边界滑坡体位移云图对比（8 级烈度地震）

图 5-33 给出了 8 级烈度地震作用下，5 s 和 15 s 时刻自由场边界条件和固定边界条件下滑坡塑性区分布图。如图 5-33（a）所示，5 s 时刻坡面单元的破坏状态在两种边界条件下相差不大，自由场边界下坡面进入剪切塑性变形破坏的单元（shear-n）在数量上略多于固定边界条件，且均衡分布在滑坡体的上下两侧，而在固定边界条件下，处于剪切破坏状态的单元主要分布于滑坡体下部。对于图 5-33（b），由于已经到达地震尾声，坡面上在 5 s 时刻处于剪切破坏状态的单元多数从塑性变形区进入弹性区，自由场边界条件下在 15 s 时刻坡面上几乎不存在剪切破坏单元，而在自由场条件下，坡面还零星分布着剪切破坏区域，尤其是在滑坡体上部较为集中，可见在自由场状态下地震动输入对滑坡体上部的破坏作用略大于滑坡体下部。其坡面剪切流动破坏状态有所差别。

3.9 级烈度地震作用下滑坡体边界条件敏感性分析

对于 9 级烈度地震作用的 Ⅱ 类场地，其地震加速度峰值在 0.40g 左右（g 为重力加速度），即 3.92 m/s²。地震动输入波形 El-Centro 南北向加速度时程经滤波和基线调平后，峰值为 3.337 m/s²，将其调整符合输入地震加速度峰值后施加于模型底面，取其前 20 s 时程进行计算。

图 5-34 给出了 20 s 时刻滑坡体位移云图。从图 5-34 上可知，滑坡体在 9 级烈度地震作用下，自由场边界条件和固定边界条件位移有较大差距。同样，二者的最大位移发生处同样均位于上滑体左侧顶点周围的一小部分区域，自由场边界条件下最大位移为 8.41 m，固定边界条件下滑坡体最大位移为 5.36 m，二者相差 36%，考虑自由场边界条件

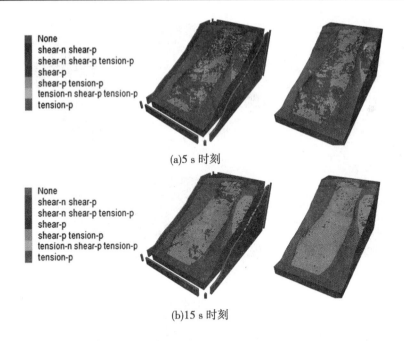

(a)5 s 时刻

(b)15 s 时刻

图 5-33 自由场边界和固定边界滑坡体塑性区对比(8 级烈度地震)

所得的滑坡体位移相比固定边界增幅较多。随着空间下移,滑坡体位移有所减小,对于自由场边界条件,地震结束时的滑坡主体位移主要集中在 1.5 ~ 6 m 范围内,而固定边界条件下,地震结束时的滑坡主体位移主要集中在 1 ~ 4 m 范围,因此从滑坡体平均位移来看,自由场边界位移更大。

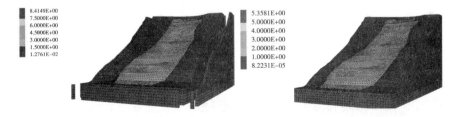

图 5-34 自由场边界和固定边界滑坡体位移云图对比(9 级烈度地震)

图 5-35 给出了 9 级烈度地震作用下,5 s 和 15 s 时刻自由场边界条件和固定边界条件下滑坡塑性区分布图。如图 5-35(a)所示,5 s 时刻坡面单元的破坏状态在两种边界条件下相差不大,自由场边界下坡面进入剪切塑性变形破坏的单元(shear-n)在数量上略多于固定边界条件,且均衡分布在滑坡体的上下两侧,而在固定边界条件下,处于剪切破坏状态的单元主要分布于滑坡体下部。对于图 5-35(b),由于已经到达地震尾声,坡面上在 5 s 时刻处于剪切破坏状态的单元多数从塑性变形区进入弹性区,自由场边界条件下在 15 s 时刻坡面上几乎不存在剪切破坏单元,而在自由场条件下,坡面还分布有剪切破坏区域,尤其是在滑坡体上部较为集中,可见在自由场状态下地震动输入对滑坡体上部的破坏作用要大于滑坡体下部。其坡面剪切流动破坏过程有所差别。

5.4.2.7 一维、三维地震作用下滑坡体动力响应对比分析

随着对结构(包括建筑、滑坡、桥梁和大坝等)的地震动力分析研究日益深入,地震动

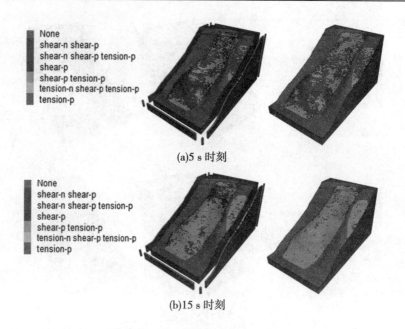

(a)5 s 时刻

(b)15 s 时刻

图 5-35　自由场边界和固定边界滑坡体塑性区对比(9 级烈度地震)

输入条件逐渐为专家学者所关注,一维地震动输入具有简洁明了、易于分析的特点,摒除了其他两个方向的干扰,使得对地震响应的分析聚焦于一个方向。但一维地震动输入显然不是自然状态下的真实现象,任何结构所受的地震作用都是空间三维的,因此采用自然波(El-Centro)三个方向的波形经滤波和纠偏后分析对比,一维地震动输入和三维地震动输入的结果如图 5-36 所示。通过假设呷爬滑坡所处地区设防烈度不同,模拟不同烈度的地震现象,涵盖了可能出现的 7 级、8 级和 9 级烈度的地震,基本包括了呷爬滑坡所在的锦屏水电站库区所受的各级地震威胁。

1.7 级烈度地震作用下一维、三维地震动输入对比分析

对于 7 级设防烈度的 Ⅱ 类场地,其罕遇地震水平方向加速度峰值在 $0.15g$ 左右,即 $1.47 \ \text{m/s}^2$。在考虑三维地震动输入时,顺坡向、横向和垂直方向地震动最大值可以按照比例 $1:0.85:0.65$ 选取。因而,主震向、横向和垂直方向的加速度峰值分别取为 $1.47 \ \text{m/s}^2$、$1.25 \ \text{m/s}^2$、$0.96 \ \text{m/s}^2$。波形 El-Centro 南北、东西和垂直三向加速度时程经滤波和基线调平后,将其调整符合输入地震加速度峰值后施加于模型底面,由于三个方向的地震动在全时程中均呈现出明显的前期振动非常强烈、后期迅速衰弱的特点,并考虑计算时间,仅取其前 20 s 时程进行计算。

图 5-37 给出了 20 s 时刻滑坡体位移云图,从图上可知,滑坡体在 7 级烈度罕遇地震作用下,一维地震动输入条件和三维地震动输入条件位移相差不大,二者的最大位移发生处均位于上滑体左侧顶点周围的一小部分区域,一维地震动输入条件下最大位移为 3.46 m,三维地震动输入条件下滑坡体最大位移为 3.83 m,二者相差 9.7%,考虑三维地震动输入条件所得的滑坡体位移在数值上更大。地震结束时,滑坡体主体在一维地震动输入条件的位移下集中在 0.5 ~ 2 m,三维地震动输入条件的位移集中在 0.5 ~ 2.5 m。

图 5-38 给出了 5 s 和 15 s 时刻一维地震动输入条件和三维地震动输入条件下滑坡塑

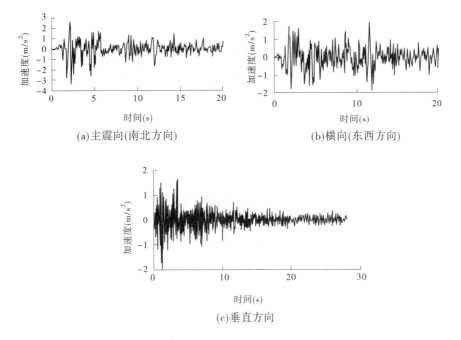

(a)主震向(南北方向)　　　　　(b)横向(东西方向)

(c)垂直方向

图 5-36　El-Centro 波三向加速度时程

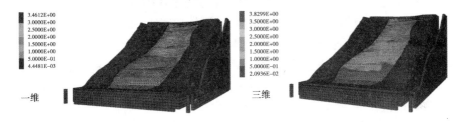

一维　　　　　　　　　三维

图 5-37　一维、三维地震动输入下滑坡体位移云图(7 级烈度地震作用)

性区分布图。如图 5-38(a)所示,5 s 时刻坡面单元的破坏状态在两种边界条件下相差不大,三维地震动输入下坡面进入剪切塑性变形破坏的单元(shear-n)在数量上略多于一维地震动输入条件,二者剪切破坏单元分布区域也大体相同,仅在细部区域略有区别。对于图 5-38(b),由于已经到达地震尾声,坡面上在 5 s 时刻处于剪切破坏状态的单元多数从塑性变形区进入弹性区,一维和三维地震动输入条件下在 15 s 时刻坡面上的剪切破坏单元大幅减少,仅在坡面上零星分布。

2.8 级烈度地震作用下一维、三维地震动输入对比分析

对于 8 级烈度地震作用的 II 类场地,其罕遇地震加速度峰值在 0.30g 左右,即 2.94 m/s²。考虑三维地震动输入时,顺坡向、横向和垂直方向地震动最大值可以按照比例 1:0.85:0.65 选取。因而,主震向、横向和垂直方向的加速度峰值分别取为:2.94 m/s²、2.50 m/s²、1.91 m/s²。波形 El-Centro 南北、东西和垂直三向加速度时程经滤波和基线调平后,将其调整符合输入地震加速度峰值后施加于模型底面,取其前 20 s 时程进行计算。

图 5-39 给出了 20 s 时刻滑坡体位移云图,从图中可知,滑坡体在 8 级烈度罕遇地震作用下,一维地震动输入条件和三维地震动输入条件下,滑坡体的位移相差较明显,这一

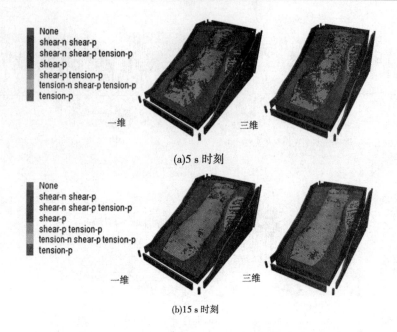

(a)5 s 时刻

(b)15 s 时刻

图 5-38　一维、三维地震动输入下滑坡体塑性区对比(7 级烈度地震作用)

点与 7 级烈度罕遇地震作用下不同;与 7 级烈度罕遇地震作用类似的是,二者的最大位移发生处同样均位于上滑体左侧顶点周围的一小部分区域,一维地震动输入条件下最大位移为 5.62 m,三维地震动输入条件下滑坡体最大位移为 7.87 m,二者相差 29%,考虑三维地震动输入条件所得的滑坡体位移条件更为不利。随着空间下移,滑坡体位移迅速减小,对于一维地震动输入条件,地震结束时的滑坡主体位移主要集中在 1~4 m 范围内,而在三维地震动输入条件下,地震结束时的滑坡主体位移主要集中在 1.5~6 m 范围内,不论是滑坡体最大值还是平均位移,三维地震动输入对滑坡体的稳定性更为不利。

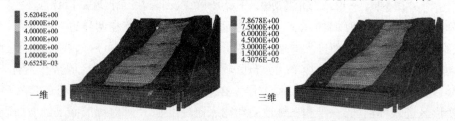

图 5-39　一维、三维地震动输入下滑坡体位移云图(8 级烈度地震作用)

　　图 5-40 给出了 8 级烈度地震作用下,5 s 和 15 s 时刻一维地震动输入条件和三维地震动输入条件下滑坡塑性区分布图。如图 5-40 所示,坡面单元的破坏状态在两种边界条件下相差不大,三维地震动输入下坡面进入剪切塑性变形破坏的单元(shear-n)在数量上略多于一维地震动输入条件,二者剪切破坏单元分布区域也大体相同,仅在细部区域略有区别。与 7 级烈度地震作用下不同的是,其在坡面上产生了些许张拉破坏单元。对于图 5-40(b),由于已经到达地震尾声,坡面上在 5 s 时刻处于剪切破坏状态的单元多数从塑性变形区进入弹性区,一维和三维地震动输入条件下在 15 s 时刻坡面上的剪切破坏单元大幅减少,仅在坡面上分布有小范围区域的剪切破坏单元。

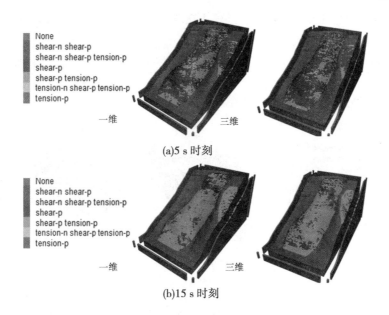

图 5-40 一维、三维地震动输入下滑坡体塑性区对比(8 级烈度地震作用)

3.9 级烈度地震作用下一维、三维地震动输入对比分析

对于 9 级设防烈度的Ⅱ类场地,其地震加速度峰值在 0.40g 左右,即 3.92 m/s²。考虑三维地震动输入时,顺坡向、横向和垂直方向地震动最大值可以按照比例 1∶0.85∶0.65 选取。因而,顺坡向、横向和垂直方向的加速度峰值分别取为:3.92 m/s²、3.33 m/s²、2.55 m/s²。波形 El-Centro 南北、东西和垂直三向加速度时程经滤波和基线调平后,将其调整符合输入地震加速度峰值后施加于模型底面,取其前 20 s 时程进行计算。

图 5-41 给出了 20 s 时刻滑坡体位移云图,从图上可知,滑坡体在 9 级烈度地震作用下,一维地震动输入条件和三维地震动输入条件位移有明显差距。同样,二者的最大位移发生处同样均位于上滑体左侧顶点周围的一小部分区域,一维地震动输入条件下最大位移为 8.41 m,三维地震动输入条件下滑坡体最大位移为 10.5 m,二者相差 25%。随着空间下移,滑坡体位移有所减小,对于一维地震动输入条件,地震结束时的滑坡主体位移主要集中在 1.5~6 m 范围内,而在三维地震动输入下,地震结束时的滑坡主体位移主要集中在 1.5~9 m 范围,不论是滑坡体最大位移还是平均位移,三维地震动输入条件下位移均更大。

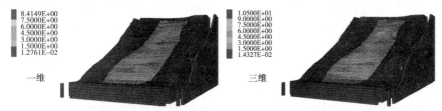

图 5-41 一维、三维地震动输入下滑坡体位移云图(9 级烈度地震作用)

图 5-42 给出了 9 级烈度地震作用下,5 s 和 15 s 时刻一维地震动输入条件和三维地震动输入条件下滑坡塑性区分布图。与 8 级烈度地震作用下类似,其坡面单元的破坏状

态(剪切破坏和拉伸破坏)在两种地震动输入条件下相差不大,二者剪切破坏单元分布区域也大体相同,仅在细部区域略有区别。对于图 5-42(b),由于已经到达地震尾声,坡面上在 5 s 时刻处于剪切破坏状态的单元多数从塑性变形区进入弹性区,一维和三维地震动输入条件下在 15 s 时刻坡面上的剪切破坏单元减少较明显,相比较而言,三维地震动输入条件下剪切破坏单元稍多于一维地震动输入条件。

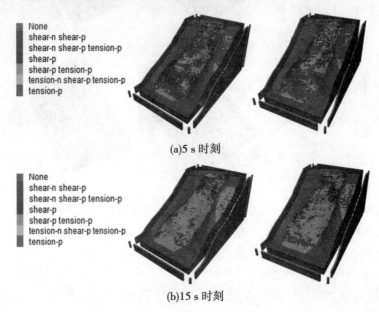

(a)5 s 时刻

(b)15 s 时刻

图 5-42　　一维、三维地震动输入下滑坡体塑性区对比(9 级烈度地震作用)

5.4.3　呷爬滑坡体地震动力稳定性评价及破坏模式研究

5.4.3.1　形成机理

地震作用下滑坡体的破坏是一个由质变到量变的过程,坡体在地震前期产生的振荡会不断在坡体内部产生微小变形,微小变形不断累积,将导致结构破坏,裂缝贯通,直至滑体破坏运动。对于这种前期小变形量变积累,超过一定阈值导致大变形运动的物理过程,至今还没有数学－力学模型能够统一模拟这两种变形过程。毛彦龙、胡广韬等通过实地调查和理论研究对地震滑坡启程剧动的机理进行了研究,认为地震动对滑坡体的影响主要是通过岩土体的波动振荡产生的,并基于这一条件提出了边坡地震变形破坏过程中历经的三种效应,分别为累进破坏效应、启动效应和启程加速效应,分别对应边坡破坏的变形缓动阶段、剧烈加荷阶段和失稳剧动阶段。

在变形缓动阶段,地震波经由地下传播到地表,地表对地震波的反射,导致接近地表的质点位移更大,质点在振动过程中将产生惯性力,进而在坡体中产生附加应力。由于岩土体中不可避免地存在节理裂隙,附加应力将在裂隙尖端产生应力集中现象,当岩土体中某一质点所受剪切力、扭转力或拉应力大于材料抗剪强度(抗拉强度)时,边坡局部裂隙可能产生剪切(拉伸)破坏,导致新裂隙形成和原有裂隙扩大。因此,虽然岩土体所受地震荷载强度不大,初次作用并不引起岩土体破坏,但经过反复多次作用,会导致坡体内微裂隙不断扩展贯通,逐渐形成上下贯通的破坏面,致使边坡进入剧烈加荷阶段。这种边坡在地震初期的破坏效应称为累进破坏效应。

剧烈加荷阶段包含滑坡体从静止变为运动的力学过程,其中又包含减阻效应和移动效应。当边坡内部微裂隙在累进破坏效应作用下,形成上下贯通的滑面时,滑块并不一定立即失稳下滑,而是取决于滑块的稳定系数——滑面抗滑力与下滑力的比值。随着地震动持续作用,滑坡体与滑床振动不再同步,二者产生的惯性力将导致滑面上部岩体被碾碎,使滑面粗糙度和起伏差变小,抗滑力降低。这种效应称为减阻效应。一旦滑块沿滑床产生相对位移,则滑块与滑床由静摩擦转为动摩擦。而岩土体动摩擦系数一般情况下远远小于静摩擦系数,使得滑块更容易失稳破坏。移动效应的原理类似于 Newmark 永久位移的产生,地震动产生的荷载在某一时刻可能超过岩土体的屈服强度,岩土体在一瞬间进入塑性变形阶段,产生一个塑性位移,但下一时刻地震动荷载可能减小至屈服强度以下,甚至变为相反方向,则岩土体恢复稳定。随着地震动过程持续,岩土体不断产生类似的塑性位移,其大小可以通过对地震动加速度时程中超过临界加速度的那一部分加速度二次积分求得。根据滑块永久位移的大小,可以初步分析滑块的状态。

毛彦龙、胡广韬等还给出了滑体由坡体波动振荡发生大规模滑动的启程剧发速度的计算公式

$$V_{t0} = \sqrt{\frac{T_d}{3\pi\omega}} \cdot a_c \left(\sqrt{\frac{a_{\max}^2}{a_c^2} - 1} + \sin^{-1}\frac{a_c}{a_{\max}} - \frac{\pi}{2} \right) \tag{5-4}$$

式中:$a_{\max}$ 为地面最大加速度值;ω 为圆频率;a_c 为临界加速度值;T_d 为地震持时。

由式(5-4)可知,坡体振荡产生的启程剧发速度的大小与地震持时、地面水平加速度成正比,与振动圆频率成反比,并与坡体稳定状况有关。

5.4.3.2　滑坡体动力稳定性评价指标

滑坡体的动力稳定性评价指标一直以来都是工程界较为关注的问题,对于静力问题可以通过岩土体材料参数,滑动面情况和地下水位的影响等利用极限平衡法求出一个安全系数,如瑞典圆弧滑面条分法、毕肖普条分法、斜条分法等方法。静力学的滑坡体极限平衡分析法的主要优点在于提供了一个量化的安全系数,它对于不同情况下的岩土体边坡,不论其材料性质、滑动面分布和含水情况如何,都可以在统一的量化指标体系内比较,因而在工程界得到了广泛应用。许多专家学者致力于在滑坡体的动力稳定性分析中也引入这样一个量化指标,能够较好地揭示不同条件下滑坡体的稳定性状况,Newmark 提出的有限滑动位移法通过估计滑坡体地震过程中产生的永久位移来评价滑坡体的稳定性,在某些工程分析中取得了较好的效果,但基于其根本理论的近似性,对于滑坡体的临界加速度的估计并没有通盘考虑滑坡体的情况,其有效性仍需进一步验证,理论上也需要继续完善。神经网络模型、遗传算法等非线性数学方法也被用来评价滑坡体的稳定性,但其计算过程复杂,算法本身的参数设置对结果影响较大。从本质上来看,利用非线性数学方法估计滑坡体稳定性仍然是基于已知数据的后验型方法。目前,还没有行之有效、计算方便的滑坡体动力稳定性评价指标体系。一般来讲,对于有限元数值模型,可以通过观察滑坡体塑性区沿滑面的贯通情况,以及关键点的位移变化时程是否收敛来判断滑坡体处于稳定还是滑动状态。

综合应用接触滑移面、无限元边界和三维地震动输入来分析呷爬滑坡体的动力稳定性和破坏模式。对于岩土体中客观存在的滑带进行了有效的模拟,更加真实地反映了边坡结构边界条件的无限域特征,并通过三维地震动耦合输入使得滑坡体在三个方向所受荷载更为符合实际条件。通过调整 El-Centro 地震波在三个方向的峰值加速度,模拟不同烈度的地震现象,涵盖了可能出现的 6 级、7 级和 8 级烈度的地震,基本包括了呷爬滑坡所在的锦屏水电站库区所受的各级地震威胁。

对于呷爬滑坡体,在滑坡体表面布置以下测点——A 点、B 点、C 点、D 点、E 点、F 点以监测滑坡体表面位移情况。监测点布置图如图 5-43 所示。

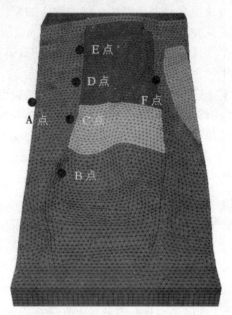

图 5-43　滑坡体表面监测点布置

从图 5-43 中可见,A 点为边坡基岩上一点。B 点、C 点、D 点和 E 点均分布于主滑体上,其空间分布位置沿滑坡体向上排列。F 点为小滑坡体上一点。

图 5-44 为 6 级烈度地震作用时滑坡体坡面监测点位移时程曲线,A 点代表基岩的位移情况,F 点代表小滑坡体的位移情况,二者在零轴附近波动,而且几乎重合,表明小滑坡体几乎没有永久位移产生,处于稳定状态。根据代表主滑体不同部位位移情况的 B、C、D 和 E 四点的位移时程曲线可知,地震前 15 s 内产生一定的永久位移(最大为 0.47 m),15~20 s时间区段内的位移明显呈一条水平线,表示地震作用末期,主滑坡体处于稳定状态,没有永久位移产生。因此,在 6 级烈度地震作用下,滑坡体基本可以保持稳定。图 5-45 为 7 级烈度地震作用时滑坡体坡面监测点位移时程曲线,A 点代表基岩的位移情况,其位移时程在零轴附近波动。F 点代表小滑坡体位移情况,其位移时程偏向于负轴,说明产生了一定的永久位移,但在地震后期(15~20 s),其位移时程几乎不变,运动速度归零,表明其已进入平衡稳定状态,不再产生位移。对于 B、C、D 和 E 四点,代表主滑体上不同部位的位移情况,其位移时程如图 5-45 所示,沿滑坡体坡面向上,位移越来越大。在地震末期(15~20 s),根据监测点位移数据,B、C、D 和 E 四点平均速度为 12 mm/s,认为

其仍然存在一定的滑动风险。图5-46为8级烈度地震作用时滑坡体坡面监测点位移时程曲线,A点和F点位移情况与7级烈度地震作用时相似,B、C、D和E点在地震末期的速度为44 mm/s,残余速度较大,有很大的滑动风险。

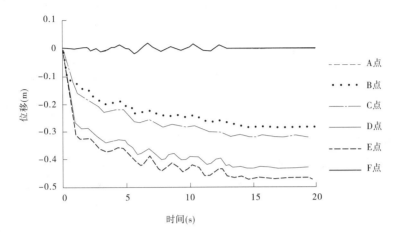

图5-44 各监测点位移时程曲线(6级烈度地震作用)

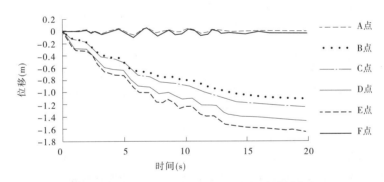

图5-45 各监测点位移时程曲线(7级烈度地震作用)

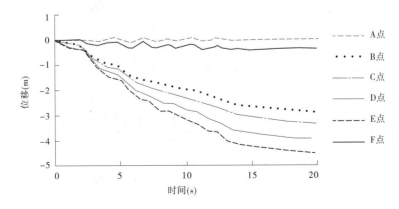

图5-46 各监测点位移时程曲线(8级烈度地震作用)

5.4.4　滑坡危险度评价分析

5.4.4.1　层次分析法分析步骤

运用 AHP 解决问题,大体可以分为以下步骤。

1. 建立递阶层次结构模型

针对需要决策或判断的问题,将其分解为不同的影响因素,并根据各因素间的隶属关系,将因素进行组合,形成一个多层次的分析结构模型,由高层次到低层次分别为目标层、准则层、方案层等。其中:

(1)目标层(最高层):指问题的预定目标。

(2)准则层(中间层):指影响目标实现的准则。

(3)方案层(最低层):指促使目标实现的方案。

通过对复杂问题的分析,首先明确决策的目标,将该目标作为目标层(最高层)的元素,这个目标要求是唯一的,即目标层只有一个元素。然后找出影响目标实现的准则,作为目标层下的准则层因素,在复杂问题中,影响目标实现的准则可能有很多,这时要详细分析各准则因素间的相互关系,即有些是主要的准则,有些是隶属于主要准则的次准则,然后根据这些关系将准则元素分成不同的层次和组,不同层次元素间一般存在隶属关系,即上一层元素由下一层元素构成并对下一层元素起支配作用,同一层元素形成若干组,同组元素性质相近,一般隶属于同一个上一层元素(受上一层元素支配),不同组元素性质不同,一般隶属于不同的上一层元素。最后分析为了解决决策问题(实现决策目标),在上述准则下,有哪些最终解决方案(措施),并将它们作为方案层因素,放在递阶层次结构的最下面(最低层)。

2. 构造两两比较判断矩阵

对同一层次的一系列成对因素两两进行比较,不同因素间的相互比较结果采用 T. L. Saaty 的 $1\sim9$ 标度方法进行打分,不同重要程度分别赋予不同的分值(见表 5-9)。

表 5-9　重要性标度含义

重要性标度	含义
1	表示 a_i 与 a_j 两个元素相比,具有同等重要性
3	表示 a_i 与 a_j 两个元素相比,前者比后者稍重要
5	表示 a_i 与 a_j 两个元素相比,前者比后者明显重要
7	表示 a_i 与 a_j 两个元素相比,前者比后者强烈重要
9	表示 a_i 与 a_j 两个元素相比,前者比后者极端重要
2,4,6,8	2,4,6,8 分别表示相邻判断 $1\sim3,3\sim5,5\sim7,7\sim9$ 的中间值
倒数	若元素 a_i 与元素 a_j 的重要性之比为 a_{ij}, 则元素 a_j 与元素 a_i 的重要性之比为 $a_{ji}=1/a_{ij}$

根据表 5-9 可以推导出两两比较判断矩阵 T

$$T = \begin{bmatrix} a_{11} & a_{12} & \cdots & a_{1n} \\ a_{21} & a_{22} & \cdots & a_{2n} \\ \vdots & \vdots & & \vdots \\ a_{n1} & a_{n2} & \cdots & a_{nn} \end{bmatrix} \quad (5\text{-}5)$$

判断矩阵具有如下性质：

（1）$a_{ij} > 0$。

（2）$a_{ji} = 1/a_{ij}$。

（3）$a_{ii} = 1$。

在特殊情况下，判断矩阵可以具有传递性，即满足等式 $a_{ij} \cdot a_{jk} = a_{ik}$，当该式对判断矩阵所有元素都成立时，称该判断矩阵为一致性矩阵。

3.计算单一准则下元素的相对权重

这一步要解决在某一准则下的 n 个元素排序权重的计算问题，并进行判断矩阵一致性检验。计算判断矩阵各因素针对其准则的相对权重的方法有和法、根法、幂法等，本书采用根法。

根法的计算步骤是：

（1）判断矩阵每一行元素的乘积 W_i

$$W_i = \prod_{i}^{n} a_{ij}, i、j = 1,2,\cdots,n \quad (5\text{-}6)$$

（2）计算 W_i 的 n 次方根

$$\overline{W}_i = \sqrt[n]{W_i} \quad (5\text{-}7)$$

（3）对向量 $W_i = (\overline{W}_1,\overline{W}_2,\cdots,\overline{W}_n)$ 作归一化处理，即

$$u_i = \overline{W}_i / \left(\sum_{j=1}^{n} \overline{W}_j\right) \quad (5\text{-}8)$$

则 $U = (u_1,u_2,\cdots,u_n)^{\mathrm{T}}$ 即为所求特征向量。

（4）计算判断矩阵的最大特征根 $\lambda_{\max}$

$$\lambda_{\max} = \frac{1}{n} \sum_{i=1}^{n} \frac{(TU)_i}{u_i} \quad (5\text{-}9)$$

式中：$(TU)_i$ 表示向量 TU 的第 i 个元素。

$$TU = \begin{bmatrix} (TU)_1 \\ (TU)_2 \\ \vdots \\ (TU)_n \end{bmatrix} = \begin{bmatrix} a_{11} & a_{12} & \cdots & a_{1n} \\ a_{21} & a_{22} & \cdots & a_{2n} \\ \vdots & \vdots & & \vdots \\ a_{n1} & a_{n2} & \cdots & a_{nn} \end{bmatrix} \cdot \begin{bmatrix} u_1 \\ u_2 \\ \vdots \\ u_n \end{bmatrix} \quad (5\text{-}10)$$

在层次排序中，要对判断矩阵进行一致性检验。这是因为一个正确的判断矩阵重要性排序是有一定逻辑规律的，例如若 A 比 B 重要，B 又比 C 重要，则从逻辑上讲，A 应该比 C 重要，若两两比较时出现 C 比 A 重要的结果，则该判断矩阵违反了一致性准则，在逻辑上是不合理的。只有通过一致性检验，才能说明判断矩阵在逻辑上是合理的，才能继续对结果进行分析。

一致性检验的步骤如下：

（1）计算一致性指标 CI（Consistency Index）

$$CI = \frac{\lambda_{\max} - n}{n - 1} \tag{5-11}$$

当 $n < 3$ 时，矩阵永远具有完全一致性，$CI = 0$。

（2）查表确定相应的平均随机一致性指标 RI（Random Index）。

根据判断矩阵的阶数 n 查表 5-10，得到平均随机一致性指标 RI。

表 5-10　平均随机一致性指标 RI（1 000 次正互反矩阵计算结果）

阶数	1	2	3	4	5	6	7	8	9	10	11	12	13	14	15
RI	0	0	0.52	0.89	1.12	1.26	1.36	1.41	1.46	1.49	1.52	1.54	1.56	1.58	1.59

（3）计算一致性比例 CR（Consistency Ratio）并进行判断

$$CR = \frac{CI}{RI} \tag{5-12}$$

当 $CR < 0.1$ 时，认为判断矩阵的一致性是可以接受的；当 $CR > 0.1$ 时，认为判断矩阵不符合一致性要求，需要对该判断矩阵进行修正。

4. 计算目标层次下各层元素相对于目标层（最高层）的权重

这一权重的计算采用自上而下的方法，逐层合成，并要求进行整个递阶层次模型的一致性检验。

很明显，第二层的单排序结果就是总排序结果。假定已经算出第 $k-1$ 层 m 个元素相对于总目标的权重 $\omega_{(k-1)} = (\omega_{1(k-1)}, \omega_{2(k-1)}, \cdots, \omega_{m(k-1)})^T$，第 k 层 n 个元素对于上一层（第 $k-1$ 层）第 j 个元素的单排序权重是 $p_{j(k)} = (p_{1j(k)}, p_{2j(k)}, \cdots, p_{nj(k)})^T$，其中不受 j 支配的元素的权重为零。令 $p_{(k)} = (p_{1(k)}, p_{2(k)}, \cdots, p_{n(k)})$，表示第 k 层元素对第 $k-1$ 层元素的排序，则第 k 层元素对于总目标的总排序为

$$\omega_{(k)} = (\omega_{1(k)}, \omega_{2(k)}, \cdots, \omega_{n(k)})^T = p_{(k)} \omega_{(k-1)} \tag{5-13}$$

同样，也需要对总排序结果进行一致性检验。假定已经算出针对第 $k-1$ 层第 j 个元素为准则的 $CI_{j(k)}$、$RI_{j(k)}$ 和 $CR_{j(k)}$（$j = 1, 2, \cdots, m$），则第 k 层的综合检验指标为

$$CI_{j(k)} = (CI_{1(k)}, CI_{2(k)}, \cdots, CI_{m(k)}) \omega_{(k-1)} \tag{5-14}$$

$$RI_{j(k)} = (RI_{1(k)}, RI_{2(k)}, \cdots, RI_{m(k)}) \omega_{(k-1)} \tag{5-15}$$

$$CR_{(k)} = \frac{CI_{(k)}}{RI_{(k)}} \tag{5-16}$$

当 $CR_{(k)} < 0.1$ 时，认为判断矩阵的整体一致性是可以接受的。

5. 结果分析

通过对排序结果的分析，得出最后的决策或判断。

5.4.4.2　滑坡危险度评价指标

根据滑坡启动后的运动速度的大小，可将滑坡分为高速滑坡、快速滑坡、中速滑坡和慢速滑坡，其中运动速度大于 5 m/s 的为高速滑坡，运动速度大于 1 mm/s 而小于 5 m/s 的为快速滑坡，运动速度大于 1 mm/h 而小于 1 mm/s 的为中速滑坡，运动速度小于 1 mm/h 的为慢速滑坡。对于水库而言，危害性最大的是高速滑坡。

构建高速滑坡危险度评价的递阶层次结构可分为 3 个层次:目标层次(A)、类指标层次(B)和基础指标层次(C)。其中,目标层次指滑坡危险度;类指标层次指滑坡危险度评价中的一级评价指标;基础指标层次指滑坡危险度评价中的二级评价指标。

类指标和基础指标的选取和确定原则:

(1)类指标和基础指标的数量。一般而言,指标大类范围越广,指标数量越多,越有利于判断和评价,但指标的可操作性和确定指标的相对重要程度也越困难,因而评价结果的可靠性也会相对减弱。因此,应根据简明和可操作原则在所建的评价指标体系中选取有代表性的适中的指标数量。

(2)各评价指标的相互关系。在制定单项指标时,要避免指标重复。

(3)评价指标的整理。在建立指标体系时,由于考虑的因素较多,但针对具体问题的评价,各指标对评价目标的影响程度不同。因此,在系统评价前,应对指标进行整理,删除影响微小的指标,使所建评价指标体系更客观、系统、简洁和规范。

高速滑坡产生的因子划分为内部条件(因子)、外部条件(因子)和斜坡变形现状因子三部分,并给出了进一步的判别因子和指标,见表 5-11。

表 5-11　滑坡危险度评价指标

目标层次(A)	一级评价指标(B)		二级评价指标(C)	
滑坡危险度评价	1	内部因子	C1	相对坡高
			C2	平均坡度
			C3	纵向坡形
			C4	横向坡形
			C5	基本岩性
			C6	风化程度
			C7	斜坡岩性组合
			C8	斜坡结构及构造
	2	外部因子	C9	地下水作用
			C10	库水位升降作用
			C11	降雨作用
	3	斜坡变形现状因子	C12	斜坡变形现状

5.5　流域水电工程主要建筑物安全耦合动态监测方法

5.5.1　水工结构的激励源荷载特性

按照水流特性,可将水流的脉动现象区分为急流脉动、水跃区脉动和缓流脉动。若按脉动的形态,又可将脉动现象分为大脉动及小脉动,而水流的大小脉动常是相伴发生的。水流的脉动壁压对泄水建筑物主要产生三种不利影响:

(1)增大了建筑物的瞬时荷载,提高了对建筑物的强度要求,若设计荷载不考虑脉动壁压的影响,则可能导致建筑物的破坏事故,特别是建筑物基础或岩石裂隙处产生的脉动壁压,会使动水荷载加大,导致消力池隔(导)墙倒塌,基础底板掀动冲走等。

(2)可能引起建筑物的振动。由于脉动压强值的周期性变化,当脉动频率与建筑物的自振频率相接近时,可能引起建筑物特别是轻型结构物的强迫振动,轻则引起运行管理不便,重则造成破坏事故。

(3)增加了发生空蚀的可能性。脉动压强的负值将使瞬时压强大大降低,虽然时均压强不是很低,但仍有发生空蚀的可能性。

5.5.1.1　泄流激励荷载(脉动压力)的随机特性

大量试验研究,尤其是近几十年中大量水工原型观测研究表明:泄流时产生的脉动荷载一般具有随机特性,可以用概率方法和描述随机数据的统计函数加以描述。20世纪60年代以来,人们发现紊流内部除存在随机小尺度脉动结构外,还存在具有一定规律性的三维大尺度涡漩结构,即拟序相干结构,它对紊流的脉动及由此引起的各种物理效应产生重要影响。这种拟序相干结构的产生具有周期性重复的特点,但就这种相干结构本身的形态、强度以及运动(出现时间和空间位置)而言,仍具有随机性。原型水流观测资料的检验表明:常见泄流条件下脉动压力的幅值分布一般符合正态分布假设;在恒定流动条件下符合平稳性假设,并可假定具有遍历性。

5.5.1.2　脉动压力的谱密度类型

泄流的脉动压力可以设想由许多具有一定能量的频率分量组成,谱密度的物理意义即表征组成 $p(t)$ 的这些频率分量所具有的平均能量大小。由于不同泄流条件下构成 $p(t)$ 的频率分量不同,各频率分量具有的能量大小及其在总能量中所占比重不同,在不同泄流条件下 $p(t)$ 的 $G(f)$ 也不同。即使在同一泄流条件下,不同点处 $p(t)$ 的 $G(f)$ 也有区别。大量原型观测资料分析表明,水流脉动压力的谱密度 $G(f)$ 从频率域能量分布结构考察,基本可分为下列四种类型:

(1)有限带宽的近似白噪声谱——脉动压力的能量在有限带宽内近乎均匀分布,如图5-47(a)所示。

(2)宽带噪声谱——频带宽,脉动能量在频带内分布比较均匀,没有十分突出的能量集中区,如图5-47(b)所示。

(3)具有优势频率的宽带噪声谱——频带较宽,脉动能量在整个频带内分布较均匀,但有明显、突出的能量集中区,如图5-47(c)所示。

(4)窄带噪声谱——频带较窄或脉动能量特别集中在一个或几个狭窄的频区,谱密度在这些狭窄频区上有突出的峰值,如图5-47(d)所示。

一般情况下,水工结构泄流的脉动压力谱密度 $G(f)$ 均可归属于上述四种谱型中的一种或某几种的组合。

5.5.1.3　谱密度与水流内部结构的关系

脉动压力谱密度类型与水流内部脉动结构及流态存在如下对应关系。

1. 宽带噪声谱及近似白噪声谱

水流内部包含大小不等的各种尺度脉动结构,这些脉动结构各以某种瞬间速度运动,使脉动压力具有较宽的频带,各频率分量具有接近或大致相等的能量。陡坡泄槽中紊流边界层充分发展且高度紊动的平稳高速泄流、反弧段下游水平段前部的平稳高速水流等,

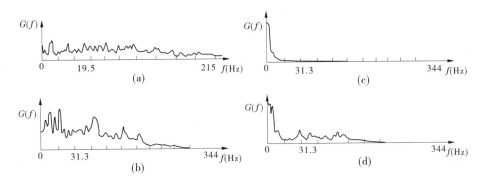

图5-47　脉动压力的谱密度类型

其脉动压力一般有较宽的频带,有效上限频率可达 300～400 Hz,谱密度常为宽带噪声谱或近似白噪声谱。

2.窄带噪声谱

水流内部多以某种尺度的脉动结构为主,脉动能量主要集中在某狭窄频带内。受离心力作用的反弧段内高速水流、消力戽内水流、溢流坝面水深、流动平稳的高速水流、水舌跌落区水流、受结构自激振动影响的振荡水流、即将发生空化时的振荡水流等,其脉动压力谱密度均为窄带噪声谱。

3.具有优势频率的宽带噪声谱

与这种谱密度相对应的水流,其内部存在多尺度的脉动结构,且其中具有能量相对较大而明显占优势的脉动成分。陡坡泄水道或溢流坝面直线段上紊流边界层有相当发展处的高速水流,非淹没高弗氏数水跃跃前区的高速水流,反弧段出口下游附近或挑流鼻坎进出口的高速水流,其脉动压力谱密度常为含有突出优势频率的宽带噪声谱。

5.5.2　自然激励下水工结构动力响应的降噪技术

由于水工结构刚度大,振动量级较小,大量的模型试验与原型观测表明,自然激励诱发结构振动属微幅振动,振动量级属于微米级范围。加上水工结构复杂的工作环境,一般实测水工结构的动力响应信号受噪声影响较大,噪声的来源一般主要有以下几个方面:第一,在实际采集信号的过程中,由于数据采集环境和完成数据采集任务的仪器仪表自身的原因不可避免地存在其他信号的干扰和噪声,这些噪声信号可能将掩盖我们所需要的有用信号。第二,受周围工作环境的影响,环境背景噪声(如水流背景噪声)信号将以某种方式进入实测动力响应信号中而影响测试结果的精度。因此,利用自然激励对水工结构模态参数识别的前期工作是在对信号处理之前必须对实际采集的信号进行去噪处理,以便消除噪声信号,有效地表现原信号中的有用的信息。消噪的效果将直接影响到后续工作的进行。本项目从水工结构自然激励下动力响应特点出发,提出了适用于水工结构泄流动力响应信号的基于奇异熵定阶的信号相空间重构降噪方法与基于 EMD 和小波阈值联合滤波的改进方法,为后期的基于泄流激励的水工结构模态参数识别提供可靠基础。

5.5.2.1 基于奇异熵定阶的信号相空间重构降噪技术

1. 奇异熵与奇异谱

根据信号奇异值分解原理,对于一个 $m \times n$ 维的实矩阵 Q,必然存在一个 $m \times l$ 维的矩阵 R,一个 $l \times l$ 维的对角线矩阵 Λ 和一个 $n \times l$ 维的矩阵 S,使得如下关系成立

$$Q_{m \times n} = R_{m \times l} \Lambda_{l \times l} S_{n \times l}^{\mathrm{T}} \tag{5-17}$$

式中:对角元素矩阵 Λ 的主对角元素 λ_i ($i = 1, 2, \cdots, l$) 是非负的,并按降序排列,即 $\lambda_1 \geqslant \lambda_2 \geqslant \cdots \geqslant \lambda_l \geqslant 0$,这些对角元素便是矩阵 Q 的奇异值。

理论与实践证明,当信号无噪声或具有较高信噪比时,对其进行奇异值分解后得到的 Λ 矩阵可描述为

$$\Lambda = \mathrm{diag}(\lambda_1, \lambda_2, \cdots, \lambda_i, \cdots, \lambda_k, 0, \cdots, 0), (k < l \text{ 且 } \lambda_i \neq 0, i = 1, 2, \cdots, k) \tag{5-18}$$

而当信号具有较低信噪比时,其奇异值分解后得到的 Λ 矩阵可描述为

$$\Lambda = \mathrm{diag}(\lambda_1, \lambda_2, \cdots, \lambda_i, \cdots, \lambda_l), (\lambda_i \neq 0, i = 1, 2, \cdots, l) \tag{5-19}$$

显然,Λ 矩阵中非零主对角线元素的多少与信号所含频率成分的复杂与否有着密切的联系。Λ 矩阵中非零主对角线元素越多,信号成分越复杂,甚至当信号受到噪声干扰后,Λ 矩阵的主对角元素有可能均为非零值;而 Λ 矩阵中的非零值主对角元素越少,则说明信号的频率成分越简单。由此表明,Λ 矩阵可对工程结构振动信号的信息量做出客观反映。基于 Λ 矩阵的特性,引入信号奇异熵的概念,奇异熵定义式为

$$E_k = \sum_{i=1}^{k} \Delta E_i \quad (k \leqslant l) \tag{5-20}$$

式中:k 为奇异熵的阶次;ΔE_i 为奇异熵在阶次 i 处的增量。可通过下式计算得到

$$\Delta E_i = -\left(\lambda_i / \sum_{k=1}^{l} \lambda_k\right) \cdot \log\left(\lambda_i / \sum_{k=1}^{l} \lambda_k\right) \tag{5-21}$$

式中,令 $\sigma_i = \log(\lambda_i / \sum_{k=1}^{l} \lambda_k)$ $(i \leqslant l)$,则由 $\sigma_i (i = 1, 2, \cdots, l)$ 组成的序列便为矩阵 Q 经奇异值分解后得到的奇异谱。

通过式(5-20)、式(5-21)可以看出,信号的奇异熵值越大,说明信号越复杂,信号所含的信息也就越丰富。

2. 基于奇异熵的信号降噪

假设一结构动力响应测试信号 X,为对其进行降噪处理,利用延时嵌陷技术构造信号相空间,将原始信号 $x(t) = [x(t) \quad x(t + \tau) \quad x(t + 2\tau) \quad x(t + 3\tau) \quad \cdots]$ (τ 为时间延迟因子)映射到 $m \times n$ 维相空间内,得到重构吸引子轨道矩阵 D

$$D = \begin{bmatrix} x(t) & x(t + \tau) & \cdots & x[t + (n-1)\tau] \\ x(t + \tau) & x(t + 2\tau) & \cdots & x[t + n\tau] \\ \vdots & \vdots & & \vdots \\ x[t + (m-1)\tau] & x(t + m\tau) & \cdots & x[t + (m + n - 2)\tau] \end{bmatrix} \tag{5-22}$$

将矩阵 D 进行奇异值分解,按式(5-19)~式(5-21)可求得信号的奇异熵及其增量。对于 Λ 矩阵中高阶次下的非零对角元素完全是因噪声干扰所致。因此,若只保留奇异值矩阵 Λ 中的前 k 个主对角线元素,而将后 $(l - k + 1)$ 个主对角线元素均取为零,再将

所得新主对角矩阵 $\tilde{\Lambda}$ 代回式(5-17),便可得到

$$\tilde{D}_{m\times n} = R_{m\times l}\tilde{\Lambda}_{l\times l}S_{n\times l}^{\mathrm{T}} \tag{5-23}$$

则通过式(5-23)计算出的矩阵 $\tilde{D}$ 便可认为是原轨道矩阵 D 的一个估计。于是根据重构吸引子轨道矩阵的重构原理,通过矩阵 $\tilde{D}$ 便可得到原信号 X 经降噪处理后的信号 $\tilde{X}$ 。可见,信号的奇异谱降噪相当于对原信号进行了低通滤波处理

$$\tilde{D} = DW \tag{5-24}$$

式中, W 表示一低通滤波器,其数学表达式为

$$W = (\Lambda S^{\mathrm{T}})^{-1}\tilde{\Lambda}S^{\mathrm{T}} \tag{5-25}$$

对于确定的信号重构吸引子轨道矩阵 D ,对其进行奇异值分解后,矩阵 Λ 和 S 是确定的。因此,通过式(5-25)可知,低通滤波器 W 主要决定于矩阵 $\tilde{D}$, $\tilde{D}$ 的构造直接决定着信号最终的降噪效果。

5.5.2.2　基于 EMD 和小波阈值联合滤波方法的改进

1. EMD 滤波器

对任意信号 $x(t)$ 进行 EMD 分解,都可以得到一系列从高频到低频排列的固有模态分量 $c_i(t)$ 和一个残余项 $r_n(t)$ 。

$$x(t) = \sum_{i=1}^{n} c_i(t) + r_n(t) \tag{5-26}$$

根据信号自身的特性及可能含有噪声的特点,对 $c_i(t)$ 按照一定的规律进行组合,可以构成基于 EMD 的滤波器。

低通滤波器可表示为

$$x_{lk}(t) = \sum_{i=k}^{n} c_i(t) + r_n(t) \tag{5-27}$$

高通滤波器可表示为

$$x_{hk}(t) = \sum_{i=1}^{k} c_i(t) \tag{5-28}$$

带通滤波器可表示为

$$x_{bk}(t) = \sum_{i=b}^{k} c_i(t) \tag{5-29}$$

式中, b 、 k 表示 $c_i(t)$ 中 i 的取值。基于 EMD 的滤波器充分保留了信号本身的特性,通过滤波器处理后可以降低或消除噪声的影响。

2. 基于 EMD 和小波阈值联合滤波方法的改进

实测泄流结构振动响应中往往混有低频大波干扰和白噪声,通过对实测信号进行EMD 分解,低频噪声往往存在于后几阶 IMF 分量中,可直接应用式(5-28)高通滤波器予以滤除。而白噪声将随有用信号一起分解,存在于前几阶 IMF 分量中。直接应用 EMD滤波器除去高阶 IMF 分量,会丢失有用的信号成分,破坏信号的完整性。要想取得更为完善的滤波效果,必须对前几阶 IMF 分量进行小波阈值滤波,尽量保留原信号中的有用

成分。

小波阈值滤波的效果主要受阈值的影响,选取的阈值太小,达不到降噪效果,阈值太大,将会丢失信号中的有用信息。小波阈值的估计比较复杂,常用的一种简单估计为

$$T = \sigma \sqrt{2\ln N} \tag{5-30}$$

式中:σ 是噪声的标准方差;N 为信号的长度。但是,实际信号中混入的噪声往往是未知的,噪声的标准方差 σ 只能是一个估计值,这严重影响了小波阈值滤波的精度和可信度。本书提出了一种利用白噪声 EMD 分解特性确定前几阶含噪 IMF 分量中噪声标准差的方法。定义 σ_j 为第 j 个 IMF 分量的标准差,则

$$\sigma_j = \sqrt{\frac{\sum_{k=1}^{N} \left[c_j(k) - \bar{c}_j \right]^2}{N - 1}} \tag{5-31}$$

式中:第 j 个 IMF 分量用 c_j 表示,其均值用 $\bar{c}_j$ 表示,N 表示数据长度。

构造白噪声组 $s_i = 2^i \times \text{randn}(N,1)$($i = 0, 1, 2, 3, \cdots, m$),系数 2^i 用来表示不同的白噪声干扰强度,N 表示数据长度,可以任意选取,对于泄流结构的原型振动观测,数据的采样长度 N 通常在 1 000 ~ 60 000。通过选取不同 N 值和 i 值,可以构造出若干组具有任意长度且具有不同能量的白噪声组。

当 $i = 1$、N 分别取 1 000、2 000、3 000、4 000、6 000、8 000、10 000、20 000、30 000、50 000、60 000 时,构造一组白噪声,并对每个白噪声进行 EMD 分解。分别计算每个分解结果中第 j 个 IMF 分量的标准差 σ_j 与第一个分量标准差 σ_1 的比值 σ_j/σ_1 和 N 值之间的关系,如图 5-48 所示。从图 5-48 中可以看出,N 值不同的白噪声 EMD 分解结果中 σ_j/σ_1 值具有一定的差异,当 $N > 20\ 000$ 时,这个差异有减小的趋势。

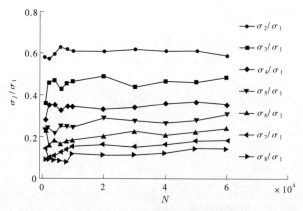

图 5-48　σ_j/σ_1 值随 N 值变化规律

通过大量的分析对比,在 N 值相同、i 值不同的情况下,即每个白噪声数据长度相同、能量不相同的情况下,各白噪声 EMD 分解结果中第 j 个 IMF 分量的标准差 σ_j 与第一个分量标准差 σ_1 的比值是基本恒定的。例如,令 $m = 9$,N 分别等于 10 000 和 60 000,构造白噪声组 $s_i = 2^i \times \text{randn}(10\ 000, 1)$ 和 $t_i = 2^i \times \text{randn}(60\ 000, 1)$,将 $s_0 \sim s_9$、$t_0 \sim t_9$ 分别进行 EMD 分解,图 5-49 和图 5-50 分别给出了白噪声组 s_i 和 t_i 的 σ_j/σ_1 值随 i 的变化规律。从

图中可以看出,在白噪声长度确定的情况下,其 EMD 分解结果中 σ_j/σ_1 的值变化不大,仅在一个很小的范围内波动。

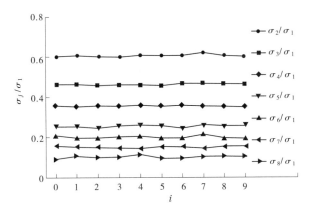

图 5-49　白噪声组 s_i 的 σ_j/σ_1 值随 i 值变化规律

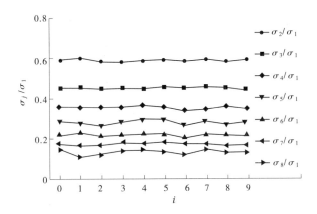

图 5-50　白噪声组 t_i 的 σ_j/σ_1 值随 i 值变化规律

因此,在对含白噪声的信号进行滤波时,首先应构造与信号长度相同的白噪声,并对其进行 EMD 分解,建立该数据长度下的白噪声 EMD 分解后各 IMF 分量标准差 σ_j 与第一个分量标准差 σ_1 的比值关系 $\eta_j = \sigma_j/\sigma_1$。然后,对含白噪声的原始信号进行 EMD 分解,计算出各 IMF 分量的标准差 σ'_j。通常,含白噪声的信号分解后第一个 IMF 全部为白噪声分量,根据前面确定的 $\eta_j = \sigma_j/\sigma_1$ 比值关系以及第一个 IMF 分量的标准差 σ'_1 即可确定出含白噪声的信号 EMD 分解后各分量中白噪声部分的标准差 $\sigma_j(j=2,3,4,\cdots,n)$。当对应分量的 σ'_j 等于 σ_j 时,说明该分量全部为白噪声分解后成分,应当直接删除;若对应分量的 σ'_j 大于 σ_j,说明该分量中含有有用信号,不能直接除去,应对该分量进行小波阈值滤波,小波阈值按照式(5-30)进行计算。

该滤波方法的计算流程如图 5-51 所示。此方法能够自适应地将含噪信号进行分解,直观地判断各个分量的属性,直接去除全部为噪声成分的分量,同时仅应用自身分解得到的 1 阶分量即可计算出后面分量中噪声部分的标准差,进而对含噪分量进行小波滤波,该方法不仅能够滤除混入信号中的白噪声,而且能够尽可能多地保留了有用信号成分。

图 5-51　滤波方法的计算流程

5.5.3　水工结构传感器优化布置方法

水工结构的传感器布置应能够利用有限的或尽可能少的传感器获取全面精确的结构参数信息,并使试验结果具有良好的可观性和鲁棒性。在传统优化布置方法方面,主要研究了考虑空间相关性的距离系数 – 有效独立法和空间相关 – 有效独立法;在非传统算法方面,主要研究了基于多种群整数编码粒子群算法的多轴传感器优化布置方法。

5.5.3.1　基于多种群整数编码粒子群算法的多轴传感器优化布置方法

提出了一种基于多种群整数编码粒子群算法的多轴传感器优化布置方法。第一,它基于整数编码方式和多种群等级评估策略发展了一种新型智能算法,提高了非传统算法在传感器优化布置中的全局寻优效率;第二,针对目前多轴传感器优化布置的研究较少的现状,它提出了两种针对多轴传感器的优化指标,较系统地解决了多轴传感器优化布置问题;第三,将基于该配置方法得出的测试方案应用到导墙、船闸等薄壁水工结构的模态测试中,结果表明该方法是有效的。

1. 多种群整数编码粒子群算法

多种群整数编码粒子群算法的实现思想如图 5-52 所示。其关键步骤如下:

(1)初始化粒子并划分三种群。利用整数编码形式初始化粒子的速度和位置信息,保证各粒子的维数等于所需布置的传感器数目。然后评价初始粒子的适应值,并基于适应度值把种群划分为一个规模较小的精英种群 A 和两个规模较大的平民种群 B、C。置迭代次数 Iteration = 1,最大迭代次数为 MaxIter,得到相同适应度值的迭代次数 Samecounter = 0。

(2)更新粒子速度和位置。三个种群相互独立,分别计算每个粒子的适应度值,并根据粒子适应度值的大小确定个体极值 pbest 和本种群的全局极值 gbest,更新粒子位置,产生更新后的精英种群 A1 和平民种群 B1、C1。

(3)执行变异操作并保留较优个体。为增强算法的全局寻优能力,最大限度避免陷入局部最优值的可能,在算法中引入遗传算法中的变异算子。第一,对精英种群的粒子进行单点变异操作,即对较优的粒子进行小幅度调整。第二,对平民种群的粒子进行多点变异操作,即对粒子中的一个子串进行调整。单点变异操作仅针对粒子的某一维度上的值进行调整,可以对较优的粒子在小范围进行调整,以达到局部寻优的效果;多点变异操作针对粒子中的一个子串进行调整,可对适应度较差的粒子进行较大幅度的调整,加速产生适应度更高的粒子。变异算子提供了产生新解的方法,使得新解的产生不受其他粒子的

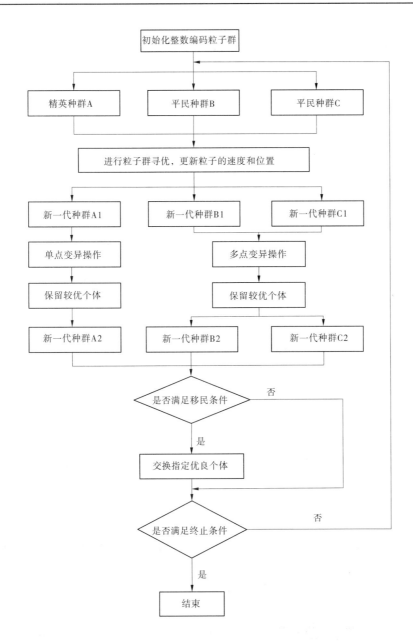

图 5-52 多种群整数编码粒子群算法实现思想

影响,提高了种群的多样性。将各粒子经过变异操作前后的适应度值进行对比,保留适应度较高的粒子,产生新的精英种群 A2 和平民种群 B2、C2。

(4)判断是否满足移民条件,以完成精英种群和平民种群中的个体交换。例如,设定移民频率 $f = 2$,移民数目 $T = 2$,即每迭代两次就进行一次移民操作,每个平民种群中适应度最大的两个粒子进入精英种群,对应交换精英种群中适应度最低的四个粒子。通过基于等级评估的移民操作可以选拔寻优过程中得到的优质个体,同时被交换粒子可以作为"外来物种"提高种群的多样性,避免算法陷入局部最优。

(5)判断是否满足终止条件。比较本次迭代更新前和更新后全局最优适应度值,相等时 Samecounter 增加 1,不相等时更新适应度值且 Samecounter 清零。当 Samecounter 或者 Iteration 达到设定值时,终止迭代运算并输出最终结果;如不满足,转入第(2)步。

2. 多轴传感器布置的优化指标

在粒子群算法优化过程中,适应度函数是根据每个可行解的优劣值来决定粒子搜索方向的指标。基于各向模态的线性无关最大化和各向模态的可测性,本书发展了两种针对多轴传感器优化布置的适应度函数。

为了在传感器有限的情况下尽可能地得到更多的模态信息,应尽可能保留对目标模态向量线性无关贡献最大的测点,因此在进行多轴传感器优化布置时,采用的第一个适应度函数如下:

以三轴传感器为例,借助于有限元(Finite Element Model,FEM)手段,每个节点的模态向量可以按照三个平动方向进行划分,用 φ_{3c} 表示。于是,传感器的布置问题可以归结为相应 Fisher 信息阵(Fisher Information Matrix,FIM)的估计问题

$$Q = \varphi_{3c}^{\mathrm{T}} W \varphi_{3c} \tag{5-32}$$

其中,W 为权重矩阵,当有限元模型的自由度缩减到与候选多轴传感器的自由度一致时,W 应为有限元模型的质量矩阵。

模态识别本质上是基于测试信号估计结构的模态响应。Q 矩阵的最大化等价于相应误差协方差矩阵的最小化,也就得到了最大无偏估计。于是,式(5-32)可以表达为下面的形式

$$Q = \sum_{i=1}^{n_n} \varphi_{3i}^{\mathrm{T}} \varphi_{3i} = \sum_{i=1}^{n_n} Q_{3i} \tag{5-33}$$

其中,φ_{3i} 是对应于第 i 个节点划分成三行的目标模态矩阵,n_n 是候选节点的数目,为方便起见,权重矩阵 W 取为单位矩阵。

选取 Fisher 信息矩阵的行列式作为多轴传感器位置选取的依据,则第一个适应度函数 f_1 定义为

$$f_1 = \det(Q) = \det(\sum_{i=1}^{n_n} Q_{ki}) \tag{5-34}$$

其中,k 表示待布置传感器的轴数,$k=1$ 时表示仅布置单轴传感器,$k=2$ 时表示布置的是两轴传感器,$k=3$ 时表示布置的是三轴传感器。

应变模态保证准则在评估试验模态向量的正交性方面起作用,以保证应变模态的可测性。单轴传感器布置时,MAC 矩阵可通过如下表达式定义

$$MAC_{ij} = \frac{|\varphi_i^{\mathrm{T}} \varphi_j|^2}{(\varphi_i^{\mathrm{T}} \varphi_i)(\varphi_j^{\mathrm{T}} \varphi_j)} \tag{5-35}$$

其中,MAC_{ij} 表示 MAC 矩阵第 i 行第 j 列的元素;φ_i 和 φ_j 分别代表第 i 阶和第 j 阶的振型向量。MAC 矩阵的非对角元越小,所选测点量测模态向量的空间交角越大,各阶模态向量也就越容易被识别。

针对多轴传感器,本书将各向 *MAC* 矩阵非对角元绝对值的平均值作为第二个适应度函数,公式如下

$$f_2 = 1 - \text{average}\left[abs\left(MAC_{ij}^X + MAC_{ij}^Y + MAC_{ij}^Z\right)\right] \quad i \neq j \tag{5-36}$$

其中,average(·)表示平均值, MAC_{ij}^X , MAC_{ij}^Y 和 $MAC_{ij}^Z(i \neq j)$ 分别表示 X 向、Y 向和 Z 向 *MAC* 矩阵的非对角元。若某方向不需布置传感器,则未布置传感器的方向对应的 *MAC* 矩阵元素全部取为 0,然后按照式(5-36)计算相应的适应度。

3. 对比与验证

选取某水电站导墙作为研究对象,利用新型算法结合两个传感器优化指标进行多轴传感器的优化配置,以期达到利用较少的传感器准确识别导墙模型各目标模态参数的目的。混凝土导墙的低阶模态具有较大的振型参与系数,通常能够描述结构系统的动态特性,因此将该导墙的前 6 阶模态选作目标模态。

1)计算模型

某导墙的有限元模型及候选测点如图 5-53 所示。

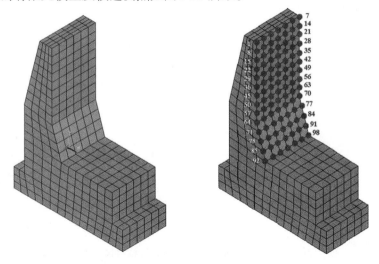

图 5-53 某导墙有限元模型及候选测点

由导墙的前 6 阶振型图可以看出,导墙的顺河向振动较其他两个方向小,导墙的横河向和垂向振动是主要振动形式,因此选取两轴传感器进行导墙模态测试的优化布置。根据导墙的振动响应及布置可行性,候选测点选为图中的实心圆所示节点,共计 14 行 7 列 98 个测点,按照从左到右、从上到下的规则标记为 1~98 号两轴传感器候选测点。

2)优化结果

归一化两向模态振型,运用多种群整数编码粒子群算法结合两个适应度函数进行两轴传感器最优位置的选择。表 5-12 中列出了传感器数目分别为 5、10、15 时的两轴传感器最优布置位置。

表 5-12　两轴传感器优化布置结果

传感器数目	优化函数	传感器最佳布置位置
5	适应度函数 1	1,7,29,63,92
	适应度函数 2	18,46,60,94,96
10	适应度函数 1	1,2,6,7,29,35,57,70,92,96
	适应度函数 2	18,45,55,71,93,94,95,96,97,98
15	适应度函数 1	1,2,6,7,8,14,29,34,35,57,58,70,92,95,96
	适应度函数 2	11,36,42,59,61,67,87,89,92,93,94,95,96,97,98

3) 算法验证与性能对比

　　为了评估多种群整数编码粒子群优化算法的稳定性,将程序重复运行 100 次,得到不同测点数时针对两个适应度函数的算法典型优化过程线,如图 5-54 ~ 图 5-56 所示。其中,实线表示搜索到最优值的典型优化过程线,虚线代表平均优化过程线。

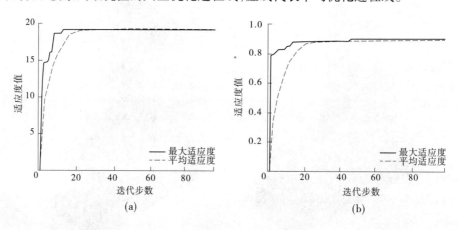

图 5-54　不同适应度函数时算法收敛过程线(5 个传感器)

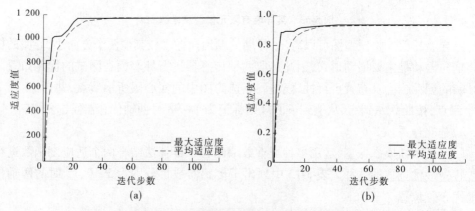

图 5-55　不同适应度函数时算法收敛过程线(10 个传感器)

　　从图中可以看出,最大适应度过程线在迭代过程中快速收敛于全局最优值,而平均适

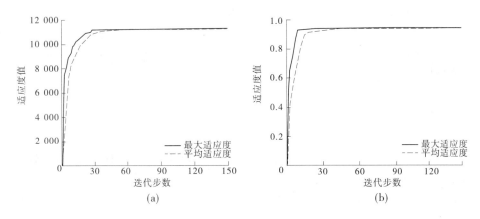

图 5-56 不同适应度函数时算法收敛过程线(15 个传感器)

应度过程线随着迭代步数的增加也稳定地趋向最大适应度过程线。所需布置传感器数目增多时,算法的复杂性有所提高,迭代步数也随之略有增加,但在绝大多数情况下均能在 150 步内收敛于全局最优值。可见,本书提出的算法具有很好的全局搜索能力和收敛稳定性。为了进一步验证新算法对于离散粒子群算法的改进作用,选取已有的二进制离散粒子群算法和二重编码遗传算法与本书的新型算法进行全局寻优性能比较。三种算法分别运行 100 次,其中二进制离散粒子群算法的各参数与本书算法基本相同,二重编码遗传算法的参数设置参照已有文献。三种算法基于两个适应度函数的寻优统计结果如表 5-13 所示。

表 5-13 不同测点数时三种算法的寻优结果对比

测点数目	算法	适应度函数 1			适应度函数 2		
		最优值	得到最优值的概率	平均迭代次数	最优值	得到最优值的概率	平均迭代次数
5	GA	19.23	80%	152	0.902	86%	158
	BPSO		45%	121		41%	125
	IMPPSO		97%	99		95%	100
10	GA	1 179.07	78%	164	0.941	88%	170
	BPSO		42%	130		34%	135
	IMPPSO		96%	114		97%	112
15	GA	11 233.58	76%	167	0.944	78%	174
	BPSO		34%	155		31%	153
	IMPPSO		90%	135		92%	140

由表 5-13 中可以看出,本书中提出的 IMPPSO 算法在解决高维度下传感器优化布置的寻优效率上有明显优势,该算法的收敛速度很快,且在绝大部分情况下均能搜索到最优值。而 BPSO 算法收敛所需迭代步数较多,且易陷入局部最优值,大多数情况下无法搜索

到全局最优值,寻优性能较 IMPPSO 混合算法有很大差距。二重结构编码遗传算法是一种改进遗传算法,该算法在应变传感器的优化布置寻优中收敛速度较 IMPPSO 和 BPSO 慢,寻优效果较 BPSO 算法好,但是相比本书提出的 IMPPSO 算法仍有一定差距。从三种算法的典型优化过程对比图中也可以看出,IMPPSO 算法有较强的跳出局部最优的能力,且收敛速度快于其他两种算法,在解决高维度问题时能够较快地搜索到全局最优值,是一种很有效率的全局优化算法。

5.5.3.2　距离系数–有效独立法

当大型空间结构因计算需要,有限元网格划分得很精细时,其有限元模型的节点或自由度的数目通常可达成千上万个。此时,两个空间距离较近的候选节点或自由度可能对模态向量的贡献度都很大,但是这两者往往提供的是重复的信息。本节中利用距离系数评价两测点间的信息独立程度,并用该系数修正相应测点的 Fisher 信息矩阵,提出了一种能够同时满足所选测点模态可测性和避免信息冗余性的传感器空间优化布置方法。

1. 距离系数–有效独立法的原理

第 k 个测点对应的信息矩阵为

$$A^k = \Phi_k^{\mathrm{T}} \Phi_k \tag{5-37}$$

其中,Φ_k 为第 k 个测点对应的模态振型,即 Φ 的第 k 行,A^k 为 $m \times m$ 的对称矩阵。两个测点采集的信息越接近,它们对应的模态信息矩阵 A^k 也就越相似。本书引入欧式距离来评价两个测点或自由度的信息独立性,即

$$d_{kl} = \sqrt{\sum_{i=1}^{m} \sum_{j=1}^{m} |A_{ij}^k - A_{ij}^l|^2} \tag{5-38}$$

式中:d_{kl} 表示测点 k 和测点 l 对应的信息矩阵的空间差异;m 表示要识别的模态振型数目。

为了更直观地将权重系数引入,首先对该系数作标准化处理。假定在一组候选测点中的最大欧式距离为 $d_{\max}$,那么标准化的欧式距离 D_{kl} 可用下式表示

$$D_{kl} = \frac{d_{kl}}{d_{\max}} = \frac{\sqrt{\sum_{i=1}^{m} \sum_{j=1}^{m} |A_{ij}^k - A_{ij}^l|^2}}{d_{\max}} \tag{5-39}$$

对于布置方案中的任意两个测点,均满足

$$0 \leqslant D_{kl} \leqslant 1, \ \forall k, l \tag{5-40}$$

当两测点对应的信息矩阵完全相同时,D_{kl} 取最小值 0;当两测点对应的信息矩阵充分独立时,D_{kl} 取最大值 1。对于任一测点 k,其对 Fisher 信息矩阵的距离系数定义为

$$R_k = \min(D_{ks}), \ \forall s \tag{5-41}$$

其中,s 表示方案中所有已选择的传感器测点。

将距离系数 R_k 引入有效独立法中,得到修正后的 Fisher 信息矩阵为

$$Q' = \frac{1}{\sigma^2} A_0' = \frac{1}{\sigma^2} \sum_{k=1}^{n} R_k \Phi_k^{\mathrm{T}} \Phi_k \tag{5-42}$$

根据式(5-42)含义可以看出,使得修正后的有效信息矩阵 A_0' 行列式最大化的传感器布置方案就是改进方法对应的最佳方案。需要指出的是,在计算过程中不能将不同方向

的信息矩阵进行比较,因为即使两个不同方向的测点对应的信息矩阵十分接近,但是它们之间仍然不存在信息冗余问题。所以,如果有多个方向的传感器需要进行优化布置,应对每个方向的候选测点或自由度分别进行优选。

2. 距离系数 – 有效独立法的求解

采用逐步累加的方式求解距离系数 – 有效独立法,以得到同时满足所选测点模态可测性和避免信息冗余性的优化布置方案。假设有 N 个候选自由度,要识别的目标振型数目为 m,要布置的传感器数目为 n,则具体步骤如下:

(1)首先按照式(5-37)计算所有候选自由度的信息矩阵及其行列式,选取信息阵行列式最大的对应候选自由度作为第 1 个测点位置。

(2)按照式(5-39)分别计算剩余 $N-1$ 个候选自由度与第 1 个测点的欧氏距离 D_{k1},其中 d_{max} 为 $N-1$ 个距离中的最大值。因为此时所选择的测点只有 1 个,所以距离系数 $R_k = D_{kl}$。

(3)分别求出第 1 个测点与每个剩余候选自由度所对应的 A'_0 的行列式值,其计算公式为

$$T_k^{(2)} = \det(A'_0) = \det(\Phi_1^\mathrm{T}\Phi_1 + R_k\Phi_k^\mathrm{T}\Phi_k) \tag{5-43}$$

从中选出使 $T_k^{(2)}$ 最大的候选自由度作为第 2 个测点。

(4)继续确定第 3 个测点位置。按照式(5-39)分别计算剩余 $N-2$ 个候选自由度与第 2 个测点的欧氏距离 D_{k2},其中 d_{max} 为 $N-2$ 个距离中的最大值;比较 D_{k2} 和 R_k,若 $D_{k2} < R_k$,则更新 $R_k = D_{k2}$,反之,R_k 不变。

(5)分别求出前两个测点与每个剩余候选自由度所对应的 A'_0 的行列式值,其计算公式为

$$T_k^{(3)} = \det(A'_0) = \det(\Phi_1^\mathrm{T}\Phi_1 + R_2\Phi_2^\mathrm{T}\Phi_2 + R_k\Phi_k^\mathrm{T}\Phi_k) \tag{5-44}$$

从中选出使 $T_k^{(3)}$ 最大的候选自由度作为第 3 个测点。

(6)当算法已确定 s 个测点时,此时剩余 $N-s$ 个候选自由度。按照式(5-39)分别计算剩余 $N-s$ 个候选自由度与第 s 个测点的欧氏距离 D_{ks},其中 d_{max} 为 $N-s$ 个距离中的最大值;比较 D_{ks} 和 R_k,若 $D_{ks} < R_k$,则更新 $R_k = D_{ks}$,反之,R_k 不变。

(7)分别求出前 s 个测点与每个剩余候选自由度所对应的 A'_0 的行列式值,其计算公式为

$$T_k^{(s+1)} = \det(A'_0) = \det\left(\sum_{i=1}^{s} R_i\Phi_i^\mathrm{T}\Phi_i + R_k\Phi_k^\mathrm{T}\Phi_k\right) \tag{5-45}$$

从中选出使 $T_k^{(s+1)}$ 最大的候选自由度作为第 $s+1$ 个测点。

(8)重复步骤(6)~(7),直到确定全部 n 个传感器的位置,得到基于距离系数 – 有效独立法的传感器优化布置方案。

3. 算例分析与验证

选取雅砻江下游某水电站的双曲拱坝作为研究对象,以期利用较少的传感器达到准确识别拱坝各目标模态参数的目的。该拱坝坝高 240 m,坝顶弧长 775 m,拱冠顶部厚 11.00 m,底部厚 55.74 m,拱端最大厚度 58.51 m。拱坝的有限元模型如图 5-57 所示,模型采用八节点三维块体 SOLID45 单元,共计 13 768 个节点、11 196 个单元,每一层网格均

匀划分,拱冠顶部单元尺寸约 25.8 m × 18.1 m × 3.7 m,随着高程降低单元体积逐渐减小。有限元模型中,混凝土材料密度取 2 400 kg/m³,弹性模量取 34.2 GPa,泊松比取 0.167;地基为无质量弹性地基,弹性模量取 30 GPa,泊松比取 0.25。在进行模态分析时,动弹模取静弹模的 1.2 倍。其中,候选节点为拱坝下游面的 406 个节点(除去与基岩接触的下游面节点,共计 14 行 29 列)。

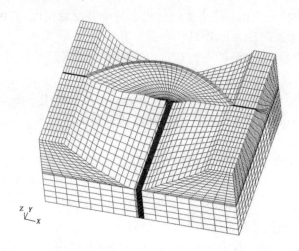

图 5-57　拱坝的有限元模型

大型水工建筑物的低阶模态具有较大的振型参与系数,通常能够描述结构系统的动态特性,因此选择该高拱坝的前 6 阶模态作为目标模态。由于拱坝顺河向振动较为强烈,将重点研究坝体下游面顺河向位移传感器的优化布置。研究表明,结构模态识别所需要的传感器数目不应少于感兴趣的模态数。设定要布置的传感器数目为 30 个,以达到准确识别拱坝各阶模态的目的。

将候选自由度对应的前 6 阶模态振型进行正则化,分别运用距离系数 – 有效独立法、传统有效独立法、有效独立 – 驱动点残差法以及能量系数 – 有效独立法四种方法进行测点位置的优化选择,得到的传感器布置方案分别如图 5-58 ~ 图 5-61 所示。

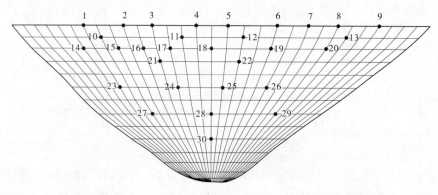

图 5-58　基于距离系数 – 有效独立法得出的传感器布置方案

分别利用四个指标全面评价上述四种方法得出的方案。

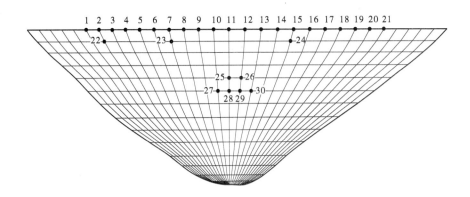

图 5-59　基于传统有效独立法得出的传感器布置方案

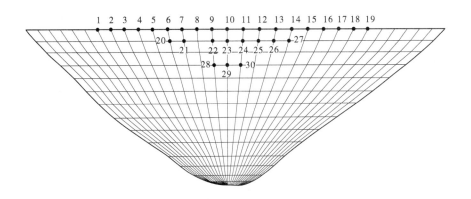

图 5-60　基于有效独立 – 驱动点残差法得出的传感器布置方案

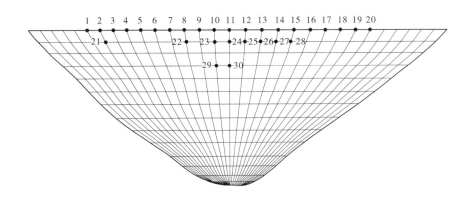

图 5-61　基于能量系数 – 有效独立法得出的传感器布置方案

1）测点空间分布及相关系数

从图 5-58 中可以看出，根据本书提出的距离系数 – 有效独立法得出的测点布置方案在空间分布上更加合理，各测点都分布在模态响应较强烈的节点上，且测点之间均保持一定的距离,避免了测点集中导致的信息冗余问题。同时,这样的测点分布也有利于进行非测试自由度的模态扩展,以便提供更加精确的模态参数识别结果。对比图 5-59 ～ 图 5-61 可以看出,传统有效独立法、有效独立 – 驱动点残差法以及能量系数 – 有效独立法在进行拱坝的传感器优化布置时,均不同程度地产生了测点集中和信息冗余问题。

2)条件数准则

众所周知,模态矩阵求逆时需要保证矩阵的性态良好。条件数是衡量矩阵求逆准确性的一个重要指标,它指的是模态矩阵最大奇异值和最小奇异值之间的比值。条件数越接近 1 表明矩阵的性态越良好。在本例中,根据距离系数 – 有效独立法、传统有效独立法、有效独立 – 驱动点残差法以及能量系数 – 有效独立法得到的测点模态矩阵的条件数分别为 3. 51、12. 39、842. 15 和 789. 26。可见,本书提出的改进方法能够很好的保证所选测点对应模态矩阵的良好形态。

3)模态保证准则

第三个评价指标为模态保证准则(Modal Assurance Criteria,MAC)。模态保证准则是评价模态向量空间交角的良好工具,其计算公式如下

$$MAC_{ij} = \frac{(\varphi_i^{\mathrm{T}} \varphi_j)^2}{(\varphi_i^{\mathrm{T}} \varphi_i)(\varphi_j^{\mathrm{T}} \varphi_j)} \tag{5-46}$$

式中,MAC_{ij} 表示的是第 i 阶模态振型 φ_i 和第 j 阶模态振型 φ_j 之间的 MAC 值。MAC 矩阵的非对角元越小,所选测点量测模态向量的空间交角越大,各阶模态向量也就越容易被识别。上述四种传感器配置方法对应的 MAC 矩阵如图 5-62 所示,从图中可以看出,四种配置方法对应的 MAC 矩阵非对角元最大值分别为 0. 121、0. 192、0. 272 和 0. 269,其平均值分别为 0. 024、0. 039、0. 062 和 0. 048。可见,本书所提出的距离系数 – 有效独立法在保证模态向量可测性方面同样具有明显的优势。

4)均方根误差准则

由上述四种传感器布置方案,通过已有传感器输出效应值结合三次样条插值法对拱坝下游面其他候选节点的振型进行模态扩展,构造结构下游面顺河向的效应值,然后与有限元计算值比较来判断布置方案的优劣。为定量判断两者之间的吻合程度,定义实测第 i 阶振型与有限元计算结果之间的均方根误差为

$$RMS_i = \left[\frac{1}{N} \sum_{j=1}^{N} (\Phi_{ij}^{CS} - \Phi_{ij}^{FE})^2 \right]^{\frac{1}{2}} \tag{5-47}$$

式中:RMS_i 为第 i 阶实测与理论振型的均方根误差;N 为候选节点数;上标 CS 和 FE 分别为实测和有限元计算的标示。研究中通常将 RMS 值与振型幅值的比值作为相对均方根误差。若两者比值在 5% 以内,表明两者吻合得非常好;若两者比值在 5% ～10% ,表明两者吻合得比较好。经式(5-47)计算,四种方案对应的各阶扩展模态的相对均方根误差统计结果如表 5-14 所示。其中,表 5-14 中的方法 1 ～4 分别对应本书所提出的距离系数 – 有效独立法、传统有效独立法、有效独立 – 驱动点残差法和能量系数 – 有效独立法。

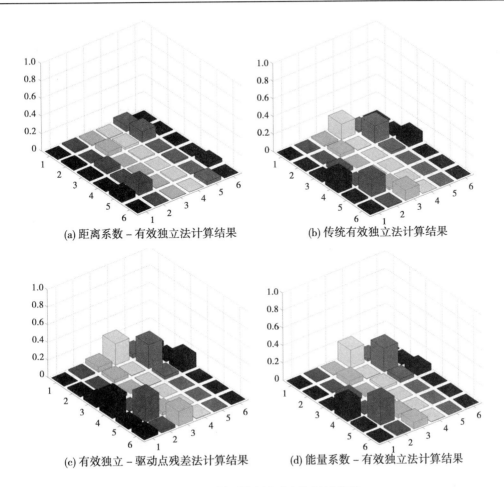

(a) 距离系数 – 有效独立法计算结果　　　　(b) 传统有效独立法计算结果

(c) 有效独立 – 驱动点残差法计算结果　　　　(d) 能量系数 – 有效独立法计算结果

图 5-62　不同配置方法对应的 *MAC* 矩阵

表 5-14　扩充振型与计算振型的相对均方根误差

类型	方法 1	方法 2	方法 3	方法 4
1 阶振型	0.8%	4.9%	5.8%	5.5%
2 阶振型	1.5%	3.6%	6.5%	6.3%
3 阶振型	2.1%	5.1%	6.9%	7.0%
4 阶振型	2.5%	5.4%	6.8%	6.7%
5 阶振型	2.2%	5.9%	10.8%	10.6%
6 阶振型	2.9%	5.2%	9.9%	9.7%
平均	2.0%	5.0%	7.8%	7.6%

从表 5-14 中可以看出,本书所提出的距离系数 – 有效独立法得到的前 6 阶扩展振型的均方根误差明显小于其他三种方法,均在 3% 以内,这说明各阶扩展振型和计算振型吻合得很好。因此,本书所提供的测点布置方案能够达到准确识别拱坝模态振型的目的。

5.5.3.3　空间相关－有效独立法

本书提出了另外一种考虑测点空间信息独立性的改进方法,称为空间相关－有效独立法。首先,引入了地理统计学中的 Moran's I 指数来评估候选节点模态信息的空间相关程度,并据此判断传统有效独立法的适用性;然后,利用空间邻接矩阵修正传统有效独立法,得到了综合考虑各阶模态独立贡献程度和空间相关性的空间相关－有效独立法。

1. 基于 Moran's I 指标的空间相关度量

利用 Moran's I 指标检验所有候选节点模态信息的空间自相关程度,据此判定有效独立法的适用性。其中 Moran's I 的定义如下

$$I = \frac{N}{\displaystyle\sum_{i=1}^{N}\sum_{j=1}^{N} w_{ij}} \cdot \frac{\displaystyle\sum_{i=1}^{N}\sum_{j=1}^{N} w_{ij}(\phi_i - \bar{\phi})(\phi_j - \bar{\phi})}{\displaystyle\sum_{i=1}^{N}(\phi_i - \bar{\phi})^2} \tag{5-48}$$

式中:N 是结构上所有候选节点的个数;ϕ_i 和 ϕ_j 分别是第 i 个和第 j 个候选节点上某一模态下振型值;$\bar{\phi}$ 是 ϕ 的平均值;w_{ij} 是第 i 个和第 j 个候选节点相应的空间邻接矩阵元素。Moran's I 的值通常在 -1 和 1 之间。Moran's I 为正数时,表示全域数据的空间正相关;Moran's I 为负数时,表示全域数据的空间负相关;当无显著空间相关性时,Moran's I 的值趋近于 0。

检验数据的空间相关性时,通常采用 Moran's I 的标准化 Z 值作为评价指标,本书采用的显著性水平为 5%。Moran's I 和其标准化 Z 值间的转化关系为

$$Z(I) = \frac{I - E(I)}{\sqrt{Var(I)}} \tag{5-49}$$

其中,$E(I)$ 为 I 的理论均值,$Var(I)$ 为 I 的理论方差。在公式(5-49)中

$$E(I) = -\frac{1}{N-1} \tag{5-50}$$

$$Var(I) = \frac{N^2 w_1 - N w_2 + 3 w_0^2}{w_0^2(N^2 - 1)} - E^2(I) \tag{5-51}$$

$$w_0 = \sum_{i=1}^{N}\sum_{j=1}^{N} w_{ij}, w_1 = 0.5 \sum_{i=1}^{N}\sum_{j=1}^{N}(w_{ij} + w_{ji})^2, w_2 = \sum_{i=1}^{N}(w_{i*} + w_{*i})^2 \tag{5-52}$$

其中,w_{i*} 为 w 第 i 行所有值的和;w_{*i} 为 w 第 i 列所有值的和。通常采用1.96作为空间相关显著性判别的标准,即当 Moran's I 的标准化 $Z(I)$ 值大于 1.96 或小于 -1.96 时,说明模态振型数据具有明显的空间自相关性(正相关或负相关)。

2. 空间相关－有效独立法的原理

本书提出的利用空间邻接矩阵修正有效独立法的空间相关－有效独立法,该方法利用空间邻接矩阵作为反映空间相关性的因子引入有效独立法中,省略常数项后,修正后的 Fisher 信息矩阵为

$$Q^* = \Phi^{\mathrm{T}} w^{-1} \Phi \tag{5-53}$$

3. 空间相关－有效独立法的求解

采用逐步累加的方式求解空间相关－有效独立法,以得到同时满足所选测点模态可测性和避免信息冗余性的优化布置方案。假设有 N 个候选自由度,要识别的目标振型数

目为 m，要布置的传感器数目为 n，则具体步骤如下：

（1）建立结构有限元模型，进行模态分析，并提取质量归一化的模态振型。

（2）根据重点关注的部位选择候选节点，然后根据结构的自振特性和可测性来选取目标模态。

（3）利用候选节点的模态信息和空间位置信息计算出 Moran's I 的标准化 Z 值，进而评估候选节点模态信息的空间相关程度。若空间相关程度不明显，则可用传统有效独立法求解；若空间相关性显著，则转入下一步，利用本书提出的空间相关 – 有效独立法求解。

（4）计算每个候选节点对应的 Fisher 信息矩阵 $\Phi_k^{\mathrm{T}}\Phi_k$ 的行列式值，选取最大的一个作为方案的第一个测点。

（5）将剩余的 $N-1$ 个候选节点依次与第一个测点组合，分别计算其与第一个测点组成的空间邻接矩阵，然后根据式（5-53）计算出 Q^* 的行列式值，选取使得行列式值最大的候选节点作为方案的第二个测点。

（6）当算法已确定 s 个测点时，此时剩余 $N-s$ 个候选节点。将剩余的 $N-s$ 个候选节点依次与已选测点组合，分别计算 $s+1$ 个测点时 Q^* 的行列式值，选取使得行列式值最大的候选节点作为方案的第 $s+1$ 个测点。

（7）重复步骤（5）~（6），直到确定全部 n 个传感器的位置，得到基于空间相关 – 有效独立法的传感器优化布置方案。

5.5.4　基于自然激励的水工结构模态参数识别方法研究

5.5.4.1　基于奇异熵定阶降噪的 ERA 法的基本步骤及算法流程图

在获取泄流激励下水工结构动力响应后，首先对信号进行降噪，再利用 NExT 法计算泄流结构系统脉冲响应函数参数矩阵，通过构造 Hankel 矩阵及利用奇异熵定阶技术，利用特征系统实现法（ERA）寻找系统的一个最小实现，得出最小阶次的系统矩阵，对系统矩阵进行特征值分解并剔除虚假模态，即得结构最终的模态参数，其基本步骤如下：

（1）获得结构测点的动力响应数据 X，并构造矩阵 D，利用奇异熵降噪技术进行噪声剔除，得到重构信号 $\tilde{X}$。

（2）利用 NExT 法计算结构测点的脉冲响应函数。

（3）利用脉冲响应函数构造 Hankel 矩阵 $\tilde{H}(0)$、$\tilde{H}(1)$，并对 $\tilde{H}(0)$ 进行奇异值分解。

（4）计算矩阵 $\tilde{H}(0)$ 奇异值分解后的奇异熵，并确定奇异谱阶次，也即结构系统的阶次。

（5）最后根据已确定的阶次确定系统矩阵 A、输入矩阵 B 和输出矩阵 C。

（6）求解系统矩阵 A 的特征值问题，求得极点与留数，从而确定系统的模态参数。

基于奇异熵定阶降噪的 ERA 法识别流程图如图 5-63 所示。

5.5.4.2　基于奇异熵定阶的水工结构振动模态 SSI 识别方法

基于虚假模态对不同参数模型比较敏感易变的原则，通过考察一些不同的参数模型，那些同时出现次数最多的、稳定的模态可以认为是系统的真实模态。针对 SSI 算法，对泄流激励下的水工结构的模态参数辨识借助于稳定图法对噪声模态进行剔除，有关文献认为把系统的阶次由 $n_{\min}$ 增加到 $n_{\max}$，把计算得到的结果画到二维坐标图中（横坐标为频率

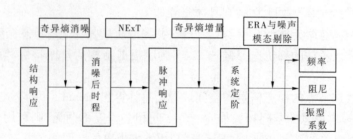

图 5-63　基于奇异熵定阶降噪的 ERA 法识别流程

值,纵坐标为阶次),便可得到稳定图,这样虽然可以得到系统的模态参数,但没有考虑 Hankel 矩阵的行空间数据变化对结果的影响,因而参数识别的精度不高且无法得到系统的阶次。

针对 SSI 具有 Hankel 矩阵的维数较难确定、可能丢失模态或产生虚假模态的缺点,本节内容对稳定图剔除噪声模态的方法进行如下改进:

(1)在利用奇异熵增量谱确定系统的模态阶次后,把 Hankel 矩阵的行空间数据由 i_{min} 增加到 i_{max} 时(i_{max} 是个相对的较大值,要满足 j/i 足够大),把计算得到的结果画到二维坐标图中(横坐标为频率值,纵坐标为 Hankel 矩阵的行块数),从而得到模态参数的稳定图。

(2)在稳定图中若相邻两点的频率和阻尼比在容许误差范围内,则认为是相同的。

(3)可以根据所测试结构的具体情况加入阻尼比的判据准则,例如,当结构阻尼比值通常大于 10% 或小于 1% 时,可以认为是虚假模态。

(4)为了得到更为精确的识别结果,利用模态置信因子 MAC 指标进行虚假模态的判别。

经过以上四步改进,得到更为精确的稳定图。在此,提出"三步法"对水工结构的模态参数进行精确识别,步骤如下:

第一步,用奇异熵增量对系统进行定阶,使得定阶的界线更加清晰和稳定;第二步,在系统阶次明确的前提下,利用改进的稳定图对虚假模态进行剔除,使得参数识别的结果更为准确可靠;第三步,将各阶模态参数识别结果进行平均处理,最终得到更为精确的识别结果。

基于奇异熵定阶降噪的 SSI 法识别流程如图 5-64 所示。

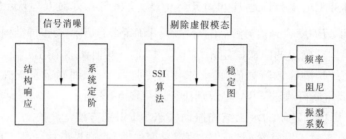

图 5-64　基于奇异熵定阶降噪的 SSI 法识别流程

5.5.4.3　泄流激励下水工结构模型模态参数识别验证

利用某拱坝水弹性模型,如图 5-65 所示,建立全面模拟"坝体 – 基础 – 库水 – 动荷载"四位一体流固耦联的振动系统。同时,要求满足"动荷载"输入系统相似和结构系统动力响应相似,即要求满足水力学条件和结构动力学条件相似。

为了能够较好测试拱坝模态,在顶拱布置了 13 个动位移响应测点,在拱冠梁另外布置了 4 个测点 C0、D0、E0、F0,如图 5-66 所示。

图 5-65　某拱坝水弹性模型

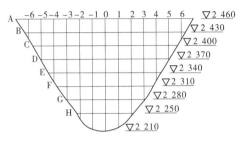

图 5-66　测点布置图　(高程单位:m)

考虑到坝坝振动响应主要以径向振动(R 方向)为主,切向振动(S 方向)和垂向振动(Z 方向)相对较小,因而振动响应测试以量测 R 方向的振动为主。试验采用具有耐冲击和高稳定度的 DP 型地震式低频振动传感器(DSP - 0.35 - 20 - V)进行测试,在泄洪振动最大的工况下,即表深孔联合泄洪工况,上游库水位为 2 457.0 m,采样频率为 100 Hz。

1. 基于 ERA 算法的拱坝模态参数识别

选取位移响应较小的临近坝肩测点为参考点,将其他测点响应与参考点位移响应利用基于奇异熵的降噪方法或小波降噪方法降噪后计算脉冲响应函数。坝体 A0 测点消噪后的典型位移时程如图 5-67 所示,A0 测点和 A5 测点降噪后用 NExT 计算脉冲响应函数曲线如图 5-68 所示。计算奇异熵增量随阶次变化如图 5-69 所示,当奇异熵增量 $\Delta E_i \leqslant 0.08$,即系统阶次 $i = 9$ 时,奇异熵增量就开始缓慢增长,并趋于平稳,说明信号的有效特征信息量已经趋于饱和,特征信息已经基本完整,之后的奇异熵增量可认为是宽频带噪声所致,可以不予考虑。根据复模态理论,剔除系统的非模态项(非共轭根)和共轭项(重复项)之后,系统的模态阶次为 $[i/2] = 4$ 阶,用模态置信因子剔除噪声引起的虚假模态影响,最终识别出结构的前三阶固有频率。

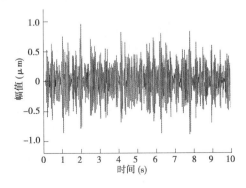

图 5-67　A0 测点坝体振动时程线

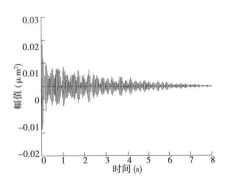

图 5-68　脉冲响应函数曲线

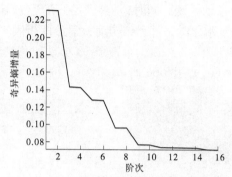

图 5-69　奇异熵增量随奇异谱阶次变化曲线

　　为检验本书方法识别结果的有效性和准确性,采用冲击锤激振方法,对满库工况下拱坝进行单点激振、多点拾振的频域测试。记方式Ⅰ为冲击锤激振下识别模态参数,方式Ⅱ为泄洪激励下识别模态参数,两种方法识别结果见表 5-15。

表 5-15　频域识别与 ERA 参数识别结果对比

模态 阶数	方式Ⅰ频域识别			方式Ⅱ ERA 识别		识别误差
	频率(Hz)		阻尼比 (%)	频率 (Hz)	阻尼比 (%)	频率 (%)
	模型	原型				
1	15.24	1.52	5.44	14.919	5.55	2.11
2	17.27	1.73	8.96	17.084	5.17	1.08
3	21.91	2.19	1.36	22.435	1.05	2.40

注:$\dfrac{|f_{\mathrm{II}}-f_{\mathrm{I}}|}{f_{\mathrm{I}}} \times 100\%$ 为频率误差。

　　从结果可以看出,频率识别误差均在 3% 以内,满足工程要求精度。

　　2. 基于 SSI 算法的拱坝模态参数识别

　　试验时的测试工况为表深孔联合泄洪工况,上游库水位为 2 457.0 m,采样频率为 100 Hz。以坝顶所测到的 13 个点的时程作为算法的输入,此时观测信号 $\{y_i\}$ 包含 13 个通道,即所构成的 Hankel 矩阵行块中,每一块包含 13 行数据,对该拱坝进行模态参数识别。结构模态阶次的确定如图 5-70 所示的奇异熵增量谱可知,当奇异熵增量 $\Delta E_i \leqslant 0.05$,即系统阶次 $i=16$ 时,奇异熵增量就已经缓慢增长,并趋于平稳,说明信号的有效特征信息量已经趋于饱和,特征信息已经基本完整,之后的奇异熵增量可认为是宽频带噪声所致,可以不予考虑。根据复模态理论,剔除系统的非模态项(非共轭根)和共轭项(重复项)之后,系统的模态阶次为 $[i/2]=8$ 阶,利用前述的改进稳定图方法剔除噪声引起的虚假模态影响,最终识别出该拱坝结构前 5 阶模态频率、阻尼比和振型,频率稳定图如图 5-71 所示。

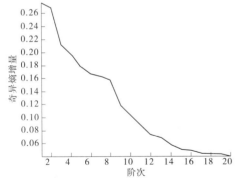

图 5-70 奇异熵增量谱

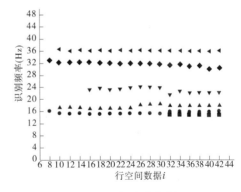

图 5-71 频率稳定图

由图 5-71 的频率稳定图可知,识别频率随着行空间行数的增加而有所浮动,对所有各阶模态频率进行均值处理后,得到稳定的识别结果;同理,对阻尼比和振型的识别也进行均值后得到各阶稳定的阻尼比和振型。为检验本书方法识别结果的有效性和准确性,记方式 I 为冲击锤激振下模态参数识别,方式 II 为泄洪激励下模态参数识别,频率、阻尼比及模态振型识别结果见表 5-16。

表 5-16 频域识别与随机子空间频率及阻尼比识别结果对比

模态阶数	频域识别 I				SSI 识别 II			识别误差	
	频率（Hz）		阻尼比（%）	模态振型	频率（Hz）	阻尼比（%）	模态振型	频率（%）	阻尼比（%）
	模型	原型							
1	15.24	1.52	5.44	反对称	15.21	5.51	反对称	0.20	1.29
2	17.27	1.73	8.96	正对称	17.57	7.66	正对称	1.74	14.51
3	21.91	2.19	1.36	正对称	22.95	2.88	正对称	4.75	52.78
4	30.10	3.01	4.54	反对称	31.60	6.01	反对称	4.98	32.38
5	35.62	3.56	5.96	反对称	36.13	4.23	反对称	1.43	29.03

注:$\dfrac{|f_{II} - f_{I}|}{f_{I}} \times 100\%$ 为频率误差,$\dfrac{|\xi_{II} - \xi_{I}|}{\xi_{I}} \times 100\%$ 为阻尼比误差。

从表 5-16 可以看出,二者频率识别结果非常接近,误差均在 5% 以内,低阶模态频率识别结果更为精确,满足工程要求精度;阻尼比的偏差值在某些情况下要达到 40% 以上,这主要是因为目前人们对阻尼的认识还不够彻底,还存在很多模糊的地方,在计算和理论分析时,只是采用了几种假定的阻尼形式;振型的识别结果比较理想,两种方法的识别结果基本趋于一致。

3. 辨识结果分析

利用某拱坝水弹性模型,分别采用 ERA 算法与 SSI 算法对其进行模态参数的时域识别,现把识别的结构作如下分析:

(1)SSI 算法采用的数据输入为设置在坝顶的 13 个测点动位移时程,ERA 算法采用坝顶上 A0 测点和 A5 测点响应的互相关函数作为输入,由于 SSI 算法在参数识别过程中,同时利用多点的响应作为输入,使得辨识的模态参数更具有整体统一性,并扩大了参数估计的信息量,提高了辨识精度。

(2)由于 SSI 算法在参数识别过程中,同时利用多点的响应作为输入,丰富了参数估计的信息量,使得识别的模态阶数多于 ERA 算法识别的结果。

(3)SSI 算法同时利用多点的响应作为输入,从而可以得到结构的阵型。

(4)SSI 算法利用改进的稳定图对虚假模态进行剔除,使参数识别的结果更准确可靠;将各阶模态参数识别结果进行平均处理,最终得到的识别结果更为准确。

(5)二者均具有识别密频模态的能力。

5.5.4.4　基于时频分析的泄流结构工作性态识别

1. 基于 NExT 和 HHT 的泄流结构工作性态识别方法

NExT 与 HHT 相结合的泄流结构工作性态识别方法的步骤为:

(1)获得泄流激励下结构的动力响应数据 $x(t)$,进行滤波降噪,选出反映结构模态信息的共振分量进行重构,得到重构后的信号 $x'(t)$。

(2)利用 NExT 法提取结构上不同测点的脉冲响应函数。

(3)对脉冲响应函数进行 EMD 分解,得到各阶 IMF 分量,它们分别为结构相应的各阶模态响应分量。

(4)对各模态响应分量进行 HT 变换,拟合出幅值及相位随时间变化的直线方程。

(5)计算结构的无阻尼固有频率和阻尼比。其算法流程如图 5-72 所示。

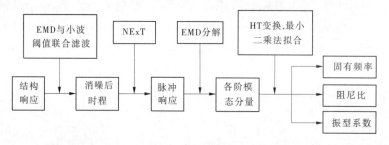

图 5-72　NExT + HHT 结构模态参数识别法的流程

2. 密频结构的工作性态识别方法

当信号中两个或两个以上的模态频率接近时($0.5 < f_1/f_2 < 2.0$),EMD 分解会产生模态混叠现象。针对这一现象,提出了一种伪信号处理技术,该方法的基本思路如下。

(1)根据待分解信号 $x(t)$ 的振幅和频率,构造伪信号 $\omega(t)$

$$\omega(t) = a_0 \sin(2\pi f_s t) \tag{5-54}$$

式中:a_0 为伪信号的幅值;f_s 代表伪信号的频率。

当伪信号的振幅 a_0 取发生混淆分量平均振幅的 1.6 倍时,该方法抗混叠的效果最好。对于泄流结构的流激振动响应信号,其各模态分量的平均振幅是未知的,大量的数值试验表明:当伪信号的振幅 a_0 取所分析信号振幅的最大值时,可以取得较好的抗混叠效果;伪信号的频率 f_s 可以通过 AR 现代谱的峰值法来选定。应用 AR 谱计算原信号 $x(t)$ 的功率谱密度曲线,设发生混叠的低频分量的频率为 f_b,高频分量的频率为 f_a,当 f_s 取 $2f_b$

$\leqslant f_s \leqslant 2f_a$ 时,$\omega(t)$ 将与高频分量发生充分掺混,与低频部分不发生掺混,此时会取得较好的抗混叠效果。

(2)构造一个新的信号 $x_+(t) = x(t) + \omega(t)$,并对其进行 EMD 分解,分解结果记为 $IMF_+(t)$;同样构造 $x_-(t) = x(t) - \omega(t)$,并对其进行 EMD 分解,分解结果记为 $IMF_-(t)$。

(3)将 $IMF_+(t)$ 和 $IMF_-(t)$ 对应阶数相加再除以2,即

$$IMF(t) = [IMF_+(t) + IMF_-(t)]/2 \tag{5-55}$$

式中,$IMF(t)$ 即为原信号 $x(t)$ 经过伪信号处理后的各阶固有模态分量组合。

基于此,本书提出的改进 HHT 的模态识别方法流程是:首先根据原信号功率谱图中体现出的频率分布特性,进行带通滤波处理,将原信号中具有不同频带的波形分量提取出来;然后通过每个波形分量的功率谱图,确定其是单分量信号还是多分量信号;对于单分量信号,直接对其进行 EMD 分解,分解结果的第一阶固有模态函数即为原信号的一个模态分量,对于多分量信号,应用伪信号处理技术将发生混叠的模态分量提取出来;最后,应用随机减量法提取出每个模态分量的自由衰减响应,并对其进行 HT 变换,求出结构的工作频率、阻尼比及每个测点的同阶留数,归一化得到振型。具体的计算流程见图 5-73。

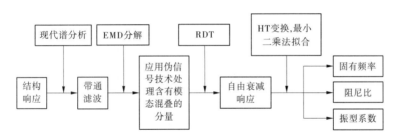

图 5-73　工作性态识别方法的流程

该方法的优点:

(1)若水流荷载的频带范围远离泄流结构的低阶固有频率,则结构的流激振动响应将体现为受迫振动形式,能够反映结构模态信息的共振分量将淹没在背景分量中,给模态识别带来较大的困难。应用书中提出的方法,能够将微弱的共振分量提取出来,直接对共振分量进行工作性态识别,大大提高了识别的精度。

(2)结合带通滤波方法和伪信号处理技术的优缺点,将它们联合起来对信号的 EMD 过程进行处理,具有较好的抗混叠效果,尽可能地保护了信号的完整性。

(3)应用随机减量法时要求结构的振动响应满足平稳性要求,通过对原始振动信号的 EMD 分解,所得到的固有模态函数满足这一要求,所以应用随机减量法从固有模态函数中提取的自由衰减响应具有更加明确的意义。

5.5.5　基于模态参数识别理论的结构损伤诊断方法与评估研究

5.5.5.1　基于模态频率的水工结构裂缝智能损伤识别

提出了一种基于模态频率的水工结构裂缝智能损伤识别方法,该方法的主旨思想是通过粒子群算法的全局寻优能力,匹配结构的实测频率和有限元模型模态计算频率以寻

求反映结构真实性态的有限元模型,进而达到准确识别结构裂缝位置和程度的目的。

　　选取某水电站的导墙作为研究对象。取两结构缝之间的 24 m 导墙段进行分析,导墙悬臂段高 50 m。由于导墙上部悬臂部分刚度相对较小,将悬臂部分作为裂缝容易发生的部位进行重点分析,以验证本书所提出的新型智能损伤识别方法在环境激励下水工结构损伤识别中的适用性。有限元模型如图 5-74 所示,其中坐标原点选在导墙悬臂段的根部。分别利用悬臂段高度 50 m 和宽度 24 m 对裂缝位置和长度进行归一化。模型采用 8 节点三维块体单元,共计 16 926 个节点、14 472 个单元。利用实体楔形模拟裂缝,假定导墙悬臂段两侧均有可能产生裂缝且裂缝近似水平。混凝土材料密度取 2 400 kg/m³,弹性模量取 35 GPa,泊松比取 0.167。地基采用无质量弹性地基,弹性模量取 30 GPa,泊松比取 0.25。

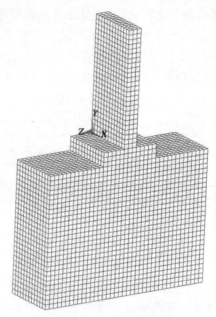

图 5-74　导墙有限元模型

1. 智能算法及目标函数

　　基于实数编码克隆选择和粒子群混合算法优化模态频率指标,提出了一种适应环境激励下大型水工结构的损伤智能诊断方法。为了便于同时对损伤位置和损伤程度寻优,采用实数编码形式来编写解变量。将可能产生损伤的位置和程度的数目作为粒子的维度,每一维度上的数值代表损伤发生的位置或程度,即按照[损伤位置1,损伤程度1,损伤位置2,损伤程度2,…,损伤位置 n,损伤程度 n]进行编码。

　　选取导墙的低阶模态频率差作为智能算法寻优的目标函数。规定归一化的裂缝位置为 D,归一化的裂缝长度为 L,如果将 D 和 L 定义为待优化的变量,那么损伤识别问题就归结为一个有约束的非线性优化问题,其目标函数可用实测和数值模拟得出的模态频率差来表示。定义基于模态频率差的目标函数为

$$F(\{L,D\}) = \sum_{j=1}^{m} |\omega_{A,j}^2(\{L,D\}) - \omega_{E,j}^2| \tag{5-56}$$

式中：m 为测试模态数；下标 A 和 E 分别代表计算结果和实测结果；ω_j 代表结构的第 j 阶频率。

值得注意的是，在损伤识别过程中，不仅要追求测试信息与数值模拟结果的最优匹配，还应尽可能地找到最小程度的损伤模式。为此，引入了损伤惩罚因子，以避免噪声干扰等导致的损伤诊断失误。

那么，指导实测信息与数值模拟匹配的四种适应度函数可表示为

$$E(\{L,D\}) = F(\{L,D\}) + \gamma \sum D \tag{5-57}$$

式中：$\sum D$ 为损伤模式对应的裂缝长度的总和；γ 的取值取决于数值模型和试验数据的可信程度，可信程度越高，γ 值应越小。

综上所述，该优化问题可定义为

$$\begin{aligned}
&\text{Find：} X = \left[L_1,D_1,L_2,D_2\cdots L_n,D_n\right]^{\mathrm{T}} \\
&\text{Minimize：} E(\{L,D\}) \\
&\text{Subject to：} 0 \leqslant L \leqslant 1, 0 \leqslant D \leqslant 1
\end{aligned} \tag{5-58}$$

其中，n 为结构可能产生裂缝的数目。式(5-58)将损伤识别问题转化为一个有约束条件的非线性最小化问题，即函数适应度值越小，匹配程度越高。

2. 基于导墙裂缝损伤的应用与验证

基于智能算法优化模态频率指标的损伤识别方法的具体步骤如图 5-75 所示。

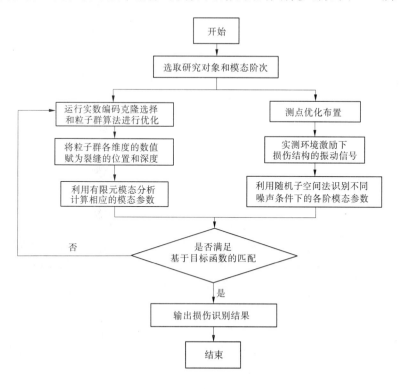

图 5-75　智能损伤识别方法的流程

1）考虑噪声影响的模态参数识别

各损伤工况的实测信号均来自于环境激励下的有限元模拟。在有限元模拟中，以高斯白噪声作为输入（模拟环境激励），分析导墙的振动响应，其中时程信号的采样频率为 100 Hz，采样时间 10 s。在各测点的位移时程信号中加入白噪声数据，即

$$x_i^Z = x_i + x_{imax} \times randn \times ns \tag{5-59}$$

式中：x_i 和 x_i^Z 分别是 i 测点加入噪声前后的信号；$randn$ 表示均值为零、标准差为 1 的高斯白噪声；ns 表示时程信号中的噪声水平。

因此，加入噪声的标准差为该测点时程数据最大值的 ns 倍。本书取 ns 为 5%。

以两处裂缝损伤工况（一侧裂缝 $L_1 = 0.7$，$D_1 = 0.2$；另一侧裂缝 $L_2 = 0.5$，$D_2 = 0.3$）为例，图 5-76 为导墙结构在环境激励下添加 5% 白噪声时通过现代谱方法得出的位移信号归一化的功率谱图。将识别出的前六阶模态频率作为有限元模型的匹配导向，利用智能算法搜索与实测模态信息最匹配的结构损伤模式。

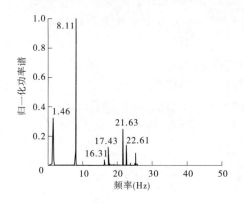

图 5-76　位移信号的归一化功率谱图

2）损伤识别结果

以噪声水平 5% 时，两处裂缝损伤工况（一侧裂缝 $L_1 = 0.7$，$D_1 = 0.2$；另一侧裂缝 $L_2 = 0.5$，$D_2 = 0.3$）为例。经验证，损伤惩罚因子 $\gamma = 0.05$ 时算法能获得较好的寻优效果。

假定该导墙两侧各有两处可能的损伤，则每个粒子的维度为 8 个（包含裂缝位置维度和长度维度各 4 个）。运用实数编码克隆选择和粒子群混合算法结合适应度函数进行结构损伤识别。该方法能够搜索到的最匹配的损伤程度和位置及真实情况如图 5-77 所示。由图 5-77 可知，该方法能够准确地识别出此时结构损伤的位置和程度。

利用本书所提出的智能损伤识别方法，对一处损伤、两处损伤和多处损伤等工况进行裂缝位置和长度的识别，得到考虑 5% 噪声影响的识别结果如表 5-17 所示。从表 5-17 中可以看出，本书所提出的智能损伤识别方法能够准确地判别各种损伤工况下的裂缝位置和长度。

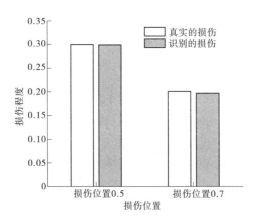

图 5-77 基于本书方法的损伤识别结果

表 5-17 损伤识别结果

工况	真实值		识别值(5%噪声)	
	位置(%)	程度(%)	位置(%)	程度(%)
1	20	20	20	20
2	50	30	50	30
3	70	60	70	59
4	20,50	30,40	20,50	30,39
5	50,70	30,20	50,70	30,20
6	40,80	10,50	40,80	9,49
7	20,50,70	30,40,50	21,49,69	28,41,50
8	30,40,90	10,60,30	31,39,91	11,60,31
9	10,30,60,70	20,50,30,60	9,30,60,69	18,51,32,58
10	25,82,54,50	30,20,40,50	26,82,52,49	30,19,41,52

5.5.5.2 基于应变模态参数的水工结构损伤精细识别

基于多种群实数编码粒子群算法优化应变模态指标,提出了一种适应环境激励下大型水工和土木结构的损伤精细识别方法。

1. 基于应变模态的目标函数

在环境激励条件下,为了应用有限测点的动态测试信息有效地诊断出大型结构的损伤情况,给出了以下四种目标函数的表达形式。

(1)基于频率差异。

$$F_1(\{\beta\}) = \sum_{j=1}^{m} \left(\frac{\omega_{A,j}^2(\{\beta\})}{\omega_{E,j}^2} - 1 \right)^2 \tag{5-60}$$

式中:m 为测试模态数;下标 A 和 E 分别代表计算结果和实测结果,ω_j 代表结构的第 j 阶频率。

（2）基于位移振型比例系数的均一性。

利用实测振型与计算振型在各测点比例系数的均一性作为目标函数，来描述实际损伤状态和模拟损伤状态的吻合程度

$$F_2(\{\beta\}) = \sum_{j=1}^{m} \left[\frac{1}{n-1} \sum_{i=1}^{n} \left(\frac{\varphi_{E,ij}}{\varphi_{A,ij}} - \frac{1}{n} \sum_{i=1}^{n} \frac{\varphi_{E,ij}}{\varphi_{A,ij}} \right)^2 \right]^{\frac{1}{2}} \tag{5-61}$$

其中，n 为测试自由度数；m 为测试模态数；φ_{ij} 代表结构的第 j 阶位移振型在第 i 个测点上的数值；$\varphi_{E,ij}/\varphi_{A,ij}$ 表示实测位移振型与计算位移振型的对应元素相除；第一个求和符号内的公式计算的是第 j 阶振型比例向量的标准差，用来评价第 j 阶实测位移振型与计算位移振型的比例系数在各测点分布的一致程度。一致性程度越高，目标函数值越小。

（3）基于应变振型的相关系数。定义第 j 阶模拟和实测应变振型的相关系数 Cor_j 为

$$Cor_j = \frac{(\psi_{E,j}^{\mathrm{T}} \cdot \psi_{A,j})^2}{(\psi_{E,j}^{\mathrm{T}} \cdot \psi_{E,j})(\psi_{A,j}^{\mathrm{T}} \cdot \psi_{A,j})}, \quad j = 1, 2, \cdots, m \tag{5-62}$$

式中：ψ_j 为结构的第 j 阶应变振型；m 为测试模态数。

由式（5-62）可知，Cor_j 是一个表征两振型向量相关性的指标量。由柯西不等式可证明

$$0 \leqslant Cor_j \leqslant 1 \tag{5-63}$$

当 Cor_j 取最小值 0 时，表明两个振型之间相互独立，无任何相关关系；当 Cor_j 取最大值 1 时，表明两个振型是完全相关的。根据以上性质，定义第三个匹配指标为

$$F_3(\{\beta\}) = \sum_{j=1}^{m} (1 - Cor_j) \tag{5-64}$$

即

$$F_3(\{\beta\}) = \sum_{j=1}^{m} \left[1 - \frac{(\psi_{E,j}^{\mathrm{T}} \cdot \psi_{A,j})^2}{(\psi_{E,j}^{\mathrm{T}} \cdot \psi_{E,j})(\psi_{A,j}^{\mathrm{T}} \cdot \psi_{A,j})} \right] \tag{5-65}$$

（4）基于应变振型比例系数的均一性。参照位移振型比例系数均一性的定义，定义基于应变振型比例系数均一性的目标函数如下

$$F_4(\{\beta\}) = \sum_{j=1}^{m} \left[\frac{1}{n-1} \sum_{i=1}^{n} \left(\frac{\psi_{E,ij}}{\psi_{A,ij}} - \frac{1}{n} \sum_{i=1}^{n} \frac{\psi_{E,ij}}{\psi_{A,ij}} \right)^2 \right]^{\frac{1}{2}} \tag{5-66}$$

其中，ψ_{ij} 代表结构的第 j 阶应变振型在第 i 个测点上的数值；$\psi_{E,ij}/\psi_{A,ij}$ 表示实测应变振型与计算应变振型的对应元素相除；第一个求和符号内的公式计算的是第 j 阶应变振型比例向量的标准差，用来评价第 j 阶实测应变振型与计算应变振型的比例系数在各测点分布的一致程度。两者一致性程度越高，目标函数值越小。

在损伤识别过程中，不仅要追求测试信息与数值模拟结果的最优匹配，还应尽可能地找到最小程度的损伤模式。为此，引入了损伤惩罚因子，以避免噪声干扰等导致的损伤诊断失误。指导实测信息与数值模拟匹配的四种适应度函数可表示为

$$E_h(\{\beta\}) = F_h(\{\beta\}) + \gamma \sum_{k=1}^{n_E} \beta_k, \forall h = 1, 2, 3, 4 \tag{5-67}$$

式中：n_E 为可能损伤的单元数；γ 的取值取决于数值模型和试验数据的可信程度，可信度越高，γ 值应越小。

综上所述,该优化问题可定义为

$$\text{Find}:X = \left[x_1,x_2,\cdots,x_n\right]^{\mathrm{T}}$$
$$\text{Minimize}:E(\{\beta\})$$
$$\text{Subject to}:0 \leqslant \beta_k \leqslant 1 \tag{5-68}$$

式(5-68)将损伤识别问题转化为一个有约束条件的非线性最小化问题,即函数适应度值越小,匹配程度越高。

2.多种群实数编码粒子群算法

为了同时对损伤位置和损伤程度寻优,本书采用实数编码形式来编写解变量。将可能产生损伤的单元个数作为种群的粒子维度,每一维度上的数值代表相应单元的损伤程度,则有 $x_{id} \in [0,1]$。$x_{id} = 1$ 表明该单元完全失效,$x_{id} = 0$ 表明该单元性态完整,$0 < x_{id} < 1$ 时表明该单元存在一定程度的损伤。本书所提出的算法的实现思想如图5-78所示。

3.在水工结构损伤识别中的应用与验证

基于智能算法优化模态参数指标的损伤识别方法的具体步骤如图5-78所示。

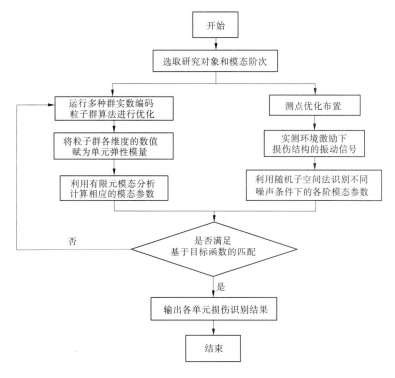

图 5-78　基于智能算法优化模态参数指标的损伤识别方法

1)研究对象和目标模态的选取

选取某水电站的导墙作为研究对象。取两结构缝之间的一个导墙段进行分析。有限元模型如图5-79所示,采用8节点三维块体单元,混凝土材料密度取 2 400 kg/m³,弹性模量取 35 GPa,泊松比取 0.167。以附加质量的形式考虑流体的影响,计算湿模态下的导墙的频率和振型。将该导墙的前6阶模态选作目标模态。另外,由于导墙上部悬臂部分刚度相对较小,选取如图5-79所示单元1～104(灰色标示)作为可能产生损伤的单元进行重点分析,以验证本书所提出的新型算法和四种损伤识别指标在环境激励下水工结构损伤识别中的适用性。

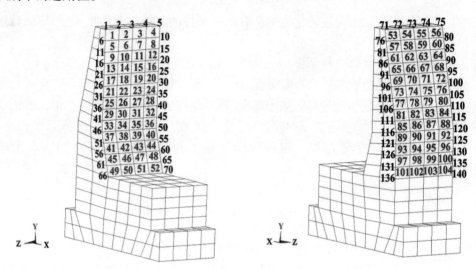

图5-79　导墙有限元模型(左:下游面及候选测点编号;右:上游面及候选测点编号)

2)测点的优化配置

传感器优化布置是保证有效测试信息量和损伤识别准确性的重要手段。候选测点编号如图5-79所示,按照从左到右、从上到下的顺序编号1～140(黑体标示)。应用改进有效独立法,分别确定出测点数目为8个、10个、15个和20个时的位移和应变传感器位置,如表5-18所示。

表5-18　不同测点数时的位移和应变传感器布置

类型	数目	测点位置(节点号)
位移传感器	8	2,5,23,25,55,67,109,116
	10	2,5,16,23,25,51,55,67,109,116
	15	2,5,10,16,23,25,35,51,55,61,67,85,109,116,120
	20	2,3,5,10,16,23,25,26,35,39,51,55,61,67,81,85,109,116,118,120
应变传感器	8	16,30,41,45,70,106,124,136
	10	10,16,30,41,45,70,105,106,124,136
	15	10,16,23,30,41,43,45,61,70,105,106,116,124,126,136
	20	10,16,23,30,32,34,41,43,45,61,65,70,105,106,111,115,116,124,126,136

3)考虑噪声影响的模态参数识别

在有限元模拟中,以高斯白噪声作为输入(模拟环境激励),分析导墙的振动响应,其中时程信号的采样频率为400 Hz,采样时间12.5 s。在各测点的位移和应变时程信号中

加入白噪声数据,即

$$x_i^Z = x_i + x_{i\max} \times \mathrm{rand}n \times ns \tag{5-69}$$

式中:x_i 和 x_i^Z 分别是 i 测点加入噪声前后的信号;$\mathrm{rand}n$ 表示均值为零、标准差为 1 的高斯白噪声;ns 表示时程信号中的噪声水平。

因此,加入噪声的标准差为该测点时程数据最大值的 ns 倍。本书取 ns 为 5% 和 10%。

应用随机子空间算法对环境激励下导墙结构的模态参数进行识别,并借助改进稳定图法对噪声模态进行剔除。结果表明,加入 5% 和 10% 噪声后识别出的前 6 阶频率与未加入噪声时相比,误差平均值分别为 0.2% 和 0.5%;加入 5% 和 10% 噪声后识别出的前 6 阶位移振型与未加入噪声时振型的相关系数平均值分别达到 99.4% 和 99.1%;加入 5% 和 10% 噪声后识别出的前 6 阶应变振型与未加入噪声时振型的相关系数平均值分别达到 98.8% 和 98.1%。将随机子空间方法识别出的模态信息作为有限元模型的匹配导向,利用智能算法搜索与实测模态信息最匹配的结构损伤模式。

4)智能算法与目标函数的性能验证

以传感器数目为 20 个,无噪声时两处损伤工况(9 号和 27 号单元分别损伤 30% 和 50%)为例。经验证,损伤惩罚因子 $\gamma = 0.05$ 时算法能获得较好的寻优效果。运用多种群实数编码粒子群算法分别结合四个适应度函数进行结构损伤识别。四个目标函数能够搜索到的最匹配的损伤程度和位置及真实值如图 5-80 所示,红色箭头表示的实际损伤的位置。由图 5-80 可知,四个目标函数中,只有第四个目标函数能够准确地识别结构损伤的位置和程度。

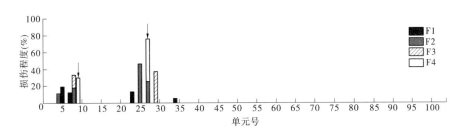

图 5-80 基于不同适应度函数的损伤识别结果

5)损伤识别结果

利用多种群实数编码粒子群算法优化第四个目标函数(基于应变模态振型在各测点比例系数均一性)的方法,研究基于不同测点数、不同噪声水平下的多工况损伤识别,包括一处损伤、两处损伤和三处损伤的工况各两种。经验证,在无噪声、5% 噪声和 10% 噪声下,损伤惩罚因子 γ 分别取 0.05、0.1 和 0.2 时可取得较理想的效果。识别结果如表 5-19 所示,从表中可以看出,当测试自由度为 10 个(占 Y 向总自由度的 7.1%)时,可以较准确地识别出单处损伤的位置和程度,当损伤单元的数目增多时,本书的识别方法就需要更多的测试自由度提供更多的应变模态信息。当同时存在两处损伤时,至少需要 15 个测试自由度(占 Y 向总自由度的 10.7%)提供模态信息。当同时存在三处损伤时,则至少需要 20 个测试自由度(占 Y 向总自由度的 14.3%)才能达到较好的识别效果。同时,噪声水平对某些工况的损伤识别也有一定程度的影响。可见,结构的损伤识别所需的测试自由度数量依赖于结构和损伤位置的复杂程度,并与测试环境的噪声水平相关。

表 5-19　不同噪声水平和不同测点数时的损伤识别结果

工况	测点数	真实值		识别值(无噪声)		识别值(5%噪声)		识别值(10%噪声)	
		位置	程度(%)	位置	程度(%)	位置	程度(%)	位置	程度(%)
1	8	18	50	18	47	18	45	18	43
	10	18	50	18	46	18	46	18	45
	15	18	50	18	49	18	50	18	49
	20	18	50	18	51	18	49	18	50
2	8	64	20	59,62	15,13	55,59	18,25	63,72	17,12
	10	64	20	64	18	64	21	64	22
	15	64	20	64	21	64	20	64	19
	20	64	20	64	20	64	19	64	20
3	8	10,27	20,10	7,19,35	18,13,5	15,43	17,33	9,25,31	10,9,16
	10	10,27	20,10	10,27	17,12	10,27	18,8	10,26	22,13
	15	10,27	20,10	10,27	21,10	10,27	20,9	10,27	19,9
	20	10,27	20,10	10,27	20,10	10,27	20,10	10,27	19,10
4	8	34,70	70,40	26,35,82	51,29,18	30,69,74	53,16,22	21,41,60,78	24,13,35,29
	10	34,70	70,40	31,65,72	65,22,13	29,38,70	28,35,32	29,39,70	25,40,33
	15	34,70	70,40	34,70	67,39	34,70	66,41	34,70	68,36
	20	34,70	70,40	34,70	69,39	34,70	68,40	34,70	69,37
5	8	2,23,99	20,50,80	1,23,97	10,42,85	1,23,62,97	8,54,14,63	3,20,87	16,43,69
	10	2,23,99	20,50,80	2,21,101	18,53,71	3,24,99	17,53,85	3,19,77,102	13,14,36,51
	15	2,23,99	20,50,80	2,23,98	22,45,84	3,23,70,103	26,39,10,79	5,25,39,91	13,54,22,63
	20	2,23,99	20,50,80	2,23,99	18,51,80	2,23,99	19,53,77	2,23,99	17,53,79
6	8	13,82,104	70,60,50	13,90	88,67	14,77,87,100	71,12,23,65	9,78,100	78,41,39
	10	13,82,104	70,60,50	13,18,74,104	66,25,14,47	17,82,102	68,49,36	17,82,102	65,52,43
	15	13,82,104	70,60,50	13,82,104	66,54,57	13,30,80,104	68,15,43,38	13,31,84,104	67,35,42,46
	20	13,82,104	70,60,50	13,82,104	68,60,49	13,82,104	67,60,50	13,82,104	70,56,49

5.5.6　水电工程主要建筑物动态健康监测技术研究

目前,对于泄流结构的监测主要是以变形、应力应变、渗流渗压、缝隙开合度、温度等为主的静态、准静态监测,静态或准静态监测的观测仪器一般都是在施工期预埋泄流结构体内,受基准点变化和仪器监测范围的影响,不能很好地反映泄流结构运行过程中出现的损伤情况。在深入研究坝体、水垫塘等泄流结构动力特性的基础上,提出了以工作频率、振动幅值、峰度系数、偏态系数、振幅比系数等为主的动态实时监测。动态实时监测在一定程度上弥补了静态监测的不足,但是现有的动态监测指标不能很好地反映结构所处的运行状态。例如,由于受噪声的干扰,对泄流结构工作频率的计算往往存在一定的误差,使其不能准确地反映泄流结构的工作状态;在损伤初期,其振动幅值一般不会超过允许的上限值。此外,峰度系数和偏态系数反映的是振动数据与正态分布的偏离程度,而振幅比系数反映振动的突变情况,试验证明,当损伤发生后,结构的振动响应通常仍会满足正态分布,并且泄流结构的损伤往往是疲劳破坏过程,响应中不会发生明显的突变现象,因此上述指标对损伤情况并不直观、敏感。对泄流结构的运行状态进行实时动态监测,亟需提出一系列能够敏感反映结构工作状态的新监测指标,完善现有的动态监测指标体系,同时探讨多指标的融合决策方法,使其能够实时地监测泄流结构的运行状态,快速发现并识别损伤发生的位置。

5.5.6.1　泄流结构损伤敏感特征量研究

1.时域敏感特征量

1)波形变化指标

在相同的运行条件下,水流荷载的频谱特性是相同的,泄流结构上某一点的振动响应形式仅与结构自身特性有关。在长期荷载作用下,泄流结构会出现疲劳破坏,会引起其固有频率的降低,进而使结构振动响应的形式发生变化。在相同的运行条件下,监测到的结构振动响应形式发生变化必然预示着结构损伤的发生。

定义振动响应波形以正斜率穿越 $y=0$ 时为正穿越零点(如图 5-81(a)和图 5-81(b)中 1 所示),构建波形判断参数 C

$$C = \frac{N_1}{N_2} \tag{5-70}$$

式中:N_1 是统计时段内响应去除均值后的极大值总数(如图 5-81(a)和图 5-81(b)中 2 所示),N_2 是去除均值后响应波形正穿越零点的总次数。

窄带响应极大值总数与正穿越零点总次数几乎相同,C 的取值范围是 $[0.8, 1.2]$;而宽带响应极大值总数大于正穿越零点的次数,C 的取值范围是 $(1.2, +\infty)$。构建损伤指标 η

$$\eta = \frac{|C^d - C^u|}{C^u} \times 100\% \tag{5-71}$$

式中:C^d 为未知状态下的波形判断参数;C^u 是健康状态时记录的波形判断参数。

当 $\eta \geqslant 10\%$ 时,说明结构的振动出现异常,有可能出现损伤。

2)标准差指标

基于标准差变化率 R_r 的损伤指标:

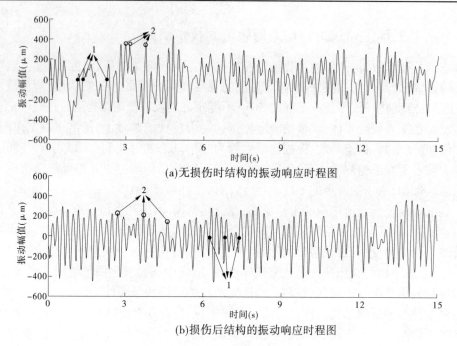

(a)无损伤时结构的振动响应时程图

(b)损伤后结构的振动响应时程图

图 5-81　结构损伤后的流激振动响应

$$R_r = \frac{\sigma_{D,r} - \sigma_{U,r}}{\sigma_{U,r}} \tag{5-72}$$

式中:$r = 1, 2, \cdots, n$ 代表测点的个数;$\sigma_{U,r}$ 是无损状态下结构振动响应的标准差;$\sigma_{D,r}$ 是未知状态下结构振动响应的标准差。

3)时间序列指标

对实测振动信号建立 ARMA 模型(自回归滑动平均模型)之后,可根据自回归系数与系统动力特性之间的关系建立损伤指标。首先取结构健康状态下实测的两段数据,每段的采样时间均为 T,采样频率相同,以其中一段作为基准数据 $Y_B(t)$,另一段作为检验数据 $Y_T(t)$,分别对其进行标准化处理

$$Y_B^*(t) = \frac{Y_B(t) - \overline{Y}_B(t)}{S_{Y_B}} \quad Y_T^*(t) = \frac{Y_T(t) - \overline{Y}_T(t)}{S_{Y_T}} \tag{5-73}$$

式中:$Y_B^*(t)$ 和 $Y_T^*(t)$ 是标准化后的数据;$\overline{Y}_B(t)$ 和 $\overline{Y}_T(t)$ 分别代表 $Y_B(t)$ 和 $Y_T(t)$ 的均值;S_{Y_B} 和 S_{Y_T} 分别代表它们的标准差。

分别对 $Y_B^*(t)$ 和 $Y_T^*(t)$ 建立 ARMA 模型,对应的参考模式向量分别为 $\Phi_B = [\phi_{1,B}, \phi_{2,B}, \phi_{3,B}, \cdots, \phi_{m,B}]$ 和 $\Phi_T = [\phi_{1,T}, \phi_{2,T}, \phi_{3,T}, \cdots, \phi_{m,T}]$。然后取未知状态下、时间长度为 T 的实测数据作为待检验数据,其参考模式向量为 $\Phi_D = [\phi_{1,D}, \phi_{2,D}, \phi_{3,D}, \cdots, \phi_{m,D}]$。结构不同状态之间的差别可以用参考模式向量之间的欧氏距离来表示,据此建立损伤指标 DSF

$$DSF = \frac{L(\Phi_D, \Phi_B)}{L(\Phi_T, \Phi_B)} \tag{5-74}$$

式中,$L(\Phi_T, \Phi_B)$、$L(\Phi_D, \Phi_B)$ 分别为 Φ_T 和 Φ_B、Φ_D 和 Φ_B 之间的欧式距离

$$L(\Phi_T, \Phi_B) = \sqrt{\sum_{i=1}^{m} (\phi_{i,T} - \phi_{i,B})^2}, \quad i = 1,2,3,\cdots,m \tag{5-75}$$

$$L(\Phi_D, \Phi_B) = \sqrt{\sum_{i=1}^{m} (\phi_{i,D} - \phi_{i,B})^2}, \quad i = 1,2,3,\cdots,m \tag{5-76}$$

如果结构没有发生损伤,各个位置的 DSF 值接近 1;如果某部位出现损伤,其对应的 DSF 值将大于 1。在实际运用过程中,计算布置在泄流结构上各测点实测振动响应与标准无损伤状态下的 DSF 值,当某个测点连续三个检测时段内的 DSF 值均大于 1 时,说明结构已经出现损伤,且损伤位置可能就在该测点附近。

2. 频域敏感特征量

定义 FFC_i 为结构损伤前后的第 i 阶频率变化率

$$FFC_i = \frac{F_{ui} - F_{di}}{F_{ui}}, \quad i = 1,2,3,\cdots,m \tag{5-77}$$

式中: $i = 1,2,3,\cdots,m$ 对应结构的模态阶数; F_{ui} 和 F_{di} 分别为结构损伤前后的第 i 阶固有频率; FFC_i 与损伤的位置和程度有关。

定义正则化的频率变化率 $NFCR_i$ 为

$$NFCR_i = \frac{FFC_i}{\sum_{i=1}^{m} FFC_i}, \quad i = 1,2,\cdots,m \tag{5-78}$$

$NFCR_i$ 只与损伤位置有关,而与损伤程度无关。应用该参数进行损伤定位,不受损伤程度的影响,从而提高了损伤定位的精度,便于实际应用。

3. 时频域敏感特征量

泄流结构振动响应的 Hilbert 能量谱表达了在定义时间区域内每个频率上所积累的能量,将响应的频率区间 $[\omega_{\min}, \omega_{\max}]$ 分成 n 个频带 ω_i ($i = 1,2,3,\cdots,n$),每个频带上的能量用 $E(\omega_i)$ 表示,定义能量分布向量 η_i 为

$$\eta_i = \frac{E(\omega_i)}{\sum_{i=1}^{n} E(\omega_i)}, i = 1,2,3,\cdots,n \tag{5-79}$$

结构发生损伤时,其振动响应的 Hilbert 能量谱会发生改变,进而导致能量分布向量 η_i 发生改变。设 η_i^u、η_i^d 分别表示结构在无损伤和未知状态下的能量分布向量, $i = 1,2,3,\cdots,n$。定义 $\Phi(\eta_i^u, \eta_i^d)$ 为 η_i^u 和 η_i^d 的互相关系数,构造损伤指标 N_f

$$N_f = 1 - \Phi(\eta_i^u, \eta_i^d)^2 = 1 - \frac{\left(\sum_{i=1}^{n} \eta_i^u \cdot \eta_i^d\right)^2}{\sum_{i=1}^{n} (\eta_i^u)^2 \cdot \sum_{i=1}^{n} (\eta_i^d)^2} \tag{5-80}$$

当 N_f 等于或接近 0 时,说明结构无损伤发生;当 N_f 大于 0 时,说明未知状态下的 η_i 值发生变化,结构可能出现损伤。在实际监测过程中,可以事先设置 N_f 的阈值,当连续三个分析时段以上的 N_f 超过阈值时,说明结构可能出现损伤。

此外,结构出现损伤后, η_i 分布曲线的各极大值点所对应的频率会发生变化,构建损

伤指标 R_f

$$R_f = \frac{1}{m} \sum_{j=1}^{m} \left| \frac{\omega_j^u}{\omega_j^d} \right| - 1 \tag{5-81}$$

式中: ω_j^u 、 ω_j^d 分别表示结构在健康和未知状态下 η_i 分布曲线各极大值点所对应的频率; $j = 1,2,3,\cdots,m$ 表示 η_i 中极大值点的个数。

当结构无损伤时, $R_f = 0$;当结构出现损伤时, η_i 峰值所对应的频率会有所降低,即 $\omega_j^d < \omega_j^u$, R_f 值将大于0。

4. 模态敏感特征量

1)基于坐标模态确认准则

基于相关性原理,采用改进的 MAC 准则来表示坐标模态确认准则,即

$$COAC(r) = \frac{\left(\sum_{j=1}^{m} | \boldsymbol{\Psi}_{U,j} \cdot \boldsymbol{\Psi}_{D,j} | \right)^2}{\sum_{j=1}^{m} (\boldsymbol{\Psi}_{U,j})^2 \cdot \sum_{j=1}^{m} (\boldsymbol{\Psi}_{D,j})^2} \tag{5-82}$$

式中: $j = 1, 2, \cdots, m$ 为实测模态的阶数; $r = 1, 2, \cdots, n$ 为测点位置; $\boldsymbol{\Psi}_{U,j}$ 和 $\boldsymbol{\Psi}_{D,j}$ 分别为结构上 r 点在健康和未知状态下的第 j 阶模态矢量值。

坐标模态确认准则表示结构健康状态与未知状态下模态矢量的相关程度。当损伤未发生时, $COAC(r) = 1$;当结构出现损伤时, $COAC(r) \neq 1$, $COAC(r)$ 值越接近0的位置处,越可能是损伤发生的位置。

2)基于应变模态变化的损伤指标

令 $\boldsymbol{\Psi}_{U,i}$ 、 $\boldsymbol{\Psi}_{D,i}$ 分别为结构 r 测点处无损伤和未知状态下的第 i 阶应变模态,定义 $\Delta\boldsymbol{\Psi}_i$ 为第 i 阶应变模态差的绝对值

$$\Delta\boldsymbol{\Psi}_i = | \boldsymbol{\Psi}_{U,i} - \boldsymbol{\Psi}_{D,i} | \tag{5-83}$$

计算结构上各个测点未知状态与健康状况下实测应变响应的应变模态差值 $\Delta\boldsymbol{\Psi}_i$, $\Delta\boldsymbol{\Psi}_i$ 值最大的测点即为最可能的损伤位置, $\Delta\boldsymbol{\Psi}_i$ 与损伤位置和程度有关。归一化的应变模态差损伤指标 $\Delta\boldsymbol{\Psi}_i^*$ 可表示为

$$\Delta\boldsymbol{\Psi}_i^* = \frac{\Delta\boldsymbol{\Psi}_i}{\sqrt{\sum_{r=1}^{n} (\Delta\boldsymbol{\Psi}_i)^2}} \tag{5-84}$$

可以证明,归一化的应变模态差损伤指标 $\Delta\boldsymbol{\Psi}_i^*$ 仅仅是损伤位置的函数,而与损伤程度无关。

3)基于模态振型与频率的损伤组合指标

结构的模态振型对损伤比较敏感,特别是高阶模态,但是对于实测的泄流结构振动响应,很难精确求解结构的高阶模态;而基于结构工作频率的损伤指标对局部损伤敏感性较低,但是结构工作频率的最大特点是测试方便、测量精度高、成本低,是目前所有动态特性中测得最准也是最方便测试的结构动力特征。结合模态振型和结构频率作为损伤组合指标能够弥补各自的不足,仅通过计算结构的低阶工作频率和模态振型即可获得精确的损

伤信息。

（1）模态振型变化与固有频率平方比的变化量。

定义模态振型与固有频率平方比的变化量 NDI_j^r 为

$$DI_j^r = \frac{|\Psi_{U,j}|}{f_{U,j}^2} - \frac{|\Psi_{D,j}|}{f_{D,j}^2}, \quad j = 1,2,\cdots,m \tag{5-85}$$

$$NDI_j^r = \frac{DI_j^r}{\sum_{r=1}^{n} DI_j^r} \tag{5-86}$$

式中：m 为实测模态的阶数；$r = 1, 2, \cdots, n$ 为测点位置；$f_{U,j}$ 和 $f_{D,j}$ 分别为结构在健康和未知状态下的第 j 阶工作频率；$\Psi_{U,j}$ 和 $\Psi_{D,j}$ 分别为结构上 r 点在健康和未知状态下的第 j 阶模态值。

可以证明，当损伤程度相同时，该损伤指标是损伤位置的单调函数，可进行损伤定位。

（2）模态振型变化与固有频率变化平方的比值。

定义归一化的模态变化与固有频率变化平方损伤定位指标 $NDSI_j^r$ 为

$$NDSI_j^r = \frac{DSI_j^r}{\sum_{j=1}^{m} |DSI_j^r|}, \quad j = 1,2,\cdots,m \tag{5-87}$$

$$DSI_j^r = \frac{\Psi_{U,j} - \Psi_{D,j}}{f_{U,j}^2 - f_{D,j}^2}, \quad j = 1,2,\cdots,m \tag{5-88}$$

式中：m 为实测模态的阶数；$r = 1, 2, \cdots, n$ 为测点位置；$f_{U,j}$ 和 $f_{D,j}$ 分别为结构在健康和未知状态下的第 j 阶工作频率；$\Psi_{U,j}$ 和 $\Psi_{D,j}$ 分别为结构上 r 点在健康和未知状态下的第 j 阶模态值。

可以证明，$NDSI_j^r$ 仅与损伤位置有关。

4）基于模态曲率的损伤指标

（1）位移曲率模态。

结构位移曲率模态振型是位移振型的二阶导数，可以代替位移模态用于损伤定位。根据中心差分公式计算位移曲率模态 $\varphi_j^{r''}$ 为

$$\phi_j^{r''} = \frac{\phi_j^{r+1} - 2\phi_j^r + \phi_j^{r-1}}{h^2} \tag{5-89}$$

式中：ϕ_j^r 为 r 测点处的位移振型；ϕ_j^{r-1}、ϕ_j^{r+1} 分别为相邻测点的位移振型；j 为模态阶次；h 为相邻两测点间的距离。

结构损伤位置处的位移曲率模态会有较大的变化，因此根据损伤前后曲率模态振型的突变可以识别结构的局部损伤。

（2）位移振型差值曲率。

结构损伤位置处振型的变化程度可以通过振型差值的二阶导数来表示，即结构的振型差值曲率。令结构损伤前后位移振型系数分别为 $\phi_{U,j}^r$ 和 $\phi_{D,j}^r$，则测点 r 的位移振型差值为

$$\delta\phi_j^r = \phi_{U,j}^r - \phi_{D,j}^r \tag{5-90}$$

振型差值曲率可以表示为

$$\delta\phi_j^{r''} = \frac{\delta\phi_j^{r+1} - 2\delta\phi_j^r + \delta\phi_j^{r-1}}{h^2} \tag{5-91}$$

式中：$\delta\phi_j^{r-1}$、$\delta\phi_j^{r+1}$ 分别为相邻测点的位移振型差值；j 为模态阶次；h 为相邻两测点间的距离。

结构的振型差值曲率在损伤位置处存在较大的取值，而在无损位置处的值较小，或者接近于 0。因此，结构振型差值曲率可以用来识别结构的损伤位置。

（3）应变曲率模态振型变化量。

结构测点 r 第 j 阶应变曲率模态振型 ϕ_j^r 的表达式为

$$\phi_j^r = \frac{\Psi_j^{r+1} - 2\Psi_j^r + \Psi_j^{r-1}}{h^2} \tag{5-92}$$

式中：h 为两个相邻测点间的距离；Ψ_j^{r-1}、Ψ_j^r、Ψ_j^{r+1} 分别为测点 $r-1$、r、$r+1$ 的应变模态。

定义第 j 阶应变曲率模态的变化量为

$$\delta_j^r = \phi_{D,j}^r - \phi_{U,j}^r \tag{5-93}$$

式中：δ_j^r 为 r 测点第 j 阶应变曲率模态振型的变化量；$\phi_{D,j}^r$ 和 $\phi_{U,j}^r$ 分别为未知状态和无损状态下 r 测点第 j 阶应变曲率模态振型。

（4）应变振型差值曲率。

结构未知状态和无损状态下 r 测点第 j 阶应变模态振型为 $\Psi_{D,j}$ 和 $\Psi_{U,j}$，则应变模态振型差为 $\Delta\Psi_j = \left| \Psi_{D,j} - \Psi_{U,j} \right|$，定义应变振型差值曲率为

$$\Delta\Phi_j^r = \frac{\Delta\Psi_{j+1}^r - 2\Delta\Psi_j^r + \Delta\Psi_{j-1}^r}{h^2} \tag{5-94}$$

式中：$\Delta\Phi_j^r$ 表示 r 测点第 j 阶应变振型差值曲率；h 为两个相邻测点间的距离。

结构的应变振型差值曲率在损伤位置处存在较大的取值，而在无损位置处的值较小，或者接近于 0。结构的应变振型插值曲率可以用来识别结构的损伤位置。

5.5.6.2　泄流结构动态健康监测指标体系

1. 动态健康监测指标体系

作为泄流结构健康监测特征指标，必须对结构的损伤特征具有良好的表征能力，并且组合在一起具有整体性，可以对损伤特征进行比较全面的刻画。选择对泄流结构损伤较为敏感的一系列特征量作为监控指标，构建了泄流结构动态健康监测指标体系，如图 5-82 所示。在实际工程应用过程中，可根据所监测结构的振动特性选择合适的损伤指标、设置相应的阈值。

2. 泄流结构动态健康监测指标的控制标准

1）拱坝结构动态健康监测指标的控制标准

通过开展二滩拱坝、溪洛渡拱坝、小湾拱坝、构皮滩拱坝以及拉西瓦拱坝的水弹性模型试验，以及对二滩拱坝汛期泄洪振动的原型观测，在高拱坝泄洪振动领域取得了一系列研究成果：

（1）在不同泄流条件下，各拱坝振动位移双倍幅值均在 $0.2 \sim 0.6$ mm，满足以 $10^{-5}H$（H 代表水工建筑物的高度）作为"允许幅值"的要求。

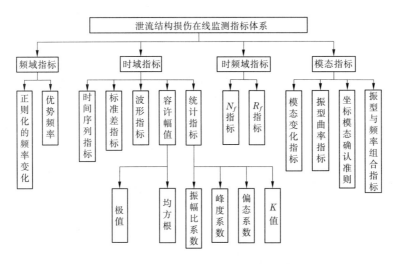

图 5-82　泄流结构动态健康监测指标体系

（2）原型观测和模型试验结果表明,各拱坝的基频位于 1.0～1.7 Hz,泄洪水流荷载主要激起拱坝的低阶振动,振动响应的各分量主要是低频分量。

（3）振动位移响应的功率谱可以分成两个部分:一是水流荷载的频率区段,该部分主要反映水流激励荷载的影响,对应于结构的背景响应分量,响应形式体现为受迫振动;二是拱坝自振频率区段,该部分反映的是拱坝自振对动力响应的放大作用,对应于结构的随机共振响应分量,响应以水力拍振的形式体现。

（4）坝上附属结构的振动响应较同高程坝体振动响应要放大 2～5 倍。

（5）二滩拱坝不同工况下各测点的振幅比系数均在 0.81～1.19,基本在 1 值上下波动;偏差系数范围在 -0.06～0.08,基本在 0 值上下波动;峰度系数范围在 2.42～3.58,围绕 3.0 波动,振动过程基本上服从正态分布。

通过上述对高拱坝泄洪振动的认识,在实际健康监测过程中,宜选取幅值、主频率、波形指标、偏态系数、峰度系数、振幅比系数等作为实时监测的指标,当拱坝最大位移双倍幅值超过 0.2～0.6 mm、主频率变化率超过 10%、波形指标超过 10%、偏态系数大于 4 或者小于 2、峰度系数大于 1 或者小于 -1、振幅比系数小于 0 或者大于 2 时,即认为结构可能存在异常,当连续的三个分析时段内各指标仍出现异常,说明坝体可能存在损伤。可应用正则化的频率变化率、坐标模态确认准则、模态振型变化与固有频率平方比、模态振型变化与固有频率变化平方的比值等指标,结合有限元分析,进行损伤定位。

2）闸墩或导墙结构动态健康监测指标的控制标准

通过大量原型观测与模型试验分析,导墙结构具有以下工作特点:①承受的水流荷载变化频繁;②导墙结构的损伤位置多发生在底部应力最大的位置处;③导墙结构的振动主要以垂直水流方向的一阶振型振动为主,自下而上振动比较同步,导墙顶部的振动位移最大,底部位置处的应力、应变最大。

对于导墙结构的动态健康监测,宜选取波形变化、主频、幅值、时频域 N_f 和 R_f 值作为判断结构是否出现损伤的指标。当未知状态下实测数据与健康时标准数据的波形指标超过 10%、主频变化率超过 10%、N_f 值和 R_f 值远大于 0 时,即认为结构可能存在异常,当连续的三个分析时段内各指标仍出现异常时,即可判断结构出现损伤。此时,可根据正则化的频率变化率、模态振型变化与固有频率平方比、模态振型变化与固有频率变化平方的比值等指标进行损伤定位分析。

5.5.6.3　基于改进 D - S 证据理论的决策融合计算方法

若前文中的各损伤指标都能够在一定条件下对结构所处的工作状态进行一定的判断,同时部分指标还能指示出结构的损伤位置,但是由于受传感器自身原因、工作条件、背景噪声以及分析方法精度等的影响,单一的损伤指标容易产生错误的判断结果。因此,亟需提出一种基于多损伤指标融合决策的数学方法,能够对多种不确定信息进行综合处理,以快速准确地判断结构所处的工作状态,确定损伤发生的位置。

数据融合是一个信息处理系统,它结合从多个信息源得来的数据和相关数据库中的相关信息,获得比单一信息来源更高的精确度和推论。决策级融合是最高层次的融合,对于泄流结构健康监测领域,决策级融合可以综合多个损伤监测指标的识别结果,以提高损伤识别的准确率。首先,使用 n 种损伤识别方法分别对实测数据进行分析处理,包括滤波降噪、模态识别、特征提取等,得出每种损伤识别方法的初步判断结论;其次,通过相关处理、决策级融合判断对各种初步判断结果进行数据融合;最终获得综合推断结果,做出最高级别决策。基于决策级数据融合方法的流程如图 5-83 所示。

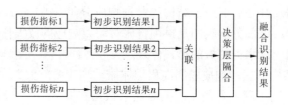

图 5-83　决策级融合的流程

改进方法:对于 D - S 证据理论中的证据组合规则,冲突因子 k 的值越大,表明各个证据之间冲突程度越高。当 $k = 1$ 时,证据无法合成;当 $k \rightarrow 1$ 时,对高冲突证据合成会得到错误的结果。各损伤指标本身特性及测量噪声的影响,使得各指标的识别结果存在一定的偏差。在所用损伤指标数量有限的条件下,很容易给出错误的判断结果。因此,欲将D - S证据理论应用到泄流结构动态健康监测的综合评判中,需要对其组合规则进行一定的改进。

假设 Ω 为一完备辨识框架,框架中包含 N 个两两不同的命题,m_i 是其对应的基本概率分配函数,且满足

$$\sum_{j=1}^{2^N} m_i(A_j) = 1 \quad m_i(A_j) \geqslant 0 , \quad j = 1,2,3,\cdots,2^N , \quad A_j \subseteq \Omega \tag{5-95}$$

则基本概率分配函数 m_1 和 m_2 的 Jousselme 距离可以表示为

$$d(m_1,m_2) = \sqrt{\frac{1}{2}\{[\vec{m_1},\vec{m_1}] + [\vec{m_2},\vec{m_2}] - 2[\vec{m_1},\vec{m_2}]\}} \tag{5-96}$$

式中,$[\vec{m_1},\vec{m_2}]$ 表示两个向量 $\vec{m_1}$ 和 $\vec{m_2}$ 之间的内积

$$[\overrightarrow{m_1}, \overrightarrow{m_2}] = \sum_{i=1}^{2^N} \sum_{j=1}^{2^N} m_1(A_i) m_2(A_j) \frac{|A_i \cap A_j|}{|A_i \cup A_j|} \tag{5-97}$$

实际上,由于受传感器自身条件、噪声以及损伤指标识别精度的影响,每个损伤指标的识别结果在最终决策中所起的作用不同,即在决策中应被赋予不同的权重系数。将每个损伤指标的识别结果看成是一条证据,计算各个证据的平均值定义为平均证据。如果一个证据与平均证据之间的 Jousselme 距离较小,则认为该证据被其他大多数证据所支持,可信度较高,在融合过程中应赋予较大的权重系数,以增强该证据在融合决策过程中的作用;反之,如果一个证据与平均证据的 Jousselme 距离较大,则该证据的可信度较低,应赋予相对较小的权重系数,以减弱其对决策结果可能带来的负面影响。因此,本书改进 D-S 证据理论组合规则的基本思路是:通过每个证据与平均证据的 Jousselme 距离来判断证据的可信度,引入权重系数,对各证据进行加权平均,再利用 Murphy 提出的改进方法进行融合,具体步骤为:

(1)假设有 U 组用于健康监测的损伤定位指标,每个指标的识别结果分别为 $m_i(A_j)$,$A_j(j = 1, 2, 3, \cdots, 2^N)$ 是所有可能出现损伤的位置。计算 U 组识别结果的均值 M 可表示为

$$M(A_j) = \frac{1}{U} \sum_{i=1}^{U} m_i(A_j) \tag{5-98}$$

(2)计算每条证据(各损伤指标的识别结果)与均值 M 的 Jousselme 距离

$$D_i = d(m_i, M) = \sqrt{\frac{1}{2}\{[\overrightarrow{m_i}, \overrightarrow{m_i}] + [\overrightarrow{M}, \overrightarrow{M}] - 2[\overrightarrow{m_i}, \overrightarrow{M}]\}} \tag{5-99}$$

(3)若 D_i 值较大,则认为该证据不可靠,其信任度也较低;相反,D_i 值越小,则该证据的信任度越高。定义信任度函数 T_i 为

$$T_i = \frac{1}{D_i} \tag{5-100}$$

(4)对信任度函数 T_i 进行归一化处理,即可得到各证据的权值 ω_i

$$\omega_i = \frac{T_i}{\sum\limits_{i=1}^{U} T_i} \tag{5-101}$$

(5)对各证据进行加权平均,得到加权平均的证据 $m^*(A_j)$

$$m^*(A_j) = \sum_{i=1}^{U} \omega_i m_i(A_j) \tag{5-102}$$

(6)根据 Murphy 提出的方法融合加权平均后的证据 $m^*(A_j)$,由于系统有 U 个损伤指标,因此将加权平均证据组合 $U-1$ 次。

6　基于物联网的水电站全生命周期
信息采集和融合技术

6.1　基于物联网的水电站全生命周期信息采集技术

信息,是全生命周期管理的主要对象。水电工程建设周期长,参与单位众多,流程管理复杂。目前,水电工程全生命周期信息采集和运用中往往存在以下几个问题:

(1) 全生命周期各阶段(规划、设计、施工、运营)均存在严重的信息流失,主要体现在以下两个方面。一方面,设计过程中使用的设计基本资料通常只有部分信息是结构化的,容易收集和整理,余下的信息都是非结构化的信息,这些信息容易流失。如业主或勘测专业提供的原始资料都是直接提交给项目组的某个设计人员,而其他相关设计人员则需要间接获取数据,这种接力式的数据传递,很难保证数据的准确传达,也很容易造成漏报和缺失的情况。另一方面,由于设计成果提交格式众多,信息的表达没有统一的标准,再加上经常的设计变更产生众多的设计成果版本,不可避免地造成施工、运行阶段对设计成果的错误利用,导致正确信息的丢失。最后,有些信息往往只出现在特定的时候或阶段,此时是采集这些信息的最佳时机,而一旦错过时机,这些信息往往收集起来十分困难,或根本无法再收集。例如,各种设备的信息在进场时收集是最合适和方便的,而过后再收集的话,由于厂家人员已撤离,现场交接人员由于已经过了一段时间,可能对这些信息不再清楚,从而导致设备信息收集困难和不准确。而对于水泥、钢筋等各种耗材,由于已经成为水工构筑物的一部分,后期再收集相关信息往往是不可能的。

(2) 信息共享程度低。水电工程项目包含来自于规划、设计、施工和运营阶段的各个环节、各个部分和各个专业的多种多样的信息:来自业主、设计单位、施工单位、材料供应商以及其他各组织与部门;来自测绘、水文、地质、规划、水工、机电金结、施工、水库、环保水保等各个专业;来自质量控制、安全控制、进度控制、投资控制、合同管理等管理活动的各个方面,具有海量、多源、种类多、流通量大、更新迅速等特点。目前信息的共享交流还是以二维图档形式为主,然而由于表达水电工程建筑物、岩体三维面貌需要大量二维图档支持,因此信息共享的质量和效率严重受到针对二维图档进行的大量关联性分析和版本筛选的影响。此外,目前不同设计单位之间选用的设计软件不同,设计单位内部各专业业务不同导致专业间选用的设计软件也有所差异,因此各专业建立的三维模型在专业间以及设计单位之间均无法有效得到流通和利用,导致信息无法完全共享。

(3) 信息的使用与表达没有有效地反馈工程。主要表现在:设计阶段,设计质量难以保证,存在结构和施工设计方案并未同时满足施工结构安全和施工进度的问题,以致施工阶段出现多次的设计变更;施工阶段,项目管理者无法全面、直观、动态地掌握工程施工过程中的施工进度与结构安全状态,以致没有及时做出有效地调整与控制措施,导致工程施工进度的延误和结构安全问题时有发生。

本章主要针对水电工程全生命周期信息的采集和集成融合方法进行研究,利用 GPS 定位、传感等智能采集技术,实现水电工程全生命周期信息采集;建立全生命期信息模型关键标准和构建方法,实现信息的深度集成融合目标。

6.1.1　概述

信息是综合管理和智能决策的基础,信息采集的实时性、准确性和高效性是高效、科学决策的重要支撑。智能传感设备、无线通信网络、卫星定位技术、射频识别技术等物联网技术的发展和逐渐成熟,为水电工程中应用物联网技术对施工过程信息和运维阶段信息的实时采集奠定了技术基础,如图 6-1 所示。尤其是水电工程中以往迫切需要关注但传统的人工采集方法难以实现的信息采集,通过物联网技术的自动化、智能化采集,具有显著的优势。例如:

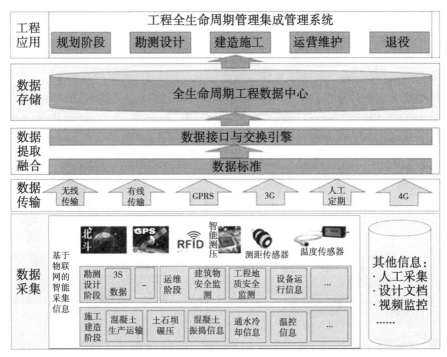

图 6-1　基于物联网的水电工程全生命周期信息采集与传输技术

(1) GPS(全球卫星定位技术),能在全球范围内实时进行定位、导航的系统,是由美国国防部研制建立的一种具有全方位、全天候、全时段、高精度的卫星导航系统,能为全球用户提供低成本、高精度的三维位置、速度和精确定时等导航信息,结合 RTK 高精度差分定位技术,可提供厘米级的定位精度。利用全球卫星定位技术(GPS、北斗定位)的全天候工作、高精度差分技术,可用于实时采集土石坝碾压设备、混凝土坝振捣机等的运动轨迹,监控施工过程中的质量控制情况。

(2) 智能传感设备是具有信息处理功能的传感器,带有微处理机,具有采集、处理、交换信息的能力,是传感器集成化与微处理机相结合的产物。利用微波测距、红外测距、压力传感器、拉线传感器、测温光纤等智能传感设备,可对大型起重设备的载重情况、混凝土内部的实时温度等关系到安全和质量的信息进行实时监控和预警。

（3）射频识别（RFID）是一种无线通信技术,可以通过无线电信号识别特定目标并读写相关数据,而无需识别系统与特定目标之间建立机械或者光学接触。被识别的物品贴有电子标签,标签进入射频识别器的磁场后,接收解读器发出的射频信号,凭借感应电流所获得的能量发送出存储在芯片中的产品信息（无源标签或被动标签）,或者由标签主动发送某一频率的信号（Active Tag,有源标签或主动标签）,解读器读取信息并解码后,送至中央信息系统进行有关数据处理。利用射频通信技术的快速扫描、可穿透性识别、体积小型化等特点,在水电工程中可用于场内交通关键路口的运输设备识别、装卸料场的设备识别等场景。

6.1.2　施工阶段信息智能采集

水电工程施工阶段,其物料运输、施工质量、施工进度以及安全等方面会产生海量的信息,这些信息反映了整个施工阶段工程整体情况。本节主要针对施工阶段信息智能采集技术进行研究。

6.1.2.1　大坝混凝土生产运输信息智能采集技术

大坝混凝土生产运输信息智能采集技术采用北斗卫星定位技术、RFID 技术、射频通信技术、超声波测距技术等物联网技术实施监控,包括服务端、客户端、缆机与侧卸车集成物联监控设备等几个主要部分。监控方案架构设计如图 6-2 所示。

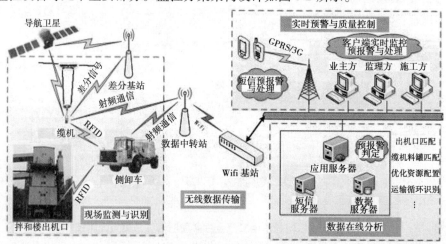

图 6-2　大坝混凝土生产运输监控方案架构

信息智能采集总体方案可概述为以下几个方面:

（1）在每台缆机吊钩上安装集成物联监控终端,该终端集成卫星定位模块、超声测距传感器、数据存储模块、供电模块和射频无线通信模块。

（2）在每台侧卸车上安装集成物联监控终端,该终端集成到达监测、卸料状态传感器、数据存储模块和射频无线通信模块。

（3）在每个拌和楼出机口处、每个缆机料罐（或缆机吊钩）及水平运输路线中关注的位置安装无源标签,设置侧卸车上终端 RFID 模块识别范围,使之能方便地在装料或卸料时识别到对应出机口或缆机料罐(或缆机吊钩)的标签信息,且不能识别到邻近其他出机口或料罐的标签信息。

(4)缆机监控终端监测缆机状态,侧卸车监控终端监测侧卸车卸料动作、识别标签信息,各自将监测数据通过射频无线通信经中转站发送给服务端。

(5)服务端接收数据后,分析并存储数据,实现出机口匹配、缆机匹配、资源配置分析优化、运输循环的识别,并在出现与调度信息不符的情况时向监控终端和客户端报警。

(6)客户端以图形化展示监控数据,同时监控终端和客户端接收到报警信息后提示操作人员和管理人员进行处理,确保运输全过程质量实时受控。

6.1.2.2　大坝混凝土平仓振捣施工过程信息智能采集技术

大坝混凝土平仓振捣施工信息智能采集技术采用北斗卫星定位技术、UWB 定位技术、超声波测距技术等物联网技术实施监控,包括服务端、客户端、集成物联监控设备(针对平仓机、振捣机和手持式振捣器各自配备)等几个主要部分。监控方案架构设计如图 6-3 所示。

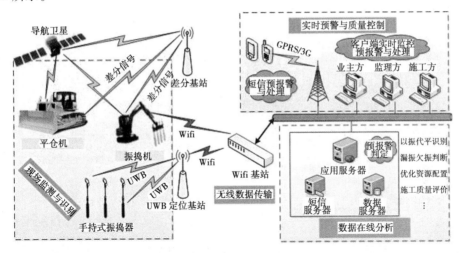

图 6-3　大坝混凝土平仓振捣施工信息智能采集技术方案架构

信息智能采集总体方案可概述为以下几个方面:

(1)在每台平仓机安装集成物联监控终端,该终端集成卫星定位模块、空间测向模块、Wifi 无线通信模块。

(2)在每台振捣机上安装集成物联监控终端,该终端集成卫星定位模块、角度传感器、超声测距传感器、显示模块、数据存储模块和 Wifi 无线通信模块。

(3)在每台手持式振捣器上安装定位标签,在浇筑单元(仓面)四周布设使用 UWB 无线定位技术的基站,与各基站相连的物联监控终端设备集成定位分析模块和 Wifi 无线通信模块。

(4)平仓机监控终端监测平仓机状态,振捣机监控终端监测振捣机施工状态,手持式振捣器监控终端监控手持式振捣器的位置,各终端均将监测数据通过 Wifi 无线通信发送给服务端。

（5）服务端接收数据后,分析并存储数据,实现以振代平识别、漏振欠振过振判断、资源配置分析优化、施工质量评价,并在出现不规范施工现象时向监控终端和客户端报警。

（6）客户端以图形化展示监控数据,同时监控终端和客户端接收到报警信息后提示操作人员和管理人员进行处理,确保仓面作业施工质量实时受控。

6.1.2.3 大型起重机群安全状态信息实时采集技术

大型起重机群立体交叉作业的工作场面在水电建筑施工中极为常见,如塔式起重机、门座式起重机,还可能有汽车式起重机、履带式起重机、轮胎式起重机等在一个仓面内立体交叉作业。这样,由于汽车式起重机、履带式起重机、轮胎式起重机等的可移动性,起重机臂长的伸缩性,起重机臂架高度及自身方位的不确定性使起重机的安全监控相对难度比较大,特别是起重机相互之间的防碰撞问题,用常规方法难以解决,必须利用卫星定位及自动化传感设备才能有效解决起重机防碰撞问题。为解决起重机的运行状态信息采集和起重机群之间的安全碰撞问题,通过在起重机设备上安装系列传感器,由每台起重机的力矩限制器及风速报警、吊车专用摄像机、GPS 天线、GPS 移动基站、GPS 固定基站、数传电台、GPRS 模块、监控服务器、应用软件等组成(见图6-4)。

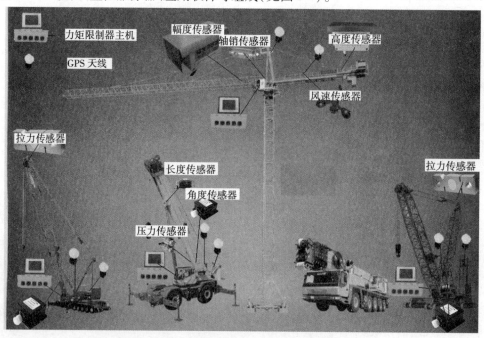

图6-4　大型起重机群安全状态信息实时采集技术

由于利用了卫星定位、定向,可以为大型设备施工安装提供快速定位及导航,特别是像缆索起重机施工跨度大、目标视距远、难以精确定位的情况,此时卫星定位及视频监视系统将能够提供极大的帮助,从而为加快作业速度、缩短施工时间、提高施工效率做出贡献。

6.1.2.4 堆石坝填筑碾压质量信息智能采集技术

堆石坝填筑施工质量控制是堆石坝施工质量控制的主要环节,尤其是堆石坝填筑施工质量直接关系到大坝的运行安全。传统堆石坝的填筑施工质量管理采用常规的依靠人工现场控制碾压参数(如碾压速度与遍数)和人工挖试坑取样的检测方法来控制施工质量,与大规模机械化施工不相适应,也很难达到水电工程建设管理创新水平的高要求。因此,有必要对大坝施工填筑碾压过程质量信息进行实时智能采集及反馈,使大坝填筑碾压质量始终处于受控状态。其技术架构如图6-5所示。

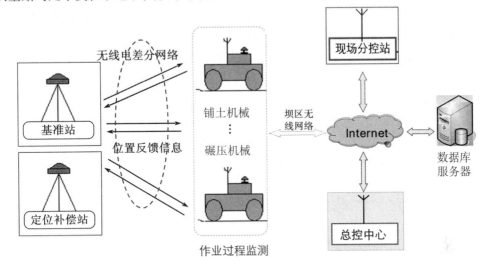

图6-5　堆石坝填筑碾压质量信息自动采集与反馈总体技术方案

1. 差分基准站

GPS差分基准站是整个监控系统的"位置标准"。为了提高GPS接收机的计算精度,使用GPS RTK(动态差分)技术,利用已知的基准点坐标来修正实时获得的测量结果。通过数据链,将基准站的GPS观测数据和已知位置信息实时发送给GPS流动站,与流动站的GPS观测数据一起进行载波相位差分数据处理,从而计算出流动站的空间位置信息,使精度提高到厘米级,这样就可满足大坝碾压质量控制的要求。

2. 铺土、碾压机械监测设备

通过安装在心墙料铺土机械上的高精度定位装置、碾压机械上的GPS接收机和激振力感应器可获得大坝填筑碾压施工过程中铺土高程、碾压机位置、行进速度、碾压遍数和激振力状态等监测数据,然后将有效的观测结果,通过DTU数据传输装置连续、实时地上传至中心数据库,供后续系统软件进行应用分析。

3. 定位补偿装置

水电工程所处河谷狭窄、岸坡陡峻、基坑较深,卫星定位条件不甚理想。GPS定位设备在卫星可视条件不理想的情况下,定位精度将会下降甚至不能完成定位。针对此问题,自主研发定位补偿装置,与GPS设备配合使用,在卫星可视条件良好的情况下通过GPS设备定位,在卫星可视条件不理想的情况下通过定位补偿装置协助定位,确保碾压机械的定位效果满足监控要求。

4. 总控中心

总控中心是大坝碾压质量GPS监控系统的核心组成部分,其主要包括服务器系统、数据库系统、通信系统、安全备份系统以及现场监控应用系统等。总控中心建设在业主营地,配置多台高性能服务器和图形工作站、高速无线内部网络、大功率UPS、投影监控屏幕等,以实现对系统数据的有效管理和分析应用。

5. 现场分控站

现场分控站可建设在对施工干扰小且又邻近施工坝面的安全区域,并应根据大坝建设进展适时调整分控站位置。通过 24 小时常驻监理(三班倒),便于监理人员在施工现场实时监控碾压质量,一旦出现质量偏差,可以在现场及时进行纠偏工作。分控站主要由无线数据通信网络设备、图形工作站监控终端和双向对讲机等组成。建议施工单位亦派出相应人员进驻分控站,应用监控系统指导自身施工。

6. 驾驶室监控终端

通过在驾驶室安装碾压过程监控终端,可使驾驶员形象直观地掌握自身驾驶作业情况,如行车轨迹、错距等,指示漏碾、欠碾及碾够区域,驾驶员可根据终端指示调整碾压作业。

7. 坝区无线通信组网

为把获取的监测数据传送到总控中心和现场监理分控站,做后续的数据应用分析,需建设系统通信网络。可根据实际情况,采用无线电通信、GPRS 移动无线网络或 Wifi、ZigBee的技术方案,包括监控中心(总控中心和现场监理分控站)无线通信设施、高精度GPS 基准站无线电差分网络和碾压车载无线传输网络 3 个组成部分。

6.1.2.5　料源料场及上坝运输实时监控及信息采集技术

在高土石坝填筑施工中,根据料源具体情况,选用不同级配、不同强度的坝料分区填筑,料源与分区要求匹配。同时,由于高土石坝体积庞大、上坝强度高、施工机械数量众多、环节复杂,若不对上坝运输系统进行合理的组织安排,极易造成运输不畅,导致工期延误。如果对上坝运输车辆从料场装料到坝面卸料的全过程进行监控,可及时发现卸料地点错误现象并进行处理,并可统计出上坝道路行车密度与各种坝料上坝强度,作为优化施工组织安排的重要数据参考。

坝料上坝运输实时监控机信息采集技术的解决方案如图 6-6 所示,主要由总控中心和现场分控站的监控终端、GPS/GSM 车载终端、隧洞 ZigBee 定位装置、坝面定位修正站、交通指示引导站和 PDA 信息采集等部分组成。

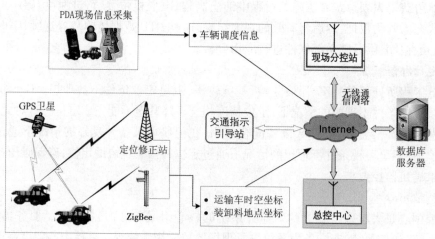

图6-6　上坝运输实时监控的解决方案

图 6-7 为坝料上坝运输实时监控的实现步骤,包括五个阶段。其主要方案如下。

图 6-7　上坝运输实时监控的实现步骤

1.车辆定位及装卸料状态确定

安装在车辆中的 GPS 接收模块,通过 GPS 天线接收到天空中的 GPS 卫星信号之后,运算并确定当前设备的地理位置;车辆进入隧洞时,由安装在隧洞道路岔口处的 ZigBee 装置进行定位;同时,根据装卸料监测装置,利用信号采集装置,确定车辆当前装卸料状态及当前车辆坐标;然后把这些信息发送给 GPS 终端中的 CPU(中央处理器)。

ZigBee 是一种新兴的短距离、低功耗、低数据速率、低成本、低复杂度的无线网络技术。ZigBee 采取了 IEEE 802.15.4 强有力的无线物理层所规定的全部优点:省电、简单、成本又低的规格;ZigBee 增加了逻辑网络、网络安全和应用层。ZigBee 与 RFID 及其他定位技术比较,最大的优点是 ZigBee 是无线技术,安装使用灵活方便。

装卸料监测装置采用微波探测车辆空满载情况,状态转变时识别装卸料动作。

普通车载 GPS 精度在 10 m 以内,不能充分满足坝面卸料位置判定的精度要求。因此,在现场建立定位修正站,对卸料定位数据进行实时修正,修正后定位精度可达米级,满足卸料定位判定的精度要求。

2.无线通信

当中央处理器 CPU 接收到 GPS 接收机发送过来的车辆位置信息之后,通过数学运算把车辆信息(包括位置信息、时间信息、速度信息、状态信息等)压缩并且"IP"数据化,也就是把这些信息压缩成符合 Internet 网络上可以传送的数据包,然后把这些数据包交给设备中的无线通信模块。通信模块收到这些数据包以后根据 CPU 的指令把这些数据包调制成无线通信信号发送给通信网络。当通信网络收到这些信号之后,根据信号中包含的目的地地址发送到 Internet 网络上的某一个 IP 地址。

综合考虑覆盖范围、建设和维护等因素,选择使用 VHF/UHF 低频无线网络作为该系统的无线通信方式,同时使用多点布网的方式进行无线网络布网,根据站点选定情况每个无线站点覆盖面积可以达到 3 ~ 5 km²,在施工区域大概布设 7 ~ 12 个无线站点。

3.数据处理和管理

当数据传送到某一个固定的 IP 地址(总控中心固定 IP 地址)之后,当前的中心通信服务器中的通信管理软件对这些数据包进行解析、派送和管理,并且存储在中心数据服务器上。

当中心数据服务器中的数据库管理软件收到这些数据信息后,根据预先存储在软件中的监控平台信息,把这些车辆的信息对应不同的 ID(信息识别号)发送到用户的监控系统软件上去。

4.车辆跟踪和监控

监控终端收到中心通信服务器发过来的车辆信息,通过使用 GIS 技术、数据库、网络通信技术把这些数据与电子地图进行匹配并显示在监控终端的计算机屏幕上,实现对车辆的动态时空跟踪,并进一步对采集到的车辆状态信息进行分析,判断卸料匹配,以达到料源料场与上坝运输监控的目的。

5. 监控终端报警

根据设定的料源料场上坝要求和监控到的车辆装/卸载信息,当车辆卸料点位置出错时,系统发出报警,提示现场管理人员进行处理。

系统实时监测各主要上坝道路路况,针对道路拥堵现象发出提醒,提示车辆调度人员合理调整运输路径。

对车辆出厂现象进行及时提醒,便于车辆安全规范管理。

6.1.2.6 掺合场施工工艺监控及信息采集

心墙堆石坝施工过程中,掺砾料的施工质量至关重要。由于料场开采的砾石土级配一般无法直接满足心墙料填筑的需要。结合工程实际,需经过掺合级配骨料形成满足级配要求的心墙料。因此,从心墙掺合料施工质量控制的需求出发,有必要对包括原料运输、卸料、铺料、掺拌在内的整个掺合料施工过程进行实时监控与反馈控制。其技术方案如下。

1. 掺拌原料运输卸料监控

心墙掺砾料采用多种掺拌比,要求掺拌原料按要求进入指定掺合场卸料。采用与上坝运输车辆监控类似的技术方案,对掺拌原料卸料地点进行定位监测与对比判定,对卸料地点偏差进行报警。

2. 铺料厚度实时监控

掺合场铺料厚度实时监控系统由自动跟踪全站仪部分与推土机定位棱镜部分组成。系统总体技术方案见图6-8。

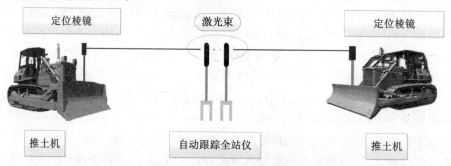

图6-8 掺合场铺料厚度实时监控系统总体技术方案

自动跟踪全站仪装置安放在掺合场高处,俯视铺料现场,发射激光束自动对准推土机进行光学定位,采样间隔可达1 s,定位精度为毫米级,满足掺合场铺料厚度控制的精度要求。

定位棱镜可360°反射全站仪发出的激光束,以光学原理测距对棱镜进行定位,从而推求推土机平仓高程。

3. 挖机掺拌工艺实时监控

挖机作业通过支臂、颤抖组合运动实现。通过在挖机主要关节处安装角度传感器,通过线路传输到中央控制主机,并可由GPS设备授时并定位。中央主机随时将角度及时间通过无线网络传到分析中心,由分析中心根据传感器数据解算正铲当前作业方式,如不符合立采、掺拌的要求则可进行报警提示。

依靠监测仪器监测挖机主要关节的运动状态数据,并通过数学运算求得挖机的整体运动姿态,通过可视化界面进行实时显示。模拟挖机掺拌过程,当监测到掺拌次数不足,或掺拌动作不符合要求(如铲斗举起高度不够)时,系统自动向施工管理人员发出报警,提请及时处理。

6.1.2.7 施工坝料自动加水信息采集及控制

为有效保证施工坝料运输车辆的加水量,避免人工操作的误差以及常规加水量监控的局限性,集成无线射频技术(RFID)、自动控制技术和CDMA无线技术,建设一套土石料运输车辆加水量全天候、远程、自动监控系统,以实现按车按量精细监控,确保加水量满足设定的标准要求。

技术方案见图6-9,实施流程如下:

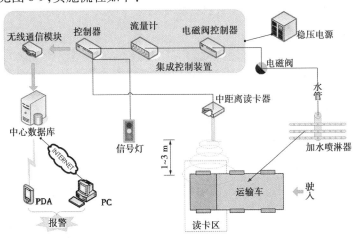

图6-9　施工坝料自动加水控制系统的技术方案

(1)满足上坝运输车辆加水量24 h连续监控的需要。

(2)车辆驶入加水区域后,自动读取加水车辆的信息,如车辆编号、型号、应加水量、应加水时间、载重量等。

(3)采用红黄绿信号灯自动提示车辆加水状态,黄灯表示加水区空闲,红灯表示车辆正在加水,绿灯表示加水结束,车辆可驶离。

(4)车辆驶入加水区域后,系统自动打开加水管道阀门,并在达到该车应加水量后自动关闭阀门;同时,信号灯提示车辆可驶离。

(5)将每台运输车的到达/离开时间(由此计算实际加水时间和实际加水量)、车辆编号等信息自动发送到总控中心,评判该车加水量是否达标;若不达标,通过现场监理分控站的电脑和监理、施工人员的手持PDA进行报警。

(6)按期统计汇总运输车辆的加水情况,形成报表上报相关部门。

6.1.2.8 堆石坝施工信息 PDA 采集与反馈技术

大坝施工质量监控过程中需要通过监理或施工方手持的 PDA 进行现场数据的实时采集,包括大坝填筑碾压信息(洒水量、碾压机械参数、试坑取样参数及现场照片等)和上坝运输车辆信息(车辆载料性质、始发料场、目的卸料分区及载料方量等)两部分,尤其是后者,当施工过程中上坝运输车辆的装载料源和卸料分区发生变化时,需采用手持 PDA

做车辆信息的实时修正。

现场车辆调度人员根据现场实际施工情况,使用 PDA 及时调整上坝运输车辆行驶路径信息,将运输坝料的车辆编号与料场料源、目的卸料地信息,通过无线通信传送到 PDA 服务器;PDA 服务器从中心数据库中调用车载 GPS 监测信息,通过设定的公共字段(车辆识别码),进行两者数据的关联;整合后的新数据重新储存到数据库中,以此实现车辆行驶路径信息的及时更新,有效地避免了卸料错误的误报。

采集到的数据由控制中心分析后得出结论反馈至 PDA 用户手中以指导现场施工。PDA 信息实时采集与反馈的实施方案如图6-10所示。

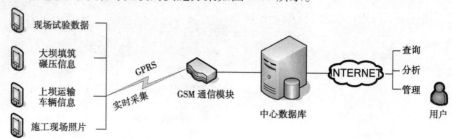

图 6-10　施工信息 PDA 采集的实施方案

6.1.2.9　灌浆信息采集与分析系统

灌浆工程属于隐蔽工程,其施工质量和效果不可能直观地评价,只能借助于分析检查孔资料和分析记录施工过程中的数据来进行评价。在传统灌浆工程中,灌浆参数的量测和记录由人工完成,数据的准确性和全面性会受到人为因素的影响,从而影响灌浆成果的分析。有必要对灌浆施工信息进行实时采集与分析,实现灌浆过程的动态监测和控制,为包括设计管理、施工过程管理、质量管理到成果管理在内的施工全生命周期的大坝灌浆工程管理提供数据支撑,解决方案如下。

1. 灌浆记录仪数据实时无线传输

由于灌浆施工的分散性、流动性以及露天灌浆作业和洞室灌浆作业的特殊性,采用短距离无线网络和移动通信网络技术实现数据的传输,如图6-11所示。

2. 灌浆过程监控与灌浆效果分析

通过展示灌浆的各项数据与指标,帮助工作人员发现灌浆过程中的问题,并进行报警提醒。

通过建立灌浆施工数据库实现数据对接,建立灌浆施工异常情况实时监测与预警系统,提供反馈信息和决策支持。

建立坝基灌浆布置的三维模型,实现灌浆部位和灌浆成果的三维可视化分析,准确、迅速地分析灌浆成果,为工程管理人员提供快速的决策手段,提高工作效率和工作水平。

6.1.3　运维阶段信息智能采集

运维阶段的信息采集包括水工建筑物安全监测信息采集、电厂生产管理信息采集、电站设备状态的计算机实时监控信息采集、电厂生产视频监控数据采集。其中,水工建筑物安全监测信息又包括了监测仪器信息和建筑物巡检信息。具体信息如图6-12所示。

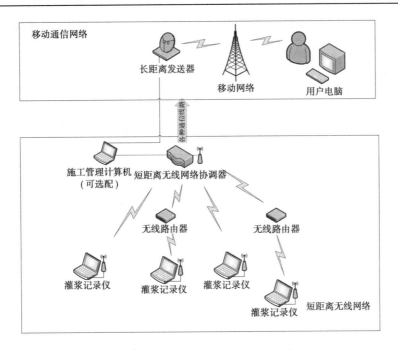

图 6-11　灌浆施工数据传输组网方案

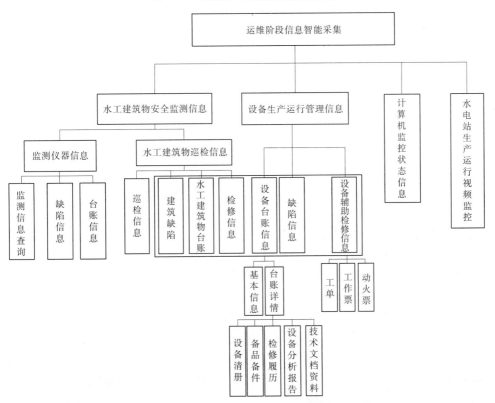

图 6-12　运维阶段信息智能采集内容

运维阶段的数据采集流程如图 6-13 所示,通过采集电厂现有系统(大坝安全监测信息系统、电力生产管理系统、计算机监控系统、水调自动化系统、工业电视系统)数据,包括安全监测、生产管理、计算机监控、生产视频数据,在数据中心进行集中处理后,在应用端,如电力生产可视化管理沙盘或其他应用系统,对数据信息进行调用和展现。

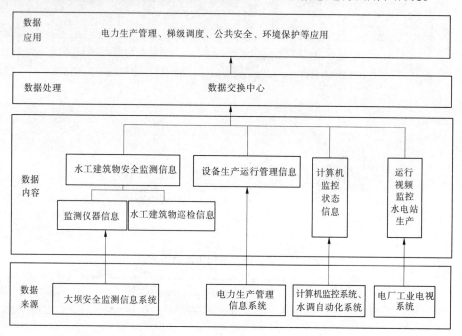

图 6-13　运维阶段数据采集流程

6.2　基于 BIM 的水电站全生命周期信息融合技术

6.2.1　概述

水电工程信息模型是采用数字化技术,通过标准化语义,描述水电工程各阶段、各参与方、各专业中实体对象的数字化模型,用于辅助信息的集成、存储和交换。因此,水电工程信息模型的创建和标准,是信息融合的关键技术。

无论在水电工程领域还是在建筑工程领域,在工程勘探、设计、施工和运营维护的过程中,图纸和相关文件一直以来都是承载工程信息的最重要的媒介。随着工程进度的推进,图纸和文件的数量将呈指数增加。这对管理和利用这些文档造成了很大的困难。

20 世纪末,计算机的推广应用为工程图纸和文件的数字化提供了可能性。各大设计院、施工单位和业主纷纷采用电子文件代替原有的纸质文件来存储和交换工程信息,计算机辅助设计(Computer Aided Design,简称 CAD)开始取代传统的基于纸质文档的信息存储模式。与纸质文件相比,电子文件在存储和检索效率上有了质的提升。此外,计算机上出现的设计绘图和文档编辑软件,也使设计图绘制、文档撰写的方式发生了转变。随着我国全国范围内"甩图板"运动的推进,铅笔、丁字尺等作图工具逐渐成为历史。

CAD技术使得工程信息的创建和存储发生了质的提升,但其海量的电子图纸和文件却难以管理和应用。设计图纸的某一处发生变更,设计人员需要在成山成海的文件中找出所有相应图纸并进行正确的更改。此外,电子文档不能代替纸质文档,在施工图交底、竣工文件交付等关键信息交换节点上,仍需打印成纸质文档才能进行。可以说,CAD技术仅仅提高了人们创造信息的速度,并没有从根本上提升信息存储的质量。究其根本,还在于CAD技术未能有效地将信息加以分析和关联,没有充分发挥数字化的优势。

近年来,在建筑工程领域,建筑信息建模(Building Information Modeling,简称BIM)技术展开了继CAD后第二次建筑工业的革命。根据美国国家BIM标准(NBIMS)的定义,建筑信息模型(BIM)是"建筑物理与功能特性的数字化表达,并作为建筑全生命周期的共享知识源,为项目决策提供有效支持"。BIM集成了三维设计、材料、进度、资源、成本等工程信息于一体,实现了建筑工程不同阶段、不同参与方、不同专业之间的信息集成与共享。

BIM技术并不是建筑工业的"原创"。早在20世纪70年代,制造业就已经开始探索并形成了一整套完整的信息模型理论和应用技术体系。有研究表明,第二次世界大战以来,建筑行业的生产效率(Productivity)不升反降,与其他工业行业形成鲜明的对比,这不得不归咎于建筑行业一直以来信息化水平低的现状。从BIM概念的提出到今天的几十年来,BIM技术在世界范围得到了长足的进步。现在BIM技术在美国、英国、德国、日本、韩国、新加坡、澳大利亚等发达国家和地区均得到了广泛的应用。

信息模型一般由以下内容构成:

(1)实体定义:实体(Entity)是信息模型中最重要的部分。实体定义是通过抽象原则,对实际工程中的一系列对象的概括。一些实体定义的对象是实际存在的物体,如墙、梁、板、柱等;另一些实体则是抽象存在的概念,如施工进度计划、建筑安装成本等。在实际工程中,每一个对象都是实体定义的一个实例实现。

(2)属性信息:属性是用于描述实体信息的重要载体。属性信息的涵盖很广,包括尺寸信息、定位信息、材料信息、施工方式信息、所有者信息、进度信息、资源信息、成本信息等。一个实体可以拥有多个属性,多个实体也可共享同一属性。属性信息可以通过内建、外链等方式与实体相关联。对于有复杂继承关系的实体定义,属性可以通过继承关系与不同的实体相关联。

(3)关联信息:是指约束实体与实体之间信息的相关信息。关联信息的涵盖也很广泛,如用于指定具体某结构柱的材料为C40混凝土的"定义(Define)"关联;用于表达楼梯由扶手、台阶和中间平台组成的"组成(Compose)"关联;用于表达墙顶面标高与板地面标高相平齐的"连接(Connect)"关联,用于表达建筑构件处于某空间之中的"包含(Contain)"关联等。关联关系是信息模型与一般CAD图纸模型的关键区别所在。

信息模型与传统的CAD技术相比有以下优势:

(1)三维可视化:信息模型记录模型的几何、材质和贴图信息,支持三维可视化模型展示。

(2)模型一致性:信息模型作为单一数据源(Single Repository),各子模型视图同出一源,支持同步更新,从而保证模型一致,减少设计错误。

(3)模型关联性:信息模型可以描述并存储模型之间的规则与关联关系,实现在设计变更时自动更新其他模型,维护模型间的协调。

(4)语义丰富性:信息模型通过类的继承关系、类属性、关联关系等方式来精确表达建筑物的各类属性和规则,为更精确的建筑性能分析与评价提供数据支撑。

(5)多源异构信息集成:信息模型支持工程中多源异构信息动态集成,从而形成统一完整的信息模型,并支持基于集成信息实现建筑深度分析与评价。

(6)支持跨专业协同工作:建模过程中各专业应用软件可以借助基于信息模型信息集成与共享平台,为多专业协同工作提供支持。

(7)跨阶段数字化交付:信息模型涵盖规划、设计、施工、运维、拆除全生命周期信息,支持跨阶段的数字化交付,最大限度重用数据,解决信息断层问题。

水电工程与建筑工程有很多相似之处:水电工程全生命周期也可以划分为勘测、设计、施工和运维等阶段;水电工程也同样包含了设计方、施工方、运维方等参与方,而且各参与方的工作模式与建筑工程非常相近。水电工程包括厂房、住宅等与建筑工程相似度极高的工程部分,其他如坝体施工、隧洞施工、道桥施工等也可借鉴建筑工程领域的应用。事实上,近几年来,BIM 的应用已经从原有的住宅和大型公共建筑开始向水利、地铁、公路、铁路、桥梁等领域扩展,信息模型的理念开始深入建设行业的每一部分。

然而,与建筑行业相比,水电工程一般建设周期更长、工程量更大、施工工艺更复杂。水电工程也包含许多例如海漫、消力池、蜗壳等建筑工程中没有的非常规实体。因此,水电工程在借鉴建筑工程信息模型构成的同时,还需结合水电工程的实际需求,对信息模型的内容和表达形式做出新的扩展。

水电工程全信息模型虽然具有很多潜在优势,但目前国内的工程项目参与方对水电工程全信息模型的认识千差万别,这使得项目各参与方无法进行有效的信息交互,很大程度上制约了水电工程全信息模型价值的发挥。

全信息模型技术的应用包括规划阶段、设计阶段、施工阶段以及后期的运营维护阶段,只有各个阶段的数据实现共享交互,才能发挥水电工程全信息模型技术的价值。如果水电工程全信息模型数据交换标准、水电工程全信息模型应用能力评估准则和水电工程全信息模型项目实施流程规范等标准不足,则水电工程全信息模型的应用或局限于二维出图、三维建模的设计展示型应用,或局限于原来设计、造价等专业软件的孤岛式开发,容易造成行业对水电工程全信息模型技术能否产生效益的困惑。由此可见,要想利用水电工程全信息模型技术给行业带来变革,就离不开水电工程全信息模型标准体系的建立和实施。

水电工程全信息模型工作开展较早,但进步相对国内外建筑行业较为缓慢,其主要原因是各设计、施工、开发商、各类技术咨询和研发单位对于水电工程全信息模型标准的认识并不统一,因此需要对水电行业的水电工程全信息模型标准体系进行系统研究,为水电行业的 BIM 应用标准制定奠定基础。

水电工程信息模型标准体系研究,即针对水电行业工程建设项目的特点,建立统一的、开放的、可操作的应用标准,从基础数据、信息交付和执行应用三个层面,指导项目参与方遵从统一的标准进行信息交互,界定各方的权利和义务,推进水电工程全信息模型在水电工程全寿命期中的深入应用。

本节从水电工程信息模型的标准体系及关键技术标准入手,提炼出一整套系统的水电工程全信息模型构建方法和技术,为工程全生命周期信息融合提供技术支持。

6.2.2　水电工程全信息模型技术标准体系

全球建筑信息模型的基本技术标准体系是 buildingSMART 组织主导而建立的,均由 ISO 发布,主要分为三个部分:术语、数据、流程。此种分类方式已被应用在其他产业(如石油和天然气)的信息化标准中,在支持数据交互及相关应用程序开发方面取得了良好的效果。

术语标准是 IFD(International Framework for Dictionaries,ISO 12006—3:2007),目前亦被称为 buildingSMART 数据字典(buildingSMART Data Dictionary,bSDD)并仍在持续更新。数据标准是 IFC(Industry Foundation Classes,ISO 16739:2013),亦被称为 builidngSMART 数据模型(buildingSMART Data Model),目前已经更新至 IFC4。流程标准是 IDM(Information Delivery Manual,ISO 29481—1:2010),亦被称为 buildingSMART 过程(buildingSMART Processes),如图 6-14 所示。

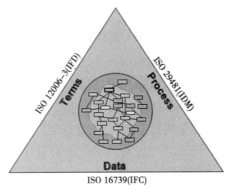

图 6-14　国际信息模型技术标准体系构成

buildingSMART 指出,为了保证信息流动的通畅,需要三个关键因素,它们分别是:

(1)对交换的信息的格式规范(IFC)。

(2)信息交换时间以及信息交换内容的描述(IDM)。

(3)对所交换的信息究竟是什么的定义(IFD)。

IFC、IDM、IFD 三者在建筑信息模型中的关系和作用体现在以下方面:IFC 为软件与软件,或者说机器与机器之间的信息互用指定了规范;IDM 则建立了人与人,或者说是项目参与者之间的交流合作机制;而 IFD 就是将用户层面的合作与机器层面的信息互用连接起来的桥梁。

要全方位描述适用于全生命周期管理的水电工程信息模型,需要回答以下几个问题。

模型以什么格式进行存储? 相互的逻辑关系是什么? 是否可以被全行业广泛共享?

模型中的对象怎么分类编码? 怎样构成组织体系? 是否满足全生命期各阶段的对象组织方式?

各阶段各单位应该怎样交付有效的信息？交付信息的范围、精度是什么？

怎样保障模型创建过程和应用过程中的安全、有效、可共享性？

对目前国际国内各行业信息模型标准体系而言，一般标准体系都分为两个层面：一是面向基础数据层的基础类标准，二是面向企业、项目的实施应用类标准规范。水电工程全信息模型技术标准体系可以参考这些标准体系进行制定，如图6-15所示。

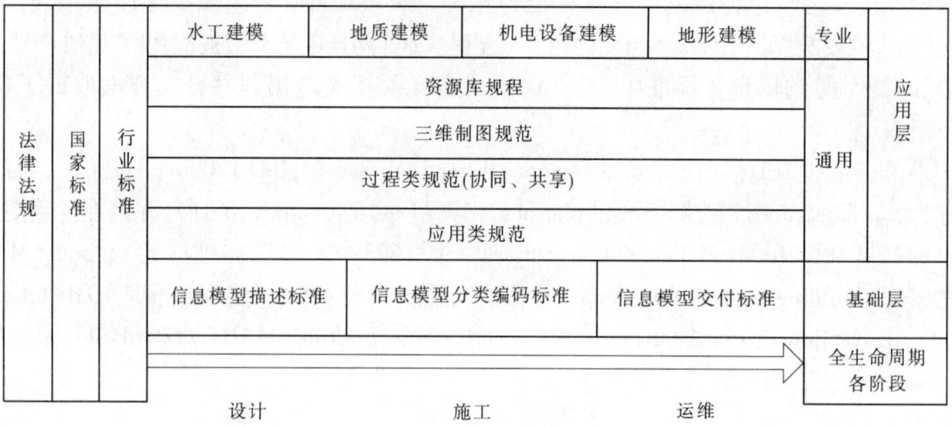

法律法规	国家标准	行业标准	水工建模	地质建模	机电设备建模	地形建模	专业	应用层
			资源库规程				通用	应用层
			三维制图规范					
			过程类规范(协同、共享)					
			应用类规范					
			信息模型描述标准	信息模型分类编码标准	信息模型交付标准		基础层	
			设计 → 施工 → 运维				全生命周期各阶段	

图6-15　水电工程全信息模型技术标准体系

基础类标准主要目标是实现建设项目全生命周期内不同参与方与异构信息系统间的互操作性，并为BIM实施标准的制定提供技术依据，主要用于指导和规范BIM软件开发、系统架构。依据CBIMS和NBIMS方法论，水电行业工程数字化技术标准体系的基础类标准可分为数据描述标准、分类编码标准、信息交付标准。

（1）数据描述标准。主要研究水电工程数字信息模型数据存储格式、语义扩展方式、数据访问方法、一致性测试规范等内容。

目前可行的方案是基于对建筑领域通用的IFC（工业基础类）标准进行扩展的方式实现BIM数据存储标准。借用IFC中资源层和核心层定义的对信息模型几何信息和非几何信息的逻辑及物理组织方式，作为水电工程信息模型数据格式；使用IFC现有的外部参照关联机制，将水电工程BIM信息语义关联到IFC模型。该方案需要对语义扩展规则和方式进行统一的定义。

（2）分类编码标准。主要是对水电工程数字信息模型包含对象的分类编码方式进行规范。

分类编码体系可以参照ISO 12006—2《施工工程信息的组织 第2部分：信息分类框架》，即Omniclass分类方法，结合行业情况建立，形成一个采用面分类法，面向水电工程全生命周期的分类体系。该分类编码体系的设计应考虑与工程建设管理模式、既有水电定额体系、中国国家BIM标准等的协调性。

（3）信息交付标准。主要研究信息的传递和交换过程、信息模型的交付标准。

信息的传递。分析和定义水电建设项目全生命周期内信息流动的过程、规则和场景。信息的传递一般发生在两个维度：全生命周期内规划、设计、施工、运维各阶段之间；业主

（业务主管部门）、设计方、施工方、运营方各参与方之间，或参与方内部各专业之间。

信息模型的交付标准。结合我国水电工程建设管理规定，定义预可行性研究、可行性研究、初步设计、施工图、竣工验收等主要成果节点的信息模型几何信息和非几何信息的精度要求。

实施应用类标准是基础类标准的使用规范，企业可根据实施标准对自身的工作程序、管理模式、资源搭建、环境配置以及成果交付物进行规范化。实施标准中一般包括资源标准、行为标准。

资源标准：资源指各阶段工作中实施 BIM 应用所需要的条件和环境；资源标准是指资源组织和定义相关规范，如软件要求、硬件要求、网络要求、构件库要求等。

行为标准：行为是指实施 BIM 应用工作中相关人员的活动和过程；行为标准是指规范行为的要求和规章制度，如建模、制图、协同规范。

下面将从 3 个基础标准入手，介绍水电工程全信息模型相关关键技术标准。

6.2.3　水电工程信息模型描述与交换标准

6.2.3.1　模型结构

水电工程信息模型是水电工程信息存储、交换与共享的基础，也是水电工程全生命周期管理的数据基础。水电工程与建筑工程有很多相似之处。第一，水电工程全生命期可以划分为投资规划阶段、设计阶段、建设实施阶段、运行维护阶段等，与建筑工程通常划分的方案策划阶段、设计阶段、施工阶段和运营维护阶段 4 个阶段可一一对应。第二，水电专业的厂房部分与建筑工程基本上均是由建筑、结构、给水排水、暖通空调、强弱电等专业协同设计和施工完成的，专业划分几乎一致。第三，水电工程很多结构采用的施工工艺与建筑工程类似，特别是拱坝等混凝土坝的大体积混凝土浇筑，其工序划分与建筑工程较为相似。第四，水电工程设计的各类实体有很多与建筑工程是相同的，如墙、梁、板、柱、基础、层、房间等，这为水电工程采用建筑工程的信息模型标准创造了较大的可能性。综合上述相似性可以看出，在水电工程领域引入建筑工程领域的信息模型标准（如 IFC 标准）的可行性很高。因此，本书将引入 IFC 标准作为水电工程信息模型的整体架构。

6.2.3.2　模型扩展规则与分类结果

针对水电工程的需求，以及 IFC 提供的扩展机制，本书提出以下基于 IFC 标准的水电工程信息模型扩展规则：

（1）水工图纸中反复出现的对象。如闸，坝段，各类孔、井、洞、沟渠等。

（2）类似功能或类似形态实体的抽象概括。如吊物井、灌浆廊道、沙底孔等对象均为坝体内部或外部的空心实体，可概括为 IfcTunnel 类。再如消力池、海漫、水垫塘、护坦、油坑等对象则可以概括为 IfcPool 类。

（3）根据实际需要及命名习惯确定划分细度。如起重机和闸门启闭机均为起重机械，尽管应用位置不同，但可统一划分为起重设备。再如蜗壳尽管是孔洞的一种，但由于蜗壳在水工结构中非常重要，其属性和行为均有其独特性，因此专门定义 IfcVolute 类（继承于 IfcTunnel）用于描述蜗壳。

（4）根据对象的属性和行为将实体聚类。同类实体应继承同一父类，方便定义与应用。例如"坝层实体可以覆盖在其他坝体上",即 IfcRelHydroCovers(水工实体覆盖关系)的 RelatingObject 和 RelatedObject 分别定义为 IfcDamLayer 和 IfcDam。其中,IfcDam 可以是坝体(IfcDamPart),也可以是闸(IfcDamSluice)

参照原有 IFC 定义,在同级别的新增实体中添加对等实体。如建筑单元实体 IfcBuildingElement 的子类 IfcBuildingElementProxy 为建筑一般单元通用实体,即家具、植物、路灯等皆可用此类表达。由于水工单元实体 IfcHydraulicElement 与 IfcBuildingElement 同级,因此水工通用实体不可用 IfcBuildingElementProxy 表达,应新增水工一般单元通用实体 IfcHydraulicElementProxy 实体表达类似实体。

针对上述规则,本书对典型工程的相关实体进行梳理,总结出主要的实体名称,并对这些实体进行分类。下面是实体梳理的结果:

(1)土石坝实体。

相关实体名称:戗堤、弃渣压重区、土工布斜墙、排水棱体、过渡区、反滤层、堆石区、心墙、马道、护坡、框格梁、灌浆平硐、交通洞、导流洞、集水井、交通竖井、防空洞、泄洪洞、混凝土基座、灌浆帷幕、防浪墙、防渗廊道、混凝土板。

(2)重力坝实体。

相关实体名称:护坡、贴坡、排水孔、尾水渠、挡墙、冲沙底孔、鱼道、大物件吊物井、围堰、储门槽、消力池、海漫、导流明渠、灌浆帷幕、贴坡混凝土护岸、闸墩、隔墙、抗冲耐磨层、灌浆廊道、排水廊道、底板(抗浮锚筋束)、防冲墙、沙底孔、休息池。

(3)拱坝实体。

相关实体名称:横缝、事故槽、导流底孔、排架柱、放空底孔、廊道、出口启闭机预留孔、进人孔、坝后桥、事故闸门槽、液压启闭机预留孔、支撑大梁、深孔、封堵平台、水垫塘、二道坝、闸墩。

(4)闸坝实体。

相关实体名称:拦污栅闸、门槽、引水隧洞、防渗板、拦沙坎、冲沙闸、束水墙、铜片止水、导墙、橡胶止水、泄洪闸、挡水坝、工作弧门底坎、检修门槽、砂卵石回填、重力坝、护坦、环保放水管、含漂砂砾石层、防渗土工膜。

(5)地上厂房实体。

相关实体名称:回填、回车场、蜗壳、水轮机组、起重机、其他机电及建筑设施、转子支墩、渗漏集水井、吊物孔、主机井。

(6)地下厂房实体。

相关实体名称:蜗壳、水轮机组、起重机、其他机电及建筑设施、油坑、事故油池、平硐。

(7)进水塔实体。

相关实体名称:闸墩、胸墙、连系梁。

去除重复实体后,上述实体分类如表 6-1 所示。

根据上述扩展规则,本书将上述 96 个实体归类为坝体、闸墩、墙、层、板、孔洞、槽、渠道、池、梁、填挖方、蜗壳、围堰、闸门、止水、场地、道路、水轮机组 18 类实体。再根据模型分类元素,通过类型的细分与合并,本研究共扩展出 40 个元素实体,35 个类型实体,35 个类型枚举实体。其中,新增元素实体的继承关系如图 6-16 所示。

表6-1　扩展实体分类列表

| 实体 | 新增实体 | | | | | | | | | | | | | | | | | 原有实体 | | | |
---	坝体	闸墩	墙	层	板	孔洞	槽	渠道	池	梁	填挖方	蜗壳	围堰	闸门	止水	场地	道路	水轮机组	基础	机械	建筑
铰堤	○																				
弃渣压重区	○																				
土工布斜墙			○																		
排水棱体	○																				
过渡区	○																				
反滤层				○																	
堆石区	○																				
心墙			○																		
马道																	○				
护坡				○																	
框格梁										○											
灌浆平硐						○															
交通洞						○															
导流洞						○															
集水井						○															
交通竖井						○															
防空洞						○															
泄洪洞						○															

续表 6-1

实体	新增实体																		原有实体		
	坝体	闸墩	墙	层	板	孔洞	槽	渠道	池	梁	填挖方	蜗壳	围堰	闸门	止水	场地	道路	水轮机组	基础	机械	建筑
混凝土基座																			○		
灌浆帷幕				○																	
防浪墙			○																		
防渗廊道						○															
混凝土板					○																
贴坡				○																	
排水孔						○															
尾水渠								○													
挡墙			○																		
冲沙底孔						○															
鱼道								○													
大物件吊物井						○															
围堰													○								
储门门槽							○														
消力池									○												
海漫									○												
导流明渠								○													

续表 6-1

实体	新增实体																		原有实体		
	坝体	闸墩	墙	层	板	孔洞	槽	渠道	池	梁	填挖方	蜗壳	围堰	闸门	止水	场地	道路	水轮机组	基础	机械	建筑
贴坡混凝土护岸				○																	
闸墩		○																			
隔墙			○																		
抗冲耐磨层				○																	
灌浆廊道						○															
排水廊道						○															
底板					○																
防冲墙			○																		
沙底孔						○															
休息池									○												
横缝							○														
事故槽							○														
导流底孔						○															
排架柱						○															
放空底孔						○															
廊道						○															
出口启闭机预留孔																					○
进人孔																					
坝后桥	○																				
事故闸门槽							○														

续表 6-1

实体	新增实体																	原有实体			
	坝体	闸墩	墙	层	板	孔洞	槽	渠道	池	梁	填挖方	躯壳	围堰	闸门	止水	场地	道路	水轮机组	基础	机械	建筑
液压启闭机顶留孔						○															
支撑大梁										○											
深孔						○															
封堵平台	○																				
水垫塘									○												
二道坝	○																				
拦污栅闸														○							
门槽							○														
引水隧洞						○															
防渗板					○																
冲沙闸														○							
拦沙坎	○																				
束水墙			○																		
铜片止水															○						
导墙			○																		
橡胶止水															○						
泄洪闸														○							
挡水弧门底坎	○																				
检修门槽							○														

续表 6-1

实体	新增实体																	原有实体			
	坝体	闸墩	墙	层	板	孔洞	槽	渠道	池	梁	填挖方	蜗壳	围堰	闸门	止水	场地	道路	水轮机组	基础	机械	建筑
砂卵石回填	○																				
重力坝											○										
护坦									○												
环保放水管					○																
含漂砂砾石层				○																	
防渗土工膜				○																	
回填											○										
回车场																○					
蜗壳												○									
水轮机组																		○			
起重机																				○	
其他机电及建筑设施																					○
转子支墩																					○
渗漏集水井						○															
吊物孔						○															
主机井						○															
油坑									○												
事故油池									○												
平洞						○															
胸墙			○																		
连系梁										○											

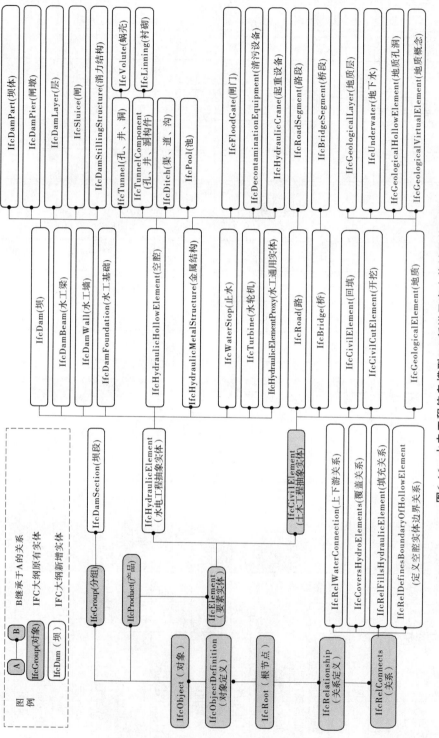

图6-16　水电工程信息模型IFC新增元素实体继承关系图

上述实体在 IFC 各层的分布如表 6-2 所示。

表 6-2 水电工程信息模型 IFC 新增实体在 IFC 各层中的分布

实体类型	领域层	共享层	核心层	资源层
元素实体（Entity）	38	2	—	—
类型实体（Type）	33	2	—	—
类型枚举实体（TypeEnum）	33	2	—	—

6.2.3.3　水电工程新增模型元素

本书共新增元素实体（Entity）40 个，其中 2 个实体位于共享层（IfcHydraulicElement 和 IfcRelDefinesBoundaryOfHollowElements），其余 38 个位于领域层。具体的新增元素实体包括：

（1）24 个水电工程实体。包括水电工程抽象实体（IfcHydraulicElement），该实体继承于 IfcElement，与 IfcCivilElement 实体级别相同，互为兄弟节点。其他 23 个实体均继承于 IfcHydraulicElement，包括坝实体（IfcDam）、水工梁实体（IfcDamBeam）、水工墙实体（IfcDamWall）、水工基础实体（IfcDamFoundation）、空腔实体（IfcHydraulicHollowElement）、金属结构实体（IfcHydraulicMetalStructure）、止水实体（IfcWaterStop）、水轮机实体（IfcTurbine）和水电工程通用实体（IfcHydraulicElementProxy）。其中，坝实体（IfcDam）还包括坝体实体（IfcDamPart）、闸墩实体（IfcDamPier）、层实体（IfcDamLayer）、闸实体（IfcDamSluice）、消力结构实体（IfcDamStillingStructure）；空腔实体还包括孔井洞实体（IfcTunnel）、蜗壳实体（IfcVolute，继承于 IfcTunnel）、孔井洞构件实体（IfcTunnelComponent）、衬砌实体（IfcLinning，继承于 IfcTunnelComponent）、渠道沟实体（IfcDitch）、池实体（IfcPool）；金属结构实体还包括闸门实体（IfcFloodGate）、清污设备实体（IfcDecontaminationEquipment）、起重设备实体（IfcHydraulicCrane）。

（2）11 个土木工程实体。所有新增实体均继承于 IfcCivilElement。包括路实体（IfcRoad）、路段实体（IfcRoadSegment，继承于 IfcRoad）、桥实体（IfcBridge）、桥段实体（IfcBridgeSegment，继承于 IfcBridge）、回填实体（IfcCivilFillElement）、开挖实体（IfcCivilCutElement）、地质实体（IfcGeologicalElement）、地质层实体（IfcGeologicalLayer）、地下水实体（IfcUnderwater）、地质孔洞实体（IfcGeologicalHollowElement）、地质概念实体（IfcGeologicalVirtualElement）。

（3）1 个组实体坝段（IfcDamSection），继承于 IfcGroup。

（4）4 个关系实体。新增关系实体均继承于 IfcRelConnect，分别是上下游关系（IfcrelWaterConnection）、覆盖关系（IfcCoversHydroElements）、填充关系（IfcRelFillsHydraulicElements）和定义空腔实体边界关系（IfcRelDefinesBoundaryOfHollowElements）。

以水电工程单元（IfcHydraulicElement）为例，其 EXPRESS 表述如下：

IfcHydraulicElement 包括组成水电工程的主要实体。例如，组成大坝的坝体、孔洞，以及金属结构（如闸门、起重机、电梯等）、水轮机组等。IfcHydraulicElement 通过反向属性追溯相关的关系实体，从而存储相应的关联信息。以下是与 IfcHydraulicElement 相关的主要关系实体：

（1）（逻辑上）作为一个组（Group）的一部分。

相关的关系实体：IfcRelAssignsToGroup

通过关系实体关联的实体类型：IfcGroup（及其子类型）

对应的反向属性：HasAssignments

（2）关联进度。

相关的关系实体：IfcRelAssignsToProcess

通过关系实体关联的实体类型：IfcProcess（及其子类型）

对应的反向属性：HasAssignments

（3）关联结构分析对象。

相关的关系实体：IfcRelAssignsToProduct

通过关系实体关联的实体类型：IfcStructuralMember（and by default IfcStructuralCurveMember）

对应的反向属性：HasAssignments

（4）组成其他实体，或由其他实体组成。

相关的关系实体：IfcRelAggregates

通过关系实体关联的实体类型：IfcElement（及其子类型）

对应的反向属性（forcontainer）：IsDecomposedBy

对应的反向属性（forcontainedparts）：Decomposes

（5）使用某种材料。

相关的关系实体：IfcRelAssociatesMaterial

通过关系实体关联的实体类型：IfcMaterialSelect（andselecteditems）

对应的反向属性：HasAssociations

（6）与分类关联。

相关的关系实体：IfcRelAssociatesClassification

通过关系实体关联的实体类型：IfcClassificationNotationSelect（andselecteditems，defaultIfcClassificationReference）

对应的反向属性：HasAssociations

（7）与外接库关联。

相关的关系实体：IfcRelAssociatesClassification

通过关系实体关联的实体类型：IfcLibrarySelect（andselecteditems，defaultIfcLibraryReference）

对应的反向属性：HasAssociations

（8）关联文档。

相关的关系实体：IfcRelAssociatesDocumentation

通过关系实体关联的实体类型：IfcDocumentSelect（andselecteditems，defaultIfcDocumentReference）

对应的反向属性：HasAssociations

（9）属于某种类型。

相关的关系实体：IfcRelDefinesByType

通过关系实体关联的实体类型：IfcHydraulicElementType（及其子类型）

对应的反向属性：IsTypedBy

（10）关联属性集。

相关的关系实体：IfcRelDefinesByProperties

通过关系实体关联的实体类型：IfcPropertySetDefinition

对应的反向属性：IsDefinedBy

（11）与其他实体相连。

相关的关系实体：IfcRelConnectsElements

通过关系实体关联的实体类型：IfcElement

对应的反向属性：ConnectedTo

对应的反向属性：ConnectedFrom

（12）属于或包含在某个空间中（严格的层级关系）。

相关的关系实体：IfcRelContainedInSpatialStructure

通过关系实体关联的实体类型：IfcSpatialStructureElement

对应的反向属性：ContainedInStructure

（13）与某个空间有关（非严格的层级关系）。

相关的关系实体：IfcRelReferencedInSpatialStructure

通过关系实体关联的实体类型：IfcSpatialElement

对应的反向属性：ReferencedInStructure

（14）作为空间（IfcSpace）的边界。

相关的关系实体：IfcRelSpaceBoundary

通过关系实体关联的实体类型：IfcSpace

对应的反向属性：ProvidesBoundaries

（15）被其他水电工程单元实体覆盖，或覆盖在其他水电工程单元实体上。

相关的关系实体：IfcRelCoversHydroElements（※本标准新增实体）

通过关系实体关联的实体类型：IfcHydraulicElement

对应的反向属性：HasCoverings

（16）包含孔、洞、井、槽、坑等扣减实体。

相关的关系实体：IfcRelVoidsElement

通过关系实体关联的实体类型：IfcFeatureElementSubtraction

对应的反向属性：HasOpenings

（17）填充或占据其他水电工程单元实体。

相关的关系实体：IfcRelFillsHydraulicElement（※本标准新增实体）

通过关系实体关联的实体类型：IfcHydraulicElement

对应的反向属性：FillsVoids

EXPRESS 描述：

```
ENTITY IfcHydraulicElement
ABSTRACT SUPERTYPE OF(ONEOF(IfcDam, IfcHydraulicHollowElement, IfcHydrau-
licMetalStructure, IfcSealing, IfcTurbine));
SUBTYPE OF IfcElement;
INVERSE
HasCoverings : SET OF IfcRelCoversHydroElements FOR RelatingElement;
END_ENTITY;
```

6.2.3.4　水电工程专业子模型

水电工程专业子模型是指根据使用者的特定需求形成的水电工程信息模型的子集。一般来说,模型子集根据具体工程阶段或具体参与方定义,包含一系列的工程信息。前者一般称为面向过程的水电工程信息子模型,而后者称为面向参与方的水电工程信息子模型。

面向过程的水电工程信息子模型包括具体过程的输入及输出的所有信息,简称过程子模型或任务子模型。完整的水电工程信息模型实际上是工程全生命周期中所有过程子模型的综合。因此,根据工程的阶段划分,水电工程全生命期的子模型也可划分为投资规划阶段子模型、设计阶段子模型、建设实施阶段子模型和运行维护阶段子模型等。

面向某参与方的水电工程信息子模型包括具体参与方的输入及输出的所有信息。参与方子模型是该参与方参与的所有过程的子模型的组合。例如,某水电工程的施工总包参与了坝体施工及其金属结构的安装,则该施工总包的子模型至少涵盖坝体施工和金属结构安装两个过程子模型。值得一提的是,完整的水电工程信息模型不仅是所有过程子模型的并集,同时也是所有参与方子模型的并集。

在建筑领域,建筑信息模型(BIM)也有其相应的子模型,也可以分为面向过程和面向参与方的子模型。同时,由于 BIM 领域有成熟的 IFC 标准作为数据支撑,其子模型也有基于 IFC 的描述方式——子模型视图(Model View Definition,简称 MVD)。MVD 可以分为类型和对象两大级别。其中,类型级别 MVD 不包括实体过滤条件,对应于相应类型的所有实体;而对象级别 MVD 包括实体过滤条件,要求集合内的实体满足实体过滤条件。MVD 的理念和提取方法随着应用的深入,正在逐步完善和成熟。水电工程信息模型也可以借用 MVD 的概念,利于 IFC 大纲来描述相应子模型,为基于 IFC 的水电工程信息模型信息交换与共享提供支持。

采用过程子模型的方式定义交付内容,即将水电工程全生命期划分为方案设计模型、初步设计模型、施工图设计模型、深化设计模型、施工过程模型、竣工交付模型和运营维护模型共 7 项,并规定了相应阶段的精细度水平和具体的模型内容。如果用户需要制定更精细的交付需求,建议采用 MVD 的方式具体定义。

6.2.4　水电工程分类与编码标准

目前,国际上针对建筑全生命周期的分类大编码体系主要以 ISO 12006—2 为基础扩展,如 BSAB 96、DBK 2006、NS3451:2009、Uniclass、OmniClass 等。其中,UniClass 与 OmniClass 为目前建设全生命周期主流编码体系,二者均采用面分类法将工程建设过程相关内容分解为多个维度,在各维度内采用线分类法将概念按层次分解,而目前国内水电工程建设领域的编码标准以线分类法为主,虽然以KKS(电厂标识系统)为代表的国家编码标准采用了面分类法的方式,并对电厂工程编码标识具有优秀的针对性,但难以覆盖整个项目全生命周期。

以下从水电工程全信息模型编码分类标准的分类编码原则、应用体系架构、理论模型、编码规则、关键技术及管理机制等方面进行描述,并提出实例验证。

6.2.4.1　分类编码原则

水电工程全生命周期信息分类编码应用体系,是以建筑全生命周期信息分类编码体系为基础,支持面向特定建设专业领域中的特殊实际应用需求的分类编码编修方法与应用模式。根据其定义与目前国内水电产业现状,其应包括以下四个基本原则:

(1)完备性。在项目时间维度,应覆盖建设项目全生命周期;在项目范围维度,应囊括各参与方及工作所涉及的信息;在信息类别维度,应包括建设成果、建设目标及建设资源三类对象。

(2)兼容性。应支持面向特定建设行业中的特殊实际应用需求,可与现行建设行业分类编码标准兼容。

(3)动态性。针对全生命周期分类编码内容,为保证切实应用,可分为行业动态性与项目动态性。其中,行业动态性指各行业所用的分类编码是非固定的;项目动态性指单个项目在实际进行过程中,分类编码体系可根据实际需求实现即时更新。

(4)共享性。针对全生命周期分类编码内容,分类编码体系应包括各建设行业项目全生命周期内的共同概念,从而实现建设产业的内部分类编码共享。

6.2.4.2　应用体系架构

应用体系整体架构主要包括三个部分:理论模型、关键技术、管理流程,如图6-17所示。该架构以理论模型为出发点,在其实例化的基础上,通过关键技术的支撑,以保障管理流程的正常进行,并对实际应用过程中的问题进行解决与反馈,以完善分类编码。

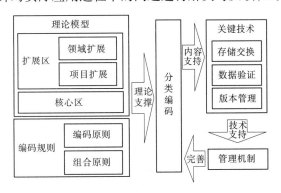

图6-17　应用体系架构

该架构相对于当前全生命周期分类编码体系有以下优势:

(1)更完备。当前全生命周期分类编码体系虽然面向全生命周期,但一般仅针对于建筑行业,如交通、水利等其他建设行业并不能直接应用。该架构所覆盖的概念范围超过目前已有的分类编码体系,面向大部分建设行业。

（2）更实际。目前的主流全生命周期分类编码体系并无法保证其分类编码结果满足行业应用需求，同时其编修过程更限制了其时间有效性。应用该框架可保持分类编码与应用需求的适应性。

（3）针对全生命周期信息化过渡。在如水电、高速公路、轨道交通、桥梁等建设领域，全生命周期信息化并未完全开展，因而全生命周期分类编码体系无法在短时间内替代目前在该领域正在使用的分类编码标准，即无法快速投入实际应用。而该框架通过融合当前的分类编码标准，可直接应用于实际工程中，从而为分类编码的全生命周期信息化过渡提供了可行方案。

该架构相对于各建设行业当前应用的分类编码体系有以下优势：

（1）全生命周期化。该架构将当前应用的分类编码体系纳入全生命周期分类编码体系架构，使其可应用于全生命周期信息化系统与应用程序，从而为各建设行业全生命周期信息化提供有力支持。

（2）丰富化。该架构基于面分类法，采用多编码综合表达的方式。相对于行业传统分类编码体系中的单一编码形式，该方式可表现信息更丰富。

6.2.4.3　理论模型

水电工程全生命周期概念一般应包括建设成果、建设过程以及建设资源，如图 6-18 所示。建设行为应理解为投入建设资源，在经过一系列建设过程后形成建设成果。

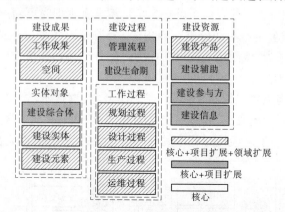

图 6-18　整体理论模型

在水电工程建设成果概念中，最终形成的功能性独立概念被称为建设实体。建设实体的有机结合体被称为建设综合体，而建设实体的组成部分被称为建筑元素。同时，在建设成果中，工作成果以及空间两个概念是实体对象的另一个侧面。其中，工作成果是不局限于最终结果的建设成果，可为实体也可为非实体。空间一般指建筑中由楼板、屋顶、墙面等构件围成的区域或自然植被划分出的通路。

在水电工程建设过程概念中，核心概念为建设生命期。对于建设生命期的定义、划分应是全行业通用的。而对建设过程的直观理解则是工作过程，即建设生命期各阶段中的各项工作的定义，包括规划过程、设计过程、生产过程以及运维过程。管理流程亦属于建设过程，其特殊性在于其可以对建设过程进行控制。

水电工程建设资源概念主要可分为 4 类，包括建设产品、建设辅助、建设参与方以及建设信息。其中,建设产品指在建设过程中应被使用的资源实体,如材料、设备等。建设产品可具有多种复杂度,其可以单独构成建设实体也可与其他建设产品组合构成建设实体。

本书将建设全生命周期各概念的面分类结果按核心、领域扩展、项目扩展这三个区域进行归类。核心区中的概念在建设产业中各行业均应涉及,其分类编码应为全行业通用;领域扩展区中的概念与专业领域相关发生变更,其分类编码应为单一行业通用;项目扩展区中的概念均考虑在建设项目中可能发生的变更。如图6-18所示,所有面概念均有部分或全部属于核心区范畴,部分面概念属于项目扩展区范畴,而其中的部分则属于领域扩展区范畴。

同时,该理论模型的可扩展性不仅体现在已有面概念内部的扩展,面概念同样可扩展,而面概念扩展是领域扩展的主要形式。

6.2.4.4　编码规则

理论模型为分类提供依据,编码通过规则进行统一。目前全生命周期分类编码标准的编码方式基本一致,面分类结果以2位数字或字母标示,后续添加线分类结果。而在线分类结果中,各层级使用2位数字标示。在面分类结果以及各级线分类结果之间使用指定符号统一分隔。我国大部分建设工程实际应用编码标准要求编码精确至同类中的指定对象,因此在分类编码的基础上,会增加标记码以与其他同类对象进行区分。以全生命周期分类编码为基础,以实际应用为目标,本书提出了全生命周期应用编码形式,如图6-19所示。

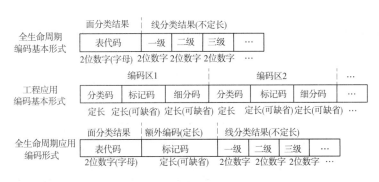

图6-19　典型编码规则一

有的全生命周期分类编码标准中对编码组合规则进行了定义(如OmniClass),而在工程应用分类编码标准中,编码组成存在固定形式,并不能任意组合。为了充分体现面分类的多视角优势,在保留组合自由度的同时能充分突出编码含义,本书参考OmniClass中基于符号的编码组合方式定义了基于特征前缀的编码自由组合方式(见图6-20)。

在OmniClass中,使用" + "" / "" < "" > "将两个编码组合成为一个编码。其中," + "表示两个编码概念的交集;" / "表示以两个编码为始终的整个范围;" < "和" > "表示两个概念是整体和部分的关系。由于在工程实际应用过程中并不需要对于范围进行描述,同时整体与部分的关系属于概念交集的一种,因此仅应保留概念交集这种组合情况。同时,在OmniClass中对关联定义并不明确,存在于组合中的编码可能并不直接包括目标

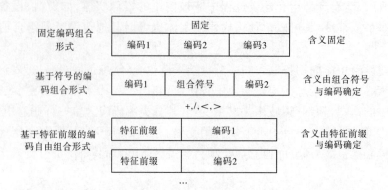

图 6-20　典型编码组合规则二

概念,而仅表示修饰。如房间 1 中的开关 1,虽然包括房间编码,但实际并不属于房间。从而,编码的特征前缀应包括"修饰"与"归类"两种类型。

6.2.4.5　关键技术

1. 存储交换

考虑编码结构以及在实际项目中应用的经常性更新需求,对于编码的存储与数据交换主要采用文件形式,以 XML 为基本格式,同时亦可支持数据库存储方式。在实际项目中所使用的编码包括两种类型:分类编码、实例编码。其中,分类编码并不包含标记码部分,旨在为实例编码提供基本依据;实例编码在分类编码的基础上增加标记码,并保证所有编码结果的唯一性。

分类编码与实例编码均属于树结构。其中,分类编码树各层均包括 GUID(全球唯一标识)、编码、名称、描述等属性,实例编码树应在此基础上,对各节点增加标记码列表。以 GUID 将分类编码与实例编码中标记码列表关联可保证分类编码与实例编码的协调性。分类编码与实例编码所包括的内容范围如图 6-21 所示。

图 6-21　分类编码与实例编码内容范围

2. 数据验证

对编码的数据验证主要包括机械验证与人工辅助验证。机械验证针对数据格式,判断其是否能够使用。所针对的对象可分为数据结构格式与数据内容格式。其中,数据结构格式指数据是否可解析成约定的形式。对于数据结构格式的验证首先需要经过语法验证、字段完备性验证、分类与实例编码的对应性验证等可解析性验证,从而保证可以将数据解析成需要的分类编码体系信息。在数据结构格式验证的基础上进行的数据内容格式验证,主要指对各字段内容是否正确、缺省是否符合要求、标记码唯一性等类似验证。

人工辅助验证主要发生在分类编码进行变更之后。变更所涉及的分类编码的增加、修改、删除等操作需要由专门人员进行审核与批准。

3. 版本管理

在项目实施过程中，实例编码与分类编码均可能发生变更。由于施工现场的复杂性，实例编码的变更容易发生。为了预防变更后不可预知的问题，需要对每次变更后的编码结果进行记录。同时，为了更精确地知晓每次变更的具体内容，需要一套良好的变更分析机制。

为了可以仅通过变更前后的结果分析每次变更的情况，并实现每次变更操作的可回溯，需要对变更操作的基本类型进行分析，同时提供相应的识别与可回溯的操作定义。基于树状 XML 格式的编码变更识别与操作定义如表 6-3 所示。

表 6-3 编码变更基本类型与定义

变更类型	针对对象	识别依据	操作定义
新增	分类编码、实例编码	变更后新增 GUID	在指定父节点下新增节点以及一系列子节点
删除	分类编码、实例编码	变更后 GUID 消失	删除指定父节点下的节点以及其所有的子节点
修改	分类编码	在变更前后 GUID 均存在	将指定 GUID 的节点内容由内容1变更为内容2
新增标记码	实例编码	列表对比	指定 GUID 的标记码列表中，增加一系列标记码
删除标记码	实例编码	列表对比	指定 GUID 的标记码列表中，删除一系列标记码

编码变更的基本类型包括新增、删除以及内容变更。表 6-3 对新增与删除操作定义互逆，因此支持操作回溯。但是，该操作定义对操作顺序存在要求：对于新增，需要保证父节点先行新增；对于删除，需要保证全部应删除子节点先行删除。因此，我们将一系列相互依赖的新增或删除操作定义为一棵新增树或删除树。新增树或删除树之间有以下性质：

(1)完整的新增树之间或完整的删除树之间无关。

(2)新增树与删除树之间无关。

(3)完整的新增树中某一节点的所有父系节点是该节点的前置节点。

(4)完整的删除树中某一节点的所有子系节点是该节点的前置节点。

从而，可以以完整的新增树和删除树为单位将新增和删除操作归类，与其他操作结合，形成相互独立的若干操作或操作序列。

该变更分析方式具有以下优势：

(1)不依赖操作数据。变更分析仅基于变更前与变更后的数据，并不需要保留具体的用户操作数据。

(2)操作级别可回溯。变更分析将变更分解为若干操作，可按需求对部分操作进行回溯。

（3）支持跨版本分析。变更分析并不限制在相邻版本之间，任意两个版本均可进行分析。

同时，针对多方同时进行的变更，需实现多版本数据的融合，该融合针对衍生自同一原始版本的两个更新版本。在对二者进行更新分析的基础上，需要对分析结果中的所有操作与操作序列中涉及的节点进行逐一排查。若针对各节点的操作存在冲突，则需要交由人工进行判断。

6.2.4.6　管理机制

在项目实施过程中，分类编码需要一套严格的管理机制以维持其使用的有序性。图6-22以项目为主体，展示了分类编码的应用与管理机制。

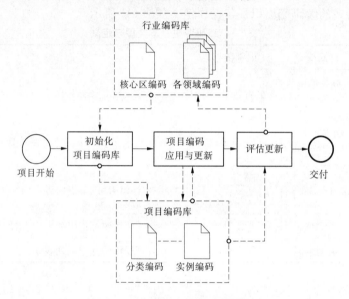

图 6-22　分类编码应用与管理机制

其中，行业编码库需要由可主导行业的机构、组织或公司负责维护。在建设项目初期，从行业编码库中提取所需分类与编码数据，以形成包括分类编码与实例编码的项目编码库。在项目实施过程中，对于编码的变更与维护仅针对项目编码库。在项目交付前，需将分类编码最终结果提交给行业编码库负责方，在评估之后将有效更新纳入行业编码库。

6.2.4.7　实例

以形成水电工程建设行业全生命周期分类编码体系为目标，在OmniClass分类法基础上进行分解，并结合工程实际需求与当前采用的分类编码体系进行领域扩展。该扩展有线分类扩展与面分类扩展两类。

1. 线分类扩展

在原有面分类的基础上，针对水电工程建设行业的特征，对各概念进行进一步线分类。如在《建筑工程设计信息模型分类和编码标准》"表30 - 建筑产品"中增加水工构筑物，包括坝、空腔、金属结构、机械等分类并进行进一步划分，见表6-4。

表 6-4　建筑产品水工编码线分类典型扩展

编号	名称	翻译
30-70.00.00	水工构筑物	Hydraulic structures
30-70.10.00	坝	Dam
30-70.10.10	坝体	Dam
30-70.10.10.10	戗堤	Dike
30-70.10.10.20	排水棱体	Drainage prism
30-70.10.10.30	堆石区	Rockfill area
30-70.10.10.40	二道坝	Two dam
30-70.10.10.50	拦沙坎	Stop bar
30-70.10.10.60	心墙	Heart wall
30-70.10.10.70	围堰	Coffer dam
30-70.10.15	闸墩	Pier
30-70.10.15.10	边墩	Pier
30-70.10.15.20	中墩	Pier
30-70.10.20	层	Layer
30-70.10.20.10	反滤层	Anti filtration layer
30-70.10.20.20	过渡区	Transition zone
30-70.10.20.30	灌浆帷幕	Grouting curtain
30-70.10.30	梁	Beam
30-70.10.30.10	连系梁	Tie beam
30-70.10.30.20	水工大梁	Hydraulic girder
30-70.10.40	墙	Wall
30-70.10.40.10	胸墙	Parapet
30-70.10.40.20	束水墙	Beam wall
30-70.10.40.30	导墙	Guide wall
30-70.10.40.40	隔墙	Partition
30-70.10.40.50	防冲墙	Anti scour wall
30-70.10.40.60	防浪墙	Wave screen
30-70.10.40.70	土工布斜墙	Soil wall inclined wall
30-70.10.50	基础	Basics
30-70.10.60	闸	Gate
30-70.10.60.10	消力结构	Dissipation structure

续表 6-4

编号	名称	翻译
30-70. 10. 60. 20	趾墩	Toe pier
30-70. 10. 60. 30	消力墩	Eliminating force pier
30-70. 10. 60. 40	尾坎	Wei Kan
30-70. 20. 00	空腔	Cavity
30-70. 20. 10	孔洞	Void
30-70. 20. 10. 10	蜗壳	Volute
30-70. 20. 10. 15	灌浆廊道	Grouting corridor
30-70. 20. 10. 20	排水廊道	Drainage corridor
30-70. 20. 10. 25	沙底孔	Sha Di hole
30-70. 20. 10. 30	排水孔	Drainage hole
30-70. 20. 10. 35	冲沙底孔	Sand bottom
30-70. 20. 10. 40	大物件吊物井	Large object lift well
30-70. 20. 10. 45	导流底孔	Diversion tunnel
30-70. 20. 10. 50	放空底孔	Emptying bottom outlet
30-70. 20. 10. 55	进人孔	Manhole
30-70. 20. 10. 60	出口启闭机预留孔	Opening and closing machine reserved hole
30-70. 20. 10. 65	引水隧洞	Diversion tunnel
30-70. 20. 10. 70	渗漏集水井	Seepage collection well
30-70. 20. 10. 75	吊物井	Suspended matter well
30-70. 20. 10. 80	主机井	Host well
30-70. 20. 10. 85	平硐	Adit
30-70. 20. 10. 90	衬砌	Lining
30-70. 20. 20	渠道	Channel
30-70. 20. 20. 10	尾水渠	Tailrace
30-70. 20. 20. 20	鱼道	Fishway
30-70. 20. 20. 30	导流明渠	Diversion channel
30-70. 20. 30	池	Pool
30-70. 20. 30. 10	消力池	Dissipation pool
30-70. 20. 30. 20	海漫	Apron
30-70. 20. 30. 30	休息池	Resting pool
30-70. 20. 30. 40	水垫塘	Water cushion pool

续表 6-4

编号	名称	翻译
30-70. 20. 30. 50	护坦	Apron
30-70. 20. 30. 60	事故油池	Accident oil tank
30-70. 20. 30. 70	油坑	Oil pit
30-70. 30. 00	金属结构	Metal structure
30-70. 30. 10	闸门	Sluice gate
30-70. 30. 10. 10	工作闸门	Working gate
30-70. 30. 10. 20	事故闸门	Accident gate
30-70. 30. 10. 30	检修闸门	Maintenance gate
30-70. 30. 20	清污设备	Cleaning equipment
30-70. 30. 20. 10	耙斗式清污机	Scraper bucket type cleaning machine
30-70. 30. 20. 20	回转式清污机	Rotary cleaning machine
30-70. 30. 20. 30	抓斗式清污机	Grabbing cleaning machine
30-70. 30. 20. 40	起重设备	Lifting equipment
30-70. 30. 20. 50	升船机	Ship lift
30-70. 30. 20. 60	起重机	Crane
30-70. 30. 20. 70	启闭机	Opening and closing machine
30-70. 40. 00	止水	Stop
30-70. 40. 10	铜片止水	Copper sealing
30-70. 40. 20	橡胶止水	Rubber sealing
30-70. 50. 00	水轮机	Hydraulic turbine
30-70. 50. 10	冲击式水轮机	Impulse turbine
30-70. 50. 20	反击式水轮机	Counterattack type turbine
30-70. 50. 20. 10	混流式水轮机	Mixed flow turbine
30-70. 50. 20. 20	轴流式水轮机	Axial flow turbine
30-70. 50. 20. 30	斜流式水轮机	Inclined flow turbine
30-70. 50. 20. 40	贯流式水轮机	Cross flow turbine

因此,对于某一混流式水轮机,可以编号为"30-02. 70. 50. 20. 10",其中"02"表示水轮机编号。

2. 面分类扩展

水电工程建设行业中用于标识的分类编码标准以 KKS 为主,同时采用以现有标准(如《水电工程设计概算编制规定》《水电建设工程工程量清单计价规范》)为分类基础并自行设定的编码体系辅助成本结算。

以 KKS 为例,其包括四类编码:全厂码、工艺相关标识、安装点标识以及位置标识。在工艺相关标识中,主要包括三级编码:系统码、设备码、部件码。在安装点标识中,主要包括两级编码:安装单元码、安装空间码。在位置标识中,主要包括两级编码:建(构)筑物码、房间(分区)码。

因此,KKS 向全生命周期信息分类编码应用体系中的扩展应如表 6-5 所示。

表 6-5　KKS 扩展表

表名称	表编号
全厂类别	50
系统	51
设备	52
部件	53
安装单元	54
安装空间	55
建(构)筑物	56
房间(分区)	57

分类码均逐层分类,最终形成树状分类体系。每层采用单字母编码,将字母替换为 2 位数字则可形成符合全生命周期信息分类编码应用体系的分类编码。以系统分类码为例,可新建如表 6-6 所示系统。KKS 中共有 20 个系统,因此表 6-6 系统中首层分类应包括对应 20 种。将 A ~ Z 中除去不使用的 I 和 O,其他字母进行编码对应,以辅助 KKS 编码向全生命周期分类编码进行变换。据此得到 KKS 系统索引表中各系统索引码与全生命周期信息分类编码对应关系,如表 6-6 所示。

表 6-6　KKS 系统索引码与全生命周期信息分类编码对应关系

名称	KKS 系统索引码	全生命周期信息分类码
电网和配电系统	A	04
电力输出与厂用电	B	08
仪表和控制设备	C	12
常规燃料供应和残余物处理	E	20
核燃料和其他放射性部件	F	24
供水和水处理	G	28
常规产热(锅炉)	H	32
核产热	J	36
反应堆辅助系统	K	40

续表 6-6

名称	KKS 系统索引码	全生命周期信息分类码
蒸汽、水、燃气循环	L	44
主机械装置	M	48
汽、热外供系统	N	52
冷却水系统	P	56
辅助系统	Q	60
燃气生成和处理	R	64
附属系统	S	68
建(构)筑物	U	76
太阳能装置	W	84
重型机械	X	88
车间和办公室设备	Z	96

在系统划分的基础上,根据 KKS 已有编码表,可转换为全生命周期信息分类编码。以"电力输出与厂用电"为例,其 KKS 编码以及转换后的全生命周期信息分类编码如表 6-7 所示。

表 6-7 KKS 系统码与全生命周期信息分类编码对应关系("电力输出与厂用电")

名称	KKS 系统码	全生命周期信息分类码
电力输出	BA	51-08.04
发电机出线	BAA	51-08.04.04
基础柜	BAB	51-08.04.08
发电机断路器,整流磁极断路器,包括冷却系统	BAC	51-08.04.12
发电机变压器(主变),包括冷却系统	BAT	51-08.04.72
接地和防雷保护系统	BAW	51-08.04.84
控制用空气供应系统	BAX	51-08.04.88
控制和保护设备	BAY	51-08.04.92
高压厂用配电盘和变压器(工作电源)	BB	51-08.08
高压厂用配电盘,工作电源系统	BBA ~ BBS	51-08.08.04 ~ 51-08.08.68
高压厂用工作变压器	BBT	51-08.08.72
控制和保护设备的流体供应系统	BBX	51-08.08.88
控制和保护设备	BBY	51-08.08.92
高压厂用配电盘和变压器(一般电源)	BC	51-08.12

续表 6-7

名称	KKS 系统码	全生命周期信息分类码
高压厂用配电盘,备用系统	BCA ~ BCS	51-08.12.04 ~ 51-08.12.68
启动变压器、场外变压器(一般电源)	BCT	51-08.12.72
控制和保护设备的流体供应系统	BCX	51-08.12.88
控制和保护设备	BCY	51-08.12.92
高压厂用配电盘和变压器(应急电源系统)	BD	51-08.16
高压厂用应急配电盘	BDA ~ BDS	51-08.16.04 ~ 51-08.16.68
高压厂用应急变压器	BDT	51-08.16.72
控制和保护设备的流体供应系统	BDX	51-08.16.88
控制和保护设备	BDY	51-08.16.92
低压主配电盘和变压器(工作电源)	BF	51-08.24
低压主配电盘,工作电源系统	BFA ~ BFS	51-08.24.04 ~ 51-08.24.68
低压厂用变压器	BFT ~ BFW	51-08.24.72 ~ 51-08.24.84
控制和保护设备的流体供应系统	BFX	51-08.24.88
控制和保护设备	BFY	51-08.24.92
低压主配电盘和变压器(可以用于 BF、BH、BJ、BK 和 BL 以外的低压配电盘和变压器)	BG	51-08.28
低压配电盘	BGA ~ BGS	51-08.28.04 ~ 51-08.28.68
低压厂用变压器	BGT ~ BGW	51-08.28.72 ~ 51-08.28.84
控制和保护设备的流体供应系统	BGX	51-08.28.88
控制和保护设备	BGY	51-08.28.92
低压主配电盘和变压器(一般电源)	BH	51-08.32
低压主配电盘,一般电源	BHA ~ BHS	51-08.32.04 ~ 51-08.32.68
低压厂用变压器	BHT ~ BHW	51-08.32.72 ~ 51-08.32.84
控制和保护设备的流体供应系统	BHX	51-08.32.88
控制和保护设备	BHY	51-08.32.92
低压分配电盘和变压器(工作电源)	BJ	51-08.36
低压分配电盘,工作电源系统	BJA ~ BJS	51-08.36.04 ~ 51-08.36.68
低压厂用变压器	BJT ~ BJW	51-08.36.72 ~ 51-08.36.84
控制和保护设备的流体供应系统	BJX	51-08.36.88
控制和保护设备	BJY	51-08.36.92

续表 6-7

名称	KKS 系统码	全生命周期信息分类码
低压配电盘和变压器（可以用于 BF、BG、BH、BJ、BK 和 BL 以外的低压配电盘和变压器）	BK	51-08.40
低压配电盘	BKA ~ BKS	51-08.40.04 ~ 51-08.40.68
低压厂用变压器	BKT ~ BKW	51-08.40.72 ~ 51-08.40.84
控制和保护设备的流体供应系统	BKX	51-08.40.88
控制和保护设备	BKY	51-08.40.92
低压分配电盘和变压器（一般电源）	BL	51-08.44
低压分配电盘，一般电源	BLA ~ BLS	51-08.44.04 ~ 51-08.44.68
低压厂用变压器	BLT	51-08.44.72
控制和保护设备的流体供应系统	BLX	51-08.44.88
控制和保护设备	BLY	51-08.44.92
低压配电盘和变压器（应急供电系统）	BM	51-08.48
低压应急配电盘	BMA ~ BMS	51-08.48.04 ~ 51-08.48.68
低压厂用变压器	BMT ~ BMW	51-08.48.72 ~ 51-08.48.84
控制和保护设备的流体供应系统	BMX	51-08.48.88
控制和保护设备	BMY	51-08.48.92
低压配电盘和变压器（应急供电系统，用于对外部冲击的保护）	BN	51-08.52
低压应急配电盘	BNA ~ BNS	51-08.52.04 ~ 51-08.52.68
低压厂用变压器	BNT ~ BNW	51-08.52.72 ~ 51-08.52.84
控制和保护设备的流体供应系统	BNX	51-08.52.88
控制和保护设备	BNY	51-08.52.92
可变速驱动	BP	51-08.56
用于可变速驱动的电源装置	BPA ~ BPU	51-08.56.04 ~ 51-08.56.76
控制和保护设备的流体供应系统	BPX	51-08.56.88
控制和保护设备	BPY	51-08.56.92
低压配电盘，不间断电源转换器	BR	51-08.64
低压配电盘，不停电电源（转换器）供电	BRA ~ BRS	51-08.64.04 ~ 51-08.64.68
转换器（旋转式）	BRT	51-08.64.72
转换器（静态式）	BRU	51-08.64.76
应急电源发电设备（如果不在重型机械 X 之下）	BRV	51-08.64.80

续表 6-7

名称	KKS 系统码	全生命周期信息分类码
控制和保护设备的流体供应系统	BRX	51-08.64.88
控制和保护设备	BRY	51-08.64.92
蓄电池系统	BT	51-08.72
蓄电池	BTA ~ BTK	51-08.72.04 ~ 51-08.72.40
整流器、蓄电池充电器	BTL ~ BTV	51-08.72.44 ~ 51-08.72.80
公用设备	BTW ~ BTZ	51-08.72.84 ~ 51-08.72.96
直流配电盘(工作电源)	BU	51-08.76
直流配电盘,工作电源系统	BUA ~ BUS	51-08.76.04 ~ 51-08.76.68
控制和保护设备的流体供应系统	BUX	51-08.76.88
控制和保护设备	BUY	51-08.76.92
直流配电盘,应急电源系统	BV	51-08.80
直流应急配电盘	BVA ~ BVS	51-08.80.04 ~ 51-08.80.68
控制和保护设备的流体供应系统	BVX	51-08.80.88
控制和保护设备	BVY	51-08.80.92
直流配电盘,应急电源系统(对外部冲击的保护)	BW	51-08.84
直流应急配电盘	BWA ~ BWS	51-08.84.04 ~ 51-08.84.68
控制和保护设备的流体供应系统	BWX	51-08.84.88
控制和保护设备	BWY	51-08.84.92
用于控制和保护的流体供应系统	BX	51-08.88
控制和保护设备	BY	51-08.92

3. 编码实例

以水电工程普遍使用的 KKS 编码为例,其与全生命周期编码应可相互对应。如 KKS 中的工艺相关标识编码,可用四个全生命周期编码共同表示。以" = 1 SGC01 AP002 KP05"为例,其中" ="指工艺相关标识,"1"指唯一的 1#机组,"SGC01"指常规区喷淋系统的第 1 部分,"AP002"指属于 002 号泵组,"KP05"指属于 0 号泵。该编码可转换为 4 组全生命周期编码。

第一部分为全厂码,全厂码取值如表 6-8 所示,可分为两类,一类是数字(设为 50), 一类是字母(设为 90)。其中,数字后补零成为两位,字母(除去 I,O)以 4 为间隔转换为二位数字即可。因此,全厂码"1"可转换为"50-50.10",全厂码"A"可转换为"90-90.04"。

表 6-8　KKS 全厂码取值

G 的取值	涉及范围
1~9	1~9 号机组的系统、建(构)筑物、安装项
A、B、C、D、E、F、G	10~16 号机组的系统、建(构)筑物、安装项
J、K、L、M、N、P、Q、R	分别为 1、2 号机组,3、4 号机组……15、16 号机组的共用系统、建(构)筑物、安装项
S、T、U、V	3 台或 3 台以上机组共用的系统、建(构)筑物、安装项,S、T、U、V 所对应的共用范围可由各方约定
Y	按最终规划容量考虑,全厂公用的系统、建(构)筑物、安装项

第二部分为系统码。"SGC01"应分为系统分类码"SGC"以及系统实例编号"01",其中"SGC"应转换为"68.28.12"。因此,系统码"SGC01"应转换为"51-01.68.28.12"。

第三部分为设备码。"AP002"应转换为"52-002.04.56"。

第四部分为部件码。"KP05"应转换为"53-05.40.56"。

同时,由于 KKS 中的工艺标识直接表示对象分类,而安装点标识以及位置标识表示对对象的修饰,因此需要增加前缀:分类(10),修饰(20)。

如前文的"=1 SGC01 AP002 KP05"转换为的四部分编码,其中全厂码是统一编码,可不增加前缀。系统码则可转换为"10-51-01.68.28.12",设备码则可转换为"10-52-002.04.56",部件码则可转换为"10-53-05.40.56"。

对于安装位置标识,以"+1 CBA06. A15"为例,全厂码为"50-50.10",安装单元码为"20-54-06.12.08.04.04",安装空间码为"20-55-04.15"。

对于位置标识,以"+11UAC05 R001"表示电网系统控制建筑地上 5 层第 1 个房间,全厂码为"50-50.10",建(构)筑物码为"20-56-76.01.04.12.05",房间(分区)码为"20-57-001.64"。

6.2.5　水电工程信息模型交付标准

6.2.5.1　理论基础

国际建筑信息模型交付标准 IDM 中,将全生命周期信息交付技术分解为功能子块、概念约束、交换需求、参考流程以及实际流程。其核心是实际流程,流程中的所有活动是实际建设过程与信息交付的纽带。直接与活动对应的是交换需求,交换需求可分解为各功能子块,而各功能子块则由各项基本概念组成。

IDM 面向对象为程序开发者,其对于交换需求的定义基于 IFC 与 IFD 标准进行,而此种定义方式在实际建设过程中并不适用。我国的建筑信息模型交付标准,主要针对交付物本身的要求进行了相关规定,定义了交付物类型以及各阶段模型的精度和细度,适合实际工程建设使用,但并未与实际流程结合,仅存在约束作用,指导作用较为缺乏。

水电工程信息模型交付标准应基于我国建筑信息模型交付标准,但应与具体流程相适应,即结合 IDM 的编写方法,但交换需求应有明确的实施借鉴价值,即明确其内容、交换的起点与终点、精细度。

6.2.5.2　各阶段交付内容

水电工程信息模型交付标准在一般标准结构的基础上,应主要以水电建设全生命周期中各项工作的分解结构为基础,对交付流程和交付内容进行标准化。水电建设全生命周期可分为三个阶段:规划设计、建设施工及运维管理。

在规划设计中,各项工作大致按前后顺序排列为:水资源规划、地质勘探、可行性研究设计、招标设计、技术实施。其中,可行性研究设计及后续工作为多专业协同完成,主要包括征地移民、地质、水工、机电、水环境、交通、环保、造价等。在建设施工中,各项工作主要可分解为:深化设计、施工组织设计与施工模拟、数字化加工、进度管理、造价管理、质量与安全管理、工程监理、竣工交付。在运维管理中,主要工作大致有:设备管理、人员管理、结构与设备监测。

以上述工作分解为依据,可制定水电工程信息模型交付标准涵盖方面主要如下。

6.2.5.3　交付内容细节

针对分解完成的各项工作,标准应分以下几步进行详细阐明:

(1)明确工作中信息模型应用原则以及与信息模型相关的各项工作内容(活动),并进行进一步阐述。

(2)从工作起始至工作结束,需形成以各项活动、信息集合为基本元素,信息流与序列流为连接方式的工作流程。

(3)对流程中涉及的所有信息集合中的内容与精细程度要求分别进行阐述。信息集合主要包括现场信息、技术资料、信息模型等。其中,现场信息和技术资料属于信息源,而信息模型可同时作为全生命周期各阶段的数据源与数据集成库。

(4)明确工作结束后的交付成果。

(5)明确支持工作的软件要求。

以进度管理为例,该项工作在标准中可做如下规定:

(1)一般管理。

①施工进度管理信息模型应用包括进度计划编制信息模型应用和进度控制信息模型应用。

②进度计划编制信息模型应用应视项目特点和进度控制需求,编制深度不同的控制性、指导性和实施性的进度计划,以及不同计划周期(年度、季度、月度和旬)的施工计划。

③根据工程项目信息模型应用的目标和项目具体需求,在施工进度计划编制之前应明确计划的深度和细度。

④针对特定的进度任务,应对模型的种类、数量、细度进行规划与处理。

⑤在进度控制信息模型应用过程中,应对反映实际进度的原始数据进行收集、整理、统计和分析。通过将实际进度信息录入进度计划模型,分析判断进度实际状况,为进度控制提供有效信息。

(2)进度计划编制信息模型应用。

①应用内容。

进度计划编制中的工作结构分解、计划编制、形成 4D 模型、工程量计算、资源估计、进度计划优化、进度计划审查等工作宜应用信息模型技术。

②应用流程。

基于水电工程全信息模型的进度计划编制流程如图 6-23 所示。

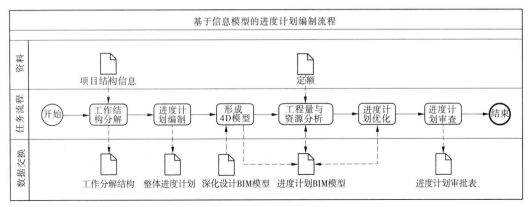

图 6-23　基于水电工程全信息模型的进度计划编制流程

将建设工程按整体工程、单位工程、分部工程、分项工程、施工段、工序依次分解,最终形成完整的工作分解结构。

工作分解结构中的施工段应表示一块施工作业空间或部分模型,从而支持与模型对象形成关联。

工作分解结构应达到可支持制定进度计划的精细度,并应包含任务间关联关系。

根据独立交付验收的先后顺序,明确划分建设工程项目的施工阶段;按照施工部署要求,合理确定工作分解结构中每个任务的开工、竣工日期及关联关系。

确定里程碑节点与里程碑节点的开工、竣工时间。

结合任务间的关联关系、任务资源估算、任务持续时间以及里程碑节点的时间要求,估算编制进度计划,明确各个节点的开竣工时间以及关键线路。

基于工作分解结构,将进度计划与深化设计信息模型关联,形成进度计划信息模型。

基于信息模型,计算各任务节点的工程量,并添加定额信息。

工程量计算应按现行规范,基于信息模型数据计算。

各模型均应与相应定额进行关联。

根据项目工程量和定额,对进度计划进行优化。

采用定额法确定各项工作的持续时间。根据劳动力定额和项目经验数据,并结合管理人员在工期与进度方面的工程经验,确定工作持续时间。

根据工程量、用工数量及持续时间等信息,检查进度计划是否满足约束条件,是否达到最优。

若改动后的进度计划与原进度计划的总工期、节点工期冲突,则需与各专业工程师共同协商。过程中需充分考虑施工逻辑关系、各施工工序所需的人、材、机、当地的自然条件等因素。重新调整进度计划,将优化的进度计划信息关联到信息模型中,得到更精确的进度信息模型,避免不合理的进度计划延误工期。

根据优化后的进度计划,完善材料计划,避免业主的资金计划、供货方的材料计划与施工进度计划不匹配。

优化后的进度计划应通过审批,从而成为正式施工进度计划,投入生产使用。

（3）模型元素和细度。

进度计划信息模型应以深化设计模型为基础,附加进度相关信息而成。

进度相关信息包括工作分解结构、关联信息、进度计划、资源信息及进度管理流程信息。

工作分解结构为树状结构,应包括工序、施工段以及其他节点类型。

工序节点的父节点应仅为施工段节点,施工段节点的父节点应仅为其他节点。

施工段节点应表示一块施工作业空间或部分模型。

工作分解结构与信息模型之间存在多对多关联关系。

工作分解结构的每个节点均可附加进度信息,父节点的进度信息受其子节点控制。

定额包括人力、材料、设备等资源信息,因而应与模型产生关联,从而与进度计划关联。

在进度管理流程中需要存档的表单、文档以及施工模拟动画等成果应录入进度过程信息中。

进度计划信息模型所包含的模型元素及其细度如表6-9所示。

表6-9　模型元素及其细度表

模型元素	模型元素细度描述
工作分解结构	包括工作分解的层级结构、任务之间的序列关联、任务基本属性
进度计划	单个任务所包括的进度计划信息有:标识、创建日期、制订者、目的以及时间信息(最早开始时间、最迟开始时间、计划开始时间、最早完成时间、最迟完成时间、计划完成时间、任务完成所需时间、任务自由浮动的时间、允许浮动时间、是否关键、状态时间、开始时间浮动、完成时间浮动、完成的百分比)等
资源信息	唯一标识、类别、消耗状态、数量、人力资源技能、材料供应商、材料使用比例等
进度管理流程信息	进度计划申请单,包括编号、提交的进度计划、进度编制成果以及负责人签名等信息;进度计划审批单,包括进度计划编号、审批号、审批结果、审批意见、审批人等信息。

（4）交付成果。

施工进度管理交付成果应包括施工进度信息模型、进度审批文件以及其他成果,如可视化进度编制模拟等。

（5）软件要求。

进度管理软件宜包括以下功能:①自定义模型属性信息;②接收、编制、调整、输出进度计划等;③进度计划与模型关联;④工程量计算;⑤资源与模型关联;⑥进度资源优化;⑦可视化进度编制模拟与输出;⑧进度计划审批流程。

6.2.5.4　模型交付细度表

将水电工程全生命周期划分为投资规划、初步设计、施工图设计、深化设计、施工过程、竣工交付和运营维护7个阶段,分别对应于LOD100～LOD600共7个精细度,其交付内容如表6-10所示。

表 6-10　水电工程全信息模型交付细度表

需要录入的对象信息			LOD100	LOD200	LOD300	LOD350	LOD400	LOD500	LOD600
基本信息		项目名称	▲	▲	▲				
		建设地点	▲	▲	▲				
		建设指标	▲	▲	▲				
		建设阶段	▲	▲	▲	▲	▲		
		业主信息	▲	▲	▲				
		建筑信息模型提供方	▲	▲	▲				
		其他建设参与方信息	—	△	△				
		建筑类别或等级	—	△	▲				
属性信息	识别特征	设施识别	△	△	△	△			
		空间识别	—	△	△	△			
		占有识别	—	—	△	△	△	▲	▲
		工作成果识别	△	△	△	△			
		身份识别	—	—	—	—		—	—
		通信识别	△	△	△	△			
	位置特征	地理位置	△	△	▲	▲	▲	▲	▲
		行政区划	△	△	▲				
		制造和生产位置	—	—	—				
		楼内位置	—	△	△				

续表 6-10

属性信息	需要录入的对象信息		LOD100	LOD200	LOD300	LOD350	LOD400	LOD500	LOD600
属性信息	时间和资金特征	时间和计划	—	—			△	▲	▲
		投资	△	△	△				
		成本	△	△	—				
		收益	△	△	—				
	来源特征	制造商	—	—	—	▲	▲	▲	▲
		产品	—	—	△	▲	△		
		保修	—	—	—	—	—		
		运输	—	—	—	▲	△		
		安装	—	—	△	▲	▲		
	物理特征	数量属性	△	△	▲	▲	▲	▲	▲
		形状属性	△	△	▲	▲	▲	▲	▲
		一维尺寸	△	△	▲	▲	▲	▲	▲
		二维尺寸	△	△	▲	▲	▲	▲	▲
		空间尺寸	—	—	△	▲	▲	▲	▲
		比值量	—	—	△	△	△	▲	▲
		可回收、可再生	—	△	△	△	△	▲	▲
		化学组成	—	—	△	△	△	△	△
		规定含量	—	△	△	▲	▲	▲	▲

续表 6-10

需要录入的对象信息			LOD100	LOD200	LOD300	LOD350	LOD400	LOD500	LOD600
属性信息	物理特征	温度	—	△	△	△	△	◀	◀
		结构荷载	—	—	△	◀	◀	◀	◀
		空气和其他气体	—	—	△	△	△	◀	◀
		液体	—	—	△	△	△	◀	◀
		质量	—	—	△	△	△	◀	◀
		受力	—	—	△	△	△	◀	◀
		压力	—	—	△	△	△	◀	◀
		磁	—	△	△	△	△	◀	◀
		环境	—	△	△	△	△	◀	◀
		建材检测属性	—	—	△	△	△	△	△
	性能特征	测试属性	—	—	—	△	△	◀	◀
		容差属性	—	—	—	△	△	◀	◀
		功能和使用属性	—	—	—	△	△	◀	◀
		强度属性	—	—	△	△	△	◀	◀
		耐久性属性	—	—	△	△	△	◀	◀
		燃烧属性	—	—	△	△	△	◀	◀
		密封属性	—	—	△	△	△	◀	◀
		透气和防潮指标	—	—	△	△	△	◀	◀
		声学属性	—	—	△	△	△	◀	◀
		建材检测属性	—	—	—	—	—	△	△

续表 6-10

	需要录入的对象信息	LOD100	LOD200	LOD300	LOD350	LOD400	LOD500	LOD600
场地地理信息及室外工程信息	场地边界（用地红线）	▲	▲	▲	▲	▲		
	现状地形	▲	▲	▲	▲	▲		
	现状道路、广场	▲	▲	▲	▲	▲		
	现状景观绿化/水体	▲	▲	▲	▲	▲		
	现状市政管线	—	△	▲	▲	▲		—
	新（改）建地形	△	▲	▲	▲	▲		
	新（改）建道路	△	△	▲	▲	▲		
	新（改）建绿化/水体	—	△	▲	▲	▲		
	新（改）建室外管线	—	△	▲	▲	▲		
	现状建筑物	▲	△	△	△	△	—	
	新（改）建建筑物	▲	—	—	—	—		
	气候信息	△	△	△	△	△		
	地质条件	△	△	▲	▲	▲		
	地理坐标	▲	▲	▲	▲	▲		
	散水/明沟、盖板	—	△	▲	▲	▲		
	停车场	▲	△	▲	▲	▲		
	停车场设施	—	△	▲	▲	▲		
	室外消防设备	—	△	▲	▲	▲		
	室外附属设施	△	△	▲	▲	▲		

续表 6-10

需要录入的对象信息			LOD100	LOD200	LOD300	LOD350	LOD400	LOD500	LOD600
外围护信息	墙体/柱	基层/面层		△	▲				
		保温层		△	▲				
		防水层	—	△	▲	▲	▲	▲	▲
		安装构件		—	△				
		嵌板体系		▲					
		安装构件		—					
	门窗	框材/嵌板		△	▲				
		填充构造	—	△	▲	▲	▲	▲	▲
		安装构件		—	△				
	屋面	基层/面层		△	▲				
		保温层	—	△	▲	▲	▲	▲	▲
		防水层		△	▲				
		安装构件		—	△				
	外围护其他构件		—	—	▲	▲	▲	▲	▲
水工构筑物信息	坝	坝体	△						
		闸墩	△						
		层	△	▲			▲	▲	▲
		闸	△						
		消力结构	△						

续表 6-10

需要录入的对象信息			LOD100	LOD200	LOD300	LOD350	LOD400	LOD500	LOD600
水工构筑物信息		水工梁	△						
		水工墙	△						
		水工基础	△						
	空腔	孔井洞	△						
		渠道沟	△						
		池	△	▲	▲	▲	▲	▲	▲
	金属结构	闸门	△						
		清污设备	—						
		起重设备	—						
		止水	—						
		水轮机组	△						
建筑构件信息	楼/地面	基层/面层	—	△	▲	▲	▲	▲	▲
		保温层		△	▲				
		防水层		△	▲				
		安装构件		—	△				
	地基/基础	基坑	—	△	▲	▲	▲	▲	▲
		基坑防护		△	▲				
		基础		△	▲				
		保温层		—	△				
		防水层		—	△				

续表 6-10

建筑构件信息	需要录入的对象信息		LOD100	LOD200	LOD300	LOD350	LOD400	LOD500	LOD600
建筑构件信息	楼梯	基层/面层	—	—	▲	▲	▲	▲	▲
		栏杆/栏板		△	▲				
		防滑条		△	△				
		安装构件		△	▲	▲	▲	▲	▲
	内墙/柱	基层/面层	—	△	▲				
		防水层		△	△		△		
		安装构件		—	△	▲	▲	▲	▲
	内门窗	框材/散板	—	—	▲				
		填充构造		△	▲				
		安装构件		△	△				
	建筑装修	室内构造	—	—	▲	▲	▲	▲	▲
		地板		△	▲	▲			
		吊顶		△	▲	▲			
		墙饰面		△	▲	▲			
		梁柱饰面		△	▲	▲			
		天花饰面		△	▲	▲			
		楼梯饰面		△	△	△			
		指示标志		△	△				
		家具		—	△	▲			
		设备		△	▲	▲			

续表 6-10

需要录入的对象信息			LOD100	LOD200	LOD300	LOD350	LOD400	LOD500	LOD600
建筑构件信息	现浇构件细节	预埋件	—	△	△	▲	▲	▲	▲
		预留孔洞	—	△	△				
		钢筋	—	△	△				
		二次结构	—	△	△				
		节点核心区	—	△	△				
	预制构件细节	连接节点	—	△	△	▲	▲	▲	▲
		构件划分	—	—	△				
		构件加工	—	△	▲				
	运输设备	主要设备	—	△	△	▲	▲	—	—
		附件	—	△	▲				
	路		▲	▲	▲	—	—	—	—
	桥		▲	▲	▲	—	—	—	—
	回填		▲	▲	▲	—	—	—	—
	开挖		▲	▲	▲	—	—	—	—
地质与交通信息	地质信息	地质层	▲	▲	▲	—	—	—	—
		地下水							
		地质孔洞							
		地质概念							

续表6-10

需要录入的对象信息			LOD100	LOD200	LOD300	LOD350	LOD400	LOD500	LOD600
水系统设备信息	生活水系统	给排水管道		△	▲				
		管件		△	▲				
		安装附件		△	△				
		阀门		△	▲				
		仪表	—	△	▲				
		水泵		△	▲	▲	▲	▲	▲
		喷头		△	▲				
		卫生器具		▲	▲				
		地漏		△	▲				
		设备		▲	▲				
		电子水位警报装置		△	▲				
	消防水系统	消防管道		△	▲				
		消防水泵	—	△	▲	▲	▲	▲	▲
		消防水箱		△	▲				
		消火栓		△	▲				
		喷淋头		△	▲				
电气系统信息	动力	桥架		△	▲				
		桥架配件		△	△				
		柴油发电机	—	△	▲	▲	▲	▲	▲
		柴油罐		△	▲				
		变压器		△	▲				

续表 6-10

需要录入的对象信息			LOD100	LOD200	LOD300	LOD350	LOD400	LOD500	LOD600
电气系统信息	照明	开关柜		△	▲	▲	▲	▲	▲
		灯具	—	△		▲	▲	▲	▲
		母线		▲		▲	▲	▲	▲
		开关插座		△	▲	▲	▲	▲	▲
	消防	消防设备		▲	▲	▲	▲	▲	▲
		灭火器	—	△	▲	▲	▲	▲	▲
		报警装置		△	▲	▲	▲	▲	▲
		安装附件		△	△	▲	▲	▲	▲
	安防	监测设备		△	▲	▲	▲	▲	▲
		终端设备	—	△		▲	▲	▲	▲
	防雷	接地装置		△		▲	▲	▲	▲
		测试点		△		▲	▲	▲	▲
		断接卡	—	△		▲	▲	▲	▲
	通信	通信设备		△	▲	▲	▲	▲	▲
		机柜		△		▲	▲	▲	▲
		监控设备机柜	—	△		▲	▲	▲	▲
		通信设备工作台		△		▲	▲	▲	▲
	自动化	路闸	—	△		▲	▲	▲	▲
		智能设备		▲	▲	▲	▲	▲	▲

续表 6-10

需要录入的对象信息		LOD100	LOD200	LOD300	LOD350	LOD400	LOD500	LOD600
暖通系统信息								
暖通风系统	风管		△	▲				
	管件		—	▲				
	附件	—	—	△				
	风口		△	▲				
	末端		△	▲	◀	◀	◀	◀
	阀门		△	▲				
	风机		△	▲				
	空调箱		△	▲				
暖通水系统	暖通水管道		△	▲				
	管件		—	△				
	附件		—	△				
	阀门		△	▲				
	仪表	—	—	△				
	冷热水机组		△	▲	◀	◀	◀	◀
	水泵		△	▲				
	锅炉		△	▲				
	冷却塔		△	▲				
	板式热交换器		△	▲				
	风机盘管		△	▲				

续表 6-10

			LOD100	LOD200	LOD300	LOD350	LOD400	LOD500	LOD600
需要录入的对象信息									
施工过程信息	支出记录	材料消耗记录	—	—	—	—	▲	—	—
		人工工日记录							
		设备台班记录							
		设备购买租赁记录							
		材料购买记录							
		周转材料配置记录							
		现场临建配置记录							
		固定资产办公设备配置记录							
		低值易耗品配置记录							
	成本计划	目标成本计划	—	—	—	▲	▲	—	—
		工程进度成本计划				▲			
		劳务用工成本计划				△			
		物资使用成本计划				△			
		周转材料使用成本计划				△	▲	—	—
		机械设备使用成本计划				△			
		现场临建设施配置成本计划				△			
		固定资产办公设备配置成本计划				△			
		低值易耗品配置成本计划				△			
	成本分解	目标成本分解	—	—	—	▲	▲	▲	▲
	成本控制	目标成本控制措施	—	—	—			—	—

续表 6-10

需要录入的对象信息			LOD100	LOD200	LOD300	LOD350	LOD400	LOD500	LOD600
施工过程信息	施工流水	施工段	—	—	—	—	▲	—	—
		流水施工过程	—	—	—	▲			
		施工队组	—	—	—	▲			
		流水施工	—	—	—		▲		
	施工进度计划	流水施工进度计划	—	—	—	▲			
		施工进度计划	—	—	—	▲			
		施工总进度计划	—	—	—	▲	▲		
		子工程进度计划项	—	—	—	△			
		单位工程施工进度计划	—	—	—	▲			
	施工任务书	施工任务书	—	—	—	—	▲		
	施工进度记录	施工进度记录	—	—	—				
	施工进度报告	施工进度报告	—	—	—				
	进度调整措施	进度调整措施	—	—	—				
	工程质量管理	单位工程	—	—	—		▲		
		分部工程	—	—	—				
		分项工程	—	—	—	—	▲	▲	▲
		检验批							

续表 6-10

需要录入的对象信息			LOD100	LOD200	LOD300	LOD350	LOD400	LOD500	LOD600
施工过程信息	工程验收记录	单位工程验收					◄	◄	◄
		分部工程验收							
		分项工程验收	—	—	—	—	◄	◄	◄
		检验批验收							
		设备验收报告							
	其他	材料试验报告	—	—	—	—	◄	◄	◄
		整改记录							
		技术交底	—	—	—	◄	—	—	—
		工序检验	—	—	—	—			
	安全检查	安全检查评分汇总表							
		安全检查组							
		安全检查项目	—	—	—	—	◄	◄	◄
		安全检查评分							
		安全检查结果							
	安全措施	安全措施			—		◄	—	—
	结构安全	结构安全评价							
		结构动力荷载							
		动力边界条件	—	—	—	◄	◄	—	—
		结构动力分析							

续表 6-10

需要录入的对象信息			LOD100	LOD200	LOD300	LOD350	LOD400	LOD500	LOD600
施工过程信息	临时结构安全	模板系统	—	—	—	—	▲	—	—
		连接件	—	—	—	—	—	—	—
		支承件	—	—	—	—	—	—	▲
	监测系统检查维护	环境量监测	—	—	—	—	—	—	▲
		变形监测							
		渗流监测							
		应力应变及温度监测							
		监测自动化系统							
运营维护信息	监测系统操作与测读	环境量监测	—	—	—	—	—	—	▲
		变形监测							
		渗流监测							
		应力应变及温度监测							
		监测自动化系统							
	仪器设备常见故障处理	传感器故障	—	—	—	—	—	—	—
		测量仪表故障							
		数据采集装置软件故障							
		计算机及软件故障							
		通信系统故障							

注："—"指该阶段没有或不需要该结构，"△"指可有（宜有），"▲"指必须有（应有）。

6.2.6 水电工程全信息模型构建技术

6.2.6.1 水电工程全信息模型构建环境

水电工程信息描述标准是在 IFC 标准的基础上,针对水电工程的具体需求扩展形成的数据存储标准。信息描述标准是描述数据如何存储和交换的标准。目前,市面上的多数软件均兼容 IFC 格式,但未进行适用于水电工程特点的扩展。信息标准的实施和模型创建的关键在于相关支撑软件的研发。

研发与扩展水电工程信息标准相适应的支撑软件主要分为四种方式(见表 6-11):

表 6-11 四种水电工程信息标准相适应的支撑软件研发方式及对比

功能支撑		现有 CAD 软件	现有 BIM 软件	自主研发软件	在自主研发软件上添加新模块
新增实体支持	元素实体	困难	简单	困难	简单
	关联实体	困难	简单	困难	简单
	类型实体	困难	简单	困难	简单
	属性集	困难	简单	困难	简单
数据存储		简单	简单	困难	简单
数据输入输出		困难	简单	困难	简单
集中式数据存储与共享		困难	困难	简单	简单

注:上述难易程度均为四种方式相对而言。

(1)在现有的 CAD 软件上扩展研发。

水电工程领域存在一定数量的区别于建筑行业的各类 CAD 软件。这些 CAD 软件一定程度上反映了水电工程领域设计、施工和运维的行业需求。因此,如果能将水电工程信息标准与上述软件相结合,可以省去从零开始研发适用于水电工程软件所必需的需求调研等工作。然而,与建筑行业的 BIM 软件相比,CAD 软件由于存储数据和信息关联机制的根本不同,在模型的关联性、完整性等方面都有所欠缺,特别是对于 IFC 等面向对象的数据标准支持非常有限。如果在现有的 CAD 软件上扩展开发支持水电工程信息模型的模块和功能需要做大量工作,特别是类型定义、数据导入导出等方面,需要从零开始研发。

(2)在现有的 BIM 软件上扩展研发。

BIM 软件与 CAD 软件相比,其模型的关联机制和信息存储方面有很大不同。因此,BIM 软件相较 CAD 软件的模型关联性、完整性方面都有很大提升,而且经过 10 余年的积累,目前主流的 BIM 软件对 IFC 标准的支持较好。这为在 BIM 软件的基础上扩展和研发支持水电工程信息模型的模块或功能提供了极大的便利。然而,绝大多数的 BIM 软件都仅适用于建筑工程领域。因此,如果在现有的 BIM 软件上扩展研发需要针对水电工程设计、施工和运维的具体需求做详细的需求调研。

(3)自主研发新软件。

自主研发新软件是最直接的支持水电工程信息标准的方式。然而,自主研发新软件需要做大量的基础工作,包括可视化平台、数据存储、模型基本操作、信息查询与检索等诸多方面。如果要求自主研发的新软件在性能和效果上接近当前的商用软件,必须事无巨细地研发各类细节问题,直接导致软件研发投入非常大。除非有强大的软件研发基础,否则不建议采用此方式实现支持水电工程信息模型的软件。

(4)自主研发的软件添加新的模块。

对于已经有自主研发软件成果的单位,也可以在自主研发的软件上研发相应模块和功能支持水电工程信息标准。这种方式是四种扩展方式中投入最少的模式。不过,自主研发的软件在功能、性能和效果上一般不能与商用软件相匹敌,这是自主研发软件模块最大的不足。

具体来说,无论是上述四种方式的哪一种,对水电工程信息标准的支持工作都可以分为新增实体支持、数据录入、数据输出、数据存储等几个方面。

(1)新增元素实体支持。

软件应从实体定义和属性上支持水电工程信息标准中新增的元素实体。例如,水工设计软件应提供建立坝实体(IfcDam)的相关功能,或定义软件中原有的实体为坝。

(2)新增关联实体支持。

元素实体大多是从水电工程的实际构件中提炼出的抽象定义,因此每个元素实体一般对应于三维模型中的一部分。然而,关联实体是描述实体间关联关系的抽象定义,一般无法与实际三维模型相对应。一般而言,软件可以通过两种方式支持关联实体的创建与设置:①自动创建关联实体。例如,定义空腔实体边界关系(IfcRelDefinesBoundaryOfHollowElements),软件在设置空腔实体时,可自动计算该空间边界相关的元素实体,自动创建相应的定义空腔实体边界关联实体。②用户手动创建关联实体。例如,用户指定蓄水池在消力池上游,则程序根据用户设定,创建与上述两个池实体(IfcPool)相关联的上下游关系(IfcWaterConnection)实体。

(3)新增类型实体和属性集支持。

软件除支持实体定义外,还应支持相关的类型实体的定义和属性集实体的挂接。例如,对于闸门实体而言,软件应提供相关功能用于定义闸门类型实体(例如 Revit 软件中的闸门族)。与闸门类型实体相关的属性集可挂接在闸门类型实体上(如闸门的型号、参数等),与闸门实体相关属性集则可挂接在闸门实例上(如闸门编号)。

(4)数据存储支持。

数据存储是软件的基本功能。具体来说,对于水电工程信息模型,可以采用文件或数据库的方式进行存储。采用文件存储的好处是适用于各类系统和环境,但难以实现构件级别的模型管理;数据库存储则易于实现构件级别的模型管理,但由于数据库环境配置比较复杂,不便于普及使用。因此,采用数据库形式存储的系统大多采用 C/S 架构,即在服务器端配置数据库,应用程序则安装在客户端。

(5)数据输入输出支持。

在水电工程全生命周期过程中,下游软件应支持上游软件的数据输入。同处生命期一个阶段,但需要协同工作的软件也应支持相互之间的数据输入和输出。数据输入和输出可以采取底层数据深度集成和基于文件的数据传输两种方式。如果数据输入方和输出方两者软件底层类似,则可以采取数据深度集成的方式,根据实际需求和环境可具体采用数据库直接同步、基于 WebService 的数据同步等不同方式实现深度集成。对于数据输入方和输出方两者软件差距较大的情况,则一般通过中性文件的方式进行数据传输。由于水电工程信息模型的数据描述标准采用的是 IFC 标准框架,因此可以直接以 IFC 文件进行数据传输。

(6)集中式数据存储与交换。

软件与软件之间以数据输入输出的形式进行数据交换被称为"点对点"方式的信息交换(见图 6-24(a))。随着软件数量的增加,点对点数据输入输出的接口数目将以平方速度增加。随着 IFC 标准的不断发展成熟,部分学者和企业开始尝试以建立集中式数据中心的方式进行数据存储与交换(见图 6-24(b))。数据中心一般以项目为单位,用于集成从项目开始至结束的所有信息。所有软件通过与此数据库进行数据交互实现数据的存储与交换。如果增加软件,那么仅需研发与新增软件同等数量的软件接口即可。

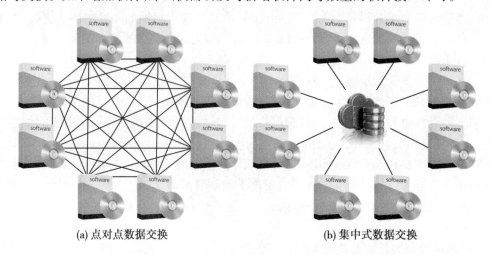

(a) 点对点数据交换　　　　　　　　　　　　　(b) 集中式数据交换

图 6-24　数据交换方式

6.2.6.2　模型创建

模型是水电工程信息模型(见图 6-25)的基础。三维信息与模型基本属性信息相集成,形成产品模型。产品模型与进度计划和工作分解计划(Working Breakdown Structure,简称 WBS)相集成,则形成"过程模型",也即所谓的"4D 模型"。对于其他类型的信息,如资源信息、成本信息、质量与安全信息、场地信息等,一般采用信息关联或附加的方式与过程模型相集成,最终形成完整的水电工程信息模型。

基于三维模型的设计与传统的基于二维平面的设计有很大不同。二维设计是通过若干平面或切面的方式间接表达设计实体的尺寸和属性的手段,而三维设计则直接通过数字化手段创建与设计实体完全相同的虚拟实体。因此,采用三维设计可以更好地发挥参数化建模的优势。参数化建模是水电工程信息模型三维设计的技术基础。一般而言,参数化建模中的"参数"大致可以分为以下三种:

(1)单个模型构件的尺寸或属性,调整参数可以快速修改构件的形状和属性。

(2)单个模型构件的若干尺寸或属性之间的约束关系,调整参数可以快速联动修改

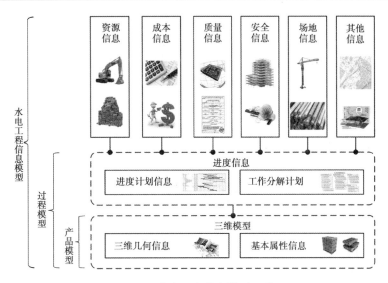

图 6-25 水电工程信息模型组成

构件的相关尺寸和属性。

(3)若干模型构件的尺寸或属性之间的约束关系,调整参数可以快速联动修改模型间的相关尺寸和属性。

参数化建模实现了模型之间的关联性。因此,要建立完整的水电工程信息模型,必须高度重视参数化建模。模型需要设置几个参数、哪些参数、参数的类型属于上述三种中的哪种,都必须根据工程实际需求斟酌确定。

三维设计的另一个重点是模型可视化与出图。在二维设计中,绘制的图纸即最终的设计成果。而在三维设计中,建立的三维模型以数字化形式储存在计算机的内存或硬盘中,用户必须设置相应的视图(View)来查看模型的具体信息。常见的视图包括平面视图、立面视图、剖面图、切面图以及三维视图(透视视图或轴测视图)等。用户在任意视图中的修改都可以同步至其他视图中,从而避免二维设计中常见的设计矛盾和错误。设计完成后,三维模型也可以将其中的任意视图导出成二维平面图。

三维设计根据其应用程度的不同可以划分为以下三种应用模式:

(1)采用二维图纸设计,设计后"翻模"形成三维模型。这种方式是应用推广初期采用的模式。三维建模人员较少,设计人员不懂三维建模,三维建模人员不懂设计,导致不得不额外投入更多成本实现三维模型的创建。

(2)采用三维设计,导出二维图纸实际应用。由于国家规范并没有支持三维模型交付,因此即使全部模型采用三维设计建立,但为交付其他单位使用仍需采用二维图纸的形式。

(3)全程采用三维模型,实现无纸化设计。这种方式是应用推广成功后的模式,也是国外发达国家逐渐推广和推荐采用的形式。项目设计、施工、运维过程全部采用三维模型,实现无纸化工程管理。

6.2.6.3 水电工程信息模型的信息集成

数据是信息的载体。不同类型数据需要采用不同的方式实现信息的存储和交换。数据根据其形式的不同,可以划分为结构化数据和非结构化数据两大类。其中,结构化数据主要指存储在数据库中,可以用二维表结构来逻辑表达实现的数据;非结构化数据则包括办公文档、图片、XML、HTML、报表、图像、音频、视频等。不同数据类型应采取不同的方式集成至水电工程信息模型中。

信息按集成方式的不同,可以划分为信息关联与信息附加两大类。信息关联是指信息与模型直接关联,作为模型的属性值或与模型相关联的另一个实体。这是一种深度集成的信息集成方式,便于信息的检索与再利用,通常用于结构化数据的信息关联。信息附加是指将信息的链接附加到模型上。这种方式是一种松散的信息集成方式,不便于信息的检索与再利用,通常用非结构化数据的信息关联。例如,在创建大坝的过程中,水工结构专业的设计人员将构件的物理属性和分析模型信息与三维模型相挂接(结构化数据),则程序可导出大坝的结构分析模型。将结构分析模型输入有限元分析软件中分析后,再将分析结果(结构化数据)集成至水电工程信息模型上,即通过信息关联的方式,实现了结构分析信息的集成。然而,如果大坝水工结构分析仍采用传统的方式进行,最终形成了纸质或电子版本的结构计算书(非结构化数据),则一般将计算书整体挂接至工程或相应坝体(如溢流坝段、非溢流坝段等)上,即采用模型附加的方式实现水工结构分析的信息集成。由分析可以看出,采用信息关联的方式集成信息需要投入较大的建模资源,但结果可以用于进一步的方案比选、分析与优化,可以提升项目的可视化水平和设计质量;而采用信息附加的方式集成信息则无需投入过多建模资源,但由于非结构化数据仍以非结构化形式(文档、图像、音视频等)存储,不便加以利用,大多仅能提供归档和参考的功能。

除针对数据形式和存储方式进行信息集成外,还应针对不同领域的信息进行分类归纳处理,具体如下:

(1)几何信息。几何信息是三维模型中最基础的信息,主要在设计阶段提供。对于设计变更相关的模型和临时构筑物模型,则相应在施工阶段或运维阶段提供。模型的尺寸信息随项目的进展逐渐精细化和精确化。精细化是指项目初期以简单几何形体表达的模型,在后续阶段(如深化设计阶段)中应以符合需求的复杂形体来表达。精确化是指项目初期以相对较粗精度(如 1 m)表达的模型,在后续阶段应以符合需求的较细精度(如 100 mm)来表达。

(2)物理信息。物理信息是模型最重要的属性之一,一般包括材料、密度、强度、热传导性等相关的属性,是用于设计阶段模型分析与计算的关键。物理信息主要在设计阶段提供。对于设计变更的模型和临时构筑物模型,则在施工阶段或运维阶段提供物理信息。在项目初期(如方案设计阶段),构件的物理信息可不提供或只提供一部分。随着项目的进行,根据需求完善丰富具体的物理信息。

(3)性能信息。性能信息分为预测性能信息和实际性能信息两大类。这里所说的性能信息不包括性能信息所需要的原始信息输入,原始信息输入已经涵盖在尺寸信息和物理信息中。预测性能信息是指在设计阶段通过性能分析软件(如结构设计软件、流体分析软件等)形成的分析结果信息。预测性能信息主要在设计阶段,尤其是设计后期,集成至水电工程信息模型中,用于设计方案的进一步分析、比选与优化,也用于在施工和运维阶段作为监测与监控的预警标准。实际性能信息是指在施工、运维阶段通过现场监控或监测收集得到的性能信息。实际性能信息主要在施工、运维阶段集成至水电工程信息模型中,一般可以通过自动录入、手动录入、半自动录入三种方式录入上述信息。自动录入需要研发监控或监测设备或软件系统与水电工程信息模型软件或数据库的数据集成接口;手动录入则通过让工作人员填写预定义表单,实现信息录入;半自动录入介于自动录入与手动录入之间,例如现场人员使用扫描二维码的方式获取位置和设备信息,手动填入监测信息。

(4)其他设计信息。其他设计信息包括图纸、报表、计算书等信息,须根据项目需求和数据类型确定具体的集成方式。

(5)施工进度信息。施工进度信息包括计划进度信息和实际进度信息两大类。进度信息与产品模型相挂接,形成施工4D模型。由于施工进度受制于很多因素,建设领域的施工进度计划变动通常较大,因此计划进度可能频繁更改,包括时间信息更改、节点信息更改、工作分解结构更改、施工段划分更改等。除计划进度录入和更改外,实际进度填报也是进度信息集成的关键。实际进度可以通过移动端、网页端或者PC端录入,一般采用半自动方式录入。

(6)资源信息。资源信息与4D模型挂接后形成5D模型。资源信息包括人力资源、材料资源、机械资源三大类。在设计阶段,资源信息可以通过清单和工程量计算;在施工阶段,资源信息则根据现场使用情况填报。计划资源消耗信息可采用两种方式集成:①将所需模型从水电工程信息模型导入工程量统计软件中,再将统计结果集成回水电工程信息模型中;②通过模型及其材料信息,利用清单库数据直接算量。算量过程需要设置诸多规则,同时必须保证模型数目、尺寸、属性设置正确,否则算量结果可能有误。实际资源消耗信息则可以通过移动端、网页端或者PC端录入,一般采用半自动方式录入。

(7)成本信息。在设计阶段,成本信息可以通过清单和工程量计算;在施工阶段,成本信息则根据现场消耗情况填报。计划成本信息可采用两种方式集成:①将所需模型从水电工程信息模型导入至计价软件中,再将计价结果集成回水电工程信息模型中;②通过模型及其材料信息,利用清单库数据直接算量计价。计价过程需要设置诸多规则,同时必须保证模型数目、尺寸、属性设置正确,否则计价结果可能有误。实际成本信息则可以通过移动端、网页端或者PC端录入,一般采用半自动方式录入。

(8)安全与质量信息。安全与质量信息分为以下三类:①结构分析模型及计算结果;②现场安全监测采集的数据;③检验批、质检资料等质量信息。其中,结构分析模型及计算结果一般在设计阶段集成至水电工程信息模型中。安全监测数据和质量信息一般在施工阶段集成至水电工程信息模型中。安全监测数据可采用自动录入、半自动录入、手动录入三种方式录入上述信息。自动录入需要研发监控或监测设备或软件系统与水电工程信息模型软件或数据库的数据集成接口;手动录入则通过让工作人员填写预定义表单,实现信息录入;半自动录入介于自动录入与手动录入之间,例如现场人员使用扫描二维码的方式获取位置和设备信息,手动填入监测信息。质量信息由于涉及现场检查且检查结果一般呈现为报表形式,所以多采用半自动或手动的录入数据。

(9)其他施工信息。其他施工信息包括场地、施工组织等信息,须根据项目需求和数据类型确定具体的集成方式。

（10）资产信息。资产信息主要包括设备、构件的生产厂家、施工单位、型号、性能等关键参数，是用于工程运营维护阶段资产管理的关键信息。资产信息大多可从施工交付至运维阶段的竣工模型中直接提取。如果模型信息缺失、有误或根据项目实际需求确实需要添加新的资产信息，则可在运营维护前期集成相应数据。在运营维护过程中，业主也应安排负责人不断检查和更新最新的资产状态。

（11）监控信息。监控信息用于表达水电工程实际运行情况，通常在运营维护阶段集成至水电工程信息模型中。一般可以通过自动录入、半自动录入、手动录入三种方式录入上述信息。自动录入需要研发监控或监测设备或软件系统与水电工程信息模型软件或数据库的数据集成接口；手动录入则通过让工作人员填写预定义表单，实现信息录入；半自动录入介于自动录入与手动录入之间，例如现场人员使用扫描二维码的方式获取位置和设备信息，手动填入监测信息。

（12）其他运营与维护信息。其他运营与维护信息包括日常巡检、应急维修等信息，须根据项目需求和数据类型确定具体的集成方式。

上述各类信息及其在项目中集成数据的时间段如表 6-12 所示。

表 6-12　水电工程全生命周期各类信息类型及其集成时间

	模型信息	集成时间	备注
几何信息	设计模型（初步设计、深化设计、施工图设计）	设计阶段	随项目深入不断精细化和精确化
	模型变更、临时结构	施工阶段或运维阶段	随项目深入不断精细化和精确化
物理信息	设计模型（初步设计、深化设计、施工图设计）	设计阶段	随项目深入不断精细化和精确化
	模型变更、临时结构	施工阶段或运维阶段	随项目深入不断精细化和精确化
性能信息	预测性能信息	设计阶段	集成性能分析软件的分析结果
	实际性能信息	施工阶段或运维阶段	自动、半自动或手动录入
	其他设计信息	视具体情况而定	视具体情况而定
施工进度信息	计划进度信息	施工阶段	可能频繁变更，需要经常更新
	实际进度信息	施工阶段	移动端、网页端或者PC端录入，一般采用半自动方式录入

续表 6-12

模型信息		集成时间	备注
资源信息	算量结果	设计阶段	导入算量软件结果或直接算量
	实际消耗	施工阶段	移动端、网页端或者PC端录入，一般采用半自动方式录入
成本信息	计价结果	设计阶段	导入计价软件结果或直接计价
	实际消耗	施工阶段	移动端、网页端或者PC端录入，一般采用半自动方式录入
安全与质量信息	结构分析模型及计算结果	施工阶段	集成结构分析软件的分析结果
	现场安全监测采集的数据	施工阶段	自动、半自动或手动录入
	检验批、质检资料等质量信息	施工阶段	半自动或手动录入
	其他施工信息	视具体情况而定	视具体情况而定
资产信息	竣工模型	施工阶段后期	直接从施工阶段交付的竣工模型中提取
	信息增补和变更	运营阶段	在运维阶段中不断更新资产最新状态
	监控信息	运营阶段	自动、半自动或手动录入
	其他运营和维护信息	视具体情况而定	视具体情况而定

6.2.6.4　模型与信息分类编码

在数据存储过程中,应根据规范对不同的产品、行为、空间、功能等对模型进行编码。编码贯穿建设全生命周期,是信息交换和共享的基础。编码体现了特定领域的概念划分与从属关系。根据水电工程的实际需求,可以基于我国国家信息模型分类与编码标准进行扩展。

扩展包括以下两类:

(1)线分类扩展主要针对全生命周期管理特有的分类面,例如产品、资源等,是在国际标准 ISO 12006—2 中进行了严格规定的面分类表。这些面分类编码表已经存在,但需要进行进一步线分,在当前分类面中增加水电行业特有概念。

(2)面分类扩展主要针对已有编码标准,例如 KKS、PBS。这些编码标准通常可以拆分成若干面分类表,将其编码进行相应转换,即可使其纳入全生命周期分类编码体系。

水电工程全生命周期分类编码体系主要包括两个层次的编码库:行业(企业)编码库与工程编码库。其中,行业(企业)编码库由行业组织或企业内部管理,其中应包括核心编码库以及水电工程相关所有专业领域编码扩展库。而工程编码库则包括分类编码与实例编码,其中分类编码来源于行业(企业)编码库,实例编码是分类编码的进一步扩展码,对分类编码相同的一系列同种建设对象,需要在分类编码的基础上增加序号码辨识。在项目进行过程中,对编码库应用与管理机制如图 6-22 所示。

项目前期,应初始化工程编码库,该编码库应能够伴随信息模型贯穿建设全生命周期。在建设过程中,编码库的应用主要包括以下几个等级:

(1)初步应用,在信息模型上附加编码库中编码,但不做进一步更新与维护。

(2)中级应用,在信息模型上附加编码,并可以在设计发生变更时进行相应变更,但不对编码库进行改动。

(3)深度应用,在信息模型上附加编码并实时更新,同时也可对工程编码库进行更新与管理,并将更新反馈至行业(企业)编码库。

对于初步应用,仅需数据存储与提取的支持,如一般的操作系统与文件编辑工具。对于中级应用,则需要有协同编码系统的支持。而对于深度应用,则需要有统一的工程编码管理与应用软件进行支撑。

在工程编码库的支持下,对建设对象的编码主要包括以下两类:

(1)实体对象编码,即对可建模对象的编码。该类编码主要附加在对象信息模型的属性中,可能以单一属性、多重属性或属性集的形式存在。

(2)非实体对象编码,即对不可建模对象编码。由于该类对象应附加在实体对象上,因而对该类对象的编码在其附加的实体对象的属性中体现。

编码添加在建设全生命周期信息模型建立的过程中进行,添加应及时以满足模型应用过程中的共享与识别。同时,在建设过程的持续进行中,编码应随信息模型的逐渐细化而深化。如针对某一扇建筑门,在设计阶段前期,其应属于"门"这一概念,并给予"门"的一个实例编码;而在进一步深化设计阶段,明确了门的材质、用途后,其属于"木门"或"推拉门"的概念,则可将原有编码替换为"木门""推拉门"的实例编码。

6.2.6.5　水电工程信息模型存储与数据中心

信息存储是保存水电工程信息模型的物理基础,任何信息模型都必须根据实际情况确定数据逻辑和物理上的存储方式。本节重点讨论数据的物理存储方式。

从信息的组织形式上,可以将水电工程信息存储划分为文件存储和数据库存储两大类。这种分类方式多针对软件或平台。采用文件存储的好处是适用于各类系统和环境,但难以实现构件级别的模型管理。目前,国内外市面上的建模软件大多采用文件形式存储信息。数据库存储则易于实现构件级别的模型管理,但由于数据库环境配置比较复杂,不便于普及使用。因此,采用数据库形式存储的系统大多采用 C/S 架构,即在服务器端配置数据库,应用程序则安装在客户端。

从信息的存储位置上,可以将水电工程信息存储划分为集中式存储和分布式存储两大类。这种分类方式多针对同一工程的信息模型。目前,建筑领域应用 BIM 大多采用集中式数据存储的方式,如 BIM Server。然而,由于建设领域本身涉及的参与方多、专业多,很多公司机构分散在不同的地区,采用集中式存储难以保证数据传输效率和数据安全性。因此,近年来很多学者和公司开始尝试采用分布式存储的方式实现水电工程全生命周期信息集成。分布式存储分为以下两类:

(1)物理上分布存储,逻辑上统一管理。通过研发中心数据库管理工具自动管理各分支存储节点,对用户则仅开放集成接口。用户使用体验与集中式数据库是一样的,这种方式解决的主要是数据传输效率的问题。

(2)物理和逻辑上均分开存储,定期数据同步。每个参与方设置一个或多个节点,定期根据具体需求将信息同步至其他参与方的节点上。这种方式不仅解决了数据传输效率,同时也解决了数据安全性问题,但数据更新逻辑和流程复杂,需要投入一定精力保证数据的一致性和稳定性。

除针对具体软件和具体工程的存储方式外,如何集中管理各项目之间的数据也是信息存储的要点,尤其是项目遍布全国甚至世界各地的大型水电建设公司,建立用于管理各项目数据和标准化数据(见下节)的数据中心格外重要。水电工程领域企业数据中心及数据流如图 6-26 所示。

首先,企业数据中心应包含企业信息分类与编码、企业标准化数据库和企业工程库三大部分。企业信息分类与编码可参考本书提出的水电工程全生命周期信息编码标准制定符合企业实际需求的信息分类与编码。该编码除包括编码标准外,还应根据企业实际使用的编码(如 KKS 编码、PBS 编码和 WBS 编码),在 OmniClass 的分类原则下对编码表及其内容进行扩展。企业标准化数据库是集中管理可重用的构件、设备、资源、材料、工序等标准化对象的数据库。企业工程库则是存储和管理企业所有拟建、在建和既建工程的数据库,其中每个工程数据库均是根据本书提出的水电工程信息标准而建立的。

根据具体的工程,应从企业数据中心的信息分类与编码、标准化数据库和工程库中提取相关信息,根据工程需求修改形成工程信息分类与编码、工程标准化库和生产线标准化库,以及相应的工程数据库。上述三类数据通过数据集成接口,与工程级别的水电工程信息集成与应用平台相挂接。该平台上应开放信息提取与集成接口及基础服务,为应用层中不同阶段、不同参与方、不同专业、不同软件提供信息支撑。

应用层中的每一个应用点都包含信息提取、模型建立和信息集成三个必要步骤。其中,信息提取是从水电工程信息集成与应用平台中提取所需的信息(输入子模型),在模型建立后再将修改和增加的信息集成回水电工程信息集成与应用平台中(输出子模型)。企业数据中心应定期与工程级别的水电工程信息集成与应用平台更新数据,保证数据中心的数据正确、模型完整。同时,在工程中对标准化数据库的扩充也可用集成接口由应用层上传至水电工程信息集成与应用平台,再由该平台上传至企业数据中心。

同时,企业数据中心应开放与集团数据仓库相连接的数据接口,以实现集团级别的信息共享和集成。

6.2.6.6　水电工程标准化数据及数据库

标准化是产业化的关键技术,旨在提高设计效率、提升产品质量和降低工程成本。在水电工程领域的不同阶段,标准化技术都发挥着重要的作用。在设计阶段,标准化的构件

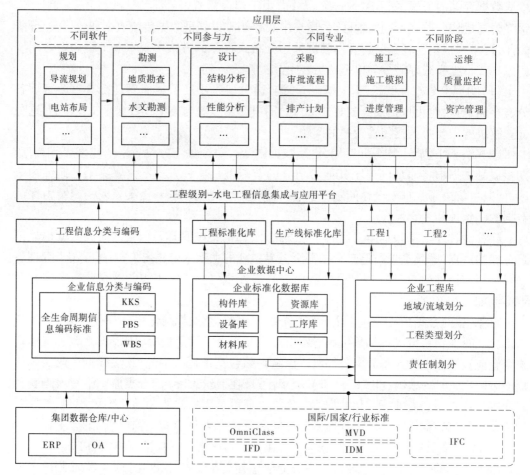

图 6-26　水电工程领域企业数据中心及数据流

库、设备库、材料库为设计人员提供了可复用的选择,不仅可以缩短设计周期,还可以使整体设计中所应用的构件、设备和材料尽量一致,从而减少加工和施工成本。在施工阶段,标准化的构件可以采用工厂化预制后送至现场直接安装,标准化的设备也可直接通过厂家采购后运送至现场安装调试。此外,标准化的施工流程与标准化工序库相关联,施工人员可以根据工序库的指导采用标准化的方式进行施工。在运维阶段,标准化的构件和设备可以由供应厂家直接提供专业维护,确保水电工程运营万无一失。

　　传统的标准化实现方式一般是通过标准化图纸、标准化文档和标准化工作手册实现的。这种基于纸质或电子文档的形式不能保证信息之间的关联性,从而导致了"信息孤岛""信息断层"的产生。采用水电工程信息模型后,标准化应采用标准化数据库的方式实现,从而从根本上解决信息关联的问题,实现基于信息模型的标准化设计、施工与运营维护。

　　标准化数据库可以是工程级别的、公司级别的、集团级别的,甚至是行业级别的。级别越高,代表标准化程度越高,标准化对象的认可与使用范围越广。从综合推广的难度和标准化的优势来看,企业级别的标准化数据库应是当前我国的发展重点。企业级标准化数据库至少应包含以下子数据库：

（1）标准化属性集。属性集（Property Set）是 IFC 标准中用于描述除资源实体外任何实体的数据结构。属性集可以包含若干属性，不同属性可以描述不同类型的数据（长度、面积、体积、压强、力等）。因此，有必要对属性集统一规定，以保证信息交换时信息的完整性和统一性（如同一单位）。

（2）标准化构件库。构件是水工结构和建筑结构的构成单元。标准化构件库针对设计阶段和施工阶段的不同需求，还可细分为标准化构件设计库和标准化构件施工库。标准化构件设计库主要用于辅助快速设计；而标准化构件施工库主要用于辅助标准化构件的生产、加工和施工。

（3）标准化设备库。设备库用于辅助设备选型、采购设备和设备的运营维护。根据不同专业，设备库还可细分为水工专业标准化设备库、金属结构专业标准化设备库、机械专业标准化设备库、暖通专业标准化设备库、给排水专业标准化设备库、电气专业标准化设备库、厂房专业标准化设备库。

（4）标准化材料库。材料库存储水电工程中的常用材料及其型号、规格和性能参数等信息。材料库可按材料类型划分（如混凝土材料库），也可按用途划分（如止水材料库）。具体划分方式根据具体需求而定。

（5）标准化工序库。工序库用于指导标准化施工工序的实施，包含工序的工作内容、工作序列、消耗资源、计划时长及其与构件的关联关系。

（6）标准化资源库。资源库包括水电工程各项工作所消耗的人力、材料和机械的定额及清单，用于在设计阶段辅助算量和计价。实际消耗也可根据资源库和实时信息价计算得出，便于与填报的实际消耗比对，防止偷工减料。

实际利用标准化数据库时，应建立相应的工程级别标准化数据库。工程级标准化数据库可以对企业级标准化数据库中的标准化对象进行一定的修改。修改后的标准化对象经实际检验及专家评审后，可以加入企业级标准化数据库推广应用。类似地，如果在企业级标准化数据库上建立集团、行业级别的数据库，也应遵守类似的树状分布式数据库结构实现标准化对象的活用及推广，如图 6-27 所示。

所有级别的标准化数据库均应根据实际情况对所有标准化对象做详细的编码，以便于标准化数据库的管理和索引。

6.2.6.7 基于水电工程信息模型的信息流

水电工程信息模型的创建需要相当长的时间过程，是分阶段创建起来的。水电工程信息模型的创建过程也是多专业、多参与方、多阶段的协同工作过程。不同团队之间，通过从水电工程信息模型中提取所需的信息，建立新的子信息模型，并将之集成至总体工程信息模型中，实现全生命周期的信息共享与交付。因此，定义不同专业、不同参与方、不同阶段之间的模型交付流程与要求至关重要。

水电工程专业子模型是指根据使用者的特定需求形成的水电工程信息模型的子集。一般来说，模型子集根据具体工程阶段或具体参与方定义，包含一系列的工程信息。前者一般称为面向过程的水电工程信息子模型，而后者称为面向参与方的水电工程信息子模型。面向过程的水电工程信息子模型包括具体过程的输入及输出的所有信息，简称过程

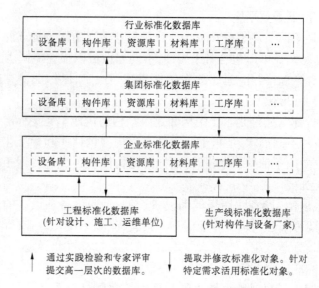

图 6-27　不同层次级别的标准化数据库及标准化对象的活用及推广

子模型或任务子模型。完整的水电工程信息模型实际上是工程全生命周期中所有过程子模型的综合。因此,根据工程的阶段划分,水电工程全生命周期的子模型也可划分为投资规划子模型、设计阶段子模型、建设实施阶段子模型和运行维护阶段子模型等。面向某参与方的水电工程信息子模型包括具体参与方的输入及输出的所有信息。参与方子模型是该参与方参与的所有过程的子模型的组合。例如,某水电工程的施工总包参与了坝体施工及其金属结构的安装,则该施工总包的子模型至少涵盖坝体施工和金属结构安装两个过程子模型。值得一提的是,完整的水电工程信息模型不仅是所有过程子模型的并集,同时也是所有参与方子模型的并集。

图 6-28 以水电工程设计阶段为例,描述了水工专业、金属结构专业和建筑专业三个专业之间的交付流程与要求。首先,水工专业从全生命周期信息模型中提取用户需求,开始方案设计,通过方案审核后形成水工专业方案设计子模型,并集成至全生命周期信息模型。水工专业方案设计完成后,金属结构专业和建筑专业从全生命周期信息模型中提取相应信息,开始相应专业的方案设计,并通过方案审核后形成金属结构方案设计子信息模型和建筑方案设计子信息模型,并集成至全生命周期信息模型中。至此,方案设计子信息模型已经完成,从水工专业开始进入初步设计阶段。初步设计与方案设计流程类似,各专业以此提取、建立并集成相应的子信息模型至水电工程全生命周期信息模型,最终形成完整的设计阶段子信息模型。

针对水电工程不同阶段、不同参与方的信息应用需求,水电工程信息模型可以划分为由低到高若干不同的细度等级。在建筑工程领域,细度通过精细度指标 LOD(Level of Development,注意并不是图像和三维模型处理领域所用的 Level of Details)来表达。本书将水电工程全生命周期划分为投资规划、初步设计、施工图设计、深化设计、施工过程、竣工交付和运营维护 7 个阶段,并根据不同阶段规定相应的 LOD 指标(见表 6-13),作为各阶段过程子模型建立及验收的依据。

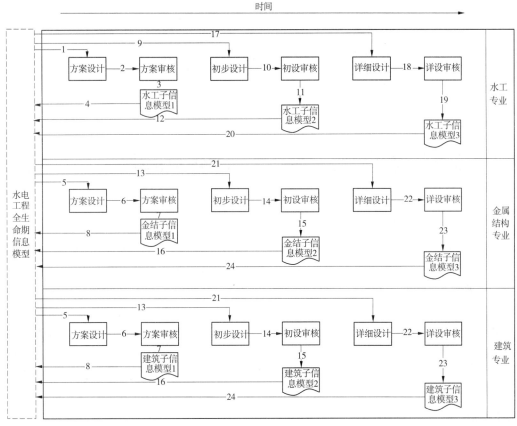

图 6-28 水电工程设计阶段信息交付流程示意图

表 6-13 水电工程信息模型精细度

等级名称(等级代号)	用途	阶段
投资规划模型(LOD100)	项目可行性研究,项目用地许可	投资规划阶段
初步设计模型(LOD200)	方案设计,初步设计	初步设计阶段
施工图设计模型(LOD300)	施工图设计	施工图设计阶段
深化设计模型(LOD350)	深化设计,施工模拟,虚拟建造	深化设计阶段
施工过程模型(LOD400)	进度管理,安全管理,施工算量	施工实施阶段
竣工交付模型(LOD500)	验收,交付	竣工交付阶段
运营维护模型(LOD600)	项目运营维护	运营维护阶段

　　模型的信息从工程的开始到结束是逐渐递增的,因此随着工程的开展,水电工程信息模型的细度等级也不断增加。不过,信息也不是多多益善。过于复杂的信息将带来巨大的数据负载,导致 BIM 软件运行缓慢甚至无法运行。因此,模型的细度应该以可用、能用为宜。

7　雅砻江流域数字化平台
相关系统规划设计

7.1　雅砻江流域水电全生命周期管理数据中心

7.1.1　总体设计思路

雅砻江流域水电全生命周期管理数据中心包括空间地理信息数据仓库和工程三维模型数据仓库、业务主题数据仓库等。空间地理信息数据仓库和工程三维模型数据仓库分别用于存储流域空间地理信息模型和工程三维参数化模型;业务主题数据仓库包括流域和工程建设、运行管理业务相关的实时数据、结构化数据和非结构化数据,也包括原始基础数据、分析处理数据、知识判别数据、模型参数数据等。空间地理数据仓库和工程三维模型数据仓库与各个业务主题数据仓库,随三维可视化集成平台和不同业务系统分别进行建设,但应遵循数据中心设计的数据视图架构和统一的数据标准。为实现雅砻江流域及工程海量、多源信息的统一、集成存储和有效利用,数据中心的设计需要遵循统一的流域和工程空间对象编码标准、统一的数据配置管理以及统一规划的数据库结构。

7.1.2　流域基础数据模型

7.1.2.1　流域基础数据模型概要说明

(1)流域基础数据模型(SSC)对象来源于工程、生产以及水电各专题(包括梯级调度、公共安全、征地移民、环保水保)等业务领域。

SSC 模型是以雅砻江全流域各类物理实体对象为基础,结合雅砻江电力生产单位现有的 KKS 编码体系、电站建设项目的工程 WBS 分解结构、GIS 要素的分类与划分以及雅砻江公司水电行业特色的专题对象(包括梯级调度、公共安全、征地移民、环保水保)等成果,并结合雅砻江现有的信息系统中数据结构等内容,整理并设计雅砻江全流域基础数据模型(SSC)。

SSC 模型为流域三维可视化信息集成展示与会商平台提供了平台中需要二维、三维展示的雅砻江流域各类物理实体对象及其层级结构关系,这些物理实体对象是流域三维可视化信息集成展示与会商平台进行信息展示的载体。

(2)流域基础数据模型(SSC)是企业数据模型核心骨架。

(3)SSC 是雅砻江全流域全寿命期信息链的保证。

7.1.2.2　流域基础数据模型的主要内容

在整体 SSC 模型设计中,应充分考虑到雅砻江全流域中各个物理实体组成部分的定

义、标识与分类,以及各流域对象的全寿期信息表达。其主要内容包括如下四个部分:

(1)流域各物理实体对象的识别、定义、分类。

(2)流域对象的层次结构与关系。

(3)流域对象的全寿期信息的表达。

(4)流域对象的唯一标识及统一编码。

以上是流域基础数据模型的主要内容,也是整个雅砻江全流域全寿期管理的基础模型骨架设计过程中主要的考虑因素。

7.1.2.3　流域对象的定义及范围

SSC 是构筑物(Structure)、系统(System)和设备(Component)的通称(简称 SSC)。SSC 是对雅砻江全流域各类物理实体的数据化描述。它是对雅砻江全流域核心基础管理对象的统称,是雅砻江水电业务活动过程中最主要的业务管理对象。

流域管理对象是从雅砻江资产或者资源的角度考虑雅砻江水电工程建设、电力生产及专题应用等业务过程中可管理的物理对象。这些管理对象(SSC)是雅砻江公司各类主要业务活动的基础,主要包括(以下内容仅为部分主要管理对象):

(1)流域、河段、子河段(水库)、电厂站。

(2)生产运营管理相关的 SSC 对象:

①各类公用单元:建(构)筑物,如大坝、厂房等。

②发电机组设备:如各类机电系统、设备等。

(3)工程管理相关的 SSC 对象:

工程 WBS:各类实体相关的单位工程、分部工程、单元工程等。

(4)专业管理相关的 SSC 对象:

①梯级调度:水库、水情监测水文站、测点等。

②公共安全:大河湾、河湾断面、重点保护区、重点保护对象、警示设施等。

③征地移民:征地移民点、征地移民区域等。

④环保水保:环保水保监测站点、环保水保设施等。

7.1.2.4　流域基础数据模型(SSC)层级结构设计

SSC 模型是一个层级结构,通过逐层分解的方式,描述物理实体间的关系,可以从不同维度去建立 SSC 层级,每个维度从不同的粒度进行流域对象的分解,全流域对象的分解,主要从层次粒度以及父子关系上考虑如何划分流域对象及组织关系。

雅砻江公司的全流域基础数据模型中的 SSC 层级结构从 GBS、PBS、ABS 几个维度分别进行层级划分,最终形成雅砻江流域 SSC 的 G.P.A 结构,也就是:地理分解结构(GBS, Geography Breakdown Structure)、电厂分解结构(PBS, Plant Breakdown Structure)以及行政区划分解结构(Administrative Division Breakdown Structure),分别从地理空间的角度和物理实体逻辑位置关系或者构成关系的角度、行政管理区划的角度进行层级分解。

(1)GBS,地理分解结构,从地理空间的角度,对雅砻江管理的 SSC 对象进行层级划分。这部分是具备强空间属性的 SSC 对象,比如流域、河段、水库、电站等。这部分对象关联到空间基础地理数据(GIS 基础数据),可以实现 SSC 对象的 GIS 可视化展现。

(2)PBS,电厂分解结钩,主要从电站内部逻辑位置的角度进行层级划分,也就是对象之间的拓扑位置关系,比如,机电系统与设备、构建筑物及其内部墙体、房间、廊道等位置关系。PBS 这部分内容根据电站全生命周期的不同阶段采用不同的方式进行层级的划分。工程建设期采用项目施工划分的 WBS 方式进行层级分解,生产运行期采用行业通用的 KKS 方式进行电站的层级分解。这部分内容关联到 BIM 模型,可以实现 SSC 对象的三维可视化展现。

(3)ABS,行政区划分解结构,从行政管理区划的维度进行对象的结构分解的一种方式。专题管理对象相关的征地移民管理对象,通过行政区域进行逐级细分。

7.1.2.5　流域基础数据模型(SSC)全寿期信息设计

电站整体的全寿期管理模型设计的主要内容是电站生命周期各个阶段信息的整合。针对单体对象(Individual)或者单个 SSC 对象的全生命周期管理模型设计的内容是以管理对象唯一标识(SSC 标识)为依据,形成围绕单体的全生命周期统一信息视图。比如水轮机,从采购、安装调试、生产运行及检修维护,甚至停工大修、报废退役等一系列信息的完整视图。

在整个全寿期管理中涉及两个场景:一是电站整体的全寿期管理;二是电站单体对象的全寿期管理。

1. 电站全寿期信息的表达

水电站是一个长期分阶段进行管理及运行维护的系统工程。在水电站的整个生命周期的不同阶段,雅砻江公司关注的管理对象及不同阶段管理对象的属性信息存在较大差异。模型通过给电站的生命周期标签信息体现该电站所处的生命周期的阶段,来标识电站相关的生命周期重要信息。也就是通过生命周期标签,使数据使用者更清楚该电站的信息范围。比如工程期电站,其主要信息是工程相关的内容。生产期电站,关注点在生产运行的数据信息,但是可以追溯工程期数据信息。

2. 单体对象全寿期的表达

电站在其全寿期的不同阶段,依据管理方式以及管理对象的不同,SSC 对象进行演化,雅砻江目前业务现状中典型的就是 SSC 对象从工程期 WBS 的结构向生产期按 KKS进行结构的演化,SSC 模型中体现在:【电站 - >建筑类实体 - >电站水工建构筑物】向【电站枢纽区位置】的演化。模型设计把不同阶段的信息通过结构化设计建立其关联关系。

雅砻江的所有管理对象进行唯一管理:在全寿期的时间线上不同时间点存在有且只有一个管理对象,不存在管理对象的重叠和交叉。个别管理对象可以进行演化,在不同阶段以不同的标的物为主体进行管理对象的分解,但是其本质仍然是同一管理对象。SSC对象演化之后,可以通过关联关系进行追溯,回溯到前置生命周期阶段的信息视图。典型的就是设备类对象标的物,在工程期很多对象标的物(Target Object)还没有进行管理,以施工 WBS 作为管理对象。进入生产期,一些标的物已经作为生产期的重要管理对象进行管理,这些施工 WBS 管理对象要演变为生产期设备管理对象,并进行关联,保证设备对象信息的完整性。

3. 具体设备全寿期的状态跟踪

针对具体设备的全生命周期管理模型设计的内容是以设备唯一标识为依据,通过设备状态历史来跟踪同一设备资产的状态变更历史,并通过状态历史来组织相关的历史数据,跟踪设备资产的整个生命周期信息,形成围绕具体设备的全生命周期统一信息视图。

这里与单体对象全寿期的区别在于:单体对象在于表达同一个功能位(也就是 KKS)的全寿期信息。而实际的业务环境中,同一个功能对应的具体的设备资产会发生变化,比如更换、维修等。SSC 中设备对象表达的是同一个功能位的全局信息。这个功能位唯一识别码是 SSC 标识。这个功能位可能会包括不同具体的设备。

具体设备的全寿期的信息的跟踪,通过其资产唯一识别号与状态进行跟踪。

7.1.2.6　流域基础数据模型(SSC)编码规范

目前,雅砻江公司已有一整套在使用的编码体系,比如设备 KKS、工程 WBS、物资及供应商编码、人力资源以及财务等,这些编码的代码结构及编码规则各成体系,主要用于雅砻江公司各应用系统内部的信息分类。

从 SSC 全寿期信息整合的角度考虑,以上已有的编码体系尚不具备满足全寿期信息管理及关联的条件。在流域全寿期信息模型中,需要建立一套普遍适应的编码规则用以全面描述各类信息的表达。

1. 流域

(1)编码规则:英文首字母缩写为编码标识。

(2)流域类别码:R,河流(River)英文首字母缩写为类别码标识。

(3)实例 SSC 编码(SSC_CD):YLR(雅砻江流域)。

2. 河段

(1)编码规则:父级 SSC 对象编码为前缀 + " - " + 实例码,河段父级 SSC 对象编码为 YLR,河段实例码取自上(U)、中(M)、下(D)游英文首字母。

(2)河段类别码:RR,以父级类别为前缀加上河段(Reaches)英文首字母作为类别码标识。

(3)实例 SSC 编码(SSC_CD):YLR - U(雅砻江上游河段),YLR - M(雅砻江中游河段),YLR - D(雅砻江下游河段)。

3. 子河段(水库)

(1)编码规则:父级 SSC 对象编码为前缀 + " - " + 类别码 + " - " + 实例码,父级 SSC 对象编码 + 子河段类别码 + 实例码,以电站标识作为实例码。

(2)类别码:RRB,以父级类别为前缀加上子河段(Branch)英文首字母作为编码标识。

(3)实例 SSC 编码(SSC_CD):YLR - D - RRB - TZHP(桐子林水电站河段)。

4. 专题对象位置点

(1)编码规则:父级 SSC 对象实例为前缀 + " - " + 类别码 + " - " + 实例码。父级 SSC 实例码为子河段实例码,对象实例码使用字母缩写,或者数字流水码代码,以源系统码为准。

(2)类别码:参见附录 SSC 类别说明部分,以 SSC 类别说明为准。

(3)实例 SSC 编码(SSC_CD):JPHP1 - RRBM - WT - 001(锦屏一级水温测站 001)。

5. 电站枢纽区位置

(1)编码规则:父级 SSC 对象实例为前缀 + " - " + 类别码 + " - " + 实例码。父级

SSC 实例码为子河段实例码,以生产期水工构筑物 KKS 为对象实例码,编码为:子河段实例码 – 类别码 – KKS 码。

(2)类别码:参见附录 SSC 类别说明部分,以 SSC 类别说明为准。

(3)实例 SSC 编码(SSC_CD):TZHP – RRBP – PA – 00UME00(主厂房)。

6.电站

(1)编码规则:父级 SSC 对象编码为前缀 + " – " + 类别码 + " – " + 电站标识码,父级 SSC 对象编码 + 类别码 + 实例码,以电站标识作为实例码。

(2)电站类别码:RRS,以父级类别为前缀加上电站(Site)英文首字母作为编码标识。

(3)实例 SSC 编码(SSC_CD):YLR – D – RRS – TZHP(桐子林水电站)。

7.电站水工建构筑物

(1)编码规则:父级 SSC 对象实例为前缀 + " – " + 类别码 + " – " + 实例码。父级 SSC 实例码为电站实例码,以工程期水工构筑物 WBS 全码为对象实例码,编码为:电站实例码 – 类别码 – WBS 全码。

(2)类别码:RRSB – UC。

(3)实例 SSC 编码(SSC_CD):LHHP – RRSB – UC – LHKC – 201410 – A1(两河口 – > 挡水坝工程)。

8.机电设备类

(1)编码规则:父级 SSC 对象实例为前缀 + " – " + 类别码 + " – " + 实例码。父级 SSC 实例码为电站实例码,以生产期机电设备类 KKS 为对象实例码,编码为:电站实例码 – 类别码 – KKS 码。

(2)类别码:RRSE – PE。

(3)实例 SSC 编码(SSC_CD):TZHP – RRSE – PE – 10(桐子林水电站 – >#1 机组)。

9.其他电站内部实体

(1)编码规则:父级 SSC 对象实例为前缀 + " – " + 类别码 + " – " + 实例码。父级 SSC 实例码为电站实例码,对象实例码使用字母缩写,或者数字流水码代码,以源系统码为准。

(2)类别码:参见附录 SSC 类别说明部分,以 SSC 类别说明为准。

(3)实例 SSC 编码(SSC_CD):JPHP1 – RRSB – PW – 001(锦屏一级警示牌 001),LHHP – RRSE – VE – 001(两河口摄像头)。

10.ABS 行政区划

(1)编码规则:以类别码为前缀 + " – " + 上级实例码 + " – " + 对象实例码,对象实例码使用三位字母缩写,或者三位数字流水码代码,以源系统码为准。

(2)类别码:参见附录 SSC 类别说明部分,以 SSC 类别说明为准。

(3)实例 SSC 编码(SSC_CD):RA – LSZ(凉山州)。

7.1.3 企业数据模型

7.1.3.1 企业数据模型层级框架

雅砻江公司企业数据模型是在流域基础数据模型的基础上,扩展到全企业业务范围的数据模型,因此在企业模型的整体框架中,流域基础模型(SSC)是其核心,现有应用系统的管理对象是纽带,连接核心对象与外围业务数据信息以下内容。

雅砻江企业数据模型层级框架主要表达以下内容:

(1)企业数据模型的层次关系。

(2)SSC 在企业模型中的地位。

(3)SSC 对象构造及其与外围管理对象的关系。

企业数据模型框架层次扩展路径为:SSC － >现有源数据各管理结构－ >企业模型各业务主题数据;其层次上共分为三层(见图7-1)。

第一层:Tier－1,SSC 层级结构;

第二层:Tier－2,现有各管理对象的层次结构;

第三层:Tier－3,企业模型各业务主题数据。

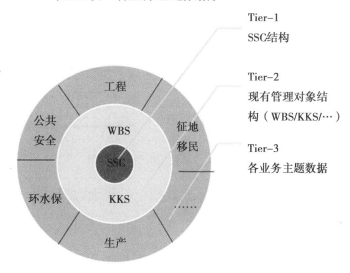

图 7-1　企业数据模型框架层次图

7.1.3.2　数据主题模型

主题(Subject)是模型设计的最高层级概念,它是在较高层次上将企业数据信息进行综合、归类的一个抽象概念。每一个主题基本对应一个主要的业务领域。

主题划分的目标是把逻辑上联系比较紧密的实体进行归类,便于信息的组织以及理解。企业数据模型涵盖全企业全业务的数据视图,信息量比较大,通过主题的划分,使信息更易于组织和使用。

雅砻江流域水电全生命周期管理数据中心数据仓库逻辑数据模型设计过程充分参考了源系统信息调研的结果、雅砻江流域数字化平台应用需求的反馈以及未来电力市场营销环节的业务需求,在此基础之上形成了逻辑模型的 10 大主题,包括:流域基础(SSC)、工程、生产、合同、物资、专题、财务、人力资源、文档、代码参数。其中,专题部分包括:梯级调度、公共安全、征地移民、环保水保、大坝安全监测等。

雅砻江流域水电全生命周期管理数据中心数据仓库逻辑模型在逻辑上将紧密联系的业务对象及其属性按主题进行组织,各主题间通过多个跨主题的核心实体进行关联,通过这些关联关系反映出了雅砻江内部的数据关系和业务规则,进而形成完整的反映雅砻江公司数据信息连接的关系链路图。

　　基于以上内容以及以 10 大主题为基础,形成了雅砻江流域水电全生命周期管理数据中心数据仓库的数据主题模型,如图 7-2 所示。

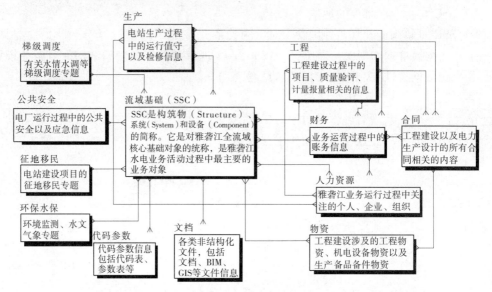

图 7-2　雅砻江公司企业数据模型主题模型

7.1.4　雅砻江流域水电全生命周期管理数据中心建设方案

7.1.4.1　数据中心的定位

　　雅砻江流域水电全生命周期管理数据中心定位为"基于混合架构的大数据中心",并分解为以下三个方面:

　　(1)雅砻江流域水电全生命周期管理数据中心是雅砻江公司全流域、全业务、全层级的数据整合和共享中心。

　　(2)雅砻江流域水电全生命周期管理数据中心是雅砻江流域数字化平台及雅砻江公司未来数据深化应用的基础。

　　(3)雅砻江流域水电全生命周期管理数据中心是雅砻江公司企业级数据管理中心。

7.1.4.2　数据中心建设总体规划

　　根据雅砻江流域数字化平台的数据需求分析和雅砻江公司系统以及数据现状的调研,设计的雅砻江流域水电全生命周期管理数据中心整体架构图如图 7-3 所示。

　　企业数据中心系统总体架构按分层方式划分,共分为如下几个层次:

　　(1)数据源层:数据中心数据源包括生产管理、生产文档管理、工程管理、工程文档管理、计划管理、人力资源管理、财务管理、全面预算管理、集控中心实时数据交换平台、大坝安全信息管理、大坝施工质量实时监控、OA、档案管理等现有专业系统,同时包括锦西电厂实时数据交换平台、六大决策支持信息、三维可视化展示与会商平台等拟建系统。

　　(2)数据集成层:负责将获取的数据集成到数据存储层中,包括对源数据的转换加

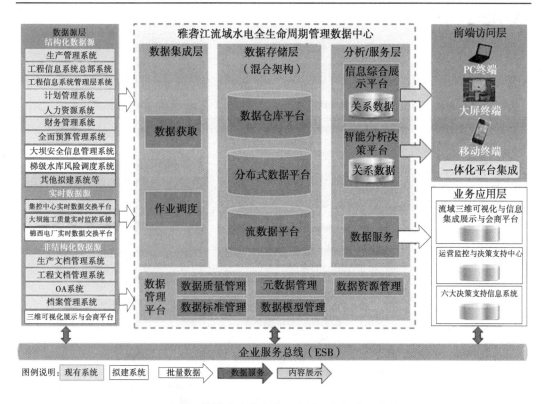

图 7-3　雅砻江流域水电全生命周期管理数据中心整体架构

载,其中包括非实时数据、实时数据与非结构化数据的接入。ETL 调度负责整个数据中心的任务调度以及作业监控。

(3)数据存储层:负责存储所有的数据。数据存储层包含基于关系数据库的传统数据仓库与基于 Hadoop 的大数据平台,用来存放不同性质的数据,并提供不同的数据服务。传统数据仓库负责存储和管理结构化数据,大数据平台负责存储和管理非结构化数据、实时数据、流域空间地理信息、工程三维模型数据。

(4)分析/服务层:信息综合展示平台将提供指标的展示,并包括多维分析与固定报表的展示;智能决策分析平台将负责提供数据挖掘模型的管理、验证以及数据训练,最后通过前端展示挖掘的结果;并通过批量数据服务、异步数据推送、数据实时服务等方式,为外围系统提供数据支撑。

(5)数据管控层:数据管理平台负责对数据的统一管理,其中包括数据质量管理、元数据管理、数据模型管理、数据标准管理以及数据资源管理。

(6)业务应用层:实现雅砻江流域水电工程全寿期数字化管理,包括雅砻江流域三维可视化信息集成展示与会商平台、六大决策支持信息系统以及未来企业运营监控与决策支持系统。

(7)前端访问层:满足接入数据的前端访问要求,实现各种接入终端的集成,如 PC 终端、大屏幕以及移动终端,满足管理驾驶舱、指标、挖掘分析结果等的前端展示要求。

7.1.4.3　数据中心功能架构

根据整体架构设计,为满足系统整体各功能性要求,规划数据中心功能架构图如

图7-4所示。

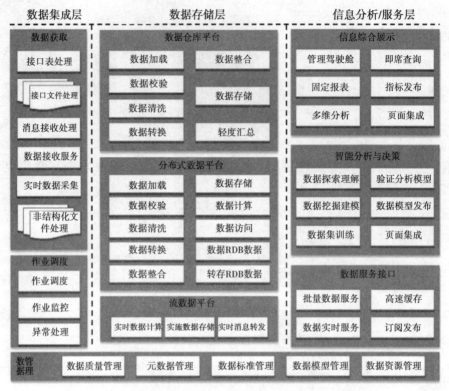

图7-4　雅砻江流域水电全生命周期管理数据中心整体功能架构

数据中心划分为八大功能模块,分别是数据获取、作业调度、数据仓库平台、大数据平台、数据服务接口、信息综合展示、智能分析与决策和数据管理。

数据获取负责采集源系统的数据进入数据中心,使用图7-4所示功能实现结构化数据、非结构化数据和实时数据的采集。需要根据每个源系统的特点,分别和每个源系统确定接口实现方案。

作业调度实现对数据采集、转换、加载等任务的定时调度或手工触发。作业调度实现结构化数据、非结构化数据、实时数据的采集、转换、加载作业的统一调度。

数据存储实现对五大类数据在数据中心的存储,并实现数据的加载、清洗、检验、转换、计算直到最终的存储。

(1)数据仓库实现对结构化数据的存储。数据仓库基于关系数据库实现并划分为多个层次(包括缓冲层、整合层、汇总层、数据集市等),实现从数据源到各个层次数据的加载、清洗、检验、转换和存储,并根据模型设计及业务需要,实现数据的整合和汇总。

(2)分布式数据平台基于分布式存储,并实现分布式计算框架,能够对不同类型的大量数据进行高效、可靠的处理,同时基于普通服务器集群实现系统的高可用和可扩展。针对分布式数据平台的处理,传统数据仓库有关数据的加载、清洗、检验、转换和存储的功能规划思路仍适用于大数据平台。

(3)通过数据集成平台的实时数据采集功能实现对实时数据的获取,通过对采集的实时数据进行计算处理,实现实时数据在流数据平台中的存储,同时提供实时数据共享给其他相关系统的能力。

数据服务接口实现的主要功能包括数据实时服务、订阅发布、批量数据服务等,并基于高速缓存功能提升系统的整体性能。

7.1.4.4 数据中心数据架构

分析数据中心相关数据的类型、来源、定义、分布、流转和应用,设计数据中心数据架构如图 7-5 所示。

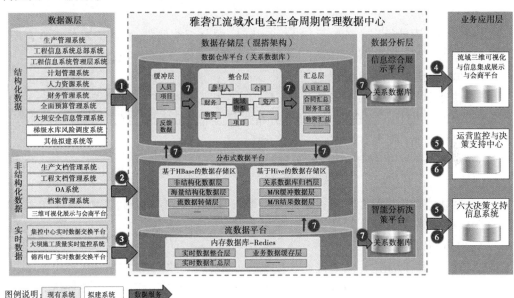

图 7-5 雅砻江流域水电全生命周期管理数据中心整体数据架构

数据中心分为存储结构化数据的传统数据仓库平台、存储非结构化数据的分布式数据平台与存储实时数据流数据平台。实现对来自包括生产管理系统、工程管理系统、人力资源管理系统、财务管理系统、实时数据交换平台、文档管理系统等专业系统的涵盖结构化数据、非结构化数据、实时数据、空间地理信息数据、三维模型数据等五大类数据的采集、转换、存储、管理和应用,并基于流域基础数据模型(SSC)实现覆盖全流域、全业务、全层级的各类数据的关联,为三维可视化信息集成展示与会商平台、八大决策支持信息系统以及未来企业运营监控与决策支持系统提供数据支撑。

1. 数据仓库平台层次架构

数据仓库按数据层次划分为缓冲层、整合层、汇总层、数据集市层。

1) 缓冲层

缓冲层存储的是由数据中心从源系统采集的数据,数据缓冲区能够很好地分担源系统批量/实时分发数据的压力,避免重复获取数据带来的性能压力、版本时差、多次开发、冗余存储等问题,同时也能作为一个隔离的数据源,一定程度上屏蔽源系统(数据结构、时间窗口等)的变化对数据整合层、汇总层带来的影响。

2)反馈区

数据反馈用于接收补录的信息以及历史数据分析挖掘的成果信息,以对现有数据进行补充完善。

3)整合层

整合层存储的是经过数据清洗、转换、整合后的业务数据,是数据中心的核心数据层。

4)汇总层

汇总层存储的是根据主题维度形成的企业统计、汇总数据。

5)数据集市

数据集市是面向特定业务单元(如业务部门)的分析数据集,数据主要基于整合层、汇总层数据派生,包含重度汇总数据,同时包含支撑目标特有的分析数据。

2.分布式数据平台层次架构

分布式数据平台根据应用场景和 Hadoop 体系中不同软件产品的特点分为两个区域,分别基于 HBase 和 Hive 实现数据存储。分布式数据平台可动态扩展,以满足对不同类型海量数据进行存储和处理的需求。

1)基于 HBase 的数据存储区

(1)非结构化数据层。

非结构化数据层中存储来自各源系统的非结构化数据,包括办公文档、设计图纸、文本文件、图像文件,以及空间地理信息数据和三维数据模型信息数据等。

(2)海量结构化数据层。

海量结构化数据层中存储来自各源系统的海量结构化数据,例如来自集控中心、大坝中心的监控数据。这些数据通过批量结构化方式进入数据中心,但是由于数据量非常大,传统关系数据库在存储和使用上都存在瓶颈,可以存储到海量结构化数据层中。

(3)流数据转储层。

流数据转储层中存储来自流数据平台的定期转储数据,协助流数据平台实现实时数据的持久化保存,并为后续的数据分析和数据挖掘应用提供基础数据。

2)基于 Hive 的数据存储区

(1)关系数据库归档层。

关系数据库归档层用于存放数据仓库中的历史归档数据,采用批量的方式实现历史数据往分布式平台的数据迁移。

(2)M/R 缓冲数据层。

当数据仓库中数据表中记录数非常多,传统关系性数据的处理性能无法满足应用需要时,可以将 ETL 处理逻辑迁移到分布式数据平台上,通过 MapReduce 使用数据处理过程。M/R 缓冲数据层中存储 MapReduce 处理过程中需要使用的源系统数据。

(3)M/R 结果数据层。

M/R 结果数据层中存储 MapReduce 处理过程中输出的结果数据。

3.流数据平台层次架构

流数据平台基于 Storm + Kafka 技术架构进行实现,存储来自锦西电厂实时数据交换平台、大坝施工质量实时监控等源系统的各种实时监测数据。流数据平台按照数据层次划分为实时数据整合层、实时数据汇总层、业务数据缓存层。

1）实时数据整合层

实时数据整合层中存储从 Kafka 队列中获取的监控明细数据,仅保存几个小时的实时数据,数据操作保存时间范围后转储到 HBase 区域中的流数据转储层中。实时数据整合层能够为实时数据查询提供数据基础。

2）实时数据汇总层

实时数据汇总层中存储基于实时数据进行轻度汇总的数据,例如指定时间周期内的最大值、最小值、均值等。实时数据整合层能够为实时数据查询提供数据基础。

3）业务数据缓存层

业务数据缓存层是流数据平台的高速缓存层,在实时数据的处理过程中可能需要进行代码值转换,或者关联数据仓库中的数据表补充字段信息,可以将这些数据提前缓存到内存数据库中,加快数据处理过程。

7.2　雅砻江流域水电工程数字化设计系统

7.2.1　雅砻江数字流域信息系统

7.2.1.1　系统架构

雅砻江数字流域信息系统研究内容包括流域水电开发规划数据指标体系研究和数据库平台的建设,针对雅砻江上游缺乏信息区域开展流域水资源规划分析。数据指标体系研究及数据库平台的建设包括多维数据集成、多源数据融合、多尺度数据整合,基于该数据库平台进行水能资源大数据分析,为流域水电开发规划提供数据支持;结合数据库平台及水能资源规划专业分析模型,构建流域水电开发规划平台。

系统的体系结构需采用当前成熟的四层架构,包含数据层、组件服务层、应用层和用户层。

数据层为数字流域系统提供数据支撑,分为本地数据库和数据中心数据库。本地数据库主要包含平台所需的基础地理数据、三维模型数据和各个业务系统的主题数据;数据中心数据库来源于雅砻江公司的数据中心采集与整编的各个生产子系统数据。两个数据库中的数据通过统一的数据访问接口在平台集成,实现数据整合应用。

组件服务层是对系统应用与数据的抽象和聚合,是对用户应用需求与数据集成需求进行的功能化、专业化拆分。组件服务层分为二维三维空间服务、虚拟仿真和应用支撑三大功能组件集,各个功能组件高内聚低耦合。每个功能组件具备清晰的业务功能定义并以服务的方式进行封装,符合 SOA 架构规范。功能组件之间通过标准的通信协议或消息（如 SOAP）进行通信,且具备良好的平台互操作能力。

应用层根据不同的用户需求,对组件层提供的服务按照业务需求进行组合,与数据层中的数据相结合后形成 5 大系统应用,包括流域规划分析决策、流域梯级调度、流域移民安置、流域环境保护、流域安全应急。通过 PC 端、电子大屏和移动终端实现应用接入,为用户提供可视化的辅助管控工具和决策会商环境与信息服务。

用户层主要由管理者、业务人员和维护人员组成。其中,业务人员由现场业务人员和总部相关管理部门人员组成。用户通过权限认证访问不同的系统与数据,保证系统与数据的安全可控。

系统在数据采集与整合、平台开发、功能集成和运行维护阶段,建立配套的标准规范与管理体系,并充分重视系统与数据安全,建立完备的安全保障体系。

7.2.1.2 系统功能

1. 水电开发规划

系统可以提供从流域宏观水能资源格局分析到具体水电站辅助选址功能。主要包括水能资源关键指标查询统计,如水能理论蕴藏量、技术可开发量、规划水电站等,并能与区域的 GDP 增长、人口增长、电力组成和人均耗电量等社会经济指标相结合,分析相关地区水能开发趋势与可开拓市场空间。

对于从宏观分析中选出的水能资源丰沛且开发程度较低、市场前景好的地区可在系统中进行具体的水电站规划选址工作。通过地形与水网数据划分流域,结合水文数据找出水能资源丰富的河流,生成梯级剖面图,估算规划电站的装机容量。

从流域水电开发规划数据库中提取河网数据,根据径流、降水等水文数据提取资源情况好的河流,生成河流梯级剖面图和流域范围图。根据河流梯级剖面图和水文数据计算比降,拟定电站初步位置。根据流域范围从系统中提取地质数据、交通数据、环保数据和城镇与人口分布数据,对电站位置进行优化,选取地质条件好、交通设施较完善、环境保护与征地移民成本较低的地点。最后估算规划电站的装机与发电量、水位与库容。

2. 流域数字化应用

雅砻江流域数字信息系统主要包括以下几个应用系统。

1) 梯级调度系统

以雅砻江下游梯级水库群为试点范围,依托雅砻江公司数据中心,对流域水情信息进行查询,对径流预报和水库调度方案成果进行展示,供水库调度决策提供支持。建设内容具体包括气象站点、水情站点、电站水情等站点数据查询,径流预报成果、防洪调度成果、发电调度成果动态演示,以及各水电站和梯级水情及调度数据综合监视。

在流域三维可视化平台上对水情站点、电站水库和闸门信息等进行可视化展示和查询,对于定义时间属性的水库调度方案,可实现对调度方案水库水位变化过程、泄洪过程等的三维演示,更直观形象地为调度方案决策服务。

2) 流域公共安全系统

流域公共安全子系统基于流域三维可视化信息平台实现该区域公共安全基础数据的可视化查询展示,利用泄水过程模拟结果数据驱动,可以实现三维展示泄水及洪水传播的过程,更直观地对泄水影响区域做出判断,辅助泄水预警管理。

3) 征地移民系统

征地移民子系统主要以雅砻江两河口水电站征地移民工作为试点,对数字化采集和管理工程征地移民的实物指标、实施进度与效果和法律法规及相关文档等全方位多种类型征地移民数据,通过可视化实现信息规范管理和共享,并为征地移民管理提供决策支持信息服务。建设内容包括法律法规文档展示功能、征地移民信息展示功能、土地展示功能等。

4）环保水保系统

通过收集和整理雅砻江流域国家级、省级和市、县级的自然保护区、文化遗产保护区、濒危物种分布区、国家水利风景区、植被覆盖、土地利用、森林资源、流域重点保护及珍稀动/植物分布等数据，获取不同尺度、不同来源的环境要素空间与属性信息，建立生态环境空间信息库，为流域环境监测、分析、评价和管理提供辅助决策。

5）地质灾害管理

收集整理包括流域的地形、地貌、地质数据，以及全国地震和断裂带分布、滑坡及泥石流分布等地质灾害相关资料，建立地质灾害数据库。结合三维电子沙盘为地质勘察、灾害预警提供辅助支持。

7.2.2　三维协同设计平台

7.2.2.1　方案架构

本书以 ENOVIA 为数据平台，以 VPM、ProjectWise 作为协同设计和工程内容管理工具，以专业模板库、零件库等为基础资源，以 GOCAD、CATIA、REVIT 等三维设计软件为应用平台工具，建立了数字化协同设计平台，以工程出图、数字移交为短期目标，以工程全生命周期管理为最终目标，方案架构见图 7-6。

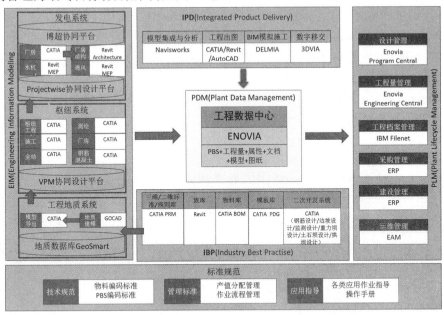

图 7-6　三维数字化设计架构图

7.2.2.2　专业设计系统

1. 拱坝设计系统

ACDSmart 拱坝三维设计工具是基于 CATIA CAA 和 VBA 开发的，适用于拱坝结构的三维设计工具。软件主要功能包括抛物线拱圈参数计算、抛物线拱圈模板调用、拱坝自动建模、拱坝分缝、浇筑块设计及快速出图和 AutoCAD 三维线条导入 CATIA 等功能。其中，拱坝拱圈数据计算功能可根据设定的原则，以控制高程拱圈为基础插值计算任意高程拱圈参数；拱坝自动建模功能可利用体形数据快速构建拱坝三维实体模型；AutoCAD 三维线条导入 CATIA 功能实现了 AutoCAD 和 CATIA 的数据互通，使得前期在 AutoCAD 中所做的工作能方便地导入 CATIA 中。

2. TunnelSmart 水道隧洞数字化设计系统

课题组自主研发了引水、泄水建筑物三维设计成套技术和专业模块，集成了引水系统压力管道、岔管、气垫式调压室等核心技术，形成了与企业技术标准相集成的标准化引水、泄水建筑物设计技术，在多个在建项目中得到了成功应用。

3. Monitor3D 监测专业三维设计工具

水工建筑物安全设计中需要布置大量监测仪器，采用 Monitor3D 三维设计工具，可以对整个工程的监测全局、宏观地把握。Monitor3D 监测外观设计工具是基于 CATIA CAA 自主开发的，适用于监测专业三维外观布置的设计工具。其主要功能包括测点布置、测线布置、通视检查、平差计算、导入导出、监测数据实时查询等，共有 3 个功能组、8 个功能点。在地形地质和水工枢纽模型的基础上，开展监测外观的设计，可以更直观、更准确地开展工程监测仪器的空间布置、位置分析，解决监测仪器（如正倒垂、竖直传高系统、引张线、多点位移计等）与结构的冲突问题；采用三维设计布置监测外观控制网，可对地形地貌直观了解，快速检查工作基点及外观测点之间的通视条件，输出测点所在位置坐标，从而大幅减少现场踏勘工作量；对接监测数据库，实时查询监测点的数据进行监测分析和安全评价等应用。该系统在溪洛渡、锦屏一级等大型综合工程项目得到了良好的应用。

4. RebarSmart 数字化钢筋设计系统

RebarSmart 数字化钢筋设计系统是基于 CATIA CAA 自主开发的专业设计软件，集成了中国钢筋混凝土结构的常用设计标准，形成了"三维布筋、二维出图、报表统计、关联更新、多人协同"的"一站式"数字化钢筋设计解决方案。该系统可满足多专业、各种复杂混凝土结构的三维钢筋设计系统，可用于拱坝、重力坝、土石坝、闸坝、厂房、新能源、地下工程等复杂结构的钢筋设计和二维钢筋图工作。软件功能主要包括各种类型的三维快速布筋及其编辑修改、二维出图、报表统计、关联更新、校审等，共有 5 个功能组、41 个功能点。通过 VPM 协同设计环境，实现了多人对大型结构进行协同布筋设计。同时，通过三维参数化布筋技术，实现对配筋参数和属性的管理，建立钢筋混凝土结构的全信息模型，支持有限元分析、工程量和造价、指导现场施工、工程总承包、数字工程移交等应用，并在溪洛渡、锦屏一级、藏木、桐子林、猴子岩、多诺等大型水电工程进行了钢筋数字化设计推广应用。

5. SlopeSmat 数字化边坡设计系统

SlopeSmart 三维边坡设计分析工具是基于 CATIA CAA 自主开发的三维边坡布置快速设计和稳定分析的工具，可用于各种水工结构的边坡设计、料场和渣场等设计。该软件可简化边坡三维设计流程，提高设计效率。该软件功能主要包括：各种方式的边坡生成、各种边坡参数编辑修改、边坡锚索锚杆的支护设计、各种标准挡土墙的支护设计、各种边坡工程量和信息统计报表输出、外部点数据导入、坡块体的稳定性分析等，共有 6 个功能组、33 个功能点。基于三维地质模型的边坡设计分析一体化技术，在高山峡谷的水电工程边坡开挖及边坡稳定分析应用中取得了良好的效果。应用该技术,可以快速获取三维地质模型中地质体的几何信息和材料力学参数,可以通过参数浮动分析,自动搜索最危险滑动面,判别边坡可能的破坏模式,评价边坡的稳定性及支护措施的加固效果,在众多大型水电工程中得到成功应用。

7.2.2.3 协同设计平台

建立了基于 ENOVIA 数据中心的数字化协同设计的统一平台,以 VPM、ProjectWise 作为协同设计和工程内容管理平台。

专业系统设计场景和流程,主要包括枢纽系统协同设计和发电系统协同设计。

(1)枢纽系统协同设计主要流程是通过 GOCAD 完成地形地质模型,导入到 VPM 系统中,枢纽各专业(包括坝工、水道、厂房等)通过 CATIA 及 HydroSmart 系列工具开展三维协同设计和三维校审。完成设计成果并版本固化后,在 M1 中完成成果校审和成果归档。VPM 用于三维在线协同设计环境,M1 用于设计成果的校审和归档。

(2)发电系统协同设计主要流程是厂房在 CATIA 完成了厂房布置设计后,在 Revit 开展结构设计和三维校审;机电专业在厂房结构模型基础上开展水机、通风、电气设计。整个厂房机电的协同设计在 ProjectWise 上完成。完成设计成果并版本固化后,在 M1 中完成成果校审和成果归档。

7.3 雅砻江流域水电工程建设信息管理与决策支持系统

7.3.1 系统总体框架

如图 7-7 所示,系统采用分层式架构,共分为数据层、业务应用层、综合管理层、展示层(图形交互层)。

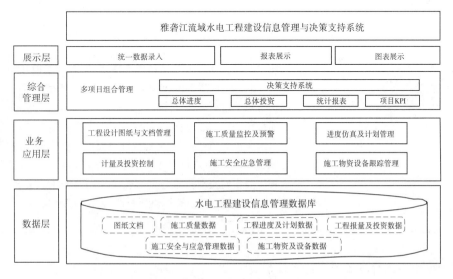

图 7-7 水电工程建设信息管理与决策支持系统总体架构图

7.3.1.1　数据层

数据层包含了用于存储施工质量信息、工程进度和计划信息、工程报量和投资结算信息、施工安全与应急管理信息、施工物资及设备信息等的结构化数据库，以及工程图纸和文档等的非结构化数据库。

7.3.1.2　业务应用层

业务应用层包含了六大业务领域的功能模块，包括工程设计图纸与文档管理、施工质量监控及预警、进度仿真及计划管理、计量及投资控制、施工安全应急管理、施工物资设备跟踪管理等。

7.3.1.3　综合管理层

综合管理层包含了多项目组合管理功能，包括多项目总体进度管理、多项目总体投资管理、报表统计、项目 KPI 分析以及分析决策等。

7.3.1.4　展示层

展示层和用户直接交互，为用户提供一种交互式的操作界面，通过报表、图表等方式展示数据并接收用户输入的数据。

7.3.2　系统功能规划

7.3.2.1　工程设计图纸与文档管理

工程设计图纸与文档管理功能设置如表 7-1 所示。

表 7-1　工程设计图纸与文档管理功能设置

功能名称	模块名称	功能描述
设计图纸与文档管理	文档目录树管理	提供用于设计图纸与文档管理树状结构创建、维护等的管理功能；同时系统能够初始化提供按照工程项目 - >建设阶段 - >文档类型 - >工程项目分解结构构成的系统默认树状结构
	设计图纸与文档管理	通过赋予管理员与普通使用者不同的权限，使得管理员具有对设计文件进行录入、读写、编辑等权限，而普通使用者只具有下载权限。 用户能够根据图纸与文档所属项目、所属建设阶段、文件类型、所属标段、所属部位、修改时间，在自定义或系统默认的树状结构节点上进行分类存储归档， 图纸与文档信息的查询，可以通过点击树状结构节点下显示出来的图纸文档列表，翻页进行逐项查询，也可以按照关键字、标段、修改时间等进行设计文件的查询、下载
	图纸下发管理	用于业主向监理和施工单位进行图纸下发的相关业务信息的管理，管理的信息包括发放单位/部门、发放时间、发放份数、接收人、存档份数

7.3.2.2　水电工程施工质量监控及预警

水电工程施工质量监控及预警功能设置如表 7-2 所示。

表 7-2　水电工程施工质量监控及预警功能设置

功能名称	模块名称	功能描述
水电工程施工质量监控及预警	施工质量检验评定	对单元工程质量评定相关结构化信息以及相应工序验收表格、质量评定表格等的非结构化附件文档进行录入和管理
	施工质量验评台账管理	通过对单元工程施工质量验评台账所包含的结构化信息(包括 WBS 分解结构下具体单元工程划分及其评定时间、评定等级、评定人员等信息)的定期录入和更新,实现各个标段累计/月度单元工程验评及时率、合格率、优良率等信息的统计分析

7.3.2.3　水电工程进度仿真及计划管理

水电工程进度仿真及计划管理功能设置如表 7-3 所示。

表 7-3　水电工程进度仿真及计划管理功能设置

功能名称	模块名称	功能描述
水电工程进度仿真及计划管理	进度计划信息导入与维护	通过建立合同标段下的工程项目工作分解结构(WBS),定义各项工作的逻辑关系和资源配置,实现各个标段进度计划的创建
	进度分析	根据现场采集的实际施工进度信息,进行进度计划的更新,并通过进度计算,分析项目的进展情况,包括项目进展与计划目标的对比、资源使用情况以及费用完成情况。 能够根据采集的工程实际施工进度信息,进行施工进度的仿真预测,并能查询各单元工程的实际施工进度信息(包括实际开工时间、实际完工时间、实际工程量、实际投资等)。 通过输入里程碑,年、月进度目标,以图表方式直观对比展示工程实际/计划施工进度;展示并对比各目标工期滞后/提前天数、对比计划/实际工程量、对比计划/实际投资、对比分析预警关键线路、预测分析目标保证率,提供辅助决策分析

7.3.2.4　水电工程计量及投资辅助控制

水电工程计量及投资辅助控制功能设置如表 7-4 所示。

表 7-4　水电工程计量及投资辅助控制功能设置

功能名称	模块名称	功能描述
水电工程计量及投资辅助控制	工程量计量签证单管理	以单元工程为基础,管理和查询各个单元工程产生报量的中间计量签证单的相关信息
	工程量申报管理	以合同为基础,汇总合同标段下各期上报的工程量计量签证单信息,建立和管理合同各期工程量申报表,作为合同中间结算的依据。 系统需实现根据工程量及工程单价形成工程量结算报表,结算报表的各类数据均独立生成整体报表,保障随时可以查询数据的信息及来龙去脉;实现与现有的工程信息管理系统数据共享和各标段合同结算预警功能,显示量化信息值(如百分比和数值差)

7.3.2.5　水电工程施工安全与应急管理

水电工程施工安全与应急管理功能设置如表 7-5 所示。

表 7-5　水电工程施工安全与应急管理功能设置

功能名称	模块名称	功能描述
水电工程施工安全与应急管理	工程施工现场安全信息管理	实现枢纽区重大危险源、重点防护对象信息的导入和管理,并实现分类查询等分析功能。 重大危险源信息包括危险源描述、责任部门、所在位置、等级、控制措施、应急措施、监控状态等。 重点防护对象信息包括责任部门、所在位置、防护措施、应急措施、防护状态等
	应急资源信息管理	实现现场应急资源信息的管理,包括应急组织、应急队伍以及应急物资等,并实现分类查询等分析功能。 应急组织信息包括组织机构名称、组织成员的相关信息、联系方式等。 应急队伍信息包括应急队伍名称、应急队伍分布区域、应急队伍人员数量、联系方式等。 应急物资信息包括应急物资分类字典、所属单位、数量、存储位置

7.3.2.6　水电工程施工物资设备跟踪管理

水电工程施工物资设备跟踪管理功能设置如表 7-6 所示。

表 7-6　水电工程施工物资设备跟踪管理功能设置

功能名称	模块名称	功能描述
水电工程施工物资设备跟踪管理	施工物资流转过程数据管理	实现对合同标段下每期物资出入库数据以及库存数据的采集管理。 物资出入库信息包括出入库物资名称、物资类别、物资数量、出入库时间、存储仓库、合同标段、承包商等。 物资存储信息包括物资名称、物资类别、物资存储数量、统计时间、存储仓库、合同标段、承包商等
	施工设备跟踪管理	能够跟踪查询现场参建单位施工设备信息以及进出场信息的管理。 施工设备信息包括设备类型字典、设备品种字典、设备名称、设备代码、型号/规格、主要设计参数及性能指标、出厂时间、进场时间、出场时间等

7.4　雅砻江流域水电站运行信息管理与决策支持系统

7.4.1　系统总体框架

系统采用分层式架构,共分为数据层、业务应用层、展示层(图形交互层),见图 7-8。

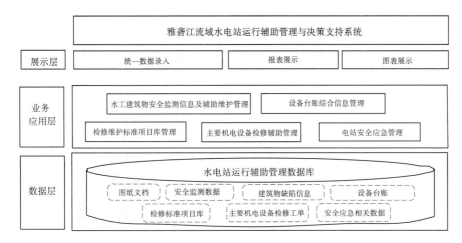

图 7-8 水电站运行辅助管理与决策支持系统总体架构图

7.4.1.1 数据层

数据层包含了用于存储安全监测数据、水工建筑物缺陷信息、设备台账、检修标准项目库、主要机电设备检修工单、安全应急等的结构化数据库,以及安全监测设备、机电设备图纸和文档等的非结构化数据库。

7.4.1.2 业务应用层

业务应用层包含了五大业务领域的功能模块,包括水工建筑物安全监测信息及辅助维护管理、设备台账综合信息管理、检修维护标准项目库管理、主要机电设备检修辅助管理、电站安全应急管理等。

7.4.1.3 展示层

展示层和用户直接交互,为用户提供一种交互式的操作界面,通过报表、图表等方式展示数据并接收用户输入的数据。

7.4.2 系统功能规划

7.4.2.1 水工建筑物安全监测信息及辅助维护管理

水工建筑物安全监测信息及辅助维护管理功能设置如表 7-7 所示。

表 7-7 水工建筑物安全监测信息及辅助维护管理功能设置

功能名称	模块名称	功能描述
水工建筑物安全监测信息及辅助维护管理	大坝安全监测信息数据管理	包括对通过自动化采集系统和人工采集等方式获得的水工建筑物安全监测信息的分类管理。 监测类型包括位移监测、应力应变监测、温度监测、渗流监测等

续表 7-7

功能名称	模块名称	功能描述
水工建筑物安全监测信息及辅助维护管理	数据查询分析及报表统计	主要包括监测数据、图形、报表的各类查询和统计功能,需要面对所有的用户类型,尽可能提供灵活的查询功能。 系统须建立测点导航以辅助进行数据查询。测点导航采用两种方式:一是图形导航,点击平面布置图、断面布置图、自动化系统结构图等的监测点热点,快速查询相关信息和数据;二是较为常用的树形导航,包括按仪器类别导航、监测部位导航、监测项目导航以及用户自定义导航。 此外,还包括资料整编规范中规定的格式以及用户自定义格式的各类数据报表、过程线、分布图、相关图、浸润线图、挠度曲线、等值线图、测斜分布图等图表的生成、组合、文件输出、打印等功能,以完成规范规定的年度监测资料整编工作,并向各相关部门提交各类规定的报表
	大坝缺陷管理	包括通过巡视检查获取的水工建筑物缺陷、隐患和处理相关数据的采集录入与维护,以及统计、分析、报表生成等

7.4.2.2　设备台账综合信息管理

设备台账综合信息管理功能设置如表 7-8 所示。

表 7-8　设备台账综合信息管理功能设置

功能名称	模块名称	功能描述
设备台账综合信息管理	设备信息集成管理	以电厂 KKS 为基础,将设备关联的相关信息进行集成,如设备清册、备品备件、检修履历、缺陷统计、设备分析报告、技术文档资料等信息。 在设备主信息中对设备的静态和动态信息进行完善。为用户提供重要 KPI 图标展示,例如库存金额、缺陷消缺率、工作票完工率等 KPI 指标信息
	设备的综合查询	通过建立完善的设备综合管理,可以记录该设备发生的动态信息,记录跟踪与追溯管理 通过建立基础信息台账和关联该设备发生的动态信息,以设备台账为主线,进行相关信息的综合查询管理

7.4.2.3　检修维护标准项目库管理

检修维护标准项目库管理功能设置如表 7-9 所示。

表 7-9 检修维护标准项目库管理功能设置

功能名称	模块名称	功能描述
检修维护标准项目库管理	检修维护标准项目库建立及维护	系统可创建、修改维护标准项目记录。同时,可以建立标准项目的分类,以便于对标准项目的查找和管理;同时相关人员可以对标准库内容进行添加、维护、修改等操作。 通过系统模块的搭建,在标准项目记录中,不仅对项目的基础信息机械能管理,还须建立标准项目实施所需的人力、物料等进行管理。 此外,在系统中,可以建立标准项目的检修工期,为实际的检修周期提供参考指导
	标准项目库的调用	通过建立标准项目库,当设备检修时,可以直接调用有效的标准项目记录,来快速创建检修工单

7.4.2.4 主要机电设备检修辅助管理

主要机电设备检修辅助管理功能设置如表 7-10 所示。

表 7-10 主要机电设备检修辅助管理功能设置

功能名称	模块名称	功能描述
主要机电设备检修辅助管理	主要设备检修辅助工单建立	主要设备检修辅助工单建立:使用该模块可创建、修改、审核主要设备检修工单记录。通过流程跟踪可以追溯审核的流程节点状态等信息。 工单快速创建:该模块与检修标准项目库进行关联,在创建时可以调用检修标准项目库中的记录,进行工单的快速创建,同时支持对新工单内容的调整修改功能
	主要设备检修辅助信息管理	检修辅助管理:通过标准项目的调用,可以对检修工艺步骤进行应用,为检修工作提供指导。同时,可以对每项工作进行时间周期计划,为检修项目提供参考。 检修资源的管理:在主要设备检修工单中,不仅对检修项目的基础信息进行管理,还可以对检修项目所需的相关资源进行管理,如人力、物料等相关资源。 任务的计划执行:在检修工单中,对检修项目的工艺步骤进行具体的划分,可以对每个子步骤进行时间计划安排。在实际实施过程中,可以根据实际情况对每个步骤进行状态改变,从而可以通过系统及时地了解检修进度的相关信息

7.4.2.5　电站安全应急管理

电站安全应急管理功能设置如表 7-11 所示。

表 7-11　电站安全应急管理功能设置

功能名称	模块名称	功能描述
电站安全应急管理	危险源管理	建立危险源的基础台账信息,同时对相关的危险源信息进行记录和集成。 对危险源的评估信息进行记录,包括评估类型、日期、治理情况等信息。 通过对危险源的评估,可以将隐患管理进行关联,实现对危险源的应对措施进行关联集成
	安全隐患管理	建立隐患信息的基础台账信息,同时对相关的隐患治理和应急资源信息进行记录和集成。 在系统中,可以对隐患的治理情况进行记录,包括对治理进展、计划、完成情况等信息进行记录
	应急资源管理	实现电厂隐患对应的相关应急资源信息的管理,包括应急队伍以及应急物资、设备等,并实现分类查询等分析功能。 应急队伍信息包括应急队伍名称、应急队伍分布区域、应急队伍人员数量、联系方式等。 应急物资/设备信息包括应急物资/设备分类字典、所属单位、数量、存储位置等

7.5　雅砻江流域水电站主设备状态评估与决策支持系统

7.5.1　系统总体框架

系统的主要实现目标是:建立雅砻江流域水电站主设备状态评估与决策支持系统相应数据分析模型;基于服务器虚拟化平台,应用雅砻江流域水电全生命周期管理数据中心提供的历史数据(如运行状态数据、在线监测数据等)以及人工输入的数据(如预试检测记录、带电测试数据、缺陷记录等),实现水电站水轮发电机组、GCB、主变压器及 GIS 等设备的故障诊断、状态评价、状态预测、风险评估及检修决策建议功能,从而为雅砻江公司设备精细化管理和实施状态检修工作提供技术支撑。基于上述目标,规划的系统框架结构如图 7-9 所示。

7.5.2　系统功能规划

7.5.2.1　状态评价

状态评价模块依据发变电设备状态特征量和状态评价相关导则标准,对反映设备健

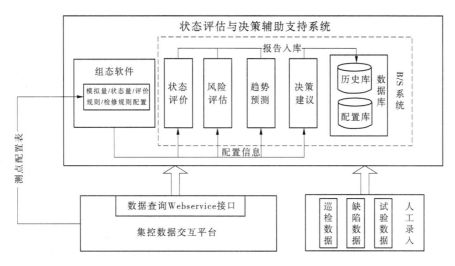

图7-9 系统框架结构图

康状态的各指标项数据进行分析评价,并最终得出设备总体健康状态等级。

设备的状态评价分为部件评价和整体评价两部分。

1.设备部件状态评价

以水轮机为例,水轮机部件分为水轮机主轴及转轮、水轮机导轴承、止水轴承、水轮机顶盖、水轮机导水机构、水轮机补气系统、水轮机进水阀(快速闸门)及附件、水轮机压力管道及蜗壳(金属结构部分)、水轮机排水管(尾水管里衬)、水轮机基础环、水轮机座环、水轮机下部固定迷宫、水轮机转轮室、水轮机支持盖、受油器、顶盖排水泵、盘型阀17个部件。

以发电机为例,发电机部件可分为定子、转子、主轴、机架、导轴承及其润滑系统(含上、下导轴承)、上机架(包括推力轴承和上导轴承)、推力轴承及其润滑系统、通风冷却系统、灭火系统、制动系统、机组励磁机、集电环、永磁发电机等13个部件。

2.设备部件状态量扣分标准

变压器及断路器设备部件的状态量扣分标准可参见《国家电网公司输变电设备状态评价导则》,其余设备部件的状态量扣分标准参照行业标准或企业标准自定义。

3.设备部件的状态评价方法

设备部件的评价应同时考虑单项状态量的扣分和部件合计扣分情况,以水轮机和发电机为例,部件状态评价标准见表7-12、表7-13。

当任一状态量单项扣分和部件合计扣分同时达到表7-12、表7-13规定时,视为正常状态;当任一状态量单项扣分或部件所有状态量合计扣分达到表7-12、表7-13规定时,视为注意状态;当任一状态量单项扣分达到表7-12、表7-13规定时,视为异常状态或严重状态。

表 7-12　水轮机部件总体评价标准

部件	正常状态		注意状态		异常状态	严重状态
评价标准	合计扣分	单项扣分	合计扣分	单项扣分	单项扣分	单项扣分
主轴及转轮	≤30	≤10	>30	12~20	>20~24	>30
导轴承	≤20	≤10	>20	12~20	>20~24	>30
顶盖	≤12	≤10	>20	12~20	>20~24	>30
导水机构	≤12	≤10	>20	12~20	>20~24	>30
水轮机压力管道及蜗壳	≤12	≤10	>20	12~20	>20~24	>30
水轮机尾水管	≤12	≤10	>20	12~20	>20~24	>30
水轮机下部固定迷宫	≤12	≤10	>20	12~20	>20~24	>30
水轮机转轮室	≤12	≤10	>20	12~20	>20~24	>30
油压装置	≤12	≤10	>20	12~20	>20~24	>30
水泵	≤12	≤10	>20	12~20	>20~24	>30

表 7-13　发电机部件总体评价标准

部件	正常状态		注意状态		异常状态	严重状态
评价标准	合计扣分	单项扣分	合计扣分	单项扣分	单项扣分	单项扣分
定子	≤30	≤10	>30	12~20	>20~24	>30
转子	≤20	≤10	>20	12~20	>20~24	>30
主轴	≤20	≤10	>20	12~20	>20~24	>30
机架	≤20	≤10	>20	12~20	>20~24	>30
导轴承及其润滑系统	≤20	≤10	>20	12~20	>20~24	>30
推力轴承及其润滑系统	≤20	≤10	>20	12~20	>20~24	>30
通风冷却系统	≤12	≤10	>20	12~20	>20~24	>30
灭火系统	≤12	≤10	>20	12~20	>20~24	>30
制动系统	≤12	≤10	>20	12~20	>20~24	>30
机组励磁机	≤12	≤10	>20	12~20	>20~24	>30
集电环	≤12	≤10	>20	12~20	>20~24	>30
永磁发电机	≤12	≤10	>20	12~20	>20~24	>30

4.设备整体状态评价

设备整体评价应综合其部件的评价结果。当所有部件评价为正常状态时，整体评价为正常状态；当任一部件状态为注意状态、异常状态或严重状态时，整体评价应为其中最严重的状态。

水轮机及发电机状态评价报告推荐格式可参见《国家电网公司输变电设备状态评价导则》，其余设备状态评价报告格式需参照行业标准或企业标准自行定义。

7.5.2.2 风险评估

风险评估模块依据《水电站设备状态检修管理导则》《输变电设备风险评估导则（试行）》相关标准，通过识别设备潜在的内部缺陷和外部威胁，分析设备遭到失效威胁后的资产损失程度和威胁发生概率，通过风险评价模型得出设备的风险等级。

风险评估模块功能如图 7-10 所示。

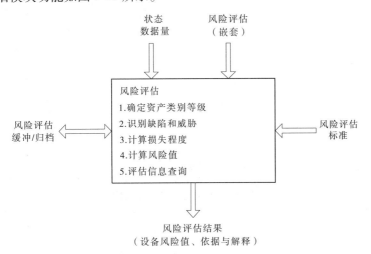

图 7-10 风险评估模块功能图

1.模块输入

模块输入包括：

（1）从数据处理层获得的设备状态量数据。

（2）从风险评估层（嵌套）产生的风险指标及评价数据。

2.模块功能

模块功能包括：

（1）确定资产类别。从设备自身的价值、设备对电网提供电源的重要等级和设备在电网中所处位置的重要等级三个方面确定设备的资产类别等级。

（2）识别缺陷和威胁。分析设备功能，识别设备潜在的内部缺陷和外部威胁对设备功能的影响，并统计分析发生各类缺陷和威胁的发生概率。

（3）计算损失程度。通过关联设备与缺陷（或威胁）因素，从安全性、可靠性、成本和社会影响等方面计算威胁造成的损失程度。

（4）计算风险值。综合考虑资产类别、资产损失程度和发生概率得到该设备的风险等级或分值。

（5）评价信息查询。可查询设备风险评估结果,并可详细了解评价过程及各风险指标评价信息。

3. 模块输出

模块输出包括风险评估结论,风险评估结论又包括设备风险值、依据和解释。

7.5.2.3 状态预测

利用设备当前和历史状态指标数据,采用时间序列算法对各类连续数据进行状态预测,预测设备在今后某一时期内的健康状态发展趋势。

状态预测模块功能如图 7-11 所示。

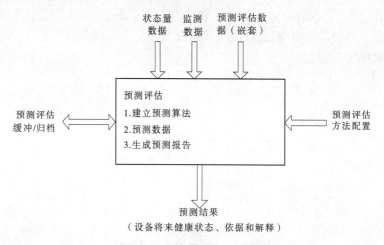

图 7-11 预测评估模块功能图

1. 模块输入

模块输入包括:

（1）从数据处理层获得的设备状态量数据。

（2）从监测预警层获得的设备状态量指标预警信息数据。

（3）从预测评估层（嵌套）产生的预测评估数据。

2. 模块功能

模块功能包括:

（1）建立预测算法。根据设备状态量数据变化特点,建立满足现有业务并具有可扩充和可外挂的预测诊断算法。预测算法库中应包含算法必备的知识库。

（2）预测数据。通过设备状态量与预测算法的配置,采用适当的预测算法,通过对设备当前和历史状态指标数据分析,预测今后一段时间内设备状态相关参数的可能值。

（3）生成预测报告。生成预测报告,为运维人员分析设备变化趋势提供依据。

3. 模块输出

模块输出包括预测结论,即设备健康状态、依据和解释。

7.5.2.4 决策建议

决策建议以设备状态评价结果为基础,综合考虑风险评估结论,建立设备状态和设备失效风险度二维关系模型,综合优化发变电设备检修次序、检修时间和检修等级安排,并依据状态检修导则确立的分级维修标准,确定具体的检修项目和检修时间,最终将建议结果递交设备管理人员或传送到相关的外部生产管理系统进行实施安排。

决策建议模块功能如图7-12所示。

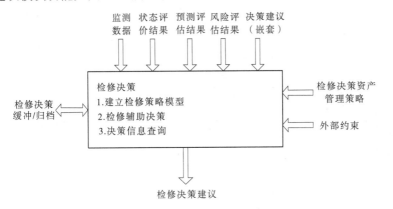

图7-12　决策建议模块功能图

1. 模块输入

模块输入包括:

(1)从监测系统层获得的设备状态量指标预警信息数据。

(2)从预测评估层获得的预测评估结果数据。

(3)从风险评估层获得的风险评估结果数据。

(4)从决策建议层(嵌套)产生的检修决策建议数据。

2. 模块功能

模块功能包括:

(1)建立检修策略模型。遵循设备状态评价结果越差、设备风险等级越高则越优先安排检修的原则,建立综合考虑设备状态评价结果和设备风险评估的二维关系模型,并设定相关参数。

(2)检修辅助决策。通过检修策略模型,分析计算某一区域各级设备检修优先级指标,提出设备检修次序、检修级别、检修时间,并根据A、B、C、D、E分级维修标准确定具体的检修项目。

(3)决策信息查询。查询决策结果,可展示详细决策信息并可追溯辅助决策过程。

3. 模块输出

模块输出包括辅助决策建议结果,即设备维修优先次序等级、建议维修时间、维修等级安排等。

7.6　雅砻江流域梯级水库风险调度与决策支持系统

7.6.1　系统总体框架

本系统采用分层式架构,共分为:数据访问层(数据层)、业务逻辑层(应用层)、模型运算层(支撑层)、图形交互层(表示层)。

分层的程序设计目的是让层间保持松散的耦合关系,使得程序结构清晰,降低升级和维护的成本。在构建过程中,更改某一层次的具体实现,不会影响到程序的其他层,这使得对本层的设计更加专注,对提高软件质量有很大益处。

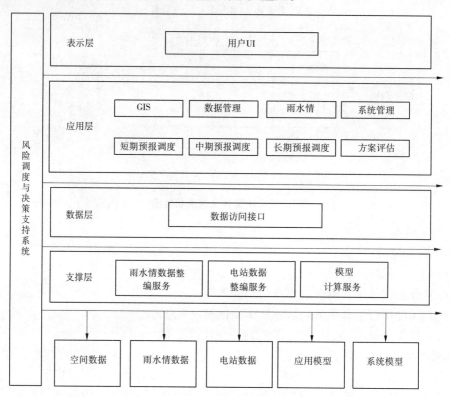

图 7-13　软件逻辑结构图

7.6.1.1　数据层

数据层包含了对 GIS 数据、水文数据、模型数据和业务数据的封装,对程序其他层次提供数据访问接口。程序中所有的数据访问均需通过数据层提供的接口进行,其他部分都不和数据库直接交互。数据层内部和数据库的交互可以变更,但对外提供的访问接口应保证统一性和持久性。

7.6.1.2　支撑层

支撑层包含了完成业务领域中各个业务单元所需的各模型算法,包括雨水情数据整编、水电站数据整编、短期径流预报模型、中长期径流概率预报模型、防洪调度模型、发电调度模型、风险分析模型等。

7.6.1.3　应用层

应用层包含了关于业务领域的信息,由多个内聚的业务单元构成,覆盖相关的领域对象。业务单元主要由业务操作流程、公司规程以及政策法规等构成。应用层体现系统的高级策略,不依赖于数据层或表现层等。

7.6.1.4　表示层

表示层位于架构的最外层,但是离用户最近,和用户直接交互。表示层用于显示数据和接收用户输入的数据,为用户提供一种交互式的操作界面。与系统的核心层——领域层和模型层不同,核心层很大程度上决定了程序能实现的所有功能和业务逻辑,表示层则决定了以何种方式和用户交互,怎样布局显示模型运算结果,如何体现业务逻辑等。用户界面美观整洁,功能布局细致合理,可以让用户得到更好的操作体验。

7.6.2　系统功能规划

7.6.2.1　数据管理

数据管理功能模块如表 7-14 所示。

表 7-14　数据管理功能模块

功能	模块	模块功能描述
数据管理	雨水情数据处理	①从公司数据中心实时获取雨水情信息; ②对实时雨水情数据按不同时段进行数据处理; ③对获取的实时数据及处理数据进行管理与查询
	水库运行数据处理	①从公司数据中心实时获取雨水情与水库运行信息; ②对水库水位、流量、出力、机组运行状态及闸门开度等信息按不同时段进行数据处理; ③对获取的实时数据及处理数据进行管理与查询
	预报调度方案管理及查询	①对长、中、短期预报调度方案及计算结果进行管理与查询; ②将预报、调度方案结果上传至数据中心
	GIS 数据展示模块	展示各种地理信息数据及相关站点实时数据
数据库管理	数据录入	可以增加、修改数据库中数据表数据
	数据导入	可以从文本、Excel 等数据源导入数据
	数据导出	可以将数据表数据导出至指定输出位置的文本、Excel 等文件中
	数据删除	可以删除数据库中数据表数据
	数据库日志管理	数据库日志是所有用户对系统进行操作保存下的记录文件,管理数据库日志可提高使用效率和避免错误。具体操作包括日志选择(数据库操作、应用程序)、事件选择(所有事件、筛选事件)、时间选择、条件选择、操作类别、顺序选择、日志设置等
	数据库备份	为保证数据库安全性,应定期地备份数据库。数据库备份,可以选择备份类型、时间段、数据库类型及位置
	数据库恢复	一旦数据遭到破坏,可用以前备份的数据库文件来恢复数据。数据库恢复,可以选择恢复类型、数据库类型及位置

7.6.2.2　短期水库预报调度

短期水库预报调度功能模块如表7-15所示。

表 7-15　短期水库预报调度功能模块

功能	模块	模块功能描述
自动预报调度设定	自动预报调度设定	①系统自动生成预报方案信息及调度方案信息,对各方案基本参数进行设定后点击计算,系统自动完成预报及调度计算; ②可设定系统自动预报调度时间及周期,系统根据初始设定参数在设置时间点完成预报调度方案建立及计算
短期径流预报	方案管理	①对预报方案进行新建、修改、查看与删除等操作; ②新建方案时需进行预报对象选择、预报周期选择、预报模型选择与边界输入等操作
	方案计算	①对选定预报方案的计算结果进行图表展示,短期径流预报主要是对梯级各水库坝址及区间径流预报结果进行展示,并具备人工修正功能; ②点击开始预报按钮可进入短期水文预报界面,进行手动选择站点进行预报
	方案结果展示	对选定预报方案的计算结果进行图表展示
预报误差管理	误差分析	对训练期的预报误差进行分析,统计误差分布,并寻求误差分布规律
	误差控制	对选定方案采用常规误差修正方法以及数据滤波等降噪方法进行误差控制计算
短期水库调度	方案管理	①对调度方案进行新建、修改、查看与删除等操作; ②新建方案时需进行调度周期与时段选择、调度对象选择、预报径流设定、调度类型(发电调度、防洪调度)与边界输入等操作; ③方案管理按调度类型分发电调度方案、防洪调度方案两类进行管理
	方案计算	查看方案信息、输入数据及模型参数等信息,调用短期常规调度模型接口进行调度计算
	方案结果展示	①对选定预报方案的计算结果进行图表展示; ②生成日常发电计划(96点计划); ③生成日常防洪计划(泄洪计划); ④对预报区间径流进行后置人工修正(图表操作),并对原调度计划重新计算,生成新的人工校正调度计划; ⑤对水位、出力、弃水流量等数据列进行后置人工修正(图表操作),并对原调度计划重新计算,生成新的人工校正调度计划
	梯级水库入库计算	制订计划后最终确定各水库入库预报值:输入预报区间入库流量、防洪计划及发电计划,重新进行汇流计算,得到最终水库的洪水入库径流。点击方案选择,来选择制订好的发电和防洪计划,选择计划之后点击预报可以重新预报水库入库

7.6.2.3 中期水库预报调度

中期水库预报调度功能模块如表 7-16 所示。

表 7-16 中期水库预报调度功能模块

功能	模块	模块功能描述
自动预报调度设定	自动预报调度设定	①系统自动生成预报方案信息及调度方案信息,对各方案基本参数进行设定后点击计算,系统自动完成预报及调度计算。 ②可设定系统自动预报调度时间及周期,系统根据初始设定参数在设置时间点完成预报调度方案建立及计算
中期径流预报	方案管理	①对预报方案进行新建、修改、查看与删除等操作。 ②新建方案时需进行预报对象选择、预报周期选择、预报模型选择(集合预报或概率预报)与边界输入等操作。 ③在做集合预报方案时,系统会自动生成基于集合预报生成的确定性预报方案
	方案计算	①预留数值降雨预报产品输入接口。在没有外部数值降雨预报产品的情况下,系统自动获取雨量站历史相似降雨系列数据作为输入。 ②查看方案信息、输入数据及模型参数等信息,并调用模型接口进行预报模型计算
	方案结果展示	①对选定预报方案的计算结果进行图表展示。中期径流预报主要是对梯级各水库坝址及区间径流预报结果进行展示,并具备人工修正功能。 ②点击调度计划按钮可进入中期水库调度界面,在该预报径流基础上进行调度方案计算。 ③点击误差控制按钮可进入误差控制界面对该预报方案进行误差校正
预报误差管理	误差分析	对训练期的预报误差进行分析,统计误差分布,并寻求误差分布规律
	误差控制	对选定方案采用常规误差修正方法以及数据滤波等降噪方法进行误差控制计算
中期水库调度	方案管理	①对调度方案进行新建、修改、查看与删除等操作。 ②新建方案时需进行调度周期与时段选择、调度对象选择、预报径流设定、调度类型(发电调度、防洪调度或综合调度)、调度模式(常规调度或风险调度)、长短嵌套勾选与边界输入等操作。 ③方案管理按调度类型分发电调度方案、防洪调度方案及综合调度方案三类进行管理。 ④预报径流设定可直接选择某一预报方案预报结果、历史同期径流或前期径流作为预报径流输入

续表 7-16

功能	模块	模块功能描述
中期水库调度	方案计算	查看方案信息,输入数据及模型参数等信息,调用中期常规调度模型与中期风险调度模型接口进行调度计算
	方案结果展示	①对选定调度方案的计算结果进行图表展示。 ②对于常规调度方案,点击风险分析按钮对该方案进行风险指标计算。 ③根据调度方案类型及计算结果生成发电调度计划及防洪调度计划。 ④点击滚动决策按钮对该调度计划进行滚动预报调度。点击该按钮后系统自动生成相应的预报方案及余留期滚动决策方案。首先进入中期径流预报模块进行中期径流集合预报或概率预报,当计算完成后自动返回调度模块进行调度计算,并生成调度计划修正计划。 ⑤对预报区间径流进行后置人工修正(图表操作),并对原调度计划重新计算,生成新的人工校正调度计划。 ⑥对水位、出力、弃水流量等数据列进行后置人工修正(图表操作),并对原调度计划重新计算,生成新的人工校正调度计划
	方案比较与决策	①提供多个风险调度方案对比功能,辅助决策者进行科学合理的决策。 ②对最终选定的决策方案结果及方案综合评价结果进行展示

7.6.2.4 长期水库预报调度

长期水库预报调度功能模块如表 7-17 所示。

表 7-17 长期水库预报调度功能模块

功能	模块	模块功能描述
自动预报调度设定	自动预报调度设定	①系统自动生成预报方案信息及调度方案信息,对各方案基本参数进行设定后点击计算,系统自动完成预报及调度计算。 ②可设定系统自动预报调度时间及周期,系统根据初始设定参数在设置时间点完成预报调度方案建立及计算
长期径流预报	方案管理	①对预报方案进行新建、修改、查看与删除等操作。 ②新建方案时需进行预报对象选择、预报周期选择、预报模型选择(年总径流分级预报和概率预报)与边界输入等操作。 ③年总径流分级预报方案中可衍生出年径流的典型预报过程。 ④年、月径流概率预报方案中可衍生集合预报方案,系统会自动从随机模拟径流集合中选取满足概率预报置信区间的径流情景组成集合预报
	方案计算	查看方案信息、输入数据及模型参数等信息,并调用模型接口进行预报模型计算

续表7-17

功能	模块	模块功能描述
长期径流预报	方案结果展示	①对选定预报方案的计算结果进行图表展示。长期径流预报主要是对梯级各水库坝址及区间径流预报结果进行展示,并具备人工修正功能。 ②点击调度计划按钮可进入长期水库调度界面,在该预报径流基础上进行调度方案计算。 ③点击误差控制按钮可进入误差控制界面对该预报方案进行误差校正
预报误差管理	误差分析	对训练期的预报误差进行分析,统计误差分布,并寻求误差分布规律
	误差控制	对选定方案采用常规误差修正方法以及数据滤波等降噪方法进行误差控制计算
长期水库调度	方案管理	①对调度方案进行新建、修改、查看与删除等操作。 ②新建方案时需进行调度周期与时段选择、调度对象选择、预报径流设定、调度模式(常规调度或风险调度)、滚动嵌套勾选与边界输入等操作。 ③预报径流设定可直接选择某一预报方案预报结果、历史同期径流或前期径流作为预报径流输入
	方案计算	查看方案信息、输入数据及模型参数等信息,调用长期常规发电调度模型与中期发电风险调度模型接口进行调度计算
	方案结果展示	①对选定调度方案的计算结果进行图表展示。 ②对于常规调度方案,点击风险分析按钮对该方案进行风险指标计算。 ③根据调度方案计算结果生成发电调度计划。 ④点击滚动决策按钮对该调度计划进行滚动预报调度。点击该按钮后系统自动生成相应的预报方案及余留期滚动决策方案。首先进入长期径流预报模块进行长期径流概率预报与集合预报,当计算完成后自动返回调度模块进行调度计算,并生成调度计划修正计划。 ⑤对预报区间径流进行后置人工校正(图表操作),并对原调度计划重新计算,生成新的人工校正调度计划。 ⑥对水位、出力、弃水流量等数据列进行后置人工干预(图表操作),并对原调度计划重新计算,生成新的人工校正调度计划
	方案比较与决策	①提供多个风险调度方案对比功能,辅助决策者进行科学合理的决策。 ②对最终选定的决策方案结果及方案综合评价结果进行展示

7.6.2.5　预报调度方案后评估

预报调度方案后评估功能模块如表7-18所示。

表 7-18　预报调度方案后评估功能模块

功能	模块	模块功能描述
水文预报精度评定	短期预报方案精度评定	对短期径流预报方案精度进行分析与评价,包括预报断面选择,评定标准选择,预见期、误差阈值设置以及结果展示等功能
	中长期预报方案精度评定	对中长期预报方案精度的分析与评价,包括预报断面选择,评定标准选择,预见期、误差阈值设置以及结果展示等功能
经济运行评价	节能评价计算	对调度计划的执行情况进行评价,根据指标,对水库出力过程、末水位、发电量及发电耗水率等指标进行评价
	结果管理	对节能评价计算结果进行管理

7.7　雅砻江流域征地移民信息管理与决策支持系统

7.7.1　系统总体架构

根据雅砻江公司征地移民业务对法律法规文档管理、征地移民信息管理、项目土地管理以及综合决策分析的应用需要,本系统采用 B/S 架构进行设计,总体架构如图 7-14 所示。

基础层:基础设施层提供业务系统的承载网络、所需的系统软硬件支撑环境和网络环境。

数据层:为流域征地移民信息管理与决策支持系统的业务应用提供基础的数据支撑,数据主要来自雅砻江公司数据中心。收集整理流域已有文档数据和动态数据,根据不同的数据来源及数据形式,通过数据转换整理、数据录入及数据接口调用等形式,完成流域征地移民数据建设及与雅砻江公司数据中心的整合应用,进行数据库建设和管理,为全程监管提供数据支持。

组件层:组件层是为满足应用需求和数据集成服务的。根据用户应用需求进行功能化、专业化拆分,采用符合 SOA 的架构规范和当前国际标准成熟的开发体系和平台进行设计开发,由数据访问、数据处理、权利认证、打印输出、图形报表、信息发布、安全管理、系统接口组件组成,支撑整个业务系统的应用与服务。

应用层:根据不同用户的不同需求进行设计,满足业务管理、决策分析以及应用维护的需要。

用户层:用户层主要由公司领导、业务人员、外部数据录入人员和维护人员组成。其中,业务人员包括现场业务人员和总部相关管理部门人员。

安全、标准体系层:信息安全保障体系、标准规范体系是提供征地移民信息管理与决策支持系统安全稳定运行的保障。标准规范建设是系统建设的基础性工作,是接入雅砻江流域各个业务系统之间实现互联互通、信息共享和安全可靠运行的前提条件。

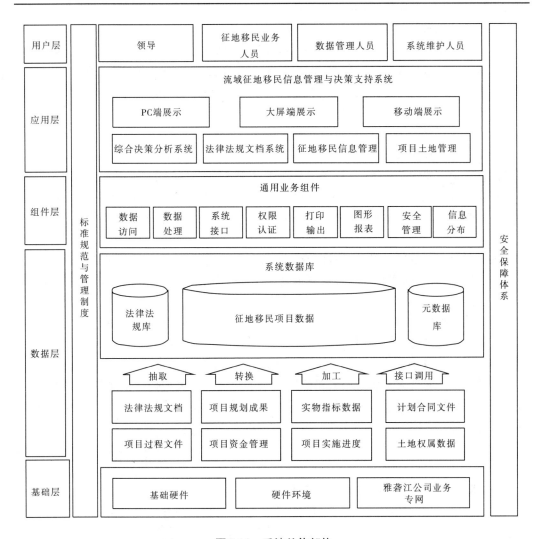

图 7-14 系统总体架构

7.7.2 系统功能设计

7.7.2.1 征地移民项目信息管理

根据项目实施的阶段,每个征地移民项目信息管理都可以分为项目基本信息管理、预可研成果管理、实物指标管理、可研规划成果管理、建档建卡信息管理、计划管理、实施进度管理、合同管理、资金管理、监督评估成果管理、实施成果管理和项目过程文档管理等部分。

1. 项目基本信息管理

项目基本信息主要是对项目背景信息的介绍,主要介绍水电站建设概况及征地移民项目概况,包括项目名称及简称、水电站建设概况简介、征地移民项目规划简介,并可以通过图片滚动浏览、多媒体视频观看等进一步加深了解整体项目背景信息。

2. 预可研成果管理

本部分主要实现对预可研阶段成果信息的电子化管理及关键指标信息的直观展示，预可研成果信息包括建设征地信息、移民安置人口信息、补偿费用估算、成果附件四部分内容。

3. 规划成果管理

1）实物指标管理

实物指标管理主要是对设计院提供的经实物指标调查形成的实物指标成果的管理。实物指标成果主要包括土地、人口房屋及附属设施、房屋装修、林木和专项五部分。

实物指标管理主要提供实物指标成果汇总和查询功能。成果汇总可以按照行政区划（县、乡、村）实现对土地、人口房屋及附属设施、房屋装修、林木和专项四项信息汇总和查看。

用户可以按行政区划、户主名称、身份证号进行实物指标成果查询，结果以列表形式分页展示，可以查看权属户具体成果的详细信息，详细信息包括土地、人口房屋、房屋装修、零星林木以及和该指标相关的附件内容，并对有权限的用户提供附件下载预览、上传更新功能。数据指标成果是本底数据，主要采用初始化数据，不进行单条数据更新，但可以对其附件信息进行上传或更新。

2）可研规划成果管理

本部分主要实现对可研规划成果信息的电子化管理及关键指标信息的直观展示，可研规划成果信息包括建设征地信息、移民安置人口信息、安置任务信息、补偿费用概算和成果附件五部分内容。

4. 实施管理

1）建档建卡信息管理

建档建卡信息管理包括建档建卡查询和汇总两部分功能。

用户可以通过行政区划（县、乡、村）、户主名称、身份证进行建档建卡信息的查询，点击具体一条记录可以查看该记录附件信息，附件操作可以实现建档建卡附属信息的下载和上传，主要包括征地移民建卡登记册、资金分解表和安置协议书。

用户可以通过行政区划（县、乡、村）实现建档建卡信息的汇总，包括户数、人口数以及补偿金额的统计结果。

2）计划管理

计划管理包括总体计划和年度计划两部分内容。其中，年度计划每年年初由省移民局下发，年度计划信息又可以分为年度安置任务（农村移民安置人口、集镇迁建、专业项目迁复建、库底清理）和资金计划信息。

3）实施进度管理

实施进度管理主要是对征地移民实施过程中农村移民、集镇迁建、专业项目和库底情况等工作的进展和资金使用情况进行管理。

实施进度信息主要来源于监理报告，分为搬迁人口安置任务进度、其他安置任务进度、资金拨付进度以及监理报告。

用户可以查看综合移民监理上报的截止当前项目实施进度的整体信息，可以按照行政区县、发布日期查询监理报告,并可以在线浏览监理报告的内容,也可下载查看监理报告附件。

4)农村移民安置核验信息管理

农村移民安置核验信息包括核验进度统计和核验信息查询两部分,该信息随项目的实施按批次进行更新。

用户可以按照县、乡统计同一项目的移民搬迁户数、人口、补偿金额以及安置方式信息。

可以对同一项目的所有农村移民安置核验信息按行政区划(县、乡、村)、户主名称、身份证、安置方式的条件进行查询,结果以列表分页方式进行展示,所有明细都在列表上平铺展示,点击户主查看,可以查看具体一户的查验表照片。

5)合同管理

可以对签订的协议或合同,进行新增、修改、删除、查询、查看和合同附件的上传、下载等操作。查询可以按合同名称、合同编号进行模糊检索,还可以按签订时间进行时间范围检索,能够直观查看合同概要信息及支付进度信息等,查询结果以列表形式展示。

6)资金管理

资金的管理主要是对资金拨(支)付信息的管理,由用户维护征地移民资金公司对外拨(支)付的情况。

7)监督评估成果管理

监督评估成果信息,分为综合监理和独立评估两类,是对移民安置情况的一个第三方评估的结果。监督评估成果管理是对项目移民过程中的综合监理和独立评估信息进行管理。

5. 实施成果管理

1)实物指标管理

实物指标管理主要是针对征地移民项目实施过程中形成的实物指标成果的管理。实物指标成果主要包括土地、人口房屋及附属设施、房屋装修、林木和专项五部分。

2)实物成果管理

实物成果管理主要实现对实施成果信息的电子化管理及关键指标信息的直观展示,实施成果信息包括建设征地信息、移民安置人口信息、安置任务信息、补偿费用概算和成果附件五部分内容。

6. 项目过程文档管理

项目过程文档是在指征地移民项目过程中(规划、实施、评估验收阶段)产生的各种文档、调查报告、合同、文函等文件,具体包括规划成果、实物指标、计划、合同、实施进度、监督评估成果、文函(内、外)等过程文档。在各阶段类型(如规划、实物指标调查)上传的附件可以在本模块中查询下载,也可以直接在该模块中上传项目文档。

7.7.2.2　政策法规文档管理

政策法规文档包括政策法规、设计规范、政府文件和其他文件四类文档的管理。

可以通过目录树分类文档,按照文档名称、关键字、发布日期进行检索,结果以列表形式分页展示;可以选择具体一条查询结果信息,进行修改、查看、下载或删除;还可以直接对文档进行新增及上传操作。

7.7.2.3 项目土地信息管理

1. 土地地块信息浏览

可以进行地块位置的浏览,并可以查看地块信息,包括施工用地图、征地红线图、土地利用现状图等。

2. 确权办理进程管理

土地信息管理主要指土地确权进程办理信息的管理,土地确权进程办理主要分为土地预审、土地报批(含林地)和土地确权办证三个阶段。

7.7.2.4 综合统计分析

1. 跨流域统计分析

跨流域统计分析功能是指可以实现全流域或两个以上(含两个)电站的宏观指标对比分析功能,各电站主要分析对比参数包括装机容量、搬迁移民总数、土地总量、投资概算。

2. 实施进度对比分析

实施进度对比分析可以实现年度计划和实施进度对比分析功能,主要内容包括搬迁人口安置任务、其他安置任务、资金拨入进度每年实施完成情况与年度计划进行对比分析,以便领导了解项目进展情况,进行分析决策。

3. 征地移民项目综合统计

1)搬迁户信息查询

搬迁户信息查询主要是根据行政区划(县、乡、村)、户主名称、身份证号查询搬迁户信息,查询结果以列表形式分页展示,查询结果包括所属县乡村、户主名称、身份证号、家庭人口数、补偿金额、过程资料。其中,过程资料主要是附件信息,包括实物指标信息、建档建卡信息、资金分解表、意向协议书、安置协议书、核验信息表。

2)移民安置人口统计

移民安置人口统计是对项目实施进展中的移民安置搬迁人口情况进行统计,形成统计表,并以统计图的方式直观的展示。

3)资金完成情况统计

对实施进展过程中的资金拨付、支出使用情况进行对比,形成对比表格,对于汇总结果以统计图的方式直观展示。

7.7.2.5 项目信息采集

1. 实施进度信息采集

移民综合监理对项目进度信息进行采集,进度信息主要包括移民人口任务安置进度信息、其他安置任务进度信息、资金拨付信息和监理报告等附件。

移民综合监理可以按照发布日期查询实施进度信息,查询结果以列表分页展示,可以查看并下载附件,并可以通过新增功能实现进度信息采集。移民综合监理完成数据的整理后,可以直接或通过管理局业务管理人员由其通过系统将数据上传导入到征地移民系统中。

2. 农村移民核验信息采集

移民综合监理对农村移民核验信息进行采集,并为核验表的到户信息挂接对应的照片附件。

移民综合监理可以按照行政区划、户主名称、身份证信息查询征地移民核验信息,查询结果以列表分页展示,可以通过户主查看、上传核验表,并可以通过导入实现移民核验信息采集。移民综合监理完成数据的整理后,可以直接或通过管理局业务管理人员由其通过系统将数据上传导入到征地移民系统中。

3.建档建卡信息采集

移民综合监理或管理局业务管理人员,对建档建卡信息进行采集录入,完成后直接将数据上传导入到征地移民系统中,并可以上传附件。

移民综合监理可以按照行政区划、户主名称、身份证信息查询征地移民建档建卡信息,查询结果以列表分页展示,可以通过附件下载、上传建档建卡登记表、资金分解表、安置协议书,并可以通过导入实现建档建卡信息采集。移民综合监理完成数据的整理后,可以直接或通过管理局业务管理人员由其通过系统将数据上传导入到征地移民系统中。

7.8 雅砻江流域环保水保信息管理与决策支持系统

7.8.1 系统总体架构

整个系统设计以计算机软硬件环境与网络通信技术为依托,以信息化标准和安全体系为保障,采用多层架构设计,分为基础环境层、数据层、组件服务层、应用层、展示层以及用户层六层体系结构,系统设计总体框架如图7-15所示。

基础层:基础设施层提供业务系统的承载网络、所需的系统软件和硬件设备及其运行环境。本系统建设所需的软件环境包括 Windows Server 2008 操作系统、Oracle11g 数据库软件;硬件设备采用两台服务器,分别用作应用系统服务器和数据库服务器;系统运行网络环境利用雅砻江公司租用的专用业务网络。

数据层:为流域环保水保信息管理与决策支持系统的业务应用提供基础的数据支撑,数据来源主要为雅砻江公司数据中心。收集整理流域已有数据资料和现有业务系统,根据不同的数据来源及数据形式,通过空间数据矢量化、数据转换整理、数据录入及数据接口调用等形式,完成流域环保水保数据建设及与雅砻江公司数据中心的整合应用,采用大型关系型数据如 Oracle 进行数据库建设和管理,为全程监管提供数据支持。

组件服务层:是为满足应用需求和数据集成服务的。根据用户应用需求进行功能化、专业化拆分,采用符合 SOA 的架构规范和当前国际标准成熟的开发体系和平台进行设计开发,由数据采集、数据处理、资源展示、交换共享等组件,以及工作流模块、安全管理模块和统一认证模块组成,支撑整个业务系统的应用与服务。

应用层:根据不同用户的不同需求进行设计,满足业务管理、决策分析以及应用维护的需要。

展示层:提供面向 PC、大屏和移动终端的系统应用版本。

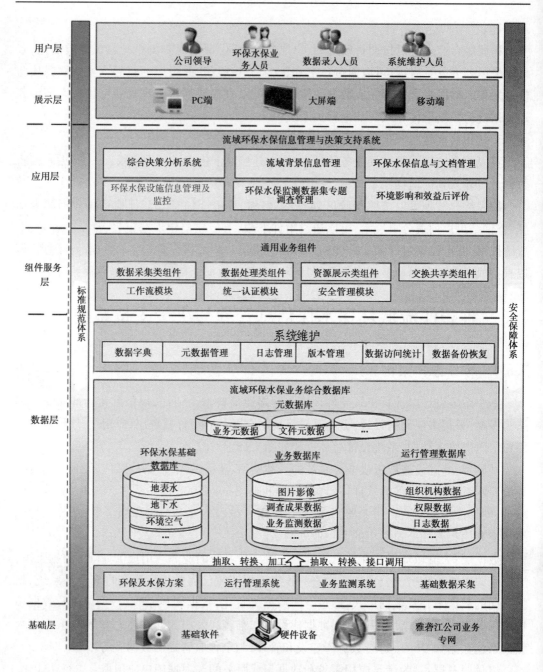

图 7-15　系统设计总体架构图

用户层:主要由公司领导、业务人员、数据录入人员和维护人员组成。其中,业务人员包括现场业务人员和总部相关管理部门人员。

安全和标准体系:信息安全保障体系、标准规范体系是提供环保水保业务应用系统安全稳定运行的保障。标准规范建设是系统建设的基础性工作,是接入雅砻江流域各个业务系统之间实现互联互通、信息共享和安全可靠运行的前提条件。

7.8.2　系统功能设计

7.8.2.1　环保水保信息管理

1.环保水保措施信息管理

1)环保水保措施管理

环保水保措施管理是指在环保措施总体布局、水土流失防治措施总体布局的基础上,对设计的环保水保措施实施进展信息和投资进展进行跟踪管理,由专人维护更新有关信息,信息系统中反映每项措施的最新实施进展情况,并可以查看历史措施实施情况。

环保水保措施是环保水保管理中心制定的各项措施以及实施进度和投资进度情况,包括环保水保措施设计、变更和实施进度动态信息,并且针对指定的某些设施,可以通过附件查看更详细的内容,包括视频、动画、图片等。

环保水保措施包括施工期环境保护措施、鱼类保护措施、陆生生态保护措施、水土保持措施、运行期水环境保护措施、环境地质影响减缓措施、社会环境及其他环境保护措施、移民安置区环保措施、环境监测等,可以通过查询搜索功能,快速定位到所需查找的措施。

环保水保设计和变更管理可以查看具体每项措施的设计和变更信息,同时可以实现措施信息的在线编辑、新增、删除、导出和变更等,包括变更原因、所属阶段和变更日期,以及附件上传功能。

环保水保措施进度管理可以按照日期查询各项措施资金实际投资情况和实施进度情况,查询结果以列表分页展示,并可以导出查询结果,同时可以实现数据的删除和编辑功能。

2)科学研究管理

可以按照日期查询科学研究成果信息,包括合同名称、支付情况、进展情况和提交成果,并可以导出查询结果,同时可以实现数据的编辑功能,对数据进行维护。同时,通过点击某个合同名称可以查询关于此合同的详细信息,包括项目名称、合同名称、合同编号、合同费用、承担单位以及合同附件;通过点击某个合同可以打开进度情况页面,通过日期查询可以了解科研进度情况以及历史科研进度情况,包括进展情况、支付情况和提交成果。

3)年度工作计划管理

年度工作计划是公司环保水保管理中心每年制订的年度工作计划,包括工作内容、节点目标或完成标准。工作内容包括环保水保管理、环保水保措施实施、环保水保设施运行、环境监测与水土保持监测、新开工项目环保水保管理及公司和管理局交办的其他环保水保工作计划等。

可以根据年份实现年度查询计划,并可以对年度计划内容进行编辑和导出。

2.运行监控数据管理

1)分层取水

分层取水是指在水电站建设中,通过叠梁门分层取水生态调度方案,尽可能恢复至天然水温状况,降低工程建设对鱼类的影响。

分层取水模块包括运行信息和设施简介两部分内容。

用户通过分层取水模块可以了解分层取水设施情况,包括水库水位、叠梁门运行状况以及尾水水温。按照监测日期查询水库水位、叠梁门运行状况和尾水水温情况,查询结果以列表形式分页展示,同时可以将查询结果导出,并可以通过统计图(折线图)展现水温逐月变化情况。

2)过鱼措施

过鱼措施是指为恢复河流上下游水生生物群体之间的天然联系和减缓对鱼类的阻隔影响而采取的措施。

过鱼措施模块包括运行信息和设施简介两部分内容。

用户通过过鱼措施模块可以了解过鱼措施设施情况。按照鱼类、监测日期查询过鱼措施情况,包括鱼类、上行过鱼尾数、下行过鱼尾数,查询结果以列表形式分页展示,同时可以将查询结果导出,并可以通过统计图(折线图)展现逐月变化情况。

3)增殖放流

鱼类增殖放流是为了有效补充受水电工程建设和运行影响的鱼类资源量,在一定程度上缓解水电工程对鱼类资源的不利影响,是水电工程保护鱼类资源、增加鱼类种群数量的重要措施之一。

鱼类增殖放流模块包括运行信息和设施简介两部分内容。

用户通过鱼类增殖模块可以了解增殖放流设施情况,以及鱼类养殖情况。按照鱼类、年份查询鱼类养殖情况,查询结果以列表形式分页展示,同时可以将查询结果导出,并可以通过统计图(折线图)展现鱼类养殖变化情况。

增殖放流模块包括数据浏览、编辑、附件上传和删除功能。

4)生态流量泄放

生态流量泄放是水电站运行期为了保护减水河段生态环境,闸址将下泄生态环境流量。

生态流量泄放包括运行信息和设施简介两部分内容。

用户通过生态流量泄放模块可以了解生态环境流量泄放情况。按照监测时间查询下泄流量,查询结果以列表形式分页展示,同时可以将查询结果导出,并可以通过统计图(折线图)展现流量变化情况。

生态流量模块包括数据浏览、编辑、附件上传和删除功能。

3. 监测数据管理

环保水保监测数据模块包括环境质量监测、水土保持、陆生生态监测、水生生态监测和移民安置环境监测五个模块,可以实现数据的浏览、快速查询以及维护功能。数据内容包括针对水质、环境空气质量、声环境质量、水土流失、陆生生态、水生生态和移民安置环境7个方面。

1)环境质量监测管理

环保监测数据来自于各水电站监理上报的环境监测报告和环评报告,包括水环境、环境空气、声环境三类监测内容,具体监测指标和点位根据监理上报内容而定,监理报告定期(月报或季度)由监理单位进行上报。

2)水环境监测

用户按照监测类型、监测日期查询水质情况,查询结果以列表形式分页展示,包括各类监测点位和监测指标的水质情况,并可以与国家环境质量标准值进行对比,并对超标数据用红色箭头标出进行预警,同时可以将查询结果导出,还可以实现数据编辑和删除功能。

3)环境空气监测

用户按照监测类型、监测频率查询环境空气情况,查询结果以列表形式分页展示,包括各类监测点位和监测指标的环境空气监测结果,并可以与国家环境空气质量标准值进行对比,并对超标数据用红色箭头标出进行预警,同时可以将查询结果导出,还可以实现数据编辑和删除功能。

4)声环境监测

声环境监测用户按照监测类型、监测日期查询声环境情况,查询结果以列表形式分页展示,包括各类监测点位和监测指标的声环境监测结果,并可以与国家声环境质量标准值进行对比,并对超标数据用红色箭头标出进行预警,同时可以将查询结果导出,还可以实现数据编辑和删除功能。

5)水保监测数据管理

水保监测数据来自于各水电站监理上报的水土保持监测报告,监理报告定期(月报或季度)由监理单位进行上报。

用户按监测日期查询水土保持监测结果,同时可以将查询结果导出,还可以实现数据编辑和删除功能。

6)陆生生态监测数据管理

陆生生态监测数据来自于陆生生态专题报告,主要包括动植物名录和调查统计表。

动植物名录:植物名录、兽类名录、鸟类名录、两栖类名录、爬行类名录。

调查统计表:植物及植被调查样地统计表。

用户可以按照类型、监测日期查询陆生生态监测结果,同时可以将查询结果导出,还可以实现数据编辑和删除功能。

7)水生生态监测数据管理

水生生态监测数据来自于水生生态专题报告,包括施工期、运行期所做的专题调查报告。

水生生态监测指标表:工程河段藻类植物区系组成表、不同时段各断面浮游藻类平均生物量、浮游藻类种群密度及生物量、浮游动物种群密度及生物量、底栖动物种群密度及生物量统计表、鱼类名录、产卵场统计表、渔获物表。

用户可以按照监测指标、监测时间查询水生生态监测数据,同时可以将查询结果导出,还可以实现数据编辑和删除功能。

8)水温监测

水温监测目前还没有开展,按照环评报告中环境监测规划需对两河口和锦屏一级、二级水电站蓄水后进行库区水温监测,并可以查询背景水温数据。

用户按监测日期查询水温监测结果,同时可以将查询结果导出,还可以实现数据编辑和删除功能。

9）地下水监测

地下水监测目前还没有开展，按照环评报告中环境监测规划需对两河口和锦屏一级、二级水电站运行期地下水位、流量进行监测。

用户按监测日期查询地下水位、流量监测结果，同时可以将查询结果导出，还可以实现数据编辑和删除功能。

10）局地气候监测

局地气候监测目前还没有开展，按照环评报告中环境监测规划需对两河口和锦屏一级、二级水电站运行期气候要素进行监测，并可以查询背景气候数据。

用户按监测日期查询局地气候要素监测结果，同时可以将查询结果导出，还可以实现数据编辑和删除功能。

11）移民安置区环境监测

移民安置区环境监测目前还没有开展，按照环评报告中环境监测规划需对两河口和锦屏一级、二级水电站水环境、水土流失、人群健康进行监测。

用户按监测类型、监测日期查询水环境、水土流失、人群健康监测结果，同时可以将查询结果导出，还可以实现数据编辑和删除功能。

4. 效益后评价数据管理

效益后评价数据管理主要是对二滩水电站效益和评价数据管理，包括主要影响后评价和运行期环保措施评价。效益后评价数据管理包括数据检索、数据浏览、数据维护三个功能模块，实现对二滩水电站效益后评价数据管理。

主要影响后评价，包括气象、水文泥沙情势、水质、水生生态、陆生生态、社会环境六个方面。

运行期环保措施评价，包括水环境保护措施、水生生态保护措施、陆生生态保护措施和社会环境保护措施四个方面。

5. 环保水保背景信息管理

环保水保背景信息管理模块包括信息检索、信息浏览、信息维护三个子模块，可以实现数据的浏览、快速查询以及维护功能。数据内容包括自然环境、地表水环境、地下水环境、环境空气、声环境、生态环境、重要生态环境敏感区和社会环境现状八个方面的内容。

6. 机构和管理制度管理

环保水保组织机构和管理制度是指各水电站环保水保组织机构和人员职责，环境保护与水土保持管理制度和工作制度，数据来源于环保水保月报，可以浏览机构和管理制度，并可以对内容进行编辑、删除和附件下载。

7.8.2.2　环保水保信息采集

1. 信息采集

1）机构和制度信息采集

机构和制度信息来自于环保水保月报，通过此采集模块可以在线录入环保水保组织机构和人员结构、管理制度和工作制度等信息，并可以进行在线编辑，上传文档。

2）背景信息采集

环保水保背景信息采集管理模块实现对环保水保背景信息的采集管理，包括在线录入、附件上传、数据删除和修改三部分内容。采集内容包括自然环境、地表水环境、地下水环境、环境空气、声环境、生态环境、重要生态环境敏感区和社会环境现状八个方面的内容。

3）措施信息采集

环保水保设施信息采集模块实现对环保水保设施信息的采集管理，包括在线录入、附件上传、数据删除和修改三部分内容。采集内容包括年度计划、措施进度（施工期环境保护措施、地下水影响减缓措施、环境空气保护措施、声环境保护措施、生活垃圾处理措施、人群健康保护措施、鱼类保护措施、陆生生态保护措施、水土保持措施、运行期水环境保护措施、环境地质影响减缓措施、社会环境及其他环境保护措施、移民安置区环保措施）和科研进度等内容。

4）运行监控数据采集

运行监控数据采集模块实现对运行监控数据的采集管理，包括在线录入、附件上传、数据删除和修改三部分内容。数据采集内容包括鱼类增殖、分层取水、过鱼措施、生态流量泄放运行信息和设施简介。

5）监测数据采集

监测数据采集模块实现对监测数据的采集管理，包括在线录入、附件上传、数据删除和修改三部分内容。采集内容包括针对水环境监测、环境空气监测、声环境监测、水土保持监测、陆生生态监测、水生生态监测、库区水温观测、地下水监测、局地气候观测和移民安置区环境监测等。

6）效益后评价数据采集

效益后评价数据采集模块实现对二滩水电站环保水保效益后评价数据的采集管理功能，包括在线录入、附件上传、数据删除和修改三部分内容。数据采集内容包括环境影响后评价和运行期各项环保水保措施实施效果管理。

7）环保水保文档采集

环保水保文档采集模块可以实现对各水电站工作中产生的各种工作报告、监测报告、监理报告、调查报告、设计报告、科研成果、法律法规、技术标准规范、其他文档的检索、上传、下载、删除、修改等功能。

2.数据采集审核

数据采集审核主要包括措施信息、监测数据和运行监控数据，此三类数据需要各水电站管理局环保部门审核。其中，增殖放流信息由鱼类增殖站采集上报，由于鱼类增殖站归雅砻江公司环保中心管理，因此需要通过公司总部环保中心审核。审核通过后，可在各相应的模块中看到对应的数据；审核不通过，退回上报人，进行修改调整重新上报。

7.8.2.3　环保水保文档管理

环保水保文档管理数据主要包括依据国家环保水保法律法规和技术标准规范，项目环保水保管理中重要的工作报告、监测报告、调查报告和审批文件，各项目环保水保工作信息和知识资源等信息。

可以通过目录树对文档分类，分为工作报告、监测报告、监理报告、调查报告、设计报告、科研成果、法律法规、技术标准规范、其他文档。按照所属电站（包括全流域）、关键字、发布日期进行检索，结果以列表形式分页展示；可以选择具体一条查询结果信息，进行修改、下载或删除,还可以直接进行对文档进行新增及上传操作。

7.8.2.4　综合统计分析

1. 跨流域统计分析

1)跨流域水质统计

跨流域水质统计分析可以实现全流域或者两个及以上水电站的水质指标对比分析。通过选择水电站、期数、断面,可以实现对不同电站不同断面同一监测指标的对比分析,分析结果以柱状图形象展示。

水质监测指标包括总磷、总氮、BOD、COD、粪大肠菌群、氨氮。

2)跨流域水温统计

跨流域水温统计分析可以实现全流域或者两个及以上水电站的水温对比分析。通过选择水电站、期数、断面,可以实现对不同电站不同断面水温对比分析,分析结果以柱状图形象展示。

3)跨流域投资统计

跨流域投资统计分析可以实现全流域或者两个及以上水电站的总计划投资与总实际投资对比分析。通过选择水电站、时间,可以实现对不同电站、同一时间环保水保措施总计划投资与总实际投资的对比分析,分析结果以柱状图形象展示。

2. 设施运行状况统计

1)分层取水

分层取水模块可以按照监测日期统计尾水水温,并可以查询水库水位、叠梁门运行状况,查询结果以类别形式分页展示,同时可以将查询结果导出,并可以通过统计图(折线图)展现水温逐月变化情况。

2)过鱼措施

目前两河口采取了过鱼措施,两河口水电站正处于施工阶段。过鱼措施模块可以按照鱼类、监测指标、监测日期查询统计,可以进行多鱼类单指标查询统计,也可以实现单鱼类多指标查询统计,查询结果以类别形式分页展示,同时可以将查询结果导出,并可以通过统计图(折线图)展现六种鱼类各项指标变化情况。

3)增殖放流

鱼类增殖放流模块可以实现按照鱼类、监测指标、监测日期为条件统计鱼类增殖放流情况,可以进行多鱼类单指标查询统计,也可以实现单鱼类多指标查询统计,查询结果以类别形式分页展示,同时可以将查询结果导出,并可以通过统计图(折线图)展现六种鱼类各项指标变化情况。

监测指标包括繁殖亲鱼尾数、产卵尾数、亲鱼催产率、受精卵数、受精率、孵化率、出苗尾数、鱼苗数。

4)生态流量泄放

生态流量泄放模块可以按照水电站、监测日期查询每日生态流量泄放情况,查询结果以类别形式分页展示,同时可以将查询结果导出,并可以通过统计图(折线图)展现泄放量逐日变化情况,并可以与平均值进行对比分析。生态流量监测数据通过接入集控中心生态流量自动监测系统提供的数据接口,可以获取系统中的生态泄流量等动态监测数据。

3. 监测指标统计

1) 地表水监测指标统计

地表水监测统计模块分为两类:第一类是单断面多指标,可以按照施工阶段、监测断面、监测日期,第二类是多断面单指标,可以按照施工阶段、监测断面、监测指标、监测日期,对地表水水质情况进行查询统计,查询结果以列表形式分页展示,同时可以将查询结果导出。可以通过统计图(折线图)展现泄放量逐月(季度)变化情况,并在统计图上显示标准值进行对比分析,看是否有超标数值。

监测指标包括 pH 值、总磷、总氮、溶解氧、悬浮物、石油类、生化耗氧量、高锰酸钾指数、粪大肠菌群等,不同水电站和监测阶段的监测指标不同。

2) 空气质量监测指标统计

地表水监测统计模块可以按照施工阶段、监测点、监测日期对空气质量进行查询统计,查询结果以类别形式分页展示,同时可以将查询结果导出。可以通过统计图(折线图)展现空气质量逐月(季度)变化情况,并在统计图上显示标准值进行对比分析,看是否有超标数值。

监测指标包括 TSP、PM10 等,不同水电站和监测阶段的监测指标不同。

3) 噪声监测指标统计

地表水监测统计模块可以按照施工阶段、监测点、监测日期对噪声质量情况进行查询统计,查询结果以列表形式分页展示,同时可以将查询结果导出。可以通过统计图(折线图)展现噪声逐月(季度)变化情况,并在统计图上显示标准值进行对比分析,是否有超标数值。噪声分为夜间噪声和昼间噪声,标准值同样分为夜间标准值和昼间标准值。

4) 其他监测数据统计

其他监测数据统计包括库区水温观测数据、地下水监测数据、局地气候观测数据、移民安置区环境监测数据统计。

4. 措施投资统计

环保水保措施统计功能可以实现按照时间对环保水保投资金额进行统计,包括施工期环境保护措施、鱼类保护措施、陆生生态保护措施、水土保持措施、运行期水环境保护措施、环境地质影响减缓措施、社会环境及其他环境保护措施、移民安置区环保措施、环境监测措施,查询结果以列表形式展示,同时可以将查询结果导出,并可以通过统计图(柱状图)展现各项措施投资情况。点击某个环保水保措施,可以显示多年的投资信息折现图和相应表格,同时可以将查询结果导出。

7.9　雅砻江流域公共安全信息管理与决策支持系统

7.9.1　系统总体架构

依据建设任务,流域公共安全信息管理与决策支持系统的总体框架分为数据层、应用层和用户层,总体框架如图 7-16 所示。

数据层是系统正常运行的基本保障,主要包括对接于雅砻江公司水调自动化系统的

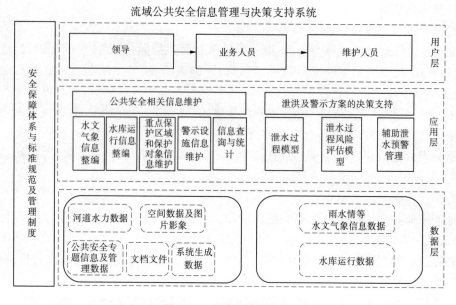

图 7-16　系统总体框架图

实时动态数据以及系统前期录入专题数据。其中,实时动态数据主要是包括水雨情在内的水文气象数据和水库运行数据,系统前期录入的专题数据包括河道水力数据及图片影像,公共安全管理数据以及相关文档文件。

　　应用层是系统的核心部分,系统除构建水文气象信息整编、水库运行信息整编、重点保护区域和保护对象信息维护、警示设施信息维护、泄水过程模型、泄水过程风险评估模型、辅助泄水预警管理等功能模块外,还实现系统自身的效益评估、关键绩效评价以及各种专题报表等。

　　用户层是系统客户端,主要由公司领导、业务人员和维护人员三大类组成。其中,业务人员包括雅砻江公司集控中心等二级单位业务人员以及总部相关管理人员。系统采用总–分结构,根据用户角色授予不同级别的权限,实现不同权限用户的界面差异和使用功能差异,允许高权限用户对低权限用户实行部分监控。

7.9.2　系统功能设计

7.9.2.1　公共安全相关信息维护

1. 水文气象与水库运行信息维护

水文气象与水库运行信息模块功能设置如表 7-19 所示。

表 7-19　水文气象与水库运行信息模块功能设置

模块名称	模块功能描述	模块功能实现方式
数据获取模块	系统从水调自动化系统动态获取水文气象信息和水库运行信息	通过与水调自动化系统对接获取数据

续表 7-19

模块名称	模块功能描述	模块功能实现方式
数据整编模块	对水文气象和水库运行数据按照一定整编时段进行插补,然后按照用户设定条件进行整理、统计、分析	通过系统内数据库进行处理,交互界面提供用户选择数据统计分析的条件
查询展示模块	利用图形或表格形式展示用户要求的统计结果	通过交互界面对查询展示对象进行设置、选择

2. 重点保护区域和保护对象信息维护

重点保护对象信息维护模块功能设置如表 7-20 所示。

表 7-20　重点保护对象信息维护模块功能设置

模块名称	模块功能描述	模块功能实现方式
保护对象信息录入	手动分类录入各大类重点保护对象的基本信息	交互界面提供用户手动输入或手动文件导入,文件导入时允许用户进行确认
保护对象信息展示	将各大类重点保护对象的基本属性利用表格显示,并将其图像投影到大河湾地图上	交互界面提供用户进行选择所要展示的保护对象信息
保护对象信息管理	实现保护对象信息的新增、删除、修改等更新维护功能	通过数据库管理对保护对象信息进行更新维护

3. 警示设施信息维护

警示设施信息维护模块功能设置如表 7-21 所示。

表 7-21　警示设施信息维护模块功能设置

模块名称	模块功能描述	模块功能实现方式
警示设施录入	手动分类录入警示标牌、警示标志和无线广播基本信息	交互界面提供用户手动输入或手动文件导入,文件导入时允许用户进行确认
警示设施展示	将警示标牌、警示标志和无线广播等警示设施的基本属性利用表格显示,并将其图像投影到大河湾地图上	交互界面提供用户进行选择所要展示的警示设施信息
警示设施管理	实现警示设施信息的新增、删除、修改等更新维护功能	通过数据库管理对警示设施信息进行更新维护

7.9.2.2 泄洪及警示方案决策支持

1. 泄水过程模拟

泄水过程模拟模块功能设置如表 7-22 所示。

表 7-22 泄水过程模拟模块功能设置

模块名称	模块功能描述	模块功能实现方式
模型参数输入	模块实现模型计算所需曼宁糙率、时间步长、空间步长等参数设置或输入	交互界面提供用户手动输入或手动文件导入,文件导入时允许用户进行确认
边界条件输入	模块实现边界条件的输入,包括数据获取、数据整理等功能	交互界面提供用户进行选择设置,并允许用户对边界条件可视化分析
初始条件输入	模块实现模型初始化	提供用户交互界面选择历史计算方案进行初始化或设置模型自动初始化
非恒定流计算	模块实现泄水过程的模拟计算并输出计算结果,生成计算方案	用户通过界面选择运行即可实现
结果查询展示	模块用于表格或图形查询当前计算结果或历史计算方案给出结果,允许结果间进行对比	通过交互界面对查询展示对象进行设置、选择
方案存储管理	实现泄水过程模拟方案的存储、增加、删除等更新维护功能,方案包括一次泄水过程的计算参数、初始条件、边界条件及计算结果	通过数据库对方案进行存储管理

2. 泄水过程风险评估

泄水过程风险评估模块功能设置如表 7-23 所示。

表 7-23 泄水过程风险评估模块功能设置

模块名称	模块功能描述	模块功能实现方式
风险对象管理	模块实现风险对象位置等属性存储管理,风险对象易损性、重要性等级信息存储管理	通过系统内建数据库进行管理
风险等级计算	模块实现泄水过程下洪水风险等级的量化(归一化值)	提供用户交互界面进行选择设置,并允许用户对计算结果进行分析
风险指数计算	模块实现不同风险对象的风险指数计算	交互界面提供用户选择设置计算对象以及风险指数选择
结果查询展示	模块用于表格或图形查询当前计算结果或历史计算方案给出结果,允许结果间进行对比	通过交互界面对查询展示对象进行设置、选择
方案存储管理	实现泄水过程风险评估方案的存储、增加、删除等更新维护功能,方案包括不同泄水过程对应泄水风险等级及风险指数	通过数据库对方案进行存储管理

3. 辅助泄水预警管理

辅助泄水预警模块功能设置如表 7-24 所示。

表 7-24　辅助泄水预警模块功能设置

模块名称	模块功能描述	模块功能实现方式
预警信息管理	模块实现预警对象、预警设施管理与维护	通过系统内建数据库或界面编辑进行管理
泄洪结果分析	对泄洪模拟结果和风险分析结果进行分析	提供用户交互界面进行在线操作
预警信息发布	模块实现对泄水模拟结果分析,拟订预警方案,确定预警发布时间、发布内容和发布方式等,支持预警信息在线发布或指导人工现场发布	预警平台短信、传真、邮件、广播发布或人工现场喊话

7.10　雅砻江流域三维可视化信息集成展示与会商平台

7.10.1　总体设计

7.10.1.1　总体功能模块结构描述

流域三维可视化信息集成展示与会商平台是雅砻江流域数字化平台的展示窗口,也是各种专业应用的集成平台。总体上,项目的主要建设内容是融合应用建筑信息模型(BIM)和三维地理信息系统(3D-GIS)技术,对流域开发管理涉及的主要空间对象进行建模标识和展示,提供空间对象集成的相关信息查询与分析利用,以及由参数驱动的流域自然和人工过程的动态演示等功能,创建沉浸式的流域开发辅助管理和决策支持虚拟现实环境,供流域开发管理人员决策、会商及日常辅助管理使用。

具体而言,在表现形式上它作为各专业应用系统和各种数据类型的集成表现平台,在功能上则作为各专业应用系统的公用引用模块。综合集成 3D-GIS、BIM、相关属性数据,使数据和流程达到有效融合和无缝隙平滑过渡,减少系统之间的独立性与重复工作,促进跨系统、跨平台间的数据交换,增强系统之间互联、互通和互用性,为雅砻江流域三维可视化信息集成图形展示和数据表现提供基础平台支撑。

7.10.1.2　系统功能结构

流域三维可视化信息集成展示与会商平台总体功能设计如图 7-17 所示。

7.10.1.3　总体部署结构

系统运行需有数据库服务器、应用服务器、GIS 服务器及图形工作站等多种设备,部署及配置如图 7-18 所示。

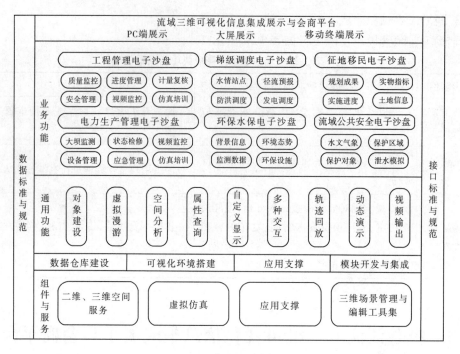

图 7-17　系统总体功能设计

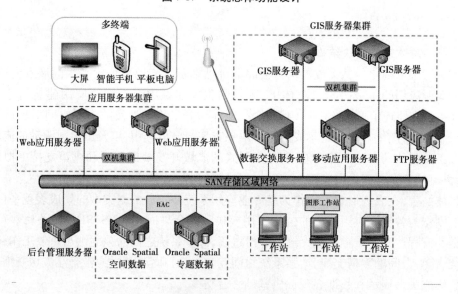

图 7-18　系统部署示意

7.10.2　工程管理电子沙盘功能设置

7.10.2.1　工程设计图纸与文档管理

工程设计图纸与文档管理包含三大功能模块,分别为"从图到文查询"功能、"从文到图查询"功能、"图文逻辑树查询"功能。每个功能模块又可分解为一个或多个不等的子功能单元,现分述如下。

1."从图到文查询"功能

"图"此处指工程三维模型,"文"此处指工程设计图纸、文档。"从图到文查询"指从工程模型出发,查询得到与该模型有关的设计图纸、文档信息。用户可以通过两种方式定位所关注的信息。第一,通过场景导览树,层层定位到关注模型,再点击模型即可弹出所有与该模型有关的工程设计图纸、文档信息条目。这里建立的模型导览树有两个,其一是工程三维模型导览树,其二是机电设备三维模型导览树。第二,在场景中直接点选工程模型,获取关注信息。总之,模型逻辑树导航与三维场景内自由选择工程模型相结合的方式能够实现信息源快速定位和高效查询。

2."从文到图查询"功能

建立基于目录关键字的模糊查询方式,即通过输入信息关键字,如合同、名称(可不全)查询,平台返回相关图文信息列表,如返回较多,按照合同、修改时间、大小排序分页,查询结果也可关联到相应工程模型。

3.工程设计图纸、文档逻辑树查询

建立工程设计图纸、文档逻辑树,是丰富查询方式、快速定位信息的一种有效方式,也便于用户理解信息内在的逻辑结构。建立工程图文目录树,通过逻辑树,快速定位信息源位置连接,同时关联相应三维模型。

7.10.2.2　水电工程施工质量监控及预警

水电工程施工质量监控及预警功能包括填筑碾压施工质量信息可视化查询、灌浆工程施工质量信息可视化查询、上坝运输系统监控信息查询、运输车自动加水系统监控信息查询及单元工程质量验评数据可视化查询五大部分。现分述如下。

1.填筑碾压施工质量信息可视化查询

(1)填筑碾压施工监控质量信息实时查询,参数包括施工状态参数如碾压速度、振动状态、碾压遍数及报警信息等。

(2)填筑碾压单元工程施工质量信息查询,定位到某施工仓面(包括碾压遍数图形报告、压实厚度图形报告、PDA试验检测信息、质量验评报告等)。

2.灌浆工程施工质量信息可视化查询

(1)灌浆工程施工质量信息实时查询(主要展示成果包括灌浆各关键参数,如灌浆压力、灌浆流量、水灰比、抬动值以及报警信息)。

(2)单元工程施工质量信息查询:定位某单元工程,查询单元工程质量信息数据(单元工程岩芯照片、第三方检测报告,成果图表包括透水率频率曲线图、单位注灰量频率曲线图、注灰量与透水率关系图、综合剖面图、灌浆进度图、压力与注灰量关系图、灌浆成果统计分析图等)。

3.运输车自动加水系统监控信息查询

(1)实时信息包括车辆加水实时信息(车辆编号,加水开始时间、结束时间,加水量等参数及报警信息等)。

(2)加水成果信息(加水成果统计报告)。

4.上坝运输系统监控信息查询

(1)实时信息查询,包括:车辆位置、空满载状态、装载量等参数查询及违规卸料报警查询。

（2）结果信息查询：分时段、按分区、按坝料、按料源点统计上坝强度，固定点行车密度统计等。

5. 上坝料掺合监控信息可视化查询

（1）实时信息查询：掺拌场地进行建模标识，对料堆进行可视化建模，根据实时信息驱动碾压机在三维场景下工作，可查看处于监控状态下的挖掘机大臂、小臂的摆动状态，跟踪其运作，并对少掺和漏掺状况进行报警。

（2）统计信息查询：以挖掘机为统计对象，输出其作业成果表，便于对该挖掘机作业水平、效果进行评估。

6. 质量验评数据关联单元工程模型，定位单元工程，查询单元工程质量验评数据

质量分布统计查询：以各单元工程量化质量验评数据为基础，结合三维模型进行单位工程、分部工程、分项工程的质量可视化分析，基于工程模型导览树定位关注的工程对象，以不同颜色及百分比示意查询对象所包含单元工程的质量统计信息（优、良、合格、一次合格率）。

7.10.2.3　水电工程进度仿真及计划管理

水电工程进度仿真与计划管理子系统基于不同层级空间对象和管理实际需要，以合同工程为基础，数字化采集和管理各空间对象的进度、投资、工程量等工程建设管理数据。

水电工程进度仿真及计划管理子系统主要实现以下四大功能，现分述如下。

1. 计划进度查询展示

进度计划的制订是为了满足工程建设期望、目标。在工程项目管理中进度计划制订与管理具有着重要作用。本功能模块共分为两大子功能单元，第一，按照计划施工进度进行施工面貌的动态可视化展示，该子功能单元实现了以计划进度关键参数驱动的工程进度面貌的动态演示。第二，交互式查询各部分的计划施工进度信息，通过模型点选，弹出该模型的计划进度信息（包括计划开始时间、计划结束时间等）。

2. 实际进度查询展示

实际进度形象面貌展示基于工程承包商提供的施工月报，从中提取关键参数，本功能模块共分为两大子功能单元。第一，按照实际施工进度进行施工面貌的动态可视化展示，该子功能单元实现了以实际进度关键参数驱动的工程进度面貌的动态演示进度分析成果展示。第二，交互式查询各部分的施工进度信息，通过模型点选，弹出该模型的计划进度信息（包括实际开始时间、实际结束时间、实际完成工程量、实际投资情况等）。

3. 进度对比、分析成果展示

以合同工程为基础，形象展示实际进度与计划进度对比情况，建立模型版本管理办法。以开挖为例，每月更新面貌的同时，计算出实际与计划之间的差集模型，当实际滞后于计划时，差集模型采用半透明红色表示，点击差集模型可弹出进度滞后情况；当实际超前计划时，差集模型采用半透明绿色表示，点击差集模型可查看进度超前情况。

4. 合同计划/实际投资、工程量对比分析

以合同工程为基础，界面下方展示合同工程投资与工程量统计情况，展示合同计划与实际对比情况。

7.10.2.4 水电工程计量与投资辅助控制

水电工程计量及投资辅助控制子系统主要包括以下功能：

（1）工程量计量支付数据查询。以单元工程为基础，管理和查询各个单元工程产生报量的工程量清单数据。

（2）工程量/投资与工程形象对比。以单元工程为基础，将单元工程涉及工程量支付项目按工程量清单进行分解，然后进行工程量分类（包括）汇总，并结合各类工程量单价，计算实际完成工程量/投资所占合同工程量/投资比例，并在三维可视化场景下动态展示工程三维施工进度形象的同时，伴随合同工程量/投资信息、单元工程工程量/投资等对应信息的动态展示，辅助进行工程量/投资与工程形象对比。

7.10.2.5 水电工程施工安全应急管理

水电工程施工安全应急管理主要包括施工安全信息查询和分析利用、应急辅助管理等两大部分内容。

1. 施工安全信息查询和分析利用

水电工程施工安全应急管理功能模块主要实现对水电工程施工建设过程中施工安全相关管理对象（安全监测仪器、重点防护对象、应急资源、安全风险源等）信息查询。

本模块根据具体需求可划分为以下四个功能单元。

1）安全监测信息可视化查询

本子功能对纳入到大坝安全监测信息系统的监测设备仪器，在三维 GIS 场景下，进行空间建模标识。通过仪器导航树定位至具体仪器，查询该监测仪器的实时监测信息，并可自定义时间段查询历史过程曲线信息。

2）重点防护对象查询

由两河口建设管理局指定重点防护对象，并将具体信息录入工程管理信息系统，工程管理电子沙盘将重点防护对象在三维 GIS 平台上进行建模，根据重点防护对象具体情况（点源、面源、体源）寻求合理表现方式，点击重点防护对象模型，可弹出该重点防护对象的属性信息。

3）应急资源信息查询

应急资源包含应急物资及应急组织。应急物资分布于业主营地和各承包商营地，通过空间标识应急物资仓库，点击仓库模型可弹出应急物资条目。

对于应急组织队伍，关联其所在营地位置，建立应急场所模型，点击模型可弹出该场所应急队伍属性信息。

4）危险源信息查询

由两河口建设管理局指定危险源对象，并将具体信息录入工程管理信息系统，工程管理电子沙盘将重点防护对象在三维 GIS 平台上进行建模，根据危险源具体情况（点源、面源、体源）寻求合理表现方式，点击危险源模型，可弹出该危险源的属性信息。

2. 应急辅助管理

1）应急辅助决策

应急辅助决策主要在三维场景下实现安全信息的查看（重点防护对象、应急资源、危险源）与施工场所应急逃生演练功能，从而在发生安全事故时为决策人员指出逃生路径的演示规划能力,提供应急资源调度的规划、演示功能。

2)应急模拟演练

通过指定某一典型场景下的应急模拟演练方案,制作应急模拟演示动画,集成在系统平台进行模拟演示,辅助业主指导应急预案演练。具体实现方案如下:用户可在三维场景中选择应急模拟演练选项,系统将会弹出应急模拟演示动画,并进行播放。

7.10.2.6　水电工程施工物资设备跟踪管理

水电工程施工物资设备跟踪管理子系统主要实现对水电工程施工建设过程中物资设备存放仓库建模或标识,可查询各个存放仓库的物资类型、储量、进出库记录等相关信息,并可对工程建设过程中的关键施工设备进行查询,查看设备的型号规格、进出场时间等信息,凡纳入到两河口 GPS 数字监控的设备均可实现设备位置跟踪。

本模块根据具体需求可划分为以下两个功能单元。

1.物资存放仓库信息查询

该功能单元主要实现对工程建设过程中各物资存放仓库定位查询,并可查询各仓库物资类型、储量、进出库记录等相关信息。

2.关键设备跟踪查询

该功能单元主要实现对工程建设过程中的关键设备进行跟踪,通过查询定位至该设备所属承包商营地,跟踪查询设备位置、设备属性等信息,对纳入到 GPS 数字监控的设备可实现定位跟踪。

7.10.2.7　水电工程施工仿真培训管理

水电工程施工仿真培训管理功能模块主要将招标人开发的多媒体视频培训教程集成到工程管理电子沙盘平台上,可在平台上进行播放演示,辅助业主完成施工仿真业务培训。

7.10.2.8　水电工程施工现场视频监控

水电工程施工现场视频监控子系统主要实现在电站三维场景下通过拾取与实际摄像头位置对应的摄像头标识调用现场视频监控影像,且要求能够同时调用多个摄像头画面。

具体方案如下:将实际摄像头位置在三维模型对应位置进行标识,通过点击对应摄像头标识,可以调用现场监控视频对话框,对现场监控影像进行展示。也可以通过摄像头目录树分类检索不同位置的摄像头,查询相关监控影响,并可根据需求打开或关闭多个摄像头监控画面进行监控。

7.10.3　电力生产电子沙盘功能设置

7.10.3.1　水工建筑物安全监测信息及辅助维护管理

将水工建筑物、监测仪器等按照统一的空间对象及数据编码规则关联集成相关数据,并作为空间对象在流域三维可视化信息集成展示与会商平台上进行建模展示。

利用三维场景与可视化信息集成展示开发维护工具,将水工建筑物与监测仪器的位置在三维可视化信息集成展示与会商平台上进行标识,关联状态信息、缺陷、台账相关的文字描述、图片和记录表格等数据,在三维环境下实现数据的展示、查询、统计等。

1.状态信息查询

状态信息查询主要是在监测仪器、水工建筑物的现场监测信息的基础上,为用户提供监测值、异常预警的信息查询。本功能模块提供按监测仪器或水工建筑物的导航树与关键词搜索查询方式,使用户能快捷定位到需要查询的内容,并结合三维场景对信息进行定位展示。

1)监测信息查询

监测信息查询模块主要包括对监测仪器的实时监测数据、历史监测数据与水工建筑物的巡检数据进行查询,从而观察水工建筑物的当前运行状态。

(1)监测数据查询。

本单元功能模块是针对埋设在建筑物中的监测仪器(人工、自动化)的测值进行查询。一方面查询实时数据,并标注到三维模型相应的测点上,以便用户清晰快捷地查看当前水工建筑物的性态;另一方面查询历史数据,通过历史数据过程线、特征值及报表,并结合环境量,方便了解监测数据历史发展规律,为预测建筑物的运行状态提供数据信息支持。

(2)巡视数据查询。

本单元功能模块主要是针对典型水工建筑物的人工巡检数据进行查询,了解当前典型建筑物是否存在裂隙、漏水等缺陷,更直观地掌握建筑物状态。

2)预警信息查询

本单元功能模块主要是对水工建筑物监测数据异常值与安全隐患进行预警查询,掌握水工建筑物的运行状态。测值异常预警主要是针对水工建筑物的原始监测数据的突出值、趋势变化、异常值等进行预警,同时将异常信息显示在相关的三维仪器模型上,确保预警时能更加全面地掌握水工建筑物的异常仪器和异常部位;安全隐患预警主要是对巡检异常信息进行预警,并结合相关图像、三维模型进行展示。在展示的同时还可以对预警信息进行推送报警。

2.缺陷信息查询

本功能主要是对仪器测点缺陷信息查询,了解缺陷处理方法,为突发缺陷处理提供指导意义。缺陷预警则是对未处理缺陷信息进行预警,提醒管理人员及时处理。

3.台账信息查询

台账信息查询主要是对监测仪器与水工建筑物的台账信息查询。仪器台账信息主要是仪器基本信息,如出厂信息、埋设信息、测值字段等;水工建筑物台账信息主要是建筑物基本信息与建筑物日常维护、缺陷检修等信息查询。

7.10.3.2 设备综合信息与检修辅助管理

本模块主要分为台账信息、缺陷信息、状态信息查询。台账信息及缺陷信息主要是在设备资产管理平台的基础上提供各种形式、各种内容的查询,采用导航树、关键字检索等方式,使用户能方便、快捷地查询设备综合信息,并且在三维场景和电站分级模型树中展现设备台账信息及设备缺陷信息。状态信息是从数据中心读取主要设备正常状态及异常状态的信息,并在三维场景中显示。

1. 设备台账信息

设备台账信息主要是展现设备资产状况,反映各种类型设备的拥有量、设备分布及其变动情况的主要依据。设备基础信息主要包括设备名称、设备编号、型号规格、购入日期、使用年限、折旧年限、使用部门、使用状况等。设备状态信息主要用于查看资产状态(如安装中、未启用、启用中、报废、有限制使用)。设备文档管理主要用于查看当前设备相关的附件(如技术文件、验收资料等)。

2. 设备缺陷信息

缺陷信息管理主要用于查看设备缺陷及处理过程,实现从电厂人员发现缺陷、确认缺陷、开票消缺、验收缺陷、关闭缺陷的整个处理过程的查询,可以在三维系统中查看到新发现的缺陷和资产的历史缺陷信息。用户可通过导航树或三维场景查询缺陷信息(如缺陷单编号、缺陷详细信息、缺陷等级、发现人、发现时间、处理过程情况、验收情况等),并在三维场景中标记显示。

3. 机电设备检修辅助管理

设备检修管理主要是对设备检修内容(如工单、工作票、动火票等)进行查询。可通过导航树、三维场景或关键字搜索进行查询,并在三维场景下进行聚焦与凸显。检修计划安排可以结合仿真培训管理功能,在流域三维可视化信息集成展示与会商平台上提前对重点检修过程中关键节点形象进行三维展示,为检修辅助管理提供更直观的决策环境。

4. 监控状态信息

监控状态信息查询主要是对机组和主要机电设备的运行状态参数、成果(如机组状态、机组有功、机组流量、发电机电压、水库水位、过闸流量、故障录波等)进行查询显示,并在三维场景中机柜或设备模型上进行标示。

7.10.3.3 水电站运行仿真与培训管理

以电站设备综合管理为基础,在三维可视化环境下,结合电站典型运行操作项目,实现运行操作(计划30余项典型操作)的仿真培训与模拟考试。结合机组拆装流程实现水轮机与发电机的拆卸和回装过程三维演示与模拟考试功能。在对典型运行和机组拆装过程中可配以语音和文字内容讲解,期间实现视频录制功能,辅助培训教材制作,以适应辅助培训和考试需求。

1. 模型展示模块

模型展示模块实现在仿真培训与模拟考试环境下的基本模型展示功能,实现模型的实时渲染、模型分解、浏览、漫游以及显示隐藏等基本浏览功能。

2. 仿真培训模块

仿真培训模块在模型展示模块的基础上,实现三维装配对象的动态组装与拆解动作,并实现设备相关信息的同步显示和动作提示信息的显示。

3. 模拟考试模块

模拟考试模块是在仿真培训模块的基础上,实现三维装配对象的仿真动作条件判断及暂停与恢复控制功能(含组装与拆解),并实现运行与检修评分控制。

7.10.3.4 水电站生产运行视频监控

水电站生产运行视频监控通过接口方式引用电厂生产视频网络摄像头,实现在三维可视化环境中查询标记的摄像头,也可以通过树形目录结构调取摄像头(可同时多个摄像头画面),以查看现场实时情况。

7.10.3.5　水电站应急辅助决策

水电站应急辅助决策在三维环境下实现应急耗材、应急设备、应急人员、安全通道、安全标识的查看,并在发生安全事故时,根据预定方案提供应急资源、安全标识、危险源点的标绘功能。提供应急模拟演练逃生路径录制与回放功能,为决策人员指出逃生路径的演示规划能力。

7.10.4　梯级调度电子沙盘功能设置

7.10.4.1　水情站点信息查询

三维可视化环境下实现"图 – 文"双向查询,包含雅砻江流域范围内气象站、水文站等水情站点信息,这些实体均具有空间特性,易于地理信息空间可视化表达,通过三维可视化平台图形或目录树方式,可选中任一实体,通过自定义时间查询相关数据过程信息。

1. 关联标识查询

通过水文气象站点等空间标识查询与其关联的水情实时信息,能够查看各类信息的时间过程曲线。

2. 目录树查询

建立水情站点目录树,通过在目录树上点选条目,可以定位出该对象在三维可视化平台上的位置分布,能够查看各类信息的实时数据和时间过程曲线。

3. 关键字查询

通过水情站点名称关键字查询,可定位出该对象在三维可视化平台上的位置分布,能够查看各类信息的实时数据和时间过程曲线。

7.10.4.2　电站水情信息查询

三维可视化环境下实现"图 – 文"双向查询电站水情信息,这些实体均具有空间特性,易于地理信息空间可视化表达,通过电子沙盘电站三维模型或目录树方式,可选中任一实体,通过自定义时间查询相关数据过程信息。

1. 关联模型查询

通过电站三维模型能够显示和查看水位、闸门启闭、泄洪流量等实时信息,还有各类信息的时间过程曲线。

2. 目录树查询

建立电站水情目录树,通过在目录树上点选条目,可以定位出该对象在三维可视化平台上的位置分布,能够查看各类信息的实时数据和时间过程曲线。

3. 关键字查询

通过电站水情名称关键字查询,可定位出该对象在三维可视化平台上的位置分布,能够查看各类信息的实时数据和时间过程曲线。

7.10.4.3　径流预报成果演示

径流预报成果演示功能模块主要实现在三维可视化平台中,将短期和中长期径流预报成果进行三维演示,能够手动查询和自动显示各时刻、各预报断面水位、流量变化信息及水库淹没范围变化信息。辅助业主及其他相关部门查看径流预报成果。具体实现方案如下：用户在本功能模块操作界面下通过点选短期径流预报选项和长期径流预报选项，可在流域三维场景下演示径流预报成果。用户在操作界面可以选择在时间查询对话框选择各个时刻径流预报结果，也可以自动显示径流预报变化过程。

　　具体演示表现形式如下：在流域三维场景下标识各预报断面，并在各断面位置以数值方式显示预报断面水位和流量信息；通过点击预报断面三维标识，可弹出小窗口显示该断面水位、流量变化时间过程曲线，在选择自动显示径流预报变化时，窗口中可显示该断面水位、流量随时间变化过程。在流域三维场景下点击各电站水库三维模型，可弹出窗口显示电站水库淹没范围变化信息。

7.10.4.4　调度方案成果演示

　　调度方案成果演示功能模块主要实现在三维可视化平台中，将参与调度方案中各水电站闸门的开启运行方案进行三维演示，并能够在调度方案演示过程中手动查询和自动显示各电站各时刻的出力、水库水位、下泄流量等变化信息。具体实现方案如下：用户在调度方案成果演示功能模块操作界面中通过选择不同调度方案进行演示，用户在操作界面上可以选择在时间查询对话框选择不同时刻显示调度结果，也可自动显示调度方案信息时间变化情况。

　　具体演示表现形式如下：在三维流域场景下，在各个电站三维模型标识位置上方显示该时刻电站上下游水位数值，也可通过调整时刻显示不同时刻各电站的上下游水位信息；点击电站三维模型标识，进入电站三维模型场景下，在界面上显示该电站该时刻下泄流量信息，上下游水位信息以及电站出力信息，也可通过调试时间轴，查询不同时刻下泄流量、上下游水位、电站出力等信息；还可以在电站三维场景下，选择自动显示选项，显示电站出力变化过程线、下泄流量过程曲线、上下游水位变化过程线。

7.10.5　公共安全电子沙盘功能设置

7.10.5.1　水文气象信息查询

　　在地理底图上显示水文测站分布信息，并可查看水文测站基本属性信息和监测信息；在地理底图上显示气象站分布信息，并可查看气象站属性信息和监测信息。

　　1. 水文信息查询显示

　　用户需选择水文测站地图图层，在地理底图上显示水文测站位置分布信息，点击地图上的水文测站，显示水文测站的监测信息和属性信息。同时，也可以对水文测站进行关键字或分类查询。

　　2. 气象信息查询显示

　　用户需选择气象站地图层，在地理底图上显示气象站位置分布信息，点击地图上的气象站，显示气象站的实时监测信息和气象站属性。同时，也可以对气象站进行关键字或分类查询。

7.10.5.2　水库运行信息展示

　　在水库三维模型上展示水库的运行信息，如坝前水位、流量、库容等。

7.10.5.3 公共安全相关信息展示

在流域三维可视化与信息集成展示平台基础上,将大河湾区域主要居民点、基础设施、预警广播、警示牌、重点区域、电站泄水闸门、政府机关、学校、取水口、码头、渡口、移动通信基站、危险源等空间对象进行建模或标识,并关联其相关数据,实现该区域公共安全基础数据的可视化查询展示。

1. 主要居民地查询显示

用户需选择主要居民地图层,在地理底图上显示主要居民点位置分布信息,点击地图上的居民点,显示居民点的详细信息。同时,也可以对主要居民点进行关键字或行政区分类查询。

2. 政府机关查询显示

用户需选择政府机关图层,在地理底图上显示政府机关位置分布信息和政府机关级别信息(县级、乡级和村级有区分),点击地图上的政府机关,显示政府机关的详细信息。同时,也可以对主要政府机关进行关键字或行政区分类查询。

3. 学校信息显示

用户需选择学校地图图层,在地理底图上显示学校位置分布信息,点击地图上的学校,可显示学校的基本属性信息。同时,也可以对学校进行关键字或行政区分类查询。

4. 预警广播信息显示

用户需选择预警广播地图层,在地理底图上显示预警广播位置分布信息和状态信息(可用或不可用,红色:可用;绿色:不可用),点击地图上的预警广播,可显示预警广播的基本属性信息。同时,也可以对预警广播进行关键字或行政区分类查询。

5. 警示牌信息显示

用户需选择警示牌地图图层,在地理底图上显示警示牌位置分布信息,点击地图上的警示牌,可显示警示牌的基本属性信息和预示内容信息。同时,也可以对警示牌进行关键字或行政区分类查询。

7.10.5.4 泄水过程模拟

1. 泄水方案查询展示

用户可根据关键字或日期查询,并列表显示泄水方案的概要信息,选取其中一个泄水方案,可查看其详细信息,也可以在地图上模拟显示方案的泄水过程。

2. 泄水方案泄水过程模拟

在用户地图上模拟选中的泄水方案的泄水过程,在地图上查看显示洪水演进过程,洪水演进过程中受影响的流域公共安全相关信息(如政府机关、主要居民点、取水口、码头等),并可在时间轴上查看特定时间的洪水演进情况和受影响的流域公共安全相关信息。

7.10.6 征地移民电子沙盘功能设置

7.10.6.1 项目征地移民信息查询

1. 规划成果查询与展示

规划成果查询与展示模块分为规划报告查询、可视化场景展示、图表显示。

2. 实物指标调查成果查询与展示

按照统一的空间对象及数据编码规则关联相应行政区域内(县、乡、村)的实物指标(房屋面积、人口、附属设施等)及各类专项设施(道路、企事业单位、输电线路等)调查统计数据,并能根据用户选择的区域范围自动完成数据的统计、分析与展示。可根据需要跳转至雅砻江流域数字化平台流域征地移民信息管理与决策支持系统对更细的移民户实物指标及原始调查表格扫描文件等应到村级行政区域的房屋土地等实物指标对象的数据查询和统计,原始扫描表格的查询利用等。

3. 实施进度查询与展示

在三维环境下进行按村级行政区划查询农村移民搬迁进度及搬迁前后图片及影像数据,展示主要专业项目建设进度形象。

4. 项目过程文档查询

能够查询和查看实施过程中的相关文函、项目使用土地的性质(临时或永久)、面积、位置、编号、确权办理进程等相关数据。

7.10.6.2　项目土地查询与展示

在三维环境下以直观的形式(如不同色块)展示和查询各使用地块的基本信息,包括土地利用现状图、征地红线图、施工用地图等专题图的展示。

7.10.7　环保水保电子沙盘功能设置

7.10.7.1　流域环境背景信息管理

该功能模块的业务范围主要针对两河口水电站核准前的环保水保设计阶段,包括流域水电规划环评、项目环评、项目水保方案设计相关的环境现状信息管理。

1. 自然环境现状

自然环境现状模块功能是在电子沙盘中展示电站地理位置、工程区地形地貌、环境地质、气候气象等信息。

2. 地表水环境现状

地表水环境现状模块功能是在电子沙盘中展示坝址径流、支流、水质、水温等信息。

1)坝址径流

包括雅江水文站流量特征统计表(从水调自动化系统中调用相关监测现状数据)等数据。用户点击监测站点,系统以图表形式展示详细信息。

2)支流

包括库区支流分布空间属性信息及分布情况示意图,支流规模、长度和流量等概况、鱼类资源、开发程度等数据。

3)水质

包括工程江段水域水质标准、污染源分析说明、地表水环境敏感点(即用水对象)空间属性信息、地表水监测断面标识、水质现状评价结果(监测结果及评价、水质现状时空属性及沿程变化情况、设置超标数据,针对超标的点位及情况进行滚动说明)等数据。

4)水温

包括坝址及上下游水文站多年平均水温情况统计表、水温沿程变化趋势、各个站点逐月变化情况等数据。

3.地下水环境

1)地下水敏感对象

包括电站地下水敏感对象（地下水取用的居民点）分布空间属性信息及示意图等数据。

2)工程区地下水水质

包括工程区地下水水质监测成果等数据。

4.环境空气

包括工程江段环境空气质量标准、污染源分析说明、环境空气监测点位的空间属性信息、空气质量评价结果（监测结果及评价、超标数据设置值）等数据。

5.声环境

包括工程江段声环境质量标准、污染源分析说明、声环境现状监测点位空间属性信息、声环境质量现状评价结果（监测结果及评价、设置超标数据警示框，针对超标的点位及情况进行滚动说明）等数据。

6.生态环境

1)植物多样性

包括评价区主要植被类型及植物种类组成说明、珍稀保护植物种类说明、珍稀保护植物分布空间属性信息（分布标识及分布示意图）、珍稀保护植物与工程占地区的关系说明（若工程占地涉及珍稀保护植物，给出该植物照片及特性简介）等数据。可在该模式下以区域形式展示地面主要植物种群分布。

2)动物多样性

包括评价区动物种类组成说明、珍稀保护动物种类说明、珍稀保护动物分布空间属性信息（评价区珍稀保护动物分布标识及分布示意图）、珍稀保护动物与工程占地区的关系说明（若工程占地涉及珍稀保护动物，给出该动物照片及特性简介）等数据。

3)鱼类资源

包括工程区河段鱼类种类组成说明、珍稀保护及特有鱼类说明（若涉及，给出照片及特性简介）、中下游河段鱼类主要生境分布空间属性信息及分布示意图、相关水域主要鱼类"三场"分布空间属性信息（主要鱼类"三场"分布示意图及信息系统标识）、相关水域主要经济鱼类分布空间属性信息（主要经济鱼类分布示意图及信息系统标识）等数据。

4)景观生态体系结构

包括评价区景观生态体系结构图等数据。

5)水土流失现状

包括工程涉及的相关县、电站枢纽工程建设区水土流失评价侵蚀模数和平均流失强度、水土流失现状图等数据。

7.重要生态环境敏感区

包括生态环境敏感区的简介、地理位置及范围信息、保护对象等数据。

8.社会环境

包括工程涉及相关县人口基本情况、社会经济情况、土地利用现状情况（工程涉及县土地利用结构比例图）、坝下区域主要水源点分布空间属性信息及示意图、矿产资源分布空间属性信息及说明、民族文化与宗教（宗教信仰及寺庙分布空间属性信息及简介、特殊民俗简介,并附上相关照片)等数据。

7.10.7.2　环保水保设施信息管理及运行监控

该模块功能完成环保水保设施信息管理及运行监控数据的三维场景展示。其下包含地表水环境保护措施、地下水影响减缓措施、陆生生态保护措施、生态修复及水土保持措施、鱼类保护措施、环境空气保护措施、声环境保护措施、生活垃圾处理措施等 8 个子功能模块。

1. 地表水环境保护措施

1) 施工期废(污)水处理措施

提供对包括砂石骨料加工废水和混凝土拌和废水处理系统、含油废水处理设施、生活污水处理系统空间属性信息及照片的查询入口,在三维电子沙盘中完成对三维模型的标识、信息展示等工作。

2) 下游河道景观生态流量保障措施

包括两河口水电站施工期及初期蓄水生态泄放洞空间属性信息和运行方式,以及相关图片、表格等数据。在三维电子沙盘中完成三维建模标识,并通过图片、表格、原理动画等方式展示相关信息等工作。

2. 地下水影响减缓措施

地下水敏感对象影响的减缓措施包括隧道附近修建蓄水池空间属性信息及现场照片等数据。在三维电子沙盘中完成三维建模标识,并通过照片等方式展示相关信息等工作。

3. 陆生生态保护措施

1) 动植物资源保护措施

包括警示牌、迹地恢复空间属性信息及现场照片等数据。在三维电子沙盘中完成三维建模标识,并通过照片等方式展示相关信息等工作。

2) 水库消落带生态环境保护措施

包括库区消落带生态治理典型区空间属性信息及示意图、生态湿地及库区生态缓冲带设计剖面效果图、工程措施示意图等数据。在三维电子沙盘中完成三维建模标识,并通过三维建模模拟治理效果等工作。

4. 生态修复及水土保持措施

包含枢纽工程区、渣场区、料场区、对外交通工程区、施工生产生活区 5 大区域中包括喷锚、截排水沟、拦挡、迹地恢复等水土保持的典型工程措施、植物措施的空间属性信息、照片及效果情况。

5. 鱼类保护措施

针对鱼类保护,实行栖息地保护、铺设过鱼措施、增殖放流、建立分层取水和生态流量泄放工程体系 5 个方向的项目。平台从 4 个方面展示工程相关信息以及作业成果。

6. 环境空气保护措施

展示环境空气保护措施部位的空间属性信息以及现场照片。

7. 声环境保护措施

展示声环境保护措施部位的空间属性信息以及现场照片。

8. 生活垃圾处理措施

实现对生活垃圾处理设施站点的空间属性进行可视化展示,以及对生活垃圾处理值班工作人员工作安排的直观预览。

7.10.7.3   环保水保监测数据及专题调查管理

主要针对电站建设期、运行期开展的环保水保监测及相关专题的调查工作(水质、环境空气、声环境、水土流失、陆生及水生生态等),利用流域三维地理信息系统,将建设和运行期间环保水保监测的项目及其空间布设情况进行展示,同时集成管理环保水保监测数据,实现环保水保监测数据的公开透明发布。

其下包含对水质、环境空气、声环境、水土流失、陆水生态等5个方面的数据集成与展示功能。

1. 环境监测

1) 水质

水质监测系统功能组成如图7-19所示。

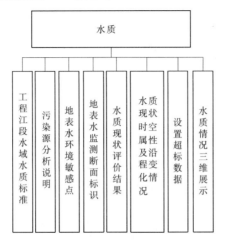

图7-19   水质监测系统功能组成示意图

2) 环境空气

环境空气质量监测系统功能组成如图7-20所示。

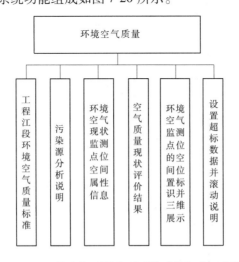

图7-20   环境空气质量监测系统功能组成示意图

3）声环境

声环境监测系统功能组成如图 7-21 所示。

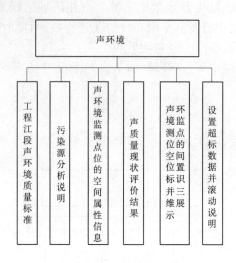

图 7-21　声环境监测系统功能组成示意图

4）水土流失

水土流失监测系统功能组成如图 7-22 所示。

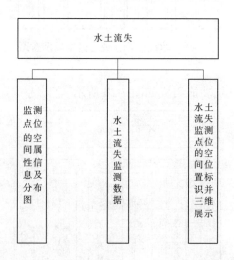

图 7-22　水土流失监测系统功能组成示意图

2. 水陆生态调查

1）陆生生态

陆生生态保护功能组成如图 7-23 所示。

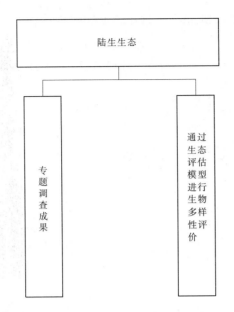

图 7-23　陆生生态保护功能组成示意图

2）水生生态

水生生态保护功能组成如图 7-24 所示。

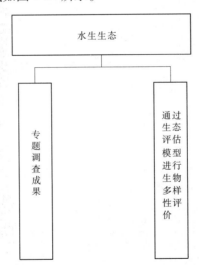

图 7-24　水生生态保护功能组成示意图

7.10.7.4　环境影响和效益后评价

该功能模块的业务范围针对二滩水电站运行阶段,包括其主要环境影响后评价、环境效益评价及运行期各项环保水保措施实施效果管理。

1. 主要环境影响后评价

主要包括电站气象、水文泥沙情势、水质、水生生态和陆生生态、社会环境 6 个方面的监测结果或统计数据材料等数据,以图表的形式对监测结果进行分析评价。在三维电子沙盘中完成相关监测点位标识,并集成展示相关信息等工作。

2. 环境效益分析

以表格的形式对比分析二滩电站生态环境效益评价结果及生态环境成本评价结果,展示电站环境效益。

3. 运行期环境保护措施评价

主要包括电站运行期水环境、水生生态、陆生生态及社会环境保护措施的实施情况相关的文字、图片、表格数据等。在三维电子沙盘中完成相关保护措施点位标识,并集成展示相关信息等工作。

8　雅砻江流域数字化平台示范应用

8.1　两河口数字化设计示范应用

雅砻江流域水电开发规划与数字化设计系统以雅砻江流域两河口水电站为试点工程,以信息交付标准为基础,提炼了一整套适用于水电工程的数字化协同设计方法,开发了三维协同设计平台,实现了地质、测绘、水工、机电、金结、施工等多专业的三维数字化协同设计,并建立了一套模型数字移交数据流转流程,将模型打包移交至业主、施工方等相关部门,满足其生产管理需求,同时为雅砻江流域数字化平台建设提供了三维工程设计模型。

两河口水电站数字化设计工作主要取得以下示范应用成果。

8.1.1　建立了完整的地形地质模型

课题组利用 GeoSmart 系统作为三维地质建模与分析的基础,集成了全部原始数据。以 GoCad 为平台,全面构建完善信息的三维地质模型。模型完整、规范、精确度高,可以完全应用于三维出图、空间分析、视觉展示、协同设计等。主要工作内容包括:

(1)工程基本信息及工程字典设置。在 GeoSmart 数据库中建立了两河口水电站项目,录入了工程信息,完成了字典文件的写入。

(2)原始资料成果录入。本次数字化设计共采集了坝址区的 59 个平硐、110 个钻孔、64 个地质点的勘探信息,已全部录入 GeoSmart 数据库。随时可从数据库里提取数据生成地质界面。

(3)三维模型校准。两河口水电站建立三维地质模型的时候已经是施工图设计阶段,已有部分设计图纸正式出版。因此,本次建模选取了其中的部分关键图件及坝址区骨架剖面导入后对模型再次进行了校准、拟合,最终形成了坝址区的三维地质模型。目前,坝址区三维地质模型已上传至 VPM 参与多专业协同设计平台,见图 8-1、图 8-2。

(4)地质模型动态更新。模型上传至 VPM 协同设计平台,随后根据现场开挖资料校核并修改模型,动态实时调整模型。例如,断层 f12 是坝址区的一条Ⅲ级结构面,出露于坝址区勘探平硐 PD02、PD07、PD16 内。根据产状推断,地表出露于右岸开关站边坡。开关站边坡开挖后,根据现场实测,与原出露迹线存在一定的差异。

将实测点导入 GoCad 模型内,根据分析,该点影响断层在右岸的实际走向,在原断层右岸划分区域后对区域内进行拟合,得到新的断层面。最后将新的断层面导入 VPM。

(5)料场三维地质模型建立。除坝址区外,还建立了两河口石料场、瓦支沟石料场的地质模型,该模型不但应用于二维出图,还应用于料场开挖储量计算、开挖稳定性分析等。

(6)三维地质出图。

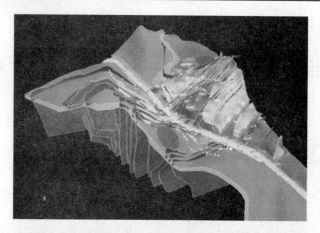

图 8-1　坝址区三维地质模型

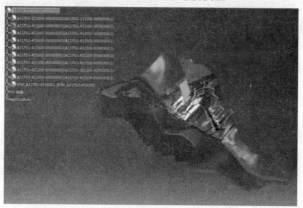

图 8-2　模型上传至 VPM 协同设计平台

目前,两河口项目地质专业资料互提已经全部数字化,实现了三维出图率 100%。

8.1.2　完成了水工建筑物工程信息模型

针对两河口复杂的结构特点,开展了水工建筑物数字化设计,主要完成内容如下。

8.1.2.1　大坝坝体结构

坝体结构模型根据招标阶段成果建立,内容包括坝体各填筑分区模型、心墙放大脚以及下游坝面"之"字形道路等内容,如图 8-3 所示。该数字模型可为施工动态仿真系统提供数据支持。

8.1.2.2　帷幕灌浆系统

帷幕灌浆系统主要包括左右岸的帷幕灌浆廊道、联系洞以及交通排水洞等相关洞室群,该部分成果模型为满足技术施工精度要求的正向数字化设计成果,且依据数字模型完成了二维图输出等工作。

8.1.2.3　大坝坝肩及基坑开挖

坝肩开挖模型依据技术施工阶段相关蓝图建立,基坑开挖模型为满足技术施工精度的正向数字化设计成果,且依据三维模型完成了二维图输出等工作,如图 8-4 所示。

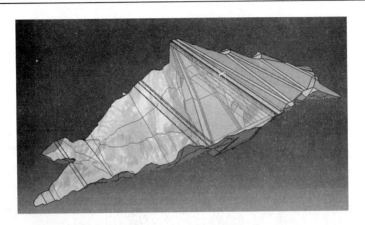

图 8-3 大坝坝体结构

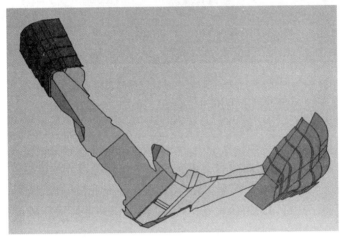

图 8-4 大坝坝肩及基坑开挖

8.1.2.4 溢洪道结构

洞式溢洪道结构模型(见图 8-5)主要包括溢洪道进口闸室、溢洪道洞室段及泄槽段、溢洪道挑坎等,该部分成果根据招标阶段结构设计方案建立。

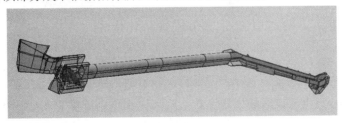

图 8-5 溢洪道结构

8.1.2.5 溢洪道开挖

溢洪道开挖模型包括洞式溢洪道进口开挖以及洞式溢洪道出口开挖两部分,其中洞式溢洪道进口开挖面 2 875 m 高程以上的部分根据技术施工阶段蓝图建立,其余部分模型根据招标阶段开挖设计方案建立。

8.1.2.6　引水、泄水系统

两河口水电站泄洪系统数字化设计目前已完成三条泄洪洞（包括竖井旋流泄洪洞、放空洞、深孔泄洪洞）的进水口塔体、洞身标准段及涡室、涡井、出口挑坎等主体结构模型以及进出口边坡和泄洪补气洞的数字化模型，达到当前布置图设计的精度要求，模型详细程度达到施工图设计阶段要求的深度，细部结构尚需根据深化设计阶段要求进行持续动态更新。两河口泄洪系统空间布置如图8-6所示。

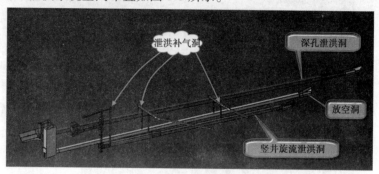

图8-6　两河口泄洪系统空间布置示意图

进出口边坡开挖模型与开挖图同时进行，当前开挖模型与开挖图相一致，并根据现场开挖揭示的地质情况产生的变更及时更新。

8.1.2.7　地下厂房

两河口水电站厂房工程三维设计是两河口水电站三维设计的重要组成部分。一方面在枢纽布置中厂房与水道、地质等具有相关性，需要多专业协同设计；另一方面在厂房结构内部与机电专业存在密切的协作关系。因此，两河口地下厂房三维设计分别针对枢纽布置和厂房－机电协同设计制定了两条工作路线。

地下厂房分为上、中、下三部分，首先建立厂房的骨架模型，然后建立参数集，最后独立建立厂房结构中的各个部件，并基于此骨架装配厂房模型。在建模过程中进行各专业间的碰撞检查，校审过后的模型，通过剖切、投影等操作抽取需要的平面和剖面，添加标注、说明和材料表等，完成二维出图。

8.1.3　初步建立了两河口施工总布置数字化模型

施工总布置设计内容主要包括施工导流建筑物、场内交通设计、桥梁规划设计、料场开采规划设计、渣场规划设计、场地平整设计、砂石加工系统、混凝土生产系统以及生活营地等主要施工生产、生活设施的规划设计。两河口水电站施工总布置三维设计将以上内容全部实现三维可视化，能快速输出工程量，能直观反映施工布置与枢纽布置之间的关系，使施工总布置直观、明了，提升了设计质量（见图8-7）。

通过两河口施工总布置三维设计，可精确输出施工导流建筑物的工程量；实现交通规划线路的三维可视化，论证线路对地形条件的适应性；获取料场开采范围及开采量，论证开采方案的合理性；获取渣场容量及范围；通过主要施工工厂设施的三维布局，优化二维空间系统的布置。

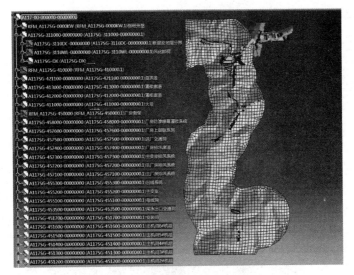

图 8-7 两河口施工总布置模型

8.1.4 完成了主要机电设备的数字化设计

完成了主要机电设备的工程数字模型,并实现了厂房内部分房间内设备的三维布置。水机专业完成滤水器、球阀、水泵、泵控阀电磁流量计等设备的建模;完成透平油罐室、空压机室、渗透及检修排水等房间的设备三维布置;电气一次完成了 IPB、励磁变、PT 柜、厂高变、GCB、高压套管、避雷器、PT、CT、高低压配电盘、检修动力箱、照明分电箱的外观建模;电气二次完成了主厂房二次设备布置;通风专业完成通风设备布置,在主变排风洞风机室完成通风布置并出图。模型不但可用于设计阶段和施工阶段检查错漏碰缺,还可利用资产管理系统,在运维阶段对资产设备进行设备资产管理。

8.2 两河口水电工程数字化建设管理示范应用

8.2.1 工程设计图纸与文档管理

8.2.1.1 业务信息数字化管理

在业务信息管理系统中通过按照工程项目－>建设阶段－>文档类型－>WBS 层级结构建立的工程图文目录树,可以在目录树任意节点上上传并挂接图纸和文档,同时实现图文与 WBS 节点对应关系的建立(见图 8-8)。

8.2.1.2 信息可视化集成展示

在三维电子沙盘中可以通过场景树导览和文档树导览两种方式进行定位和查看与树节点相对应的三维模型和图文,同时也可以通过关键字搜索的方式进行图文的查找(见图 8-9)。

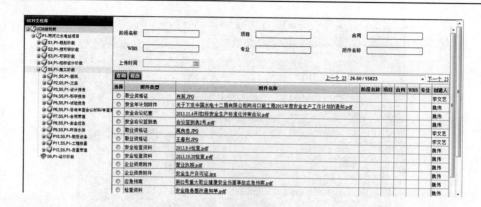

图 8-8　设计图纸与文档管理

图 8-9　图文三维场景交互式查询

8.2.2　水电工程施工质量监控及预警

8.2.2.1　业务信息数字化管理

1. 施工质量检验评定

在业务信息管理系统中选定某一单元工程,即可录入该单元工程对应的施工质量检验评定结果及其他相关结构化信息,也可上传单元工程相应工序验收表格、质量评定表格等非结构化附件文档(见图 8-10)。

2. 施工质量验评台账管理

在业务信息管理系统中通过对单元工程施工质量验评台账信息的定期录入和更新,并能够对各个标段累计/月度单元工程验评及时率、合格率、优良率等信息进行统计分析(见图 8-11)。

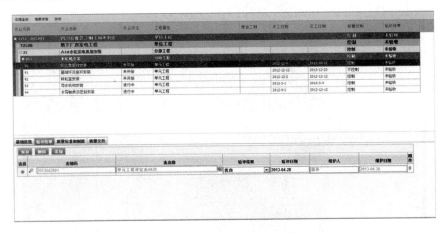

图8-10　施工质量检验评定结果录入

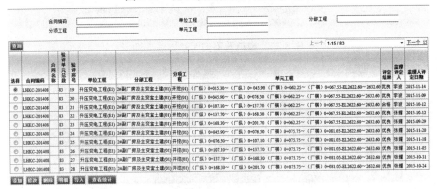

图8-11　施工质量验评台账管理

8.2.2.2　信息可视化集成展示

1.填筑碾压施工质量信息可视化查询

在三维电子沙盘中接入两河口心墙堆石坝施工质量实时监控系统的实时数据和历史数据,可以在三维场景下实现当前仓面碾压机实时轨迹线、速度、振动状态、报警信息的查询与展示(见图8-12);此外,还可以查询历史仓面的碾压监控成果(包括仓面基本信息、碾压遍数图形报告(见图8-13)、压实厚度图形报告(见图8-14)、报警信息(见图8-15)等)。

2.质量验评数据查询

在三维电子沙盘中可以查看任意单元工程的质量验评信息,查看任意截止统计月各标段的累计或该月单元工程验评及时率、合格率和优良率以及各分部工程中单元工程验评合格率和优良率(见图8-16)。

8.2.3　水电工程进度仿真及计划管理

8.2.3.1　业务信息数字化管理

1.进度计划信息导入与维护

在业务信息管理系统中首先建立合同－>单位工程－>分部工程－>分项工程－>单元工程的项目工作划分层级结构,并对各个WBS设置逻辑关系和资源配置,见图8-17、图8-18。

图 8-12　当前仓面实时轨迹线查询

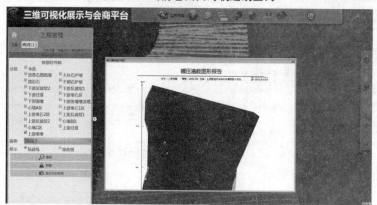

图 8-13　历史仓面碾压遍数图形报告查询

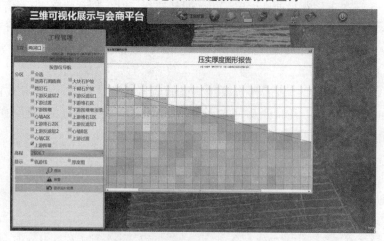

图 8-14　历史仓面压实厚度图形报告查询

图 8-15 历史仓面施工报警信息查询

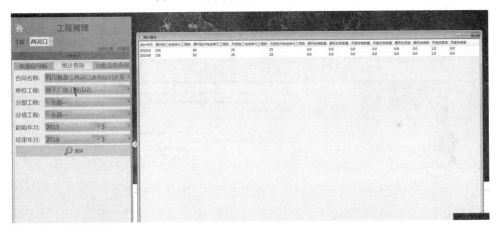

图 8-16 质量验评数据查询

作业代码	作业名称	原定工期	开始	完成	作业类型	第一限制条件	第一限制条件日期	计划层次
▼ABC电厂二期土建工程计划		106d	2011-05-10	2011-08-23				
建筑工程		106d	2011-05-10	2011-08-23				
烟囱工程		90d	2011-05-10	2011-08-07				
TJ1000	烟囱基础	60d	2011-05-10	2011-07-08	任务作业			三级…
TJ1010	烟囱筒身	90d	2011-05-10	2011-08-07	任务作业			三级计划
TJ1020	烟囱内衬砌	50d	2011-05-10	2011-06-28	任务作业			三级计划
厂房工程		106d	2011-05-10	2011-08-23				
TJ1030	厂房基础	106d	2011-05-10*	2011-08-23	任务作业	开始不早于	2011-06-18	三级计划
TJ1040	厂房结构	60d	2011-05-10	2011-07-08	任务作业			三级计划
TJ1050	厂房内装修	70d	2011-05-10	2011-07-18	任务作业			三级计划

图 8-17 WBS 建立

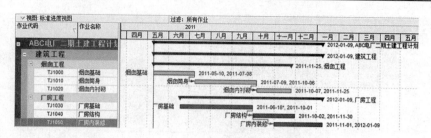

图 8-18 分配 WBS 逻辑关系

2. 进度分析

根据现场采集的实际施工进度信息,进行进度计划的更新,并通过进度计算(见图 8-19),分析项目的进展情况,包括项目进展与计划目标的对比、资源使用情况(见图 8-20)以及费用完成情况。

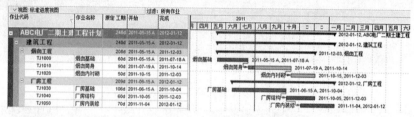

图 8-19 进度计算

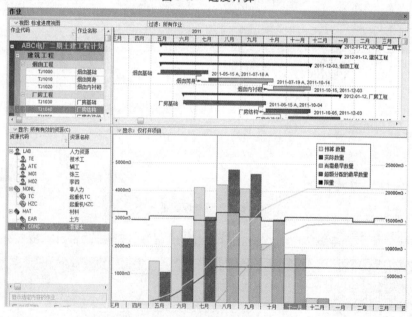

图 8-20 资源使用情况分析

8.2.3.2 信息可视化集成展示

在三维电子沙盘中可以进行两河口三大主标段或各标段指定时间区间的计划施工进度和实际施工进度的三维仿真(见图 8-21、图 8-22)。

图 8-21　两河口泄水标段实际施工进度仿真(2015 年 11 月)

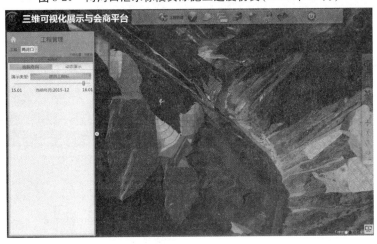

图 8-22　两河口泄水标段实际施工进度仿真(2015 年 12 月)

8.2.4　水电工程计量与投资辅助控制

8.2.4.1　业务信息数字化管理

1. 工程量计量签证单管理

在业务信息管理系统中根据选定的单元工程,建立和填报单元工程产生报量的中间计量签证单的相关信息(见图 8-23)。

2. 工程量申报管理

以合同为基础,汇总合同标段下各期上报的工程量计量签证单信息,可以自动生成合同各期工程量申报表。工程量申报表合同清单项信息编辑见图 8-24。

8.2.4.2　信息可视化集成展示

在三维电子沙盘中,根据选中的单元工程三维模型,查询其报量产生的工程量清单完成数据;根据选择的标段,可查看当前标段对应合同的总体结算进展情况(见图 8-25)以及清单工程量完成情况(见图 8-26),并与工程形象进展情况进行对比分析。

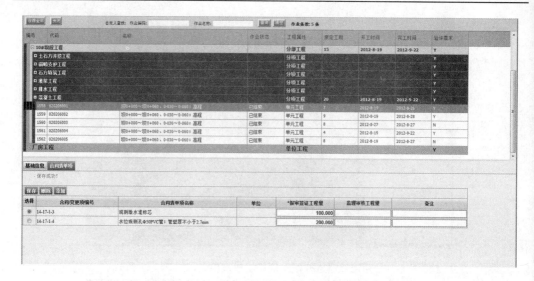

图 8-23　中间计量签证单报量信息编辑

图 8-24　工程量申报表合同清单项信息编辑

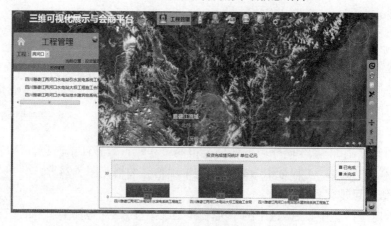

图 8-25　合同总体结算进度信息三维场景查询

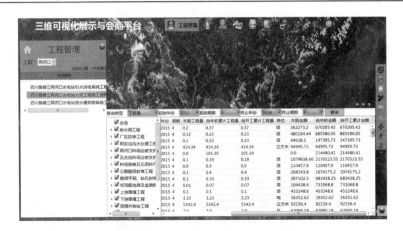

图 8-26　合同清单工程量完成情况查询

8.2.5　水电工程施工安全应急管理

8.2.5.1　业务信息数字化管理

在业务信息管理系统中能够对枢纽区危险源、重点防护对象以及应急物资等信息进行导入和条件查询，见图 8-27、图 8-28。

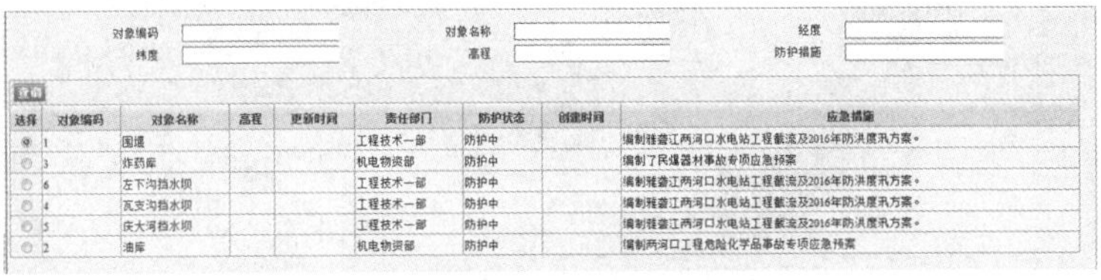

选择	对象编码	对象名称	高程	更新时间	责任部门	防护状态	创建时间	应急措施
◉	1	围堰			工程技术一部	防护中		编制雅砻江两河口水电站工程截流及2016年防洪度汛方案。
○	3	炸药库			机电物资部	防护中		编制了民爆器材事故专项应急预案
○	6	左下沟挡水坝			工程技术一部	防护中		编制雅砻江两河口水电站工程截流及2016年防洪度汛方案。
○	4	瓦支沟挡水坝			工程技术一部	防护中		编制雅砻江两河口水电站工程截流及2016年防洪度汛方案。
○	5	庆大河挡水坝			工程技术一部	防护中		编制雅砻江两河口水电站工程截流及2016年防洪度汛方案。
○	2	油库			机电物资部	防护中		编制两河口工程危险化学品事故专项应急预案

图 8-27　重点防护对象管理

选择	名称	数量	存储区域	存储位置	型号	主要参数	购置时间	联系人
◉	防毒面具	200	白玛营地	白玛营地办公楼负一楼	3m			王金国
○	手套	200	白玛营地	白玛营地办公楼负一楼				王金国
○	安全帽(头盔)	400	白玛营地	白玛营地社区楼1楼				王金国
○	救生圈	30	白玛营地	白玛营地游泳池				王金国
○	救生衣	200	白玛营地	白玛营地社区楼1楼				王金国
○	帐篷(普通、保温)	50	白玛营地	白玛营地社区楼1楼				王金国
○	棉衣	150	白玛营地	白玛营地社区楼1楼				王金国
○	急救药品	20	白玛营地	白玛营地1601办公室				王金国
○	对讲机	40	白玛营地	白玛营地办公楼负一楼				王金国
○	扩音器(喇叭)	8	白玛营地	白玛营地办公楼负一楼				王金国
○	传真	1	白玛营地	白玛营地防汛值班室				王金国
○	垃圾焚烧炉	1	1#承包商营地	1#营地				王金国
○	柴油	3	白玛营地	白马营地发电机房				王金国
○	医疗救护车	2	1#承包商营地	1#营地诊所				王金国
○	输液设备	2	白玛营地	白马营地医务室				王金国
○	监测仪器	1	1#承包商营地	1#营地诊所				王金国

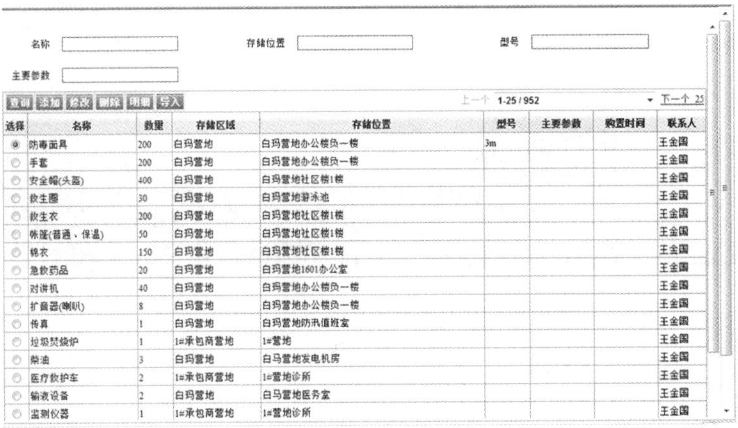

图 8-28　应急物资管理

8.2.5.2　信息可视化集成展示

在三维电子沙盘中可以查看枢纽区危险源、重点防护对象以及应急物资的空间分布区域，并对点选的分布区域内的对象信息进行筛选查看，如图 8-29、图 8-30 所示。

图 8-29　重点防护对象三维场景查询

图 8-30　应急队伍三维场景查询

8.2.6　水电工程施工物资设备跟踪管理

8.2.6.1　业务信息数字化管理

1. 施工物资跟踪管理

在业务信息管理系统中,用户可以定期对各施工合同下的施工物资出入库数据以及库存数据进行录入更新并实现数字化管理,见图 8-31 ~ 图 8-33。

2. 施工设备跟踪管理

用户可以定期对现场各参建单位的施工设备信息及其进出场信息进行录入更新并实

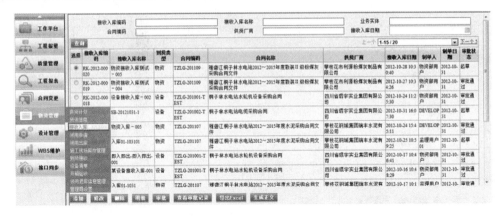

图 8-31　物资接收入库管理

图 8-32　物资领用出库管理

图 8-33　物资库存明细信息管理

现数字化管理,见图 8-34。

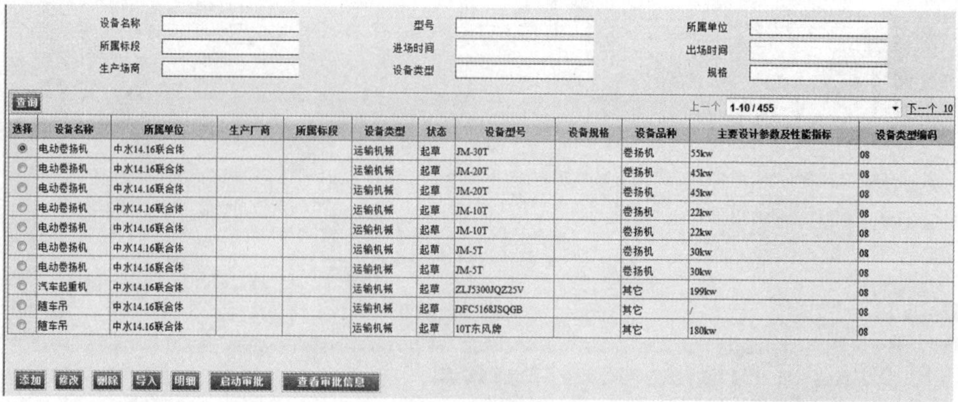

设备名称		型号			所属单位		
所属标段		进场时间			出场时间		
生产厂商		设备类型			规格		

查询   上一个 1-10 / 455 ▼ 下一个 10

选择	设备名称	所属单位	生产厂商	所属标段	设备类型	状态	设备型号	设备规格	设备品种	主要设计参数及性能指标	设备类型编码
●	电动卷扬机	中水14.16联合体			运输机械	起草	JM-30T		卷扬机	55kw	08
○	电动卷扬机	中水14.16联合体			运输机械	起草	JM-20T		卷扬机	45kw	08
○	电动卷扬机	中水14.16联合体			运输机械	起草	JM-20T		卷扬机	45kw	08
○	电动卷扬机	中水14.16联合体			运输机械	起草	JM-10T		卷扬机	22kw	08
○	电动卷扬机	中水14.16联合体			运输机械	起草	JM-10T		卷扬机	22kw	08
○	电动卷扬机	中水14.16联合体			运输机械	起草	JM-5T		卷扬机	30kw	08
○	电动卷扬机	中水14.16联合体			运输机械	起草	JM-5T		卷扬机	30kw	08
○	汽车起重机	中水14.16联合体			运输机械	起草	ZLJ5300JQZ25V		其它	199kw	08
○	随车吊	中水14.16联合体			运输机械	起草	DFC5168JSQGB		其它		08
○	随车吊	中水14.16联合体			运输机械	起草	10T东风牌		其它	180kw	08

添加　修改　删除　导入　纽细　启动审批　查看审批信息

图 8-34　施工设备跟踪管理

8.2.6.2　信息可视化集成展示

在三维电子沙盘中,用户可以对三大主标段承包商使用的物资存放仓库分布位置进行查看,可查询各个存放仓库不同时期的物资类型、储量、进出库记录以及耗用量等相关信息;并且可以对工程建设过程中各个参建单位关键施工设备的型号规格、进出场时间等信息进行查询,见图 8-35。

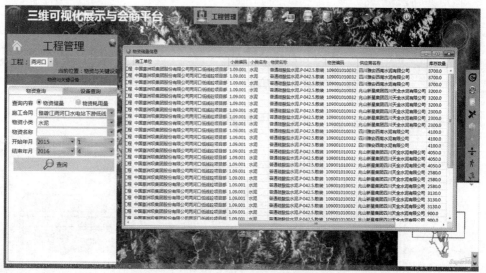

图 8-35　施工物资储量三维场景查询

8.2.7　水电工程施工仿真培训管理

将多媒体视频培训教程集成到三维电子沙盘上,可在三维场景下进行播放演示,对用户进行施工仿真培训,见图 8-36。

8.2.8　水电工程施工现场视频监控

在三维电子沙盘中集成现场视频监控系统传输数据,通过拾取与实际摄像头位置对应的摄像头标识调用现场视频监控影像,见图 8-37。

图 8-36　水电工程施工仿真培训管理

图 8-37　水电工程施工现场视频监控

8.3　锦屏一级数字化水电站管理示范应用

8.3.1　水工建筑物安全监测信息及辅助维护管理

8.3.1.1　业务信息数字化管理

1.大坝安全监测信息管理

在业务信息管理系统中能够集成自动化采集系统和人工采集等方式获得的水工建筑物安全监测信息,并按照测点分类进行管理(见图 8-38)。

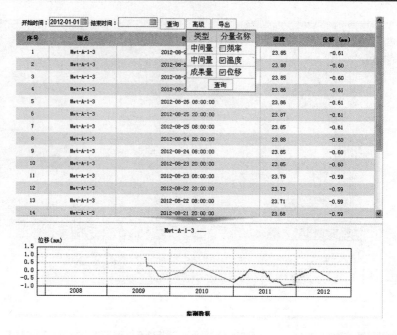

图 8-38 测点测值管理

2. 数据查询与统计分析

用户在系统中可以进行监测数据、图形、报表的各类查询和统计,并且可以利用系统设置或用户自定义设置的测点导航快速查询相关信息和数据(见图 8-39、图 8-40)。

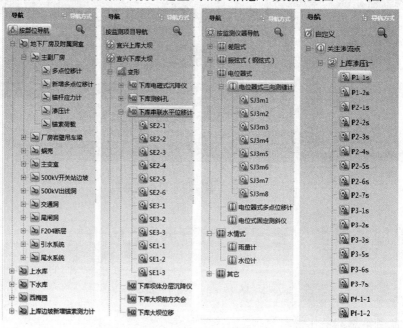

图 8-39 测点导航查询

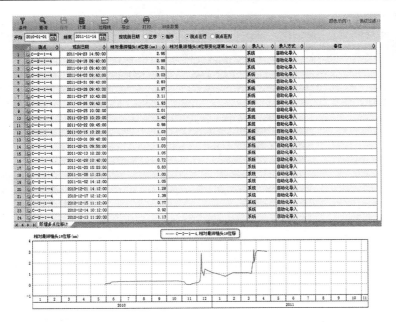

图 8-40 数据查询与统计

8.3.1.2 信息可视化集成展示

在三维电子沙盘中,用户可以通过仪器导航定位显示出仪器所在空间位置,进行监测数据、巡视检查数据、测值异常信息、图形、报表的各类查询和统计,并且可以在三维模型上绘制出仪器所在位置的测值三维矢量线图(见图 8-41~图 8-45)。

图 8-41 巡视检查信息管理

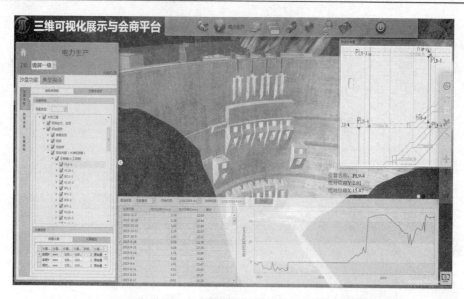

图 8-42　监测数据三维场景查询

图 8-43　监测数据三维矢量图查询

8.3.2　设备综合信息与检修辅助管理

8.3.2.1　业务信息数字化管理

1.设备台账综合信息管理

在业务信息管理系统中,选中 KKS 导览树中的任意节点,可以查询、管理与该节点对应设备关联的相关信息(见图 8-46~图 8-48)。

2.检修维护标准项目库管理

用户可创建、修改维护标准项目记录;可以建立标准项目的分类,以便于对标准项目

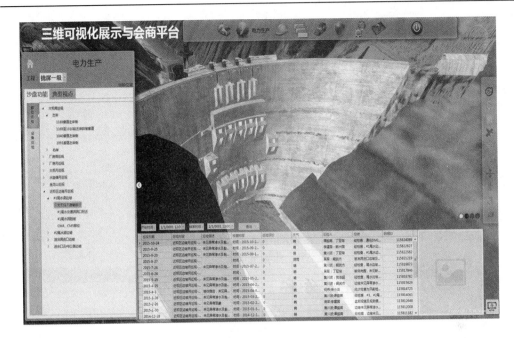

图 8-44　巡视数据三维场景查询

图 8-45　异常测值预警三维场景查询

的查找和管理;可以对标准库内容进行添加、维护、修改等操作(见图8-49)。

3. 主要机电设备检修辅助管理

用户可创建、修改、审核主要设备检修工单记录(见图8-50),并且通过流程跟踪可以追溯审核的流程节点状态等信息。

图 8-46　设备清册信息管理

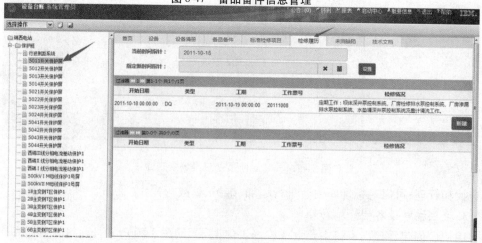

图 8-47　备品备件信息管理

图 8-48　检修履历信息管理

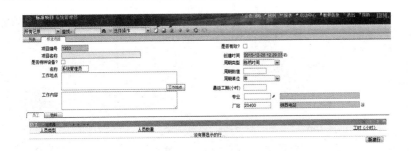

图 8-49　检修维护标准项目库管理

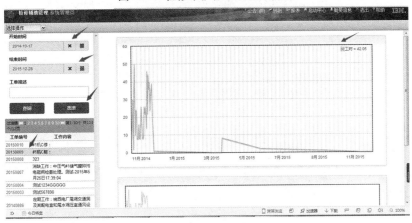

图 8-50　工单查询管理

8.3.2.2　信息可视化集成展示

在三维电子沙盘中,用户可以通过导航树、三维场景或关键字搜索查询设备台账信息、设备缺陷信息、设备检修内容以及设备状态监控信息,并在三维场景下进行聚焦与凸显(见图 8-51 ~ 图 8-54)。

图 8-51　设备台账明细查询

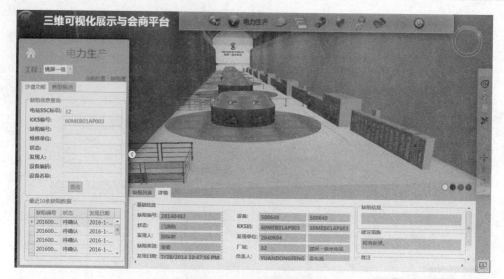

图 8-52　设备缺陷信息查询

图 8-53　设备检修内容查询

8.3.3　水电站运行仿真与培训管理

在三维电子沙盘中,用户既可以查看水轮机与发电机的拆卸和回装过程的三维演示,也可以自行操作进行模拟考试。在对典型运行和机组拆装过程中配以语音和文字内容讲解,并可实现视频录制功能,辅助制作培训教材,以适应培训和考试需求(见图 8-55、图 8-56)。

8.3.4　水电站生产运行视频监控

在三维电子沙盘中集成调用锦屏电厂生产视频网络摄像头,用户既可以在三维场景中通过三维模型上标记的摄像头查看现场实时情况,也可以通过树形目录结构调取摄像头查看(见图 8-57)。

图 8-54 设备状态监控信息查询

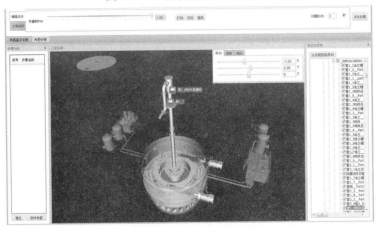

图 8-55 仿真动画制作

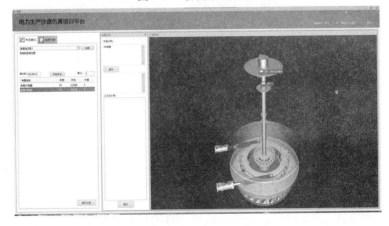

图 8-56 模拟考试场景画面

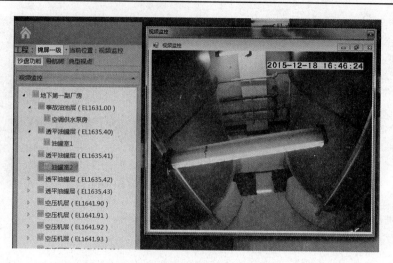

图 8-57　水电站生产运行视频监控

8.3.5　水电站应急辅助决策

8.3.5.1　业务信息数字化管理

在业务信息管理系统中,用户可以建立危险源、隐患等的基础台账信息,同时对相关的危险源、隐患治理和应急资源等信息进行记录和集成,并可以将危险源与对应的隐患管理进行关联,实现对危险源的应对措施进行关联集成(见图 8-58、图 8-59)。

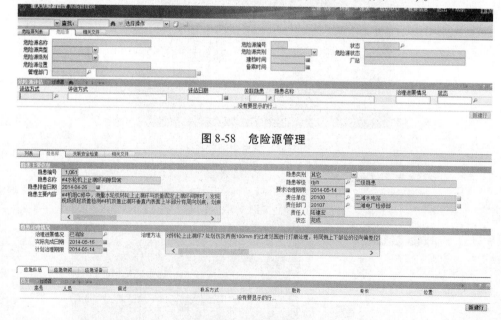

图 8-58　危险源管理

图 8-59　隐患管理

8.3.5.2　信息可视化集成展示

在三维电子沙盘中,用户可以进行应急物资、应急设备、应急人员、安全通道、安全标识的查看,并在用户指定安全事故时,系统提供应急资源、安全标识、危险源点以及逃生路径的标绘(见图8-60~图8-62)。

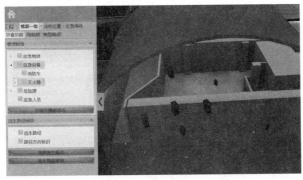

图8-60   应急资源信息三维场景查询

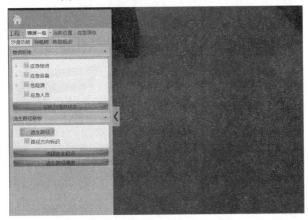

图8-61   逃生路径标绘

图8-62   逃生路径漫游

8.3.6   水电站主设备状态评估与检修辅助决策

8.3.6.1   业务信息数字化管理

1.状态评价

1)设备状态评价

用户通过选择设备树上的设备,并设定评价的时间区间,即可通过系统进行设备状态的分析评价(见图8-63)。

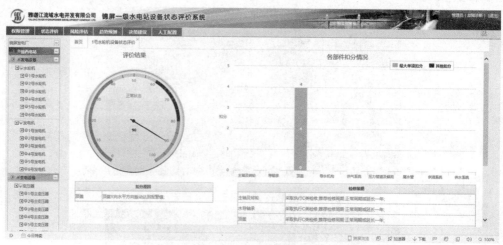

图 8-63　设备状态评价结果展示

2)设备状态评价报告查询

用户通过评价时间区间、评价结果状态、评价人等查询条件,可根据实际需求过滤条件查询设备的状态评价报告(见图8-64)。

图 8-64　设备状态评价报告查询结果展示

2.趋势预测

1)设备趋势预测

通过选择设备树上的设备,并设定预测参数、建模时段、预测时长等条件参数,即可通过系统进行设备趋势的预测(见图8-65)。

2)设备趋势预测报告查询

选择预测时间、区间等查询条件,可根据实际需求过滤条件查询设备趋势预测报告(见图8-66)。

图 8-65   设备趋势预测结果展示

图 8-66   设备趋势预测报告查询结果展示

3. 风险评估

用户能够对设备风险值进行评估计算,生成评估报告;并可以根据需求查看风险评估报告,还可以查看设备风险值的排行情况(见图 8-67)。

4. 决策建议

用户可以查看设备风险评估报告、状态评价报告及综合报告,综合报告给出了设备的基本情况、评估情况等信息,最后给出设备的检修建议(见图 8-68)。

8.3.6.2   信息可视化集成展示

在三维电子沙盘中,用户可查看锦屏一级水电站主要设备的状态评估报告、状态预测结果以及检修建议结果等信息(见图 8-69)。

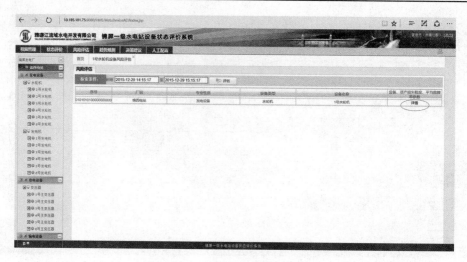

图 8-67　设备风险评估结果展示

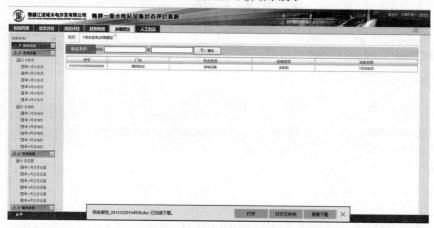

图 8-68　决策建议报告下载展示

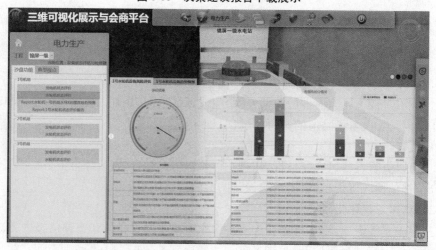

图 8-69　设备状态评估与检修建议结果三维场景查询

8.4 雅砻江下游梯级风险调度示范应用

8.4.1 梯级调度数据管理

在业务信息管理系统中集成了从数据中心实时获取的流域雨水情信息与水库运行信息,用户可以查询实施最新数据,也可以根据条件查询历史数据(见图8-70)。

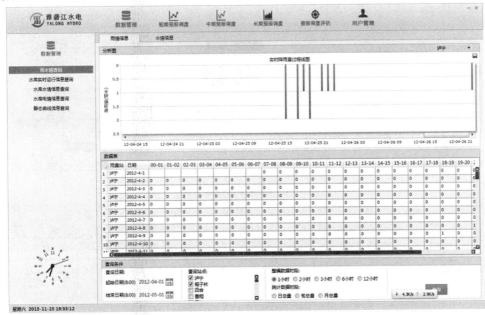

图 8-70 雨水情信息查询

8.4.2 梯级水库短期预报调度

8.4.2.1 短期预报模型计算

在业务信息管理系统中,用户可以对短期径流预报方案进行新建、修改、查看与删除等操作。方案设置时需进行预报对象、预报周期、预报模型与边界输入等参数的设置,然后可指定方案进行梯级各水库坝址及区间的短期径流预报(见图8-71)。

8.4.2.2 短期调度模型计算

用户可以对短期调度方案进行新建、修改、查看与删除等操作。方案设置时需进行调度周期与时段、调度对象、预报径流、调度类型(发电调度、防洪调度)与边界输入等参数的设置,然后可选定方案进行短期调度计算(见图8-72)。

8.4.3 梯级水库中期预报调度

8.4.3.1 中期预报模型计算

在业务信息管理系统中,用户可以对中期径流预报方案进行新建、修改、查看与删除等操作。方案设置时需进行预报对象、预报周期、预报模型(集合预报或概率预报)与边

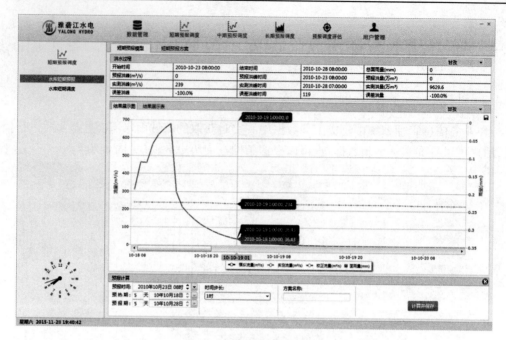

图 8-71　短期预报模型计算

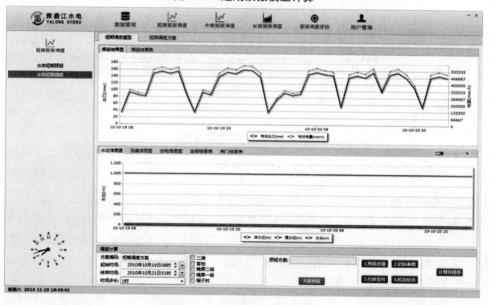

图 8-72　短期调度模型计算

界输入等参数的设置,然后可指定方案进行梯级各水库坝址及区间的中期径流预报(见图 8-73)。

8.4.3.2　中期调度模型计算

用户可以对中期调度方案进行新建、修改、查看与删除等操作。方案设置时需进行调度周期与时段、调度对象、预报径流、调度类型(发电调度、防洪调度或综合调度)、调度模式(常规调度或风险调度)、长短嵌套与边界输入等参数的设置,然后可选定方案进行中

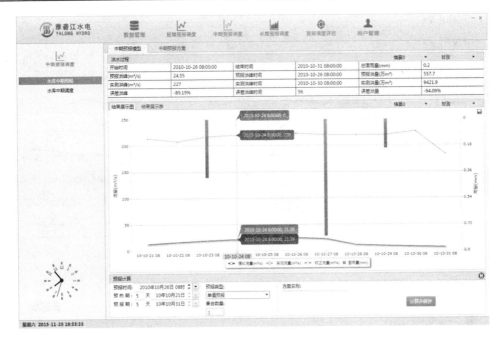

图 8-73　中期预报模型计算

期调度计算(见图 8-74)。

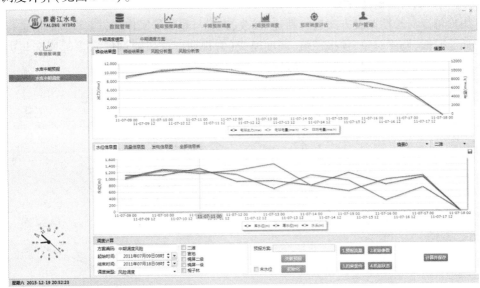

图 8-74　中期调度模型计算

8.4.4　梯级水库长期预报调度

8.4.4.1　长期预报模型计算

在业务信息管理系统中用户可以对长期径流预报方案进行新建、修改、查看与删除等操作。方案设置时需进行预报对象、预报周期、预报模型(年总径流分级预报或概率预报)与边界输入等参数的设置,然后可指定方案进行梯级各水库坝址及区间的长期径流预报(见图 8-75)。

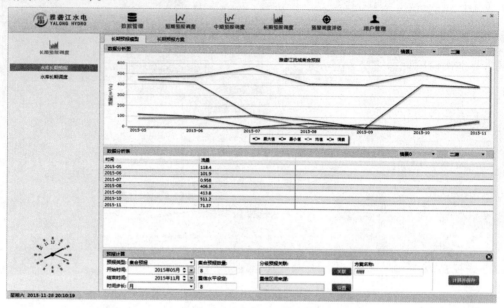

图 8-75　长期预报模型计算

8.4.4.2　长期调度模型计算

用户可以对长期调度方案进行新建、修改、查看与删除等操作。方案设置时需进行调度周期与时段、调度对象、预报径流、调度模式(常规调度或风险调度)、滚动嵌套与边界输入等参数的设置,然后可选定方案进行长期调度计算(见图 8-76)。

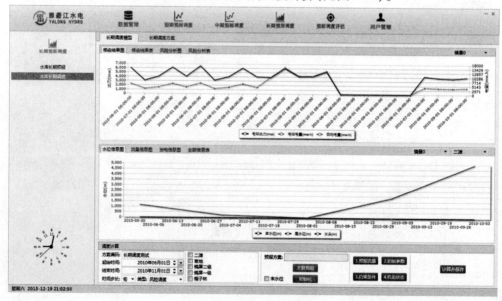

图 8-76　长期调度模型计算

8.4.5 预报调度方案后评估

通过输入不同时间段以及方案的类型(短期、中期、长期),进行评估对比,确定方案的计算准确性(见图8-77)。

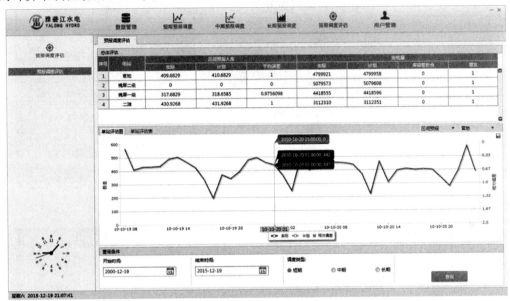

图 8-77 梯级调度短期预报调度评估

8.4.6 信息三维可视化集成展示

8.4.6.1 雨水情站点信息查询

在三维电子沙盘中,用户可以"图-文"双向查询包含雅砻江流域范围内气象站、水文站、雨量站等雨水情站点信息;通过目录树方式,可选中显示出对应的站点位置标识,通过自定义时间查询相关数据过程信息(见图8-78)。

8.4.6.2 径流预报成果查询

在三维电子沙盘中,集成短期和中长期径流预报成果,用户能够在三维场景下手动查询和自动显示各时刻、各预报断面水位、流量变化信息,以及水库淹没范围变化信息(见图8-79)。

8.4.6.3 调度方案成果查询

在三维电子沙盘中,将短期和中长期调度成果进行三维演示,用户能够在调度方案演示过程中手动查询和自动显示各电站各时刻的出力、水库水位、流量、闸门开度等变化信息(见图8-80)。

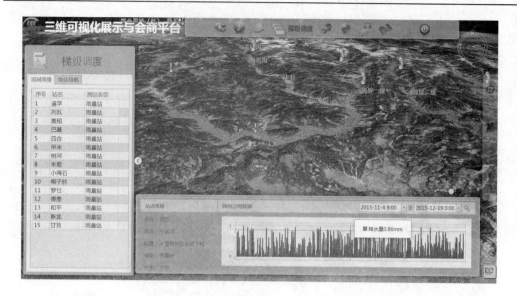

图 8-78　流域雨情站点信息查询

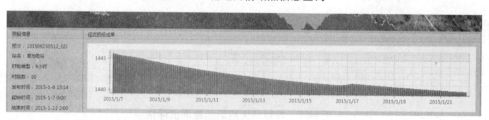

图 8-79　径流预报成果查询

图 8-80　调度方案成果三维场景展示

8.5　两河口水电站征地移民管理示范应用

8.5.1　项目征地移民信息管理

8.5.1.1　业务信息数字化管理

1.预可研成果管理

在业务信息管理系统中,用户可以对预可研阶段的征地移民规划成果进行录入管理,包括建设征地信息、移民安置人口信息、补偿费用估算、成果附件等(见图8-81)。

图 8-81　预可研成果管理

2.规划成果管理

用户可以对可研阶段的征地移民规划成果进行录入管理,包括实物指标调查成果信息、建设征地信息、移民安置人口信息、安置任务信息、补偿费用概算、成果附件等(见图8-82、图8-83)。

图 8-82　实物指标管理

图 8-83　规划成果管理

3. 实施管理

用户可以对实施阶段的征地移民工作进展成果进行定期更新和管理,包括移民安置计划信息、征地移民建档建卡信息、农村移民安置核验信息、集镇迁建和专项工作实施进度信息、合同管理信息、资金管理信息等(见图 8-84 ~ 图 8-86)。

图 8-84　建档建卡信息管理

8.5.1.2　信息可视化集成展示

1. 实物指标查询与展示

在三维电子沙盘中,用户可以查询电站周边行政区域内的实物指标(房屋面积、人口、附属设施等)及各类专项设施(道路、企事业单位、输电线路等)调查统计数据,并能根据用户选择的区域范围自动完成数据的统计、分析与展示(见图 8-87、图 8-88)。

2. 实施进度查询与展示

在三维电子沙盘中,用户可以选中定位电站周边各县,并查询该行政区域内的农村移民安置进度信息、集镇迁建进度信息及各类专项设施复建进度信息(见图 8-89)。

图 8-85　实施进度信息管理

图 8-86　移民核验信息管理

图 8-87　实物指标统计查询与展示

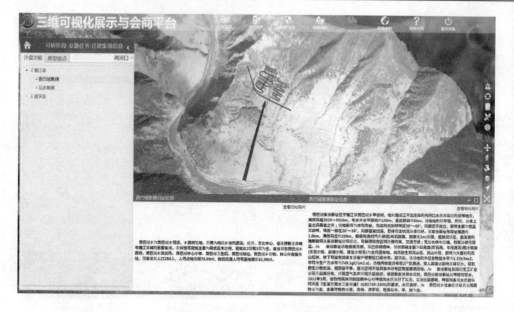

图 8-88　安置任务查询与展示

图 8-89　实施进度查询与展示

8.5.2　项目土地信息管理

8.5.2.1　业务信息数字化管理

在业务信息管理系统中可以对土地确权进程办理信息进行管理。土地确权进程办理主要分为土地预审、土地报批(含林地)和土地确权办证三个阶段(见图 8-90)。

8.5.2.2　信息可视化集成展示

在三维电子沙盘中,用户可以以三维模式查看各种土地专题图,包括土地利用现状图、征地红线图、施工用地图等(见图 8-91)。

图 8-90 土地确权办理信息管理

图 8-91 土地利用现状图查询与展示

8.5.3 综合统计分析

在业务信息管理系统中,基于上述征地移民信息的管理,用户可以进行移民安置年度计划和实施进度对比分析、搬迁户信息统计分析、移民安置人口统计分析以及资金完成情况统计分析等(见图 8-92)。

图 8-92 移民安置人口统计

8.6　雅砻江中下游环境保护与水土保持管理示范应用

8.6.1　流域环境背景信息管理

8.6.1.1　业务信息数字化管理

在业务信息管理系统中,用户可以进行自然环境、地表水环境、地下水环境、环境空气、声环境、生态环境、重要生态环境敏感区和社会环境现状等流域环境背景数据的浏览、快速查询以及维护(见图8-93)。

图 8-93　流域环境背景信息

8.6.1.2　信息可视化集成展示

1. 地表水环境现状

在三维电子沙盘中展示坝址径流、支流、水质、水温等两河口水电站坝址地表水环境现状信息(见图8-94)。

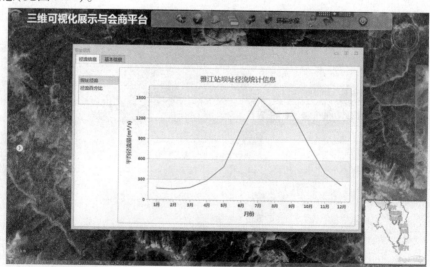

图 8-94　地表水环境现状

2. 环境空气现状

在三维电子沙盘中展示包括工程环境空气质量标准、污染源分析说明、环境空气监测点位的空间属性信息、空气质量评价结果(监测结果及评价、超标数据设置值)等数据(见图 8-95)。

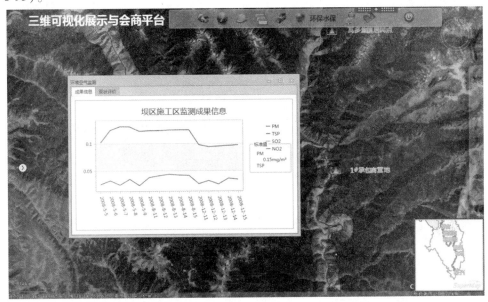

图 8-95　环境空气现状

3. 生态环境现状

在三维电子沙盘中展示珍稀动植物分布区域、鱼类主要生活环境分布位置、景观生态体系结构专题图、水土流失现状图、重要生态环境敏感区等生态环境现状数据(见图 8-96)。

图 8-96　生态环境现状

8.6.2　环保水保设施信息管理及运行监控

8.6.2.1　业务信息数字化管理

1. 环保水保措施信息管理

在业务信息管理系统中,用户可以查看各项环保水保措施的设计、变更信息以及实施进度和投资进度情况,并且可以通过上传措施相关附件管理更详细内容(见图 8-97)。

图 8-97　环保水保措施信息管理

2. 分层取水

用户可以查看分层取水设施运行监控信息,包括水库水位、叠梁门运行状况以及尾水水温等(见图 8-98)。

图 8-98　分层取水信息管理

3. 过鱼措施

用户可以按照鱼类、操作日期查询过鱼措施情况,包括鱼类、上行过鱼尾数、下行过鱼尾数等(见图 8-99)。

4. 增殖放流

用户可以查询增殖放流设施运行情况,以及鱼类养殖放流情况;按照鱼类、年份查询

图 8-99 过鱼措施信息管理

鱼类养殖和放流情况,包括繁殖亲鱼尾数、后备亲鱼尾数、放流时间、放流鱼种类、放流标记、回补等信息的记录,并能够在某一时间查询各龄鱼的数量等(见图 8-100)。

图 8-100 增殖放流信息管理

8.6.2.2 信息可视化集成展示

在三维电子沙盘中,用户可以查询地表水环境保护措施、地下水影响减缓措施、陆生生态保护措施、生态修复及水土保持措施、鱼类保护措施、环境空气保护措施、声环境保护措施、生活垃圾处理措施等的空间位置以及相关设施信息与运行监控信息(见图 8-101 ~ 图 8-105)。

8.6.3 环保水保监测数据及专题调查管理

8.6.3.1 业务信息数字化管理

1. 环境质量监测

环境质量监测数据来自于各水电站监理上报的环境监测报告和环评报告,包括水环

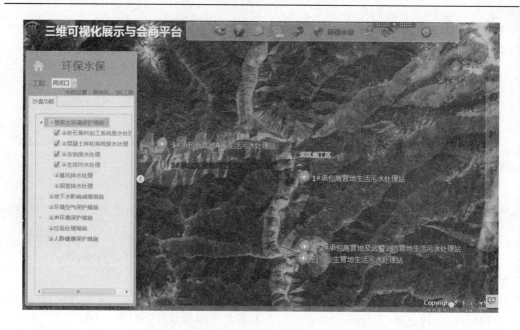

图 8-101　地表水环境保护措施三维场景查询

图 8-102　陆生生态环境保护措施三维场景查询

境、环境空气、声环境三类监测内容,监理报告定期(月报或季度)由监理在系统中进行填报(见图 8-106)。

2. 陆生生态监测

陆生生态监测数据来自于陆生生态专题报告,用户可以查询动植物名录和调查统计

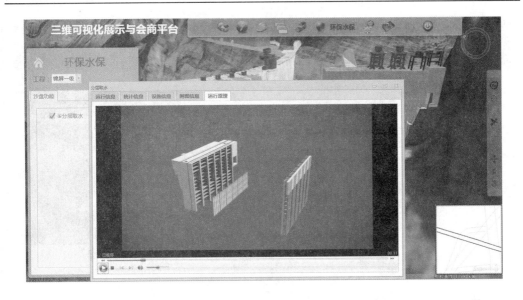

图 8-103　分层取水三维场景展示

图 8-104　鱼类增殖站三维场景展示

表等陆生生态调查数据(见图 8-107)。

3. 地下水监测

用户可以按监测日期查询地下水水位、流量监测结果,同时可以将查询结果导出,还可以实现数据编辑(见图 8-108)。

图 8-105 声环境保护措施三维场景查询

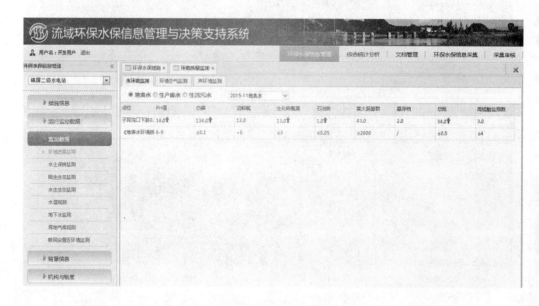

图 8-106 环境质量监测

8.6.3.2 信息可视化集成展示

在三维电子沙盘中,用户可以查询水质、环境空气、声环境、水土流失、陆水生态等监测点或调查区域的空间位置以及测值和调查结果信息(见图 8-109 ~ 图 8-111)。

图 8-107 陆生生态监测

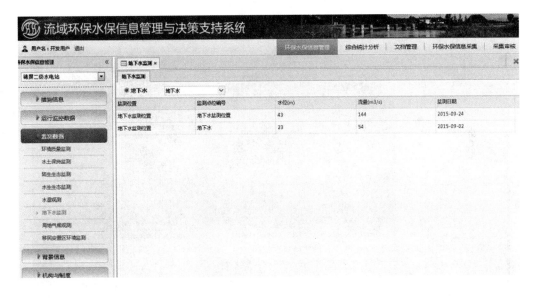

图 8-108 地下水监测

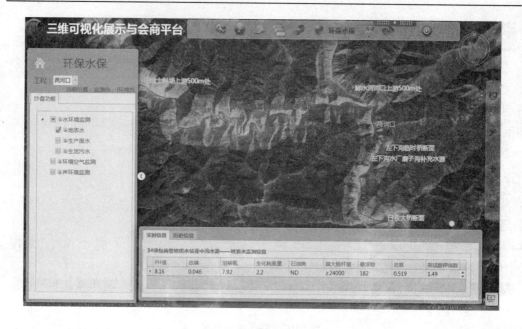

图 8-109　地表水水质监测数据三维场景查询

图 8-110　声环境监测数据三维场景查询

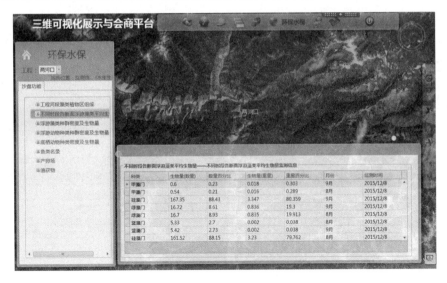

图 8-111　水生生态调查结果查询

8.7　锦屏大河湾公共安全管理示范应用

8.7.1　公共安全相关信息管理

8.7.1.1　业务信息数字化管理

1. 水文气象与水库运行信息维护

在业务信息管理系统中，从水调自动化系统动态获取水文气象信息、水库运行信息，用户可以按照一定整编时段进行分类插补、统计、整理、分析等处理（见图 8-112、图 8-113）。

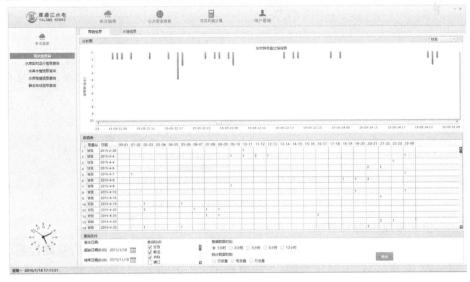

图 8-112　雨情信息维护

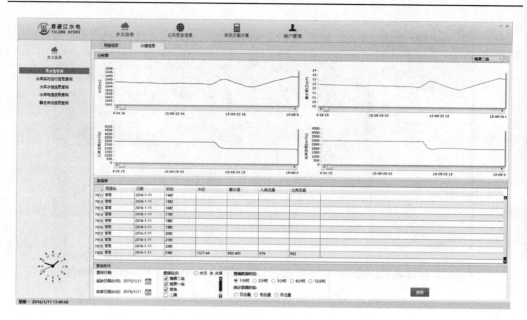

图 8-113　水情信息维护

2. 重点保护区域和保护对象信息维护

用户可通过交互界面用手动输入或文件导入方式对重点保护区域和对象基本属性信息进行编号、录入（见图 8-114）。

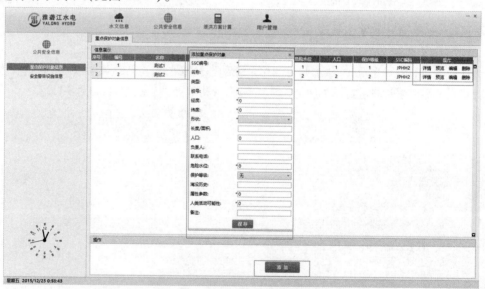

图 8-114　重点保护对象信息维护

8.7.1.2　信息集成可视化展示

在三维电子沙盘中，用户可以浏览查看锦屏大河湾区域主要居民点、基础设施、预警广播、警示牌、重点区域、电站泄水闸门、政府机关、学校、取水口、码头、渡口、移动通信基站、危险源等空间对象分布情况，并查看空间对象的相关数据（见图 8-115 ~ 图 8-117）。

图 8-115　主要居民地查询

图 8-116　预警广播信息查询

8.7.2　泄洪及警示方案决策支持

8.7.2.1　业务信息数字化管理

1. 泄水过程模拟

在业务信息管理系统中,用户可按照参数输入－>边界条件输入－>初始化计算－>非恒定流计算的步骤进行泄水过程模拟,然后实现计算方案存储以及结果查询与展示(见图 8-118)。

图 8-117 警示牌信息查询

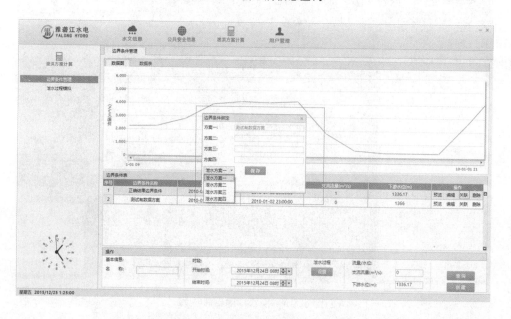

图 8-118 泄水过程模拟计算

2. 泄水过程风险评估

用户可以对风险对象位置、易损性、重要性等级等信息进行存储管理,对泄水过程下洪水风险等级进行计算,并能够计算出不同风险对象的风险指数(见图 8-119)。

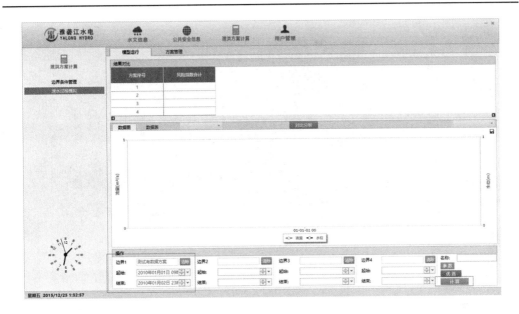

图 8-119　泄水过程风险评估

8.7.2.2　信息集成可视化展示

用户可在地图上查看显示选中的泄水方案的洪水演进过程,以及洪水演进过程中受影响的流域公共安全相关信息,同时可在时间轴上查看特定时间的洪水演进情况和受影响的流域公共安全相关信息(见图 8-120、图 8-121)。

图 8-120　泄水方案查询

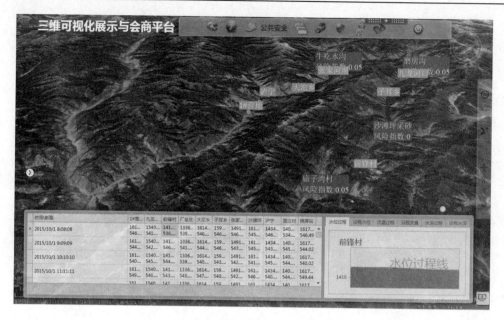

图 8-121　逐小时泄水方案模拟

9 总结与展望

本书主要研究了适应流域水电全生命周期管理的流域数字化平台总体框架结构、实施规划和技术标准体系,结合雅砻江流域及示范工程特点及依托单位管理实际情况,在研究解决各专题关键技术问题的基础上,开展了雅砻江流域数字化平台集成和应用示范:

(1)基于物联网和云计算技术的应用,提出了流域水电工程全生命周期管理的流域数字化平台建设框架体系和技术架构,开展了雅砻江流域全业务全周期数字化管理的建设示范,构建了流域三维可视化信息集成的雅砻江流域数字化平台。

(2)建立了分布式水文模型并引入数值天气预报,构建了高精度陆-气耦合水文预报系统,并基于模型参数库实现了雅砻江流域的不确定性洪水预报,针对预报不确定性问题开发了复杂水库调度系统风险的估计方法及基于风险描述的水库调度多目标决策模型。

(3)建设了大坝安全监测自动化系统和流域大坝安全信息管理系统;提出了基于泄水建筑物动力响应信号的损伤敏感特征提取和识别方法,建立了水力学监测、结构动力学监测与物探检测技术相结合的水电工程主要建筑物的安全耦合动态监测方法,并提出了安全预警的预判方法和指标体系。

(4)提出了基于物联网的水电工程全生命周期管理信息智能采集技术,建立了水电工程管理的全信息模型标准体系,形成水电工程全信息模型的构建技术,为水电工程全生命周期管理的数据来源和数据融合建立了长效机制和技术基础。

雅砻江流域数字化平台建设以流域水电全生命周期数字化管理为目标,综合利用物联网技术全面采集流域开发管理各阶段要素信息,集成建设了流域管理数据中心,并重点对流域径流、工程安全、人类生产活动监控等数据进行了数据分析、预报预警,通过三维可视化信息集成和会商平台建设实现了流域全业务、全层级、统一平台的辅助管理。受研究周期和当前的技术应用水平所限,雅砻江流域数字化平台还不够完善,示范应用的范围还不够广,今后将在以下方面进一步开展工作:

(1)充分应用数字流域领域相关研究成果,进一步丰富流域数据获取技术、完善数据分析和挖掘处理方法,特别是要重点发展完善流域数值天气预报的降雨和径流预测预报。

(2)继续深入挖掘三维 GIS 空间分析技术和多感知交互技术在数字化平台中的应用,加强用户体验的同时,帮助用户获得更深层次的信息。

(3)进一步将雅砻江流域数字化平台建设示范成果在雅砻江其他河段和水电工程项目中及其他流域进行推广。

附录　SSC 类别说明表

SSC 类别	类别码	上级类别码	SSC 结构类别代码	SSC 结构类别
流域	R	G	G	GBS
河段	RR	R	G	GBS
子河段	RRB	RR	G	GBS
监测位置	RRBM	RRB	G	GBS
虚拟位置	RRBV	RRB	G	GBS
流域背景位置	RRBB	RRB	G	GBS
电站枢纽区位置	RRBP	RRB	G	GBS
水温测站	RRBM – WT	RRBM	G	GBS
空气监测点	RRBM – AR	RRBM	G	GBS
水质监测点	RRBM – WQ	RRBM	G	GBS
水文测站	RRBM – HY	RRBM	G	GBS
雨量测站	RRBM – RF	RRBM	G	GBS
声环境监测点	RRBM – VE	RRBM	G	GBS
虚拟断面	RRBV – VS	RRBV	G	GBS
动植物分布点	RRBB – AP	RRBB	G	GBS
生态保护区	RRBB – EA	RRBB	G	GBS
公共安全敏感点	RRBB – PS	RRBB	G	GBS
征用土地	RRBB – LA	RRBB	G	GBS
取水敏感点	RRBB – WS	RRBB	G	GBS
地质灾害点	RRBB – GD	RRBB	G	GBS
大坝区域	RRBP – DA	RRBP	G	GBS
厂房区域	RRBP – PA	RRBP	G	GBS
辅助区域	RRBP – FA	RRBP	G	GBS
电站	RRS	RR	P	PBS
建筑类实体	RRSB	RRS	P	PBS
设备类实体	RRSE	RRS	P	PBS
资源类实体	RRSR	RRS	P	PBS

续表

SSC 类别	类别码	上级类别码	SSC 结构类别代码	SSC 结构类别
移民专项设施	RRSB－MF	RRSB	P	PBS
环保水保设施	RRSB－EW	RRSB	P	PBS
电站水工建构筑物	RRSB－UC	RRSB	P	PBS
工程辅助设施	RRSB－CF	RRSB	P	PBS
公共安全警示设施	RRSB－PW	RRSB	P	PBS
其他安全管理对象	RRSB－UO	RRSB	P	PBS
机电设备类	RRSE－PE	RRSE	P	PBS
安全监测设备	RRSE－SE	RRSE	P	PBS
影像监视设备	RRSE－VE	RRSE	P	PBS
其他监测设备	RRSE－UE	RRSE	P	PBS
工具设备	RRSR－TE	RRSR	P	PBS
物资	RRSR－MT	RRSR	P	PBS
人员	RRSR－EM	RRSR	P	PBS
合作方	RRSR－VE	RRSR	P	PBS
（行政）地市（州）	RA	R	A	ABS
（行政）县	RAC	RA	A	ABS
（行政）乡	RACC	RAC	A	ABS
（行政）村	RACC－VL	RACC	A	ABS
（征地移民）户	RACC－VL－HH	RACC－VL	A	ABS

参考文献

[1] Boehler W, Emmel V. Digital Representations of the Rhine River Valley Between Bingen and Koblenz [J]. International Archives of Photogrammetry Remote Sensing and Spatial Information Science, 2002, 34:579-581.

[2] Jordan G, Csillage G, Szucs A, et al. Application of digital terrain modeling and GIS methods for the morphotectonic investigation of the Kali Basin, Hungary(with 9 figures)[J]. Zeitschrift fur Geomorphologie, 2003, 47(2): 145-146.

[3] 李铁键,刘家宏,和杨,等. 集群计算在数字流域模型中的应用[J]. 水科学进展, 2006, 17(6): 841-846.

[4] 陈秀万,吴欢,李纪人. 数字流域与分布式水文模型系统[J]. 中国科技论文, 2006, 1(2):105-112.

[5] 刘家宏,王光谦,王开. 数字流域研究综述[J]. 水利学报, 2006, 37(2): 240-246.

[6] 周晓峰,王志坚. "数字流域"剖析[J]. 计算机工程与应用, 2003(3): 104-106.

[7] 袁艳斌,张勇传,袁晓辉,等. 以主题式点源数据库为核心的数字流域层次开发模式[J]. 水电能源科学, 2001, 19(3):23-25.

[8] 汤君友,高峻峰. 数字流域研究与实践[J]. 地域研究与开发, 2003, 22(6): 49-51.

[9] 牛冀平. 数字流域的正交软件体系结构研究[J]. 黄冈师范学院学报, 2003, 23(6): 35-37.

[10] 刘吉平,王乘,袁艳斌,等. 数字流域中的空间信息及其应用框架结构研究[J]. 水电能源科学, 2001, 19(3): 18-22.

[11] 张秋文,张勇传,王乘,等. 数字流域整体构架及实现策略[J]. 水电能源科学, 2001, 19(3): 4-7.

[12] 施松新,王乘,杨峰. 面向数字流域的系统分析与集成技术研究[J]. 华中科技大学学报(自然科学版), 2004, 32(3): 57-59.

[13] 刘佳璇,黄梅. 数字流域架构与软件体系研究[J]. 水利信息化, 2010(8): 54-57.

[14] 王光谦,刘家宏. 数字流域模型[M]. 北京:科学出版社, 2006.

[15] 李纪人,潘世兵,张建立,等. 中国数字流域[M]. 北京:电子工业出版社, 2009.

[16] 王兴奎,张尚弘,姚仕明,等. 数字流域研究平台建设雏议[J]. 水利学报, 2006, 37(2):233-239.

[17] 李权国,苗放. 数字流域体系构建及关键技术探讨[J]. 测绘科学, 2009(17):49-57.

[18] 庞树森,许继军. 国内数字流域研究与问题浅析[J]. 水资源与水工程学报, 2012, 23(1): 164-167.

[19] 赵立坤,郭书英. 基于水管理对象的数字流域顶层设计技术方法研究[J]. 中国水利, 2012(14): 25-28.

[20] 许国艳,李晓芳,王志坚. 数字流域环境下信息共享服务研究[J]. 河海大学学报(自然科学版), 2009, 37(5):573-577.

[21] 张二骏,顾再仁. 不恒定流一、二维联解潮流计算[J]. 人民珠江, 1986(5): 7-13.

[22] 吴伟民,李义天. 河道水流泥沙运动一维、二维模型嵌套及交界面连接问题[J]. 武汉水利电力学院学报, 1991, 24(5): 539-545.

[23] 赖锡军,汪德爟. 非恒定水流的一维、二维耦合数值模型[J]. 水利水运工程学报, 2002, 6(2):48-51.

[24] 张宝琳,申卫东. 热传导方程有限差分区域分解算法的若干注记[J]. 数值计算与计算机应用.

2002(2):81-90.

[25] LIN Binliang, Roger A F. Integrated 1 – D and 2 – D Models For Flow and Water Quality Modeling [C/OL]. IAHR,2005:543-552.

[26] Jha M K, Das Gupta A. Application of mike basin for water management strategies in a watershed[J]. Water International, 2003,28(1): 27-35.

[27] DHI Water & Environment. MIKE SHE USER GUIDE[Z]. 2004

[28] Singh A, Rudra R, Yang W. Adapting SWAT for riparian wetlands in an ontario watershed[A] // SRIN-IVASAN R. 3rd International SWAT Conference Proceedings[C]. 2005:123-131.

[29] Neitsch S L, Arnold J G, Kiniry J R, et al. Soil and water assessment tool user's manual [R], 2000.

[30] 王晓燕,秦福来,欧洋,等. 基于SWAT模型的流域非点源污染模拟——以密云水库北部流域为例[J]. 农业环境科学学报, 2008,27(3): 1098-1105.

[31] Todd Bennett, Alan Donner, Dan Eggers, et al. Challenges of developing a rain-on-snow grid-based hydrologic model with HEC-HMS for the Willow Creek Watershed, Oregon [C]. Word Water and Environmental Resources Congress, 2003:3253-3262.

[32] Scharffenberg W A, Fleming M J, Feldman A D. The Hydrologic Modeling System (HEC-HMS): Toward a Complete Framework for Hydrologic Engineering[C]. World Water and Environmental Resources Congress, 2003:1197-1204.

[33] 雷晓辉,廖卫红,蒋云钟,等.分布式水文模型 EasyDHM 模型[J].水利信息化,2010(2): 31-37.

[34] 陈秀万,吴欢,李纪人.数字流域与分布式水文模型系统[J]. 中国科技论文在线, 2006, 1(2): 105-112.

[35] 禹雪中,李纪人,张建立,等.淮河流域洪水预报系统的模型集成研究[J].中国水利水电科学研究院学报,2007, 5(4): 311-316.

[36] 夏润亮,赖瑞勋,梁国亭.基于ArcGIS Server 的黄河数学模型发布平台研究[J].人民黄河,2012,34(6): 23-25.

[37] 周振红,杨国录,周洞汝.基于组件的水力数值模拟可视化系统[J].水科学进展,2002,13(1): 9-13.

[38] 水利部珠江水利科学研究院.水资源实时监控管理系统基础平台——WaterWM[Z]. 水利部珠江水利科学研究院,2009.

[39] 魏锋,曾飞.黄河小花间分布式模型洪水预报系统集成研究[J].人民长江,2010,41(24): 25-31.

[40] Roger V Moore, Peter J A Gijsbers. Taking the OpenMI forward[A] //International Environmental Modeling and Software Society(iEMSS) [C], 2008: 2120-2126.

[41] Dudley J W, Daniels, P J A Gijsbers, et al. Applying the Open Modeling Interface(OpenMI) [C]. International Congress on Modeling and Simulation (MODSIM05), 2005: 634-640.

[42] 吴辉.基于OpenMI 的多尺度流域模型集成和应用研究[D].南京:南京师范大学,2010.

[43] 郭延祥,周建军.时间过程模拟数学模型组件化方法研究[J].水力发电学报,2011, 30(5): 129-134.

[44] 孙颖,陈肇和,范晓娜,等. 河流及水库水质模型与通用软件综述[J]. 水资源保护, 2001(2):7-11.

[45] 钟德钰,张红武,张俊华,等. 游荡型河流的平面二维水沙数学模型[J]. 水利学报, 2009, 40(9): 1041-1047.

[46] Gregersen J B, Gijsbers P J A, Westen S J P. OpenMI: open modelling interface[J]. Journal of Hydroinformatics, 2007, 9(3): 175.

［47］ Ames D P, Horsburgh J S, Cao Y, et al. HydroDesktop：Web services-based software for hydrologic da-ta discovery, download, visualization, and analysis［J］. Environmental Modelling & Software, 2012,37：146-156.

［48］ Castronova A M, Goodall J L, Ercan M B. Integrated modeling within a Hydrologic Information System：An OpenMI based approach［J］. Environmental Modelling & Software, 2013,39：263-273.

［49］ Bulatewicz T, Allen A, Peterson J M, et al. The simple script wrapper for OpenMI：enabling interdisci-plinary modelling studies［J］. Environmental Modelling & Software, 2013,39：283-294.

［50］ Castronova A M, Goodall J L. Simulating watersheds using loosely integrated model components：Evalua-tion of computational scaling using OpenMI［J］. Environmental Modelling & Software, 2013,39：304-313.

［51］ David O, AscoughII J C, Lloyd W, et al. A software engineering perspective on environmental modeling framework design：The Object Modeling System［J］. Environmental Modelling & Software, 2013,39：201-213.

［52］ Silva P H L, Freitas G A A, Carvalho-Junior F H, et al. Connection Mechanisms of CCA Components for Parallel Applications, In：13th Symposium on Computer Systems, Petropolis, Brazil. 2012:210-217.

［53］ Overeem I, Berlin M M, Syvitski J P M. Strategies for integrated modeling：The community surface dy-namics modeling system example［J］. Environmental Modelling & Software, 2013,39：314-321.

［54］ 张刚,解建仓,罗军刚.洪水预报模型组件化及应用［J］.水利学报,2011,42(12)：1479-1486.

［55］ 朱仕杰,南卓铜,陈昊,等. 基于 Web Service 的在线水文模型服务研究.遥感技术与应用, 2012,25(6)：853-859.

［56］ 郭延祥,周建军.组合数学模型方法研究［J］.水力发电学报, 2011, 30(5)：93-100.

［57］ Laniak G F, Olchin G, Goodall J, et al. Integrated environmental modeling：A vision Map for the future ［J］. Environmental Modelling & Software, 2013, 39：3-23.

［58］ 水利部. ZBBZH/SJ 水利技术标准体系表［M］.北京：中国水利水电出版社,2008.

［59］ 水利信息化工作领导工作小组办公室.水利信息化标准指南(一)［M］.北京：中国水利水电出版社,2003.

［60］ 唐国磊.考虑径流预报及其不确定性的水电站水库调度研究［D］.大连：大连理工大学,2009.

［61］ 张勇传.水电站经济运行原理［M］.2 版.北京：中国水利水电出版社,1998.

［62］ 叶守泽,詹道江.工程水文学［M］.3 版.北京：中国水利水电出版社,2000.

［63］ 王本德.水文中长期预报模糊数学方法［M］.大连：大连理工大学出版社,1993.

［64］ Labadie J W. Optimal operation of multireservoir：state of the art review［J］. Journal of Water Resources Planning and Management,2004, 130(2)：93-111.

［65］ 董子熬.水库群调度与规划的优化理论和应用［M］.济南：山东科学技术出版社,1989.

［66］ 叶秉如.水资源系统优化规划和调度［M］.北京：中国水利水电出版社,1999.

［67］ 张智星,孙春在,水谷英二.神经－模糊和软计算［M］.西安：西安交通大学出版社, 2000.

［68］ 黄席樾,张著洪,何传江,等. 现代智能算法理论及应用［M］.北京：科学出版社, 2005.

［69］ 莫宏伟,金鸿章,王科俊.计算智能融合应用研究［J］.控制理论与应用,2002,21(5):1-3.

［70］ 林剑艺.水电站群中长期预报及调度的智能方法研究［D］.大连：大连理工大学,2006.

［71］ 张俊.中长期水文预报及调度技术研究与应用［D］.大连：大连理工大学,2009.

［72］ 汤成友,官学文,张世明.现代中长期水文预报方法及应用［M］. 北京：中国水利水电出版社,2008.

［73］ Piechoa T C, Chiew F H S, Dracup J A, et al. Seasonal streamflow forecasting in eastern Australia and the Ei Nino Southern Oscillation[J]. Water Resources Research,1998,34(11):3035-3044.

[74] 范新岗.长江中、下游暴雨与下垫面加热场的关系[J].高原气象,1993,12(3):322-327.

[75] 刘清仁.松花江流域水旱灾害发生规律及长期预报研究[J].水科学进展,1994,5(04):319-327.

[76] 王富强,许士国.东北区旱涝灾害特征分析及趋势预测[J].大连理工大学学报,2007,47(5):735-739.

[77] 王本德.水文中长期预报模糊数学方法[M].大连:大连理工大学出版社,1993.

[78] 杨旭,奕继虹,冯国章.中长期水文预报研究评述与展望[J].西北农业大学学报,2000,28(6):203-207.

[79] 夏学文.半参数预报方法在水位预报中的应用[J].控制理论与应用,1993,10(3):335-339.

[80] 许士国,王富强,李红段,等.洮儿河镇西站径流长期预报研究[J].水文,2007,27(5):86-89.

[81] 孟明星,王金文,黄真.季节性 AR 模型在葛洲坝月径流预报中的应用[J].吉林水利,2005,269(1):26-30.

[82] 纪昌明,周念来.基于模式识别的水文预报模型[J].统计与决策,2007,239(6):146-147.

[83] 陈守煌.模糊水文学[J].大连理工大学学报,1988(1):93-97.

[84] 陈守煌.模糊水文学与水资源系统模糊优化原理[M].大连:大连理工大学出版社,1990.

[85] Hsu K,Gupta H V,Sorroshian S. Artificial neural network modelling of the ratnfall-runoff proeess[J]. Water Resource Research,1995,31(10):2517- 2530.

[86] 丁晶,邓育仁,安雪松.人工神经前馈(BP)网络模型用作过渡期径流预测的探索[J].水电站设计,1997,13(2):69-74.

[87] 冯平,杨鹏,李润苗.枯水期径流量的中长期预报模式[J].水利水电技术,1992(2):6-9.

[88] 陈意平,李小牛.灰色系统理论在水利中的应用及前景[J].人民珠江,1996(1):25-27.

[89] Jayawardena A W,Feizhou L. Chaos in hydrological time series[J]. IAHS Publ,1993(213):59-66.

[90] Jayawardena A W,Feizhou L. Analysis and prediction of chaos in rainfall and stream flow time series[J]. Joumal of Hydrology,1994,(753):23-52.

[91] 丁涛,周惠成.混沌时间序列局域预测模型及其应用[J].大连理工大学学报,2004,44(3):45-48.

[92] 丁涛,周惠成,黄健辉.混沌水文时间序列区间预测研究[J].水利学报,2004(12):15-20.

[93] 丁涛,周惠成.混沌时间序列局域预测方法[J].系统工程与电子技术,2004,26(3):338-340.

[94] Si huiDong,Hui cheng Zhou,Hai jun Xu. A forecast model of hydrologic single element medium and long-Period based on rough set theory[J]. Water resources management,2004,18:483-495.

[95] 林剑艺,程春田.支持向量机在中长期径流预报中的应用[J].水利学报,2006,37(6):681-686.

[96] Singh V P, Woolhiser D A. Mathematical modeling of watershed hydrology [J]. Journal of Hydrologic Engineering, ASCE, 2002, 7(4): 270-292.

[97] 王浩, 严登华. 现代水文水资源学科体系及研究前沿和热点问题[J]. 水科学进展, 2010, 21(4): 479-489.

[98] 胡和平, 田富强. 物理性流域水文模型研究新进展[J]. 水利学报, 2007, 38(5): 511-517.

[99] Gao Ge, Huang Chao ying. Climate change and its impact on water resources in North China[J]. Advances in Sciences, 2001,18: 718-732.

[100] Crawford N H, Linsley R K. The synthesis of continuous streamflow hydrographs on a digital computer [R]. Palo Alto, Calif. : Dept. of Civil Engineering, Stanford University,1962.

[101] Sugawara M. The flood forecasting by a series storage type model [C]. Symposium Floods and their Computation, 1967.

[102] Burnash R J C, Ferral R L, McGuire R A. A generalized streamfiow simulation system: conceptualm-

odels for digital computers [R]. Sacramento, California: Joint Fed. 2 State River Forecast Center, 1973.

[103] 赵人俊. 流域水文模拟——新安江模型和陕北模型[M]. 北京:水利电力出版社, 1984.

[104] Fodini E. The ARNO rainfall-runoff model [J]. Journal of Hydrology, 1996,175: 339-382.

[105] 胡和平, 汤秋鸿, 雷志栋,等. 干旱区平原绿洲散耗型水文模型 I 模型结构[J]. 水科学进展, 2004, 15(2): 140-45.

[106] Singh R, Subramanian K. Hydrological modeling of a small watershed using MIKE SHE for irrigation planning[J]. Agricultural Water Management, 1999, 41(3): 103-109.

[107] Neitsch S L, Arnold J G, Kiniry J R, et al. Soil and water assessment tool theoretical documentation (Version 2005) [M]. 2005.

[108] Beven K J, Kirkby M J. A physically based variable contributing area model of basin[J]. Hydrological Science Bulletin, 1979, 24(1): 43-69.

[109] Ciarpiea L, Todini E. TOPKAP1: a model for the representation of the rainfall-runoff process at different scales[J]. Hydrological Processes, 2002, 16(2): 207-229.

[110] William A Scharffenberg , Matthew J Fleming. Hydrologic Modeling System HEC-HMS Technical Reference Manual[M]. U. S. Army Corps of Engineers Hydrologic Engineering Center.

[111] SivaDalan M K, Takeuchi S W, Franks, et al. IAHS decade of Prediction in ungauged basins(PUB), 2003—2012: Shaping an existing future for the hydrological sciences[J]. Hydrological sciences journal, 2003,48(6): 857-879.

[112] AronicaHankin G B , Beven K. Uncertainty and equifinality in calibrating distributed roughness coefficients in a flood propagation model with limited data[J]. Advance in Water Resources Research, 1998,22(4): 349-365.

[113] Beven K, Feyen J. The future of distributed modeling[J]. Hydrological Process, 2002,16: 169 -172.

[114] Giorgi F. Regional climate modeling: Status and perspectives[J]. Phys, IV, 2006,139:101-118.

[115] Walter Collischonn, Reinaldo Haas, Ivanilto Andereolli, et al. Forecasting River Uruguay flow using rainfall forecasts from a regional weather-prediction model[J]. Journal of Hydrology, 2005,305: 87-98.

[116] Monomoy Goswami, Kieran M. O'Connor. Real-time flow forecasting in the absence of quantitative precipitation forecasts: A multi-model approach[J]. Journal of Hydrology, 2007,334: 125-140.

[117] Juan Wu, Guihua Lu, Zhiyong Wu. Flood forecasts based on multi-model ensemble precipitation forecasting using a coupled atmospheric-hydrological modeling system[J]. Nat Hazards, 2014,74:325-340.

[118] B Vincendon, V Ducrocq, S Dierer, V Kotroni, et al. Flash flood forecasting within the PREVIEW project: value of high-resolution hydrometeorological coupled forecast[J]. Meteorology and Atmospheric Physics, 2009,103: 115-125.

[119] Ferguson C R, Wood E F, Vinukollu R K. A global intercomparison of modeled and observed land-atmosphere coupling[J]. Hydrometeorol, 2012,13: 749- 784.

[120] M Verbunt, M Zappa, J Gurtz, et al. Verification of a coupled hydrometeorological modelling approach for alpine tributaries in the Rhine basin[J]. Journal of Hydrology, 2006,324:224-238.

[121] Gerhard Smiatek, Harald Kunstmann, Johannes Werhahn. Implementation and performance analysis of a high resolution coupled numerical weather and river runoff prediction model system for an Alpine catchment[J]. Environmental Modelling & Software, 2012,38: 231-243.

［122］ Zheng Ziyan, Zhang Wanchang, XuJingwen, et al. Numerical Simulation and Evaluation of a New Hydrological Model Coupled with GRAPES［J］. Acta Meteorologica Sinica, 2012,26: 653-663.

［123］ Lu Guihua, Wu Zhiyong, Wen Lei, et al. Real-time flood forecast and flood alert map over the Huaihe River Basin in China using a coupled hydro-meteorological modeling system［J］. Science in China Series E: Technological Science, 2008,51: 1059-1063.

［124］ Yu Zhongbo, Lakhtakia M, Yamal B, et al. Simulation the river basin response to atmospheric forcing by linking a mesocale meteorological and hydrologic model system［J］. Journal of Hydrology, 1999, 218: 72-91.

［125］ Anderson M L, Chen ZQ, Kavvasml, et al. Coupling HEC-HMS with atmospheric models for prediction of watershed runoff［J］. Journal of Hydrologic Engineering, 2002,4: 312-318.

［126］ Karsten Jasper, Joachim Gurtz, Herbert Lang. Advanced flood forecasting in Alpine watersheds by coupling meteorological observations and forecasts with a distributed hydrological model［J］. Journal of Hydrology, 2002,267: 40-52

［127］ 郝春沨, 贾仰文, 王浩. 气象水文模型耦合研究及其在渭河流域的应用［J］. 水利学报, 2012, 43(9): 1042-1049.

［128］ 高冰. 长江流域的陆气耦合模拟及径流变化分析［D］. 北京: 清华大学, 2012.

［129］ Chunling Tang, Robin L Dennis. How reliable is the offline linkage of Weather Research & Forecasting Model (WRF) and Variable Infiltration Capacity (VIC) model［J］. Global and Planetary Change, 2014,116: 1-9.

［130］ Claudio Monteiro, Ignacio J. Ramirez-Rosado L. Alfredo Fernandez-Jimenez. Short-term forecasting model for electric power production of small-hydro power plants［J］. Renewable Energy, 2013,50: 387-394.

［131］ Dong Sin Shih, Cheng Hsin Chen, Gour Tsyh Yeh. Improving our understanding of flood forecasting using earlier hydro-meteorological intelligence［J］. Journal of Hydrology, 2014,512: 470-481.

［132］ Md. Abdul Mannan, Md. Abdul Mannan Chowdhury, Samarendra Karmakar. Application of NWP model in prediction of heavy rainfall in Bangladesh［J］. Procedia Engineering, 2013,56: 667-675.

［133］ Nutter P, Manobianco J. Evaluation of the 29-km Eta model. Part I: Objective verification at three selected stations［J］. Weather and Forecasting,1999,14: 5-17.

［134］ Chou S C, Marengo J A, Dereczynski C P, et al. Comparison of CPTEC GCM and Eta model results with observational data from the RondoniaLBA reference site, Brazil［J］. Journal of the Meteorological Society of Japan, 2007,85A: 25-42.

［135］ Grell G A, J Dudhia, D R Stauffer. A description of the fifth-generation of the Penn State/NCAR mesoscale model (MM5)［J］. NCAR Technical note, NCAR/TN-398 + STR, 1994.

［136］ Akter N, Islam M N. Use of MM5 model for Weather Forecast over Bangladesh Region［J］. In BRAC University Journal. 2007,5: 75-79.

［137］ Chen F, Dudhia J. Coupling an advanced land surface/hydrology model withthe Penn State/NCAR MM5 modeling system［J］. Part I: model description and implementation. Monthly Weather Review, 2001,129: 569-585.

［138］ Walko R L, C J Tremback, R F A Hertenstein. RAMS—the regional atmospheric modeling system verstion 3b User's Guide［M］. ASTER Division, Mission Resarch Corporation, Fortcdlins, Co. 1995.

［139］ Joseph B Klemp. Weather Research and Forecasting Model : A technical Overview , 84th AMS Annual Meeting , Seattle , U. S. A. Jan. 2004, 10-15.

[140] Aligo E, W Gallus J, M Segal. On the impact of WRF model vertical grid resolution on Midwest summer rainfall forecasts[J]. Wea. Forecasting, 2009,24: 575-594.

[141] Skamarock W, J Klemp, J Dudhia, et al. A description of the advanced research WRF version 2[J/OL]. NCAR Tech. Note, NCAR/TN-468 + STR, 2005. http://www. wrf-model. org/wrfadmin/docs/arw_v2. pdf.

[142] Shafer C M, Mercer A E, Doswell C A, et al. Evaluation of WRF forecasts of tornadic and nontornadic out break soccurring in the spring and fall when initialized with synoptic-scale input. 24th Conference on Severe Local Storms, 2008.

[143] Weisman M L, Davis C, Wang W, et al. Experiences with 0 – 36 h Explicit convective forecasts with the WRF ARW model[J]. Weather&Forecasting, 2008,23: 407-437.

[144] Done J, Davis C A, Weisman M. The next generation of NWP: explicit forecasts of convection using the weather research and forecasting (WRF) model[J]. Atmos. Sci. Lett, 2004,5: 110-117.

[145] 刘宁微,王奉安. WRF 和 MM5 模式对辽宁暴雨模拟的对比分析[J]. 气象科技, 2006, 34(4): 365-370.

[146] William A, Gallus J R, James F Bresch. Comparison of Impacts of WRF Dynamic Core, Physics Package, and Initial Conditions on Warm Season Rainfall Forecasts[J]. American Meteorological Society, 2006,134: 2632-2641

[147] Melissa S Bukovsky, David J Karoly. Precipitation Simulation Using WRF as a Nested Regional Climate Model. American Meteorological Society[J], 2009,48: 2152-2159.

[148] Song You Hong, Ji Woo Lee. Assessment of the WRF model in reproducing a flash-flood heavy rainfall event over Korea[J]. Atmospheric Research, 2009,93: 818-831.

[149] Clark Pennelly, Gerhard Reuter, Thomas Flesch. Verification of the WRF model for simulating heavy precipitation in Alberta. Atmospheric Research, 2014,135/136: 172-192.

[150] Thomas K Flesch, Gerhard W Reuter. WRF Model Simulation of Two Alberta Flooding Events and the Impact of Topography. American Meteorological Society, 2012,13: 695-709.

[151] Srikanth Madala, A N V Satyanarayana, T Narayana Rao. Performance evaluation of PBL and cumulus parameterization schemes of WRF ARW model in simulating severe thunderstorm events over Gadanki MST radar facility-Case study[J]. Atmospheric Research. 2014,139: 1-17.

[152] ISIDORA J, GALLUS W A J, SEGAL M, et al. The impact of different WRF model physical parameterizations and their interactions on warm season MCS rainfall[J]. Weather & Forecasting, 2005,20: 1048-1060

[153] 史金丽. WRF 模式不同参数化方案对内蒙古不同性质降水模拟分析[D].南京:南京信息工程大学,2013.

[154] 朱庆亮. WRF 模式物理过程参数化方案对黑河流域降水模拟的影响[J]. 干旱区研究, 2013, 30(3): 462-469.

[155] 钟兰颀,朱克云,张杰,等. WRF 模式中不同积云对流参数方案在四川地区试验研究. 2014(29): 71-81.

[156] Little J D C. The use of storage water in a hydroelectric system [J]. Operations Research, 1955,3: 187-197.

[157] Simonovic S P. Reservoir Systems Analysis Closing Gap between Theory and Practice [J]. Journal of Water Resources Planning and Management, 1992, 118(3):262-280.

[158] Loucks D P, Stedinger J R, Haith D A Water resources systems planning and analysis [M]. Prentice-

Hall Inc. , Englewood Cliffs, N. J. , 1981.

[159] Becker L, Yeh W W-G. Optimization of real time operation of multiple-reservoir system [J]. Water Resources Research, 1974, 10(6): 1107-1112.

[160] Hiew K, Labadie J, Scott J. Optimal operational analysis of the Colorado-Big Thompson project. In Computerized decision support systems for water managers [J]. ASCE, Reston, Va,1989:632-646.

[161] Loucks D P. Computer models for reservoir regulations [J]. J. Sanit. Eng. Div. , Am. Soc. Civ. Eng. , 1968, 94(SA4): 657-669.

[162] Houck M H, Cohon J L. Sequential explicitly stochastic linear programming models: A proposed method for design and management of multi-purpose reservoir system [J]. Water Resources Research, 1978, 14(2): 161-168.

[163] Crawley P, Dandy G. Optimal operation of multiple reservoir system [J]. Journal of Water Resources Planning and Management, 1993, 119(1): 1-17.

[164] 刘铁宏. 水电站水库优化调度研究现状与发展趋势[J]. 吉林水利, 2006(10):34-36.

[165] Peng C S, Buras N. Practical estimation of inflows into multireservoir system [J]. Journal of Water Resources Planning and Management, 2000, 126(5): 331-334.

[166] Tu M Y,Hsu N S, Tsai F T -C, et al. Optimization of Hedging Rules for Reservoir Operations[J]. Journal of Water Resources Planning and Management,2008, 134(1): 3-13.

[167] 李寿声,张展羽,徐国郎,等.综合利用水资源工程的一种管理模型[J].河海大学学报,1989,17 (1):13-22.

[168] 樊尔兰,李怀恩,沈冰.PAPOA 法在综合利用水库优化调度中的应用[J].系统工程理论与实践, 1996(7):75-80.

[169] Young G K. Finding reservoir operating rules [J]. Journal of the Hydraulics Division, 1967, 93(6): 297-322.

[170] Hall W A,Shephard R W. Optimum operation for planning of a complex water resources system [D]. Technology Rep. Water Resour. Cent. Sch. of Eng. And Appl. Sci. , Univ. of Calif. , Los Angeles, 1967.

[171] Rossman L. Reliability-constrained dynamic programming and randomized release rules in reservoir management [J].Water Resources Research, 1977, 13(2):247-255.

[172] 梅亚东.梯级水库优化调度的有后效性动态规划模型及应用[J]. 水科学进展,2000, 11(2): 194-198.

[173] 梅亚东.梯级水库防洪优化调度的动态规划模型及解法[J].武汉水利电力大学学报,1999, 32 (5): 10-12.

[174] 纪昌明,冯尚友.混联式水电站群动能指标和长期调度最优化[J].武汉水利电力学院学报,1984 (3): 87-95.

[175] 秦旭宝,董增川,费如君,等.基于逐步优化算法的水库防洪优化调度模型研究[J].水电能源科 学,2008, 26(4): 60-62.

[176] 陈洋波,王先甲,冯尚友.考虑发电量与保证出力的水库调度多目标优化方法[J].系统工程理论 与实践,1998(4):95-101.

[177] Chandramouli V, Raman H. Multireservoir modeling with dynamic programming and neural networks [J]. Journal of Water Resources Planning and Management, 2001, 127(2):89-98.

[178] D Nagesh Kumar, M Janga Reddy. Ant Colony Optimization for Multi-Purpose Reservoir Operation [J]. Water Resources Management, 2006, 20(6): 879-898.

[179] 谢维,纪昌明,吴月秋,等. 基于文化粒子群算法的水库防洪优化调度[J]. 水力学报,2010, 41(4): 452-457.

[180] 王森,武新宇,程春田,等. 自适应混合粒子群算法在梯级水电站群优化调度中的应用[J]. 水力发电学报,2012,31(1): 38-44.

[181] 万芳,黄强,原文林, 等. 基于协同进化遗传算法的水库群供水优化调度研究[J]. 西安理工大学学报,2011, 27(2): 139-144.

[182] 李英海,莫莉,左建. 基于混合差分进化算法的梯级水电站调度研究[J]. 计算机工程与应用,2012, 48(4): 228-231.

[183] Escudero,Fuente, Garcia. Hydropower generation management under uncertainty via scenario analysis and parallel computation[J]. Power Systems, 1996,11(2):683-689.

[184] 解建仓,赵季中,田峰巍,等. 基于粗粒度的并行神经网络方法在水电系统负荷分配中的应用[J]. 水利学报,1998(S1):112-116.

[185] 毛睿,黄刘生,徐大杰,等. 淮河中上游群库联合优化调度算法及并行实现[J]. 小型微型计算机系统,2000(6):603-607.

[186] 陈立华,梅亚东,麻荣永. 并行遗传算法在雅砻江梯级水库群优化调度中的应用[J]. 水力发电学报,2010(6):66-70.

[187] Chen L, Mei Y, Yang N. Parallel Particle Swarm Optimization Algorithm and Its Application in the Optimal Operation of Cascade Reservoirs in Yalong River[A] // ICICTA 09 Second International Conference on Intelligent Computation Technology and Automation[C], Changsha, 2009,1:279-282.

[188] 程春田,邬晓亚,武新宇,等. 梯级水电站长期优化调度的细粒度并行离散微分动态规划方法[J]. 中国电机工程学报,2011,(10):26-32.

[189] 万新宇,王光谦. 基于并行动态规划的水库发电优化[J]. 水力发电学报,2011(6):166-170.

[190] 李想,魏加华,傅旭东. 粗粒度并行遗传算法在水库调度问题中的应用[J]. 水力发电学报,2012(4):28-33.

[191] Chen L. A study of optimizing the rule curve of reservoir using object oriented genetic algorithms[D]. Taipei: National Taiwan University,1995.

[192] Oliveira R, Locks D P. Operating rules for multireservoir systems [J]. Water Resoures Researeh, 1997, 33(4):839-852.

[193] Chang F J,Chen L. Real-coded genetic algorithm for rule-based flood control reservoir management[J]. Water Resources Management, 1998,12: 185-198.

[194] Ilich N, Simonovic S P, Amron M. The benefits of computerized real-timer river basin management in the Malahayu reservoir system [J]. Canadian Journal of Civil Engineering, 2000, 27(1):55-64.

[195] Chang F J, Chen L, Chang L C. Optimizing the reservoir operating rule curves by genetic algorithms [J]. Hydrological Processes,2005,19:2277-2289.

[196] Chen L,Mcphee J,Yeh W W G. A diversified multiobjeetive GA for optimizing reservoir curves [J]. Advances in Water Resources, 2007, 30(5):1082-1093.

[197] Kim T, Heo J H, Bae D H, et al. Single-reservoir operating rules for a year using multiobjective genetic algorithm [J]. Journal of Hydroinformaties, 2008, 10(2):163-179.

[198] Consoli S, Mtarazzo B, Pappalrdo N. Operating rules of an irrigation purposes reservoir using multi-objective optimization [J]. Water Resources Management, 2008, 22(5):551-564.

[199] 张铭,王丽萍,安有贵,等. 水库调度图优化研究[J]. 武汉大学学报,2004, 37(3):5-7.

[200] 尹正杰,胡铁松,吴运卿,等. 基于多目标遗传算法的综合利用水库优化调度图求解[J]. 武汉大学

学报,2005,38（6）:40-44.

[201] 邵琳,王丽萍,黄海涛,等.梯级水电站调度图优化的混合模拟退火遗传算法[J].人民长江,2010,41(3):34-37.

[202] 王旭,庞金城,雷晓辉,等.水库调度图优化方法研究评述[J].南水北调与水利科技,2010,8(5):71-75.

[203] 王旭,雷晓辉,蒋云钟,等.基于可行空间搜索遗传算法的水库调度图优化[J].水利学报,2013,44(1):26-34.

[204] Tu M Y, Hsu N S, Yeh W W G. Optimization of reservoir management and operation with hedging rule[J]. Journal of Water Resources Planning and Management,2003,129(2):86-97.

[205] Paredes Arquiola J, Solera Solera A, Andreu Alvarez J. Operation rules for multireservior systems combining heuristic methods and flow networks[J]. Ingenieria Hidraulica Mexieo,2008,23(3):151-164.

[206] Tu M Y, Hsu N S, Tsai F T C,et al. Optimization of hedging rules for reservoir operations[J]. Journal of Water Resources Planning and Management,2008,134(1):3-13.

[207] 李智录,施润贞,孙世金,等.用逐步计算法编制以灌溉为主水库群的常规调度图[J].水利学报,1993(5):44-47.

[208] 黄强,张洪波,原文林,等.基于模拟差分演化算法的梯级水库优化调度图研究[J].水力发电学报,2008,27(6):13-17.

[209] '张双虎,黄强,黄文政,等.基于模拟遗传混合算法的梯级水库优化调度图制定[J].西安理工大学学报,2006,22(3):229-233.

[210] 刘心愿,郭生练,刘攀,等.基于总出力调度图与出力分配模型的梯级水电站优化调度规则研究[J].水力发电学报,2009,6(3):26-31.

[211] 邵琳,王丽萍,黄海涛,等.水电站水库调度图的优化方法与应用——基于混合模拟退火遗传算法[J].电力系统保护与控制,2010,38(12):40-43.

[212] 王旭.复杂水资源系统优化调控技术与应用研究[D].北京:中国水利水电科学研究院,2011.

[213] 万俊,于馨华,张开平.综合利用小水库群优化调度研究[J].水利学报,1992(10):84-89.

[214] 马细霞,贺北方,马竹青,等.综合利用水库最优调度函数研究[J].郑州工学院学报,1995,16(3):17-21.

[215] 卢华友,郭元裕.利用多层递阶回归分析制定水库优化调度函数的研究[J].水利学报,1998(12):71-76.

[216] 胡铁松,万永华,冯尚友.水库群优化调度函数的人工神经网络方法研究[J].水科学进展,1995,6(1):53-60.

[217] 赵基花,付永锋,沈冰,等.建立水库优化调度函数的人工神经网络方法研究[J].水电能源科学,2005,23(2):28-31.

[218] Wang Y M,Chang J X, Huang Q. Simulation with RBF Neural Network Model for Reservoir Operation Rules[J]. Hydrological Processes, 2010,24:2597-2610.

[219] Karamouz M,Ahmadi A,Moridi A. Probabilistic reservoir operation using Bayesian stochastic model and support vector machine[J]. Advances in Water Resources, 2009,32:1588-1600.

[220] Mehta R, Jain S K. Optimal Operation of a Multi-Purpose Reservoir Using Neuro-Fuzzy Technique[J]. Water Resources Management, 2009,23:509-529.

[221] 裘杏莲,汪同庆,戴国瑞.调度函数与分区控制规则相结合的优化调度模式研究[J].武汉水利电力大学学报,1994,27(4):382-387.

[222] 雷晓云,陈惠源,荣航义,等.水库群多级保证率优化调度函数的研究及应用[J].灌溉排水,1996,

15(2):14-18.

[223] Lee Han Lin, Mays Larry W. Hydraulic uncertainties in flood levee capacity[J]. Journal of Hydraulic Engineering, 1986,112(10):928-934.

[224] O Levin. Optimal control of a storage reservoir during a flood season[J]. Automatic, 1969,5(1):27-34.

[225] Warren A Hall, David T Howell. The optimization of single-purpose reservoir design with the application of dynamic programming to synthetic hydrology samples[J]. Journal of Hydrology, 1963,1 (4):355-363.

[226] Valadares Tavares L. Firm outflow from multiannual reservoirs with skew and autocorrelated inflows [J]. Journal of Hydrology, 1978,38(1/2):93-112.

[227] L V Tavares, J Kelman. A method to optimize the flood retention capacity for a multi-purpose reservoir in terms of the accepted risk[J]. Journal of Hydrology,1985,81(1/2):127-135.

[228] 胡振鹏,冯尚友.综合利用水库防洪与兴利矛盾的多目标风险分析[J].武汉水利电力学院学报, 1989,22(1):71-79.

[229] 李万绪.水电站水库运用的风险调度方法[J].水利水电技术,1997,28(3): 34-38, 46.

[230] 徐向阳,戴国荣.大中型水库洪水风险分析与制图[J].水利管理技术,1998,18(1):7-10.

[231] 姜树海.随机微分方程在泄洪风险分析中的应用[J].水利学报,1994(3):1-9.

[232] 冯平,卢永兰.水库联合调度下超汛限蓄水的风险效益分析[J].水力发电学报,1995(2):8-16.

[233] 王才君,郭生练,刘攀,等.三峡水库动态汛限水位洪水调度风险指标及综合评价模型研究[J].水科学进展,2004,15(3):376-381.

[234] 范子武,姜树海.水库汛限水位动态控制的风险评估[J].水利水运工程学报,2009, (3):21-28.

[235] 王本德,蒋云钟.考虑降雨预报误差的防洪风险研究[J].水文科技信息,1996, 13(3):23-27.

[236] 谢崇宝,袁宏源.水库防洪全面风险率模型研究[J].武汉水利电力大学学报,1997,30(2):71-74.

[237] 张建敏,黄朝迎,吴金栋.气候变化对三峡水库运行风险的影响[J].地理学报,2000,55(B11):26-33.

[238] 彭杨,李义天,张红武.三峡水库汛末不同时间蓄水对防洪的影响[J].安全与环境学报,2003,3 (4): 22-26.

[239] 付湘,王丽萍.防洪减灾中的多目标风险决策优化模型[J].水电能源科学,2001,19(1):36-39.

[240] 张国栋,李雷,彭雪辉.基于大坝安全鉴定和专家经验的病险程度评价技术[J].中国安全科学学报,2008,18(9):158-166.

[241] 黄强,倪维.梯级水库防洪标准研究[J].人民黄河,2005,27(1):10-11.

[242] 刘治理,马光文,杨道辉,等.大型水库运行方式的模糊层次分析研究[J].水利学报,2008,39 (8):1017-1021.

[243] 李英海,周建中,张勇传,等.水库防洪优化调度风险决策模型及应用[J].水力发电,2009(4):19-21,37.

[244] 夏忠,杨文娟,刘涵,等.水库优化调度方案的风险因素识别方法研究[J].干旱区资源与环境, 2006, 20(4):143-146.

[245] 刘红岭.电力市场环境下水电系统的优化调度及风险管理研究[D].上海:上海交通大学,2009.

[246] Jack R Benjamin. Risk and decision analyses applied to dams and levees[J]. Structural Safety, 1982-1983, 1(4): 257-268.

[247] Dubler James R, Grigg, Neil S. Dam safety policy for spillway design floods[J], Journal of Professional Issues in Engineering Education and Practice,1996, 122(4):163-169.

[248] Olsen J Rolf, Lambert James H, Haimes Yacov Y. Risk of extreme events under nonstationary conditions[J]. Risk Analysis, 1998, 18(4):497-510.

[249] Gamboa, Miguel, Santos, et al. GIS for Dam and valley safety management[A]//Proceedings of International NATO Workshop on Dams Safety Management at Downstream Valleys[C]. A. A. Balkema, 1997:173-178.

[250] Wood E F. An analysis of flood levee reliability[J]. Water Resource Research, 1977, 13(3):665-671.

[251] Tung Y K, Mays L W. Risk models for flood levee design[J]. Water Resource Research, 1981, 17(4):833-841.

[252] 宋恩来. 大坝超标准运行与风险分析[J]. 大坝与安全, 1998, 12(2):8-12, 7.

[253] 李君纯, 李雷. 水库大坝安全评判的研究[J]. 水利水运科学研究, 1999(1):77-83.

[254] 傅湘, 纪昌明. 水库汛期调度的最大洪灾风险率研究[J]. 水电能源科学, 1998, 16(2):26-29.

[255] 周惠成, 董四辉, 邓成林, 等. 基于随机水文过程的防洪调度风险分析[J]. 水利学报, 2006, 37(2):227-232.

[256] 朱元甡. 风险分析实践的感悟[J]. 水文, 2006, 26(6):1-5, 67.

[257] 程晓陶. 我国推进洪水风险图编制工作基本思路的探讨[J]. 中国水利, 2005(17):11-13, 37.

[258] 李继清, 张玉山, 王丽萍, 等. 市场环境下水电站发电风险调度问题研究[J]. 水力发电学报, 2005, 24(5):1-4.

[259] 顾文权, 邵东国, 黄显峰, 等. 基于自优化模拟技术的水库供水风险分析方法及应用[J]. 水利学报, 2009, 39(7):788-793.

[260] 许新发, 梅亚东, 叶琰. 万安水库调度的蓄水风险和发电风险计算[J]. 武汉大学学报(工学版), 2005, 38(6):35-39.

[261] 李景波, 董增川, 王海潮, 等. 城市供水风险分析与风险管理研究[J]. 河海大学学报:自然科学版, 2008, 36(1):35-39.

[262] 王栋, 朱元甡. 风险分析在水系统中的应用研究进展及其展望[J]. 河海大学学报, 2002, 30(2):71-77.

[263] 黄强, 苗隆德, 王增发. 水库调度中的风险分析及决策方法[J]. 西安理工大学学报, 1999, 15(4):6-10.

[264] 田峰巍, 黄强, 解建仓. 水库实施调度及风险决策[J]. 水利学报, 1998(3):57-62.

[265] 张验科. 防洪工程洪水调度风险分析及计算方法研究[D]. 北京:华北电力大学, 2009.

[266] 王文圣, 金菊良, 李跃清. 水文随机模拟进展[J]. 水科学进展, 2007, 18(5):768-775.

[267] 韩苗, 周圣武. PARMA 模型参数最小绝对偏差(LAD)估计量的极限分布[J]. 纯粹数学与应用数学, 2010, 26(6):931-940.

[268] Fernandez B, J D Salas. Gamma-Autoregressive Models for Stream-Flow Simulation[J]. ASCE Journal of Hydraulic Engineering, 116(11):1403-1414.

[269] 郑慧涛. 水电站群发电优化调度的并行求解方法研究与应用[D]. 武汉:武汉大学, 2013.

[270] 朱永英. 水库中长期径流预报及兴利调度方式研究[D]. 大连:大连理工大学, 2008.

[271] 唐国磊, 周惠成, 李宁宁, 等. 一种考虑径流预报及其不确定性的水库优化调度模型[J]. 水利学报, 2011, 42(6):641-656.

[272] Dunn J C. A fuzzy relative of the isodata process its use in detecting compact well-separated clusters[J]. Journal of Cybernetics, 1973, 3(3):32-57.

[273] 陈东辉. 基于目标函数的模糊聚类算法关键技术研究[D]. 西安:西安电子科技大学, 2012.

[274] 曾山. 模糊聚类算法研究[D]. 武汉:华中科技大学, 2012.

[275] 郑永康. 相空间重构与支持向量机结合的短期负荷预测研究[D]. 成都:西南交通大学,2003.

[276] 刘芳. 基于小波分析和相关向量机的非线性径流预报模型研究[D]. 武汉:华中科技大学,2007.

[277] Tipping M E. Sparse Bayesian learning and the relevance vector machine[J]. Journal of Machine Learning Research,2001,1(3):211-244.

[278] Tipping M E, Faul A. Fast marginal likelihood maximisation for sparse Bayesian models[C]. In: Proceedings of the Ninth International Workshop on Social Intelligence Statistics,Key West,2003.

[279] 张验科. 综合利用水库调度风险分析理论与方法研究[D]. 保定:华北电力大学,2012.

[280] 刘红岭. 电力市场环境下水电系统的优化调度及风险管理研究[D]. 上海:上海交通大学,2009.

[281] 李克飞. 水库调度多目标决策与风险分析方法研究[D]. 保定:华北电力大学,2013.

[282] 张雪东. 呷爬滑坡稳定性评价与治理方案设计[D]. 长春:吉林大学, 2004.

[283] 中华人民共和国住房和城乡建设部. GB 50011—2010 建筑抗震设计规范[S]. 北京:中国建筑工业出版社,2010.

[284] 周雍年, 章文波, 于海英. 数字强震仪的长周期误差分析[J]. 地震工程与工程振动, 1997, 12(2): 1-9.

[285] 李建波, 陈健云, 林皋. 相互作用分析中地震动输入长周期校正研究[J]. 大连理工大学学报, 2004, 44(4): 550-555.

[286] 范留明, 李宁, 黄润秋. 人造地震动合成中的位移误差分析[J]. 工程地质学报, 2003, 2(1): 79-84.

[287] 孙小鹏. 脉动压力的随机数学模拟[J]. 水利学报,1991(5):52-56.

[288] Zhao Hua Wu, Norden E, Huang. A study of the characteristics of white noise using the empirical mode decomposition method [J]. The Royal Society, Proc. R. Soc. Lond. A(2004)460:1597-1611.

[289] 刘越. 震后桥梁结构的时域损伤识别[D]. 成都:西南交通大学,2008.

[290] 董晓马, 王忠辉. 损伤定位中应变模态指标的改进研究[J]. 河南科学,2008,26(7):833-835.

[291] 滕海文,霍达,姜雪峰,等. 结构损伤位置识别的组合指标法[J]. 北京工业大学学报,2007,33(5):493-497.

[292] 王志华,张向东,马宏伟. 基于应变曲率法的悬臂梁多位置损伤识别实验研究[J]. 工程力学,2003[S]:434-437.

[293] 刘伟,高维成,李惠,等. 钢筋混凝土空间网格结构曲率模态曲面拟合损伤识别研究[J]. 振动与冲击,2013,32(3):68-74.

[294] 邓勇,施文康,朱振福. 一种有效处理冲突证据的组合方法[J]. 红外与毫米波学报,2004,23(1):27-32.

[295] 胡丽芳,关欣,何友. 基于可信度的证据融合方法[J]. 信号处理,2010,26(1):17-22.

[296] 丁迎迎,李洪瑞. 一种简单有效的处理冲突证据的 D-S 改进方法[J]. 指挥控制与仿真,2011,33(2):22-25.

[297] Jousseime A L, Grenier D, Bosse E. A new distance between two bodies of evidence [J]. Information fusion, 2001, 2(1): 91-101.

[298] Murphy C K. Combining belief functions when evidence conflicts [J]. Decision support systems, 2000, 29(1): 1-9.

[299] 张洋. 基于 BIM 的建筑工程信息集成与管理研究[D]. 北京:清华大学,2009.

[300] 赵国毅,石兴广,朱海波,等. CIMS 技术应用与展望[J]. 山东机械,2003(3):40-42.

[301] 陈训. 建设工程全寿命信息管理(BLM)思想和应用的研究[D]. 上海:同济大学,2006.

[302] Fuller S K, Petersen S R. Life-Cycle Costing Manual for the Federal Energy Management Program [M/

OL]. USA: National Institute of Standards and Technology, 1995 [2009-4-13]. http://fire. nist. gov/bfrlpubs/build96/PDF/b96121. pdf.

[303] The Laiserin Letter. Autodesk on BIM[EB/OL]. http://www. laiserin. com/features/issue18/feature02. php.

[304] Dassault Systems, What is Building Lifecycle Management (BLM)[EB/OL]. http://perspectives. 3ds. com/architecture-engineering-construction/what-is-building-lifecycle-management-blm/.

[305] CIMdata, All about PLM[EB/OL]. http://www. cimdata. com/zh/resources/about-plm.

[306] 张和明,熊光楞. 制造企业的产品生命周期管理[M]. 北京:清华大学出版社,2006.

[307] Autodesk, Advances Lifecycle Management for Building, Infrastructure and Manufacturing Markets[EB/OL]. http://usa. autodesk. com/adsk/servlet/item siteID=123112&id=3999905.

[308] 奔特力系统有限公司. 建筑产业的先进观念——建筑信息模型[J]. 智能建筑与城市信息,2005,103(6):122-124.

[309] 方立新,周琦,董卫. 基于IFC标准的建筑全息模型[J]. 建筑技术开发,2005,32(2):98-100.

[310] 李永奎. 建筑工程生命周期信息管理(BLM)的理论与实现方法研究:组织、过程、信息与系统集成[D]. 上海:同济大学,2007.

[311] 宋海钟,周紧东. 大型建筑工程施工分标规划中招标工作的组织与管理[J]. 水利水电工程设计,2001,20(1):47-49.

[312] 霍乙仿. 浅析建设项目全寿命周期各阶段的管理[J]. 科技资讯,2008(01):252.

[313] Guide A. Project Management Body of Knowledge (PMBOK GUIDE)[C]. Project Management Institute, 2013.

[314] 成虎,韩豫. 工程全寿命期管理体系构建[J]. 科技进步与对策,2012,29(18):17-20.

[315] 建设部. 工程建设项目实施阶段程序管理暂行规定[S]. 北京:1995.

[316] 李莹. 基于全生命周期的水电勘察设计项目风险管理研究[D]. 北京:华北电力大学,2010.

[317] 连显跃. 建筑工程设计项目过程质量控制方法及应用[D]. 郑州:郑州大学,2007.

[318] 寿文池. BIM环境下的工程项目管理协同机制研究[D]. 重庆:重庆大学,2014.

[319] 吴付标. 如何实现工程项目的全生命周期管理[J]. 中国建设信息,2014(20):8-9.

[320] Eastman C, Eastman C M, Teicholz P, et al. BIM handbook: A guide to building information modeling for owners, managers, designers, engineers and contractors[M]. John Wiley & Sons, 2011.

[321] 赵雪锋. 建设工程全面信息管理理论和方法研究[D]. 北京:北京交通大学,2010.

[322] 李永奎. 建设工程生命周期信息管理(BLM)的理论与实现方法研究[D]. 上海:同济大学,2007.

[323] 周君. 政府投资项目集成管理[M]. 北京:中国建筑工业出版社,2012.

[324] Simoff S J, Maher M L. Ontology-based multimedia data mining for design information retrieval[C]// Proceedings of ACSE Computing Congress. Cambridge, MA: ACSE, 1998:320.

[325] 杨宏斌. BIM在水电工程施工总布置设计中的应用[J]. 工程质量,2013,31(3):8-11.

[326] 宁冉. BIM在水电设计中的全面深入运用——云南金沙江阿海水电站[J]. 中国建设信息,2012(20):52-55.

[327] 李德仁,袭健雅,邵振峰. 从数字地球到智慧地球[J]. 武汉大学学报(信息科学版),2010,35(2):127-132,253-254.

[328] 李德仁,李清泉. 地球空间信息与数字地球[J]. 地球科学进展,1999,14(6):535-540.

[329] Gore A. The Digital Earth:Understanding Our Planet in the 21st Century[M]. LosAngeles, California: Given at the California Science Center, 1998.

[330] 张勇传,王乘. 数字流域数字地球的一个重要区域层次[J]. 水电能源科学,2001,19(3):1-3.

[331] 朱庆平."数字黄河"工程规划项目综述[J].人民黄河,2003,25(8):1-2.

[332] 熊忠幼,张志杰.实现"数字长江"宏伟构想[J].中国水利,2002(4):45-47.

[333] 陈嘻,张学仁.构建"数字塔里木河"一期工程的方法与实践[J].水利规划与设计,2005(A2):69-74.

[334] 王光谦,刘家宏,李铁键.黄河数字流域模型原理[J].应用基础与工程科学学报,2005,13(1):1-8.

[335] 刘家宏,王光谦,李铁键.黄河数字流域模型的建立和应用[J].水科学进展,2006,17(2):186-195.

[336] 王光谦,刘家宏.黄河数字流域模型[J].水利水电技术,2006,37(2):15-21.

[337] 汪定国,王乘,张勇传."数字清江"工程实现策略及进展[J].湖北水力发电,2002(03):1-3.

[338] 汪定国,王乘,张勇传."数字清江"工程实现策略及进展[J].湖北水力发电,2002(04):2-4.

[339] 程国栋,肖洪浪,李彩芝,等.黑河流域节水生态农业与流域水资源集成管理研究领域[J].地球科学进展,2008,23(7):661-665.

[340] 李新,程国栋,吴立宗.数字黑河的思考与实践1:为流域科学服务的数字流域[J].地球科学进展,2010,25(3):297-305.

[341] 任立良,刘新仁.基于数字流域的水文过程模拟研究[J].自然灾害学报,2000,9(4):45-52.

[342] 王浩,张小娟,蒋云钟.水务一体化管理与数字流域建设[J].南水北调与水利科技,2006,4(3):1-3,19.

[343] 王兴奎,张尚弘,姚仕明,等.数字流域研究平台建设刍议[J].水利学报,2006,37(2):233-239.

[344] 王玲,谈晓军,王乘.虚拟现实技术在数字流域中的应用初探[J].水利与建筑工程学报,2004,2(2):9-12.

[345] 张行南,丁贤荣,张晓祥.数字流域的内涵和框架探讨[J].河海大学学报(自然科学版),2009,37(5):495-498.

[346] Grossner K E, Goodchild M F, Clarke K C. Defining a digital earth system[J]. Transactions in GIS, 2008,12(1):145-160.

[347] 谭德宝.数字流域技术在流域现代化管理中的应用[J].长江科学院院报,2011,28(10):193-196.

[348] 蒋云钟,冶运涛,王浩.智慧流域及其应用前景[J].系统工程理论与实践,2011,31(6):1174-1181.

[349] Liu Y,Zhou J Z,Song L X,et al, Efficient GIS-based model-driven method for flood risk management and its application in central China [J]. Natural Hazards and Earth System Sciences Discussions,2013,1:1535-1577.

[350] 王德文.基于云计算的电力数据中心基础架构及其关键技术[J].电力系统自动化,2012,36(11):67-71.

[351] 杨志义,杨刚,张海辉.一种面向服务的事件驱动架构信息集成平台构造方法[J].计算机研究与发展,2008,45(10):1799-1806.

[352] 王继业.电力企业数据中心的建立及其对策[J].中国电力,2007,40(4):69-73.

[353] 周西柳.云计算环境下的数据中心的结构模式[J].数码世界,2015(12):15.

[354] 刘昕.基于云计算的高校数据中心构建模式研究[J].信息系统工程,2014(2):18.

[355] 张和明,熊光楞.制造企业的产品生命周期管理[M].北京:清华大学出版社,2006.

[356] 严隽琪,蒋祖华,马登哲.基于全息产品建模的虚拟加工[J].计算机集成制造系统-CIMS,2000,6(5):18-22.

［357］ 李永奎,乐云,何清华.BLM 集成模型研究［J］.山东建筑大学学报,2006,21(6):544-548.

［358］ 刘雪梅.产品全生命周期信息建模理论、方法及应用研究［D］.重庆:重庆大学,2002.

［359］ Halfawy M, Froese T Building Integrated Architecture/Engineering/Construction Systems Using Smart Objects: Methodology and Implementation1［J］. J. Comput. Civ. Eng. , 2005, 19(2): 172-181.

［360］ 林良帆.BIM 数据存储与集成管理研究［D］.上海:上海交通大学,2013.

［361］ 孙悦.基于 BIM 的建设项目全生命周期信息管理研究［D］.哈尔滨:哈尔滨工业大学,2011.

［362］ 沈建新,周儒荣.产品全生命周期管理系统框架及关键技术研究［J］.南京航空航天大学学报,2003,35(5):565-571.

［363］ NIBS, National Building Information Modeling Standard Version 1 - Part 1: Overview, Principles, and Methodologies［J］. Washington: National Institute of Building Sciences, 2007.

［364］ GSA. GSA Building Information Modeling Guide Series 01 – Overview. Washington: Office of the Chief Architect, 2007.

［365］ 李德超,张瑞芝.BIM 技术在数字城市三维建模中的应用研究［J］.土木建筑工程信息技术,2012,4(1):47-51

［366］ 张尚弘,王兴奎,唐立模,等.VR-GIS 技术在数字流域中的应用研究［J］.水利水电技术,2003,34(7):93-96.

［367］ 张彦召.基于三维可视化技术的流域仿真模拟研究［D］.大连:大连理工大学,2006.

［368］ 李喆,周明全,陈怡.松耦合模块在基于 SOA 的系统中的研究与实现［J］.计算机应用与软件,2006,23(11):48-49.